Adrián Paenza
Mathematik durch die Hintertür

ADRIÁN PAENZA

Mathematik durch die Hintertür

Faszinierende Reisen
in die Wunderwelt der Zahlen

Aus dem argentinischen Spanisch
von Nina und Israel Valenzuela Montenegro

Anaconda

Diese Ausgabe enthält im unveränderten Nachdruck die beiden Bände:

Adrián Paenza: *Mathematik durch die Hintertür. Das Schubfach-Prinzip, der Vier-Farben-Satz und viele andere Denkwürdigkeiten aus der Welt der Zahlen.* Aus dem argentinischen Spanisch von Nina und Israel Valenzuela Montenegro. Copyright © 2005 by Siglo XXI Editores Argentina S. A. Copyright der deutschen Ausgabe © 2008 by Wilhelm Heyne Verlag, München, in der Verlagsgruppe Random House GmbH.

Adrián Paenza: *Mathematik durch die Hintertür. Band 2. Vom Möbiusband zum Pascal'schen Dreieck – neue spannende Ausflüge in die Welt der Zahlen.* Aus dem argentinischen Spanisch von Nina Valenzuela Montenegro. Copyright © 2006 by Siglo XXI Editores Argentina S. A. Copyright der deutschen Ausgabe © 2009 by Wilhelm Heyne Verlag, München, in der Verlagsgruppe Random House GmbH.

Titel der argentinischen Originalausgaben: *Matemática ... estás ahí?* (Buenos Aires 2005) und *Matemática ... estás ahí? Episodio 2* (Buenos Aires 2006).

Die Deutsche Nationalbibliothek verzeichnet diese Publikation in der Deutschen Nationalbibliografie; detaillierte bibliografische Daten sind im Internet unter http://dnb.d-nb.de abrufbar.

Lizenzausgabe mit freundlicher Genehmigung
der Verlagsgruppe Random House, München
© dieser Ausgabe 2012 Anaconda Verlag GmbH, Köln
Alle Rechte vorbehalten.
Umschlagillustration: Isabel Klett, www.isabelklett.de
Umschlaggestaltung: Kathrin Steigerwald, Hamburg,
www.kathrinsteigerwald.de
Printed in Czech Republic 2012
ISBN 978-3-86647-823-7
www.anacondaverlag.de
info@anacondaverlag.de

Inhalt

Mathematik durch die Hintertür

Teil 1

Das Schubfach-Prinzip,
der Vier-Farben-Satz
und viele andere Denkwürdigkeiten
aus der Welt der Zahlen

Ich widme dieses Buch meinen Eltern, Ernesto und Fruma, denen ich alles verdanke.
Meiner geliebten Schwester Laura.
Meinen Nichten und Neffen: Lorena, Alejandro, Máximo, Paula, Ignacio,
Brenda, Miguelito, Sabina, Viviana, Soledad, María José, Valentín,
Gabriel, Max, Jason, Whitney, Amanda,
Jonathan, Meagan und Chad.
Carlos Griguol.
Im Gedenken an meine Tanten Elena, Miriam und Delia sowie an Guido Peskin, León Najnudel, Manny Kreiter und Noemí Cuño.

Dank

An Diego Golombek: Ohne ihn hätte es dieses Buch nie gegeben.

An Claudio Martínez: Weil er der Erste war, der darauf drang, diese Geschichten im Fernsehen zu erzählen, und mich immer wieder dazu ermunterte.

An meine Schüler: Von ihnen habe ich gelernt zu lehren und verstanden, was Lernen bedeutet. An meine Freunde, weil es eben meine Freunde sind, weil sie mich lieben, und das ist das Einzige, was mir etwas bedeutet.

An Carmen Sessa, Alicia Dickenstein, Miguel Herrera, Baldomero Rubio Segovia, Eduardo Dubuc, Carlos D'Andrea, Cristian Czubara, Enzo Gentile, Ángel Larotonda und Luis Santaló.

An diejenigen, die das Manuskript gelesen und kritisiert haben, um es zu retten, wenn ich auch nicht weiß, ob es ihnen gelungen ist: Gerardo Garbulsky, Alicia Dickenstein und Carlos D'Andrea.

An Marcelo Bielsa, Alberto Kornblihtt, Víctor Hugo Morales und Horacio Verbitsky, für ihre ethische Gesinnung. Dank ihnen bin ich ein besserer Mensch.

Inhalt

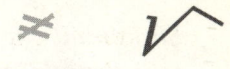

Die Hand der Prinzessin

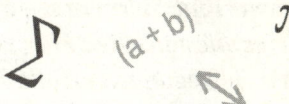

Jedes Mal, wenn ich einen kleinen Vortrag über Mathematik für ein nichtmathematisches Publikum halte, wähle ich einen ganz bestimmten Einstieg. Er ist immer gleich. Ich bitte um Erlaubnis, einen Text vorzulesen, den Pablo Amster geschrieben hat, ein exzellenter Mathematiker, Musiker sowie Experte der Kabbalah und eine außergewöhnliche Persönlichkeit.

Diese Geschichte benutzte Pablo in einem Mathematikkurs, den er für eine Gruppe Studenten der Schönen Künste in der Bundeshauptstadt Buenos Aires gab. Es handelt sich um einen wunderbaren Text, den ich Ihnen (mit seiner Erlaubnis) nicht vorenthalten will.

Hier ist er.

Der Titel lautet: »Die Hand der Prinzessin«.

Eine bekannte tschechische Zeichentrickserie erzählt in mehreren Folgen die Geschichte einer Prinzessin, um deren Hand sich eine große Zahl von Freiern streitet.

Ihre Aufgabe ist es, die Prinzessin zu überzeugen: Verschiedene Episoden zeigen die unterschiedlichsten und fantasievollsten Verführungsversuche.

So kommt ein Freier nach dem anderen und setzt verschiedene Mittel ein, die einen einfachere, die anderen wahrhaft großartige, aber keiner schafft es, die Prinzessin auch nur ein bisschen zu rühren.

Ich erinnere mich zum Beispiel an einen, der ihr einen Licht- und Sternenregen zeigt; an einen anderen, der einen majestätischen Flug vollbringt und den Raum mit seinen Bewegungen erfüllt. Nichts. Am Ende jeder Folge erscheint das Antlitz der Prinzessin, das niemals auch nur irgendeine Regung erkennen lässt.

Die letzte Folge der Serie liefert uns das unerwartete Ende: Im Gegensatz zu den Wunderwerken, die seine Vorgänger darboten, holt der letzte Freier bescheiden eine Brille unter seinem Umhang hervor, die er der Prinzessin zur Anprobe reicht: Sie setzt sie auf, lächelt und bietet ihm ihre Hand.

* * *

Die Geschichte ist über alle möglichen Interpretationen hinaus sehr reizvoll, und jede einzelne Episode birgt eine große Schönheit. Doch erst die Auflösung am Schluss gibt uns das Gefühl, dass alles richtig ausgeht.

In der Tat haben wir es hier mit einem interessanten Spannungsaufbau zu tun, der uns an einem gewissen Punkt glauben lässt, dass nichts die Prinzessin jemals zufrieden stellen wird.

Mit dem Fortschreiten der Serie und der folglich immer größeren Erschöpfung der Verführungskunst ärgern wir uns über diese unersättliche Prinzessin. Was für ein Wunder erwartet sie denn noch? Bis wir plötzlich begreifen: Die Prinzessin zeigte deshalb keine Regung vor den dargebrachten Wundern, weil sie sie nicht sehen konnte.

Da also lag das Problem. Klar. Hätte uns die Erzählung bereits an früherer Stelle in die Umstände eingeweiht, hätte uns das Ende nicht überrascht. Wir hätten die Schönheit der Bilder zwar genauso bewundert, die Bewerber und ihre vielfältigen Verführungsversuche aber ein bisschen dumm gefunden, zumal wir ja gewusst hätten, dass die Prinzessin kurzsichtig ist.

Wir wissen es aber nicht: Wir gehen davon aus, dass der Fehler bei den Freiern liegt, die anscheinend zu wenig bieten. Der letzte Bewerber, der vom Scheitern der anderen weiß, macht Folgendes: Er ändert die Sichtweise auf die Sache. Er betrachtet das Problem auf andere Art und Weise.

Hättet ihr [Pablo spricht hier zu den Studenten der Schönen Künste] *vorher nicht gewusst, worum es bei diesem Kurs geht, wärt ihr jetzt vielleicht überrascht, so wie ihr über das Ende der Geschichte überrascht wart: Wir werden über Mathematik sprechen oder sind bereits mittendrin.*

Über Mathematik zu sprechen bedeutet allerdings nicht nur, den Lehrsatz des Pythagoras zu beweisen: Es bedeutet auch, über Liebe zu sprechen und Geschichten über Prinzessinnen zu erzählen. Auch in der Mathematik gibt es Schönheit. Wie der Dichter Fernando Pessoa sagte: »Das Newtonsche Binom ist ebenso schön wie die Venus von Milo; das Problem ist nur, dass es nur sehr wenige Leute bemerken.«

Nur sehr wenige Leute bemerken es ... Daher das Märchen von der Prinzessin; weil das Problem, wie der letzte Freier erahnt, darin besteht, dass »man das Interessanteste in diesem Land nicht sieht« (Henri Michaux, *Im Lande der Zauberei).*

Ich habe mich oft in der gleichen Position wie diese ersten Bewerber gefühlt. Ich war immer darum bemüht, die schönsten mathematischen Probleme darzustellen, aber in einem Großteil der Fälle, muss ich zugeben, trafen meine leidenschaftlichen Versuche nicht auf die erwartete Reaktion.

Diesmal werde ich versuchen, es dem bescheidenen Bewerber der letzten Folge gleichzutun. Über Mathematik, nach Whitehead »die originellste Schöpfung des menschlichen Geistes«, gibt es einiges zu sagen. Daher dieser Kurs. Nur dass auch ich heute die Dinge lieber von dieser anderen Seite her betrachte und euch zunächst einmal eine Geschichte erzähle …

Diese Darstellung von Pablo Amster verweist unmittelbar auf den Kern dieses Buches: eine Reihe von Geschichten zu erzählen, frei zu denken, wagemutige Vorstellungen zu entwickeln und stehen bleiben zu können, wenn man auf etwas stößt, das einen begeistert. Diese Punkte aber auch zu suchen. Nicht nur darauf zu warten, dass sie von selbst kommen. Darin liegt der Zweck dieser Zeilen: Sie zu begeistern, zu bewegen, zu verführen, sei es durch die Mathematik oder eine Geschichte, die Sie noch nicht kannten. Ich hoffe, dass es mir gelingt.

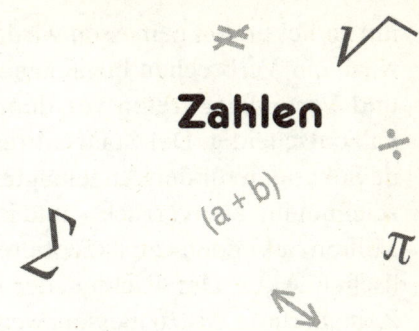

Zahlen

Große Zahlen

Große Zahlen? Ja. Große. Schwer vorstellbare. Man hört, dass sich die externe Verschuldung im Milliardenbereich bewegt, die Sterne am Himmel Lichtjahre von der Erde entfernt sind, ein DNA-Molekül drei Milliarden Nukleotide enthält, die Oberfläche der Sonne eine Temperatur von 6.000 Grad Celsius hat usw. Ich bin sicher, dass jeder, der diesen Absatz liest, seine eigenen Beispiele hinzufügen kann.

Was ich mit diesen unfassbaren Größen mache, ist, sie mit etwas zu vergleichen, sie etwas gegenüberzustellen, das ich mir leichter vergegenwärtigen kann.

Es gibt auf der Welt mehr als 6 Milliarden Menschen. Tatsächlich sind wir (im August 2005) schon mehr als 6,3 Milliarden. Das erscheint viel. Aber was ist viel? Mal sehen. Was ist der Unterschied zwischen einer Million und einer Milliarde (außer dass Letztere drei Nullen mehr hat)? Um das Ganze in ein anschauliches Verhältnis zu setzen, verwandeln wir sie in Sekunden. Nehmen wir zum Beispiel an, dass in einem Dorf, in dem die Zeit nur in Sekunden gemessen wird, eine Person angeklagt wird, ein Verbrechen begangen zu haben. Staatsanwalt und Verteidiger treten vor den Richter, der über den Fall entscheidet. Der Staatsanwalt fordert »eine Milliarde Sekunden für den Angeklagten«. Der Verteidiger bezeichnet ihn als »verrückt« und ist lediglich bereit, »eine Million Sekunden« zu akzeptieren, »und nur als symbolischen Akt«. Der Richter, der daran gewöhnt ist, die Zeit auf diese Art zu messen, weiß, dass der Unterschied gewaltig ist. Verstehen Sie, warum?

Denken Sie so: Eine Million Sekunden sind ungefähr elfeinhalb Tage, eine Milliarde Sekunden dagegen fast … 32 Jahre!

Dieses Beispiel zeigt, dass wir im Allgemeinen keine Vorstellung davon haben, was die Zahlen bedeuten, nicht einmal in unserem täglichen Leben. Kehren wir zum Thema der Weltbevölkerung zurück. Wenn es sechs Milliarden Menschen auf der Erde gibt und wir von jedem ein Foto in ein Buch kleben würden, zehn Personen pro Seite, bei einer Blattstärke von einem Zehntel Millimeter und beidseitiger Beklebung … wäre das Buch 30 Kilometer hoch! Und wenn ferner jemand sehr viel Spaß daran hätte, Fotos anzuschauen, dafür eine Sekunde pro Seite bräuchte und jeden Tag 16 Stunden darauf verwenden würde, bräuchte er achtundzwanzigeinhalb Jahre, um sie alle zu sehen. Wenn er jedoch im Jahr 2033 ans Ende käme, hätte das Buch schon an Größe zugenommen, weil es bereits zwei Milliarden Menschen mehr gäbe und das Buch zehn Kilometer dicker wäre.

Wir können uns auch überlegen, wie viel Platz wir bräuchten, um uns alle an einem Ort zu versammeln. Der Staat Texas (der flächenmäßig größte US-amerikanische

Staat, ausgenommen Alaska) könnte die gesamte Weltbevölkerung aufnehmen. Ja. Texas besitzt eine bewohnbare Fläche von ungefähr 420.000 Quadratkilometern. Das heißt, wir könnten uns alle in Texas versammeln, und jeder hätte noch eine Parzelle von 70 Quadratmetern zum Leben. Nicht schlecht, oder?

Oder stellen wir uns vor, wir würden uns alle hintereinander aufstellen, und jede Person hätte eine Platte von 30 Quadratzentimetern. Auf diese Weise bildete die gesamte Menschheit eine Schlange von mehr als 1.680.000 Kilometern. Damit könnten wir den Erdball am Äquator 42 Mal umrunden.

Was wäre, wenn wir uns alle in Kinoschauspieler verwandeln und einen Film mit uns als Stars drehen würden? Gesetzt den Fall, jeder von uns würde nur 15 Sekunden auf der Leinwand auftauchen (das heißt, etwas mehr als sieben Meter Zelluloid pro Person), bräuchte man ungefähr 40 Millionen Kilometer Negative! Wollte sich jemand diesen Film ansehen, müsste er 23.333.333 Stunden lang im Kino sitzen, das heißt 972.222 Tage, also ungefähr 2.663 Jahre. Und dabei dürften wir weder schlafen noch essen noch sonst irgendetwas anderes tun. Mein Vorschlag wäre, dass wir uns aufteilen und später treffen, um uns das Beste daraus zu erzählen.

Mehr über große Zahlen: das Gewicht eines Schachbretts

Hier noch ein weiteres Beispiel, eines, das jeder kennt, der das exponentielle Wachstum erläutern und seine Gesprächspartner in Erstaunen versetzen will, indem er ihnen zeigt, wie die Zahlen auf eine … ja, exponentielle Art wachsen.

Ursprünglich lautet die Geschichte so: Ein König möchte einen Untertanen, der ihm einen Dienst erwiesen und auf diese Weise das Leben gerettet hat, mit Reiskörnern belohnen. Der Untertan aber erklärt, sein einziger Wunsch sei, dass der König Reiskörner auf ein Schachbrett lege, und zwar eins auf das erste Feld, zwei auf das zweite, vier auf das dritte, acht auf das vierte, 16 auf das fünfte, 32 auf das sechste und so weiter, immer die doppelte Anzahl, bis alle Felder des Schachbretts mit Reiskörnern belegt sind – da stellt der König fest, dass die Reiskörner seines gesamten Königreichs nicht ausreichen (nicht einmal die der gesamten umliegenden Königreiche), um die Bitte seines »Retters« erfüllen zu können.

Wir werden das Beispiel jetzt ein wenig aktualisieren. Nehmen wir an, der Untertan hätte statt Reiskörnchen Goldklümpchen zu je einem Gramm verlangt. War der König im Fall der Reiskörnchen bereits an die Grenzen seiner Macht gestoßen, so wäre es ihm mit den Goldklümpchen ganz offensichtlich noch schlimmer ergangen. Die Frage, die ich stellen will, ist aber eine ganz andere: Gesetzt den Fall, der König hätte erfüllen können, was man von ihm erbat – wie viel würde das Schachbrett dann wiegen? Das heißt, angenommen, man könnte auf das Brett die Menge an Goldklümpchen legen, die der Untertan ihm angezeigt hatte, wie könnten sie das Schachbrett dann noch heben? Und wenn er sich außerdem nur ein Goldklümpchen pro Sekunde in die Tasche stecken könnte, wie lange würde er brauchen?

Da ein Schachbrett 64 Felder hat, ergäbe das eine Trillion Goldklümpchen! Natürlich werden die Zahlen hier wieder verwirrend, da man nicht die leiseste Vorstellung davon hat, was »eine Trillion« irgendeines Objektes bedeutet. Vergleichen wir das Ganze also mit etwas, das uns vertrauter ist. Wenn, wie wir vorher gesagt haben, jedes Goldklümpchen nur ein Gramm wiegt, stellt sich die Frage: *Wie viel ist eine Trillion Gramm?*

Sie entspricht einer Billion Tonnen. Auch das ist ein Problem, denn wer hat schon jemals »eine Billion von irgendetwas« gehabt? Dieses Gewicht entspräche vier Milliarden Flugzeugen Typ Boeing 777 mit je 440 Passagieren an Bord, plus Besatzung und Treibstoff für 20 Stunden! Und wenn wir damit auch ein wenig weitergekommen sind, könnte man sich doch immer noch fragen, wie viel *vier Milliarden von irgendetwas* ist.

Und wie lange bräuchte man, um sich alle Goldklümpchen in die Tasche zu stecken, wenn man dies mit der *superschnellen* Geschwindigkeit von einem Goldklümpchen pro Sekunde tun könnte? Es würde wieder eine Trillion Sekunden dauern. Aber wie viel ist eine Trillion Sekunden? Womit könnten wir diese Zahl vergleichen, damit sie uns vertrauter wird? Zum Beispiel könnten wir uns vergegenwärtigen, dass wir mehr als hundert Milliarden Jahre bräuchten. Ich weiß nicht, wie es Ihnen geht, aber ich habe etwas anderes mit meiner Zeit vor.

Atome im Universum

Nur als Kuriosität, und um *noch eine ungeheure Zahl* zu zeigen, stellen Sie sich vor, dass es im Universum vermutlich 2^{300} Atome gibt. Wenn 2^{10} ungefähr 10^3 ist, dann ist 2^{300} ungefähr 10^{90}. Ich schreibe das, um sagen zu können: Im Universum gibt es so viele Atome, dass man eine *Eins* mit *90 Nullen* erhält.

Was ist ein Lichtjahr?

Ein Lichtjahr ist eine Entfernungs- und keine Zeiteinheit. Es misst die Entfernung, die das Licht in einem Jahr zurücklegt. Um dies in die richtige Perspektive zu setzen, sagen wir, die Lichtgeschwindigkeit beträgt 300.000 Kilometer pro Sekunde. Wenn wir diese Zahl mit 60 multiplizieren (um sie in Minuten umzurechnen), ergibt das 18.000.000 km pro *Minute*. Dann, wieder mal 60 genommen, haben wir 1.080.000.000 Kilometer pro *Stunde* (eine Milliarde achtzig Millionen Kilometer pro Stunde). Mit 24 multipliziert kommt heraus, dass das Licht 25.920.000.000 km (25 Milliarden Kilometer *an einem Tag*) zurücklegt.

Wenn wir das schließlich mal 365 Tage nehmen, beträgt ein Lichtjahr (das heißt die Distanz, die das Licht pro Jahr zurücklegt) – ungefähr – 9.460.000.000.000 (fast *neuneinhalb Billionen*) Kilometer.

Daher sollten Sie jedes Mal, wenn Sie gefragt werden, wie viel ein Lichtjahr ist, überzeugt antworten, dass es eine Methode ist, eine Entfernung (eine große, aber dennoch eine Entfernung) zu messen und dass sie fast neuneinhalb Billionen Kilometer beträgt. Sehen Sie, das ist weit.

Interessante Zahlen

Ich werde jetzt aufzeigen, dass *alle natürlichen Zahlen »interessante« Zahlen sind.* Als Erstes stellt sich natürlich die Frage: Was soll das heißen, dass eine Zahl *interessant* ist? Sagen wir, eine Zahl ist interessant, wenn sie einen gewissen Reiz hat, etwas, das sie auszeichnet, etwas, womit sie es verdient, sich von den anderen abzusetzen; dass sie irgendeine Verzierung oder Besonderheit hat. Ich glaube, Sie wissen schon, was ich mit *interessant* meine. Hier der Beweis.

Die Zahl Eins ist interessant, weil sie die allererste ist. Sie zeichnet sich durch die Tatsache aus, dass sie die kleinste aller natürlichen Zahlen ist.

Die Zahl Zwei ist in zweifacher Hinsicht interessant: Sie ist die erste gerade Zahl, und sie ist die erste Primzahl.[1] Ich glaube, dass wir sie mit diesen beiden Argumenten bereits hervorheben können.

Die Zahl Drei ist ebenfalls interessant, weil sie die erste ungerade Primzahl ist (um nur einen Grund zu nennen).

Die Zahl Vier ist interessant, weil sie eine *Potenz von zwei* ist.

Die Zahl Fünf ist interessant, weil sie eine Primzahl ist. An dieser Stelle sollten wir uns darauf einigen, dass das Merkmal Primzahl schon ausreicht, um eine Zahl *ohne weitere Argumente als interessant* zu betrachten.

Gehen wir noch ein bisschen weiter.

Die Zahl Sechs ist interessant, weil sie die erste zusammengesetzte Zahl (also *keine Primzahl*) ist, die *keine*

---

1 Wie wir später sehen werden, sind die Primzahlen diejenigen Zahlen, die nur durch eins und durch sich selbst teilbar sind.

Potenz von zwei ist. Erinnern Sie sich daran, dass die erste zusammengesetzte Zahl, die auftauchte, die Vier war, aber die ist eine Potenz von zwei.

Die Zahl Sieben ist interessant, und es bedarf keiner weiteren Argumente, da sie eine Primzahl ist.

Und so könnten wir immer weitermachen. Was ich gemeinsam *mit Ihnen beweisen* möchte, ist: »*Jede beliebige* positive ganze Zahl verfügt immer, wirklich immer über ein Merkmal, das sie ›interessant‹ oder ›attraktiv‹ oder ›unterscheidbar‹ macht.«

Wie könnte man vorgehen, um dies bei allen Zahlen zu beweisen, wenn sie doch unendlich sind? Nehmen wir an, dem wäre nicht so. Nehmen wir an, es gäbe Zahlen, die wir als uninteressant bezeichnen. Diese Zahlen legen wir in eine Tasche (die Tasche ist nicht leer). Damit haben wir eine Tasche voll uninteressanter Zahlen. Das führt uns jedoch zu einem Widerspruch. Da alle Zahlen in dieser Tasche *natürliche*, das heißt *positive ganze Zahlen* sind, muss es ein erstes Glied geben, sprich, eine Zahl, die kleiner ist als alle anderen. Das macht die erste vermeintlich *uninteressante* Zahl aber bereits *interessant*. Das Argument, dass sie *die erste aller uninteressanten Zahlen* wäre, ist mehr als ausreichend, um sie als *interessant* zu bezeichnen. Finden Sie nicht? Der Irrtum besteht also bereits in der Annahme, es gäbe so etwas wie *uninteressante* Zahlen. Dem ist nicht so. Die Tasche (die mit den *uninteressanten* Zahlen) kann gar keine Elemente enthalten, denn sonst müsste irgendeines das erste sein, wodurch eine Zahl *interessant* würde, die eigentlich *uninteressant* sein müsste, weil sie in der Tasche ist.

➜ **Fazit:** »Jede natürliche Zahl IST interessant.«

Wie man einen Beratervertrag erhält, indem man ein wenig Mathematik benutzt

Man kann sich ohne weiteres als Wahrsager oder als jemand ausgeben, der darauf spezialisiert ist, die Zukunft vorherzusagen oder Vermutungen darüber anzustellen, was an der Wertpapierbörse geschehen wird, indem man sich die Schnelligkeit zunutze macht, mit der die Potenzen einer Zahl wachsen.

Folgendes Beispiel ist sehr interessant: Nehmen wir an, wir verfügen über eine Datenbank von 128.000 Personen. (Glauben Sie nicht, dass das so sehr viele sind, die meisten großen Firmen besitzen, kaufen oder ermitteln Daten.) Wie auch immer, für die Überlegung, zu der ich Sie einladen möchte, können wir auch mit einer kleineren Zahl anfangen, das Ergebnis wäre dasselbe.

Sagen wir, Sie wählen eine Aktie oder eine *Commodity*, deren Preis an der Börse notiert ist. Nehmen wir für unser Beispiel den Goldpreis. An einem Sonntagnachmittag setzen Sie sich vor Ihren Computer, durchsuchen Ihre Datenbank und wählen die E-Mail-Adressen aller Personen aus, die darin auftauchen. Dann schicken Sie an die eine Hälfte (64.000) eine E-Mail mit der Information, dass der Goldpreis am nächsten Tag (Montag) steigen wird. An die andere Hälfte schicken Sie eine E-Mail und behaupten das Gegenteil: dass der Goldpreis sinken wird. (Aus Gründen, die im Folgenden deutlich werden, schließen wir die Fälle aus, in denen der Goldpreis bei Börsenbeginn und Börsenschluss konstant bleibt.)

Am Montag bei Börsenschluss ist der Goldpreis entweder gestiegen oder gefallen. Wenn er gestiegen ist, gibt es 64.000 Personen, die von Ihnen eine E-Mail mit der richtigen Information bekommen haben.

Das hätte natürlich nicht viel zu bedeuten. Einmal richtig gelegen zu haben, sagt wenig aus. Aber spinnen wir diesen Gedanken weiter: Am Montagabend wählen Sie von den 64.000 Personen, die Ihre erste E-Mail mit der richtigen Information erhalten hatten, wieder die Hälfte aus (32.000) und teilen ihnen mit, dass der Goldpreis am Dienstag weiter steigen wird. Und an die andere Hälfte, die restlichen 32.000, schicken Sie eine E-Mail, in der es heißt, dass er sinken wird.

Am Dienstagabend können Sie sicher sein, dass es 32.000 Menschen gibt, für die Sie nicht nur die Ereignisse vom Dienstag, sondern auch vom Montag erraten haben. Jetzt wiederholen Sie den Ablauf. Der einen Hälfte, also 16.000 Leuten, teilen Sie mit, dass der Goldpreis steigen, der anderen, dass er sinken wird. Resultat: Am Mittwoch haben Sie 16.000 Personen, denen Sie am Montag, Dienstag und Mittwoch angekündigt haben, was mit dem Goldpreis passiert. Und Sie haben dreimal Recht behalten (für diese Gruppe).

Wiederholen Sie den Vorgang. Am Donnerstagabend haben Sie 8.000, denen Sie viermal das Richtige geraten haben. Und am Freitagabend haben Sie 4.000. Machen Sie sich das einmal klar: Am Freitagabend haben Sie 4.000 Personen, die gesehen haben, dass Sie *jedes Mal* vorhersagen konnten, was mit dem Goldpreis geschieht, ohne sich auch nur einmal zu irren. Sie könnten natürlich so weitermachen, und am nächsten Montag hätten Sie 2.000, am Dienstag 1.000 und, wenn wir es noch weiterspinnen wollen, werden Sie am Mittwoch der zweiten Woche 500 Personen haben, denen Sie *zehn Tage lang*

Tag für Tag vorausgesagt haben, was mit dem Goldpreis geschehen würde.

Wenn Sie diese Personen jetzt auffordern würden, Sie als Berater zu engagieren und Ihnen, sagen wir, tausend Dollar pro Jahr zu zahlen (ich will es nicht pro Monat ansetzen, da ich noch ein gewisses Maß an Schamgefühl besitze) … Glauben Sie nicht, dass sie Ihre Dienste in Anspruch nehmen würden? Denken Sie daran, dass Sie *in zehn aufeinander folgenden Tagen das Richtige vorhergesagt haben.*

Nach diesem Prinzip – indem Sie je nach Belieben mit einer kleineren oder größeren Datenbank beginnen oder bereits früher damit aufhören, E-Mails zu versenden – können Sie sich Ihre eigene Gruppe von Personen schaffen, die an Sie beziehungsweise an Ihre Vorhersagen glauben. Und damit Geld verdienen.[2]

Das Hotel Hilbert

Die unendlichen Mengen haben immer eine attraktive Seite: Sie widersprechen der Intuition. Nehmen wir an, es gäbe unendlich viele Menschen auf der Welt. Und

2 Ich habe absichtlich den Fall ausgeschlossen, dass der Goldpreis bei Börsenbeginn und -schluss gleich bleibt, da er für das Beispiel irrelevant ist. Sie könnten den einen in Ihren E-Mails mitteilen, dass der Goldpreis steigen oder gleich bleiben wird, und den anderen, dass er sinken oder gleich bleiben wird. Wenn der Goldpreis sich nicht bewegt, wiederholen Sie den Ablauf, ohne durch zwei zu teilen. Es ist ganz einfach so, als hätte es diesen Tag nicht gegeben. Wenn Sie andererseits eine größere Datenbank als 128.000 bekommen können, nur zu. Sie werden nach zehn Tagen noch mehr Kunden haben.

nehmen wir ferner an, es gäbe in einer Stadt ein Hotel, das unendlich viele Zimmer hat. Die Zimmer sind nummeriert, und jedes ist mit einer natürlichen Zahl benannt. So hat das erste Zimmer die Nummer 1, das zweite die 2, das dritte die 3 usw. Das heißt: An jeder Zimmertür gibt es ein Schild mit einer Zahl, die zur Identifizierung dient.

Nehmen wir jetzt an, *alle* Zimmer wären belegt, und zwar durch je eine Person. Zu einem bestimmten Zeitpunkt kommt ein sehr müde aussehender Herr ins Hotel. Es ist spät in der Nacht, und der Mann möchte den Papierkram schnell hinter sich bringen, um sich schlafen zu legen. Als ihm der Angestellte an der Rezeption mitteilt: »Leider haben wir kein Zimmer mehr frei, *alle* Zimmer sind belegt«, kann es der Neuankömmling nicht glauben. Und er fragt ihn:

»Aber wie … Haben Sie denn nicht *unendlich* viele Zimmer?«

»Doch«, antwortet der Hotelangestellte.

»Aber wie können Sie mir dann sagen, dass Sie kein Zimmer mehr frei haben?«

»Es tut mir leid, der Herr. Sie sind alle belegt.«

»Sehen Sie, was Sie mir antworten, hat keinen Sinn. Wenn Sie für das Problem keine Lösung haben, helfe ich Ihnen.«

Und hier lohnt es sich, dass Sie über die Antwort nachdenken. Kann die Antwort des Portiers »Es gibt keinen Platz mehr« richtig sein, wenn das Hotel unendlich viele Zimmer hat? Fällt Ihnen eine Lösung ein?

Hier kommt sie:

»Sehen Sie«, fuhr der Reisende fort, »rufen Sie den Herrn aus Zimmer 1 und sagen Sie ihm, er soll in das

Zimmer mit der Nummer 2 hinübergehen. Zu der Person, die in Zimmer 2 ist, sagen Sie, sie soll in das Zimmer mit der Nummer 3 gehen, zu der aus Zimmer 3, sie möge in das Zimmer 4 umziehen. Und so weiter. Auf diese Weise hat jede Person weiterhin ein Zimmer, das sie mit ›niemandem teilt‹ (wie zuvor), mit dem einzigen Unterschied, dass jetzt ein Zimmer frei bleibt: die Nummer 1.« Der Portier sah ihn ungläubig an, verstand aber, was der Reisende ihm sagte. Und das Problem war gelöst.

Hier noch ein paar weitere Probleme:

a) Wenn statt eines Gastes zwei Gäste kommen, was geschieht dann? Gibt es eine Lösung für das Problem?
b) Und wenn statt zweier hundert Gäste kommen?
c) Wie kann man das Problem lösen, wenn n Gäste unangemeldet eintreffen (wobei n eine beliebige Zahl ist)? Gibt es immer eine Lösung, unabhängig von der Zahl der Personen, die ein Zimmer möchten?
d) Und was, wenn *unendlich viele* Personen kommen? Was geschieht dann?

Die Lösungen finden Sie im Anhang.

Sprechen Sie mir nach:
Man darf nicht durch null teilen!

Stellen Sie sich vor, Sie gehen in ein Geschäft, in dem alle Waren tausend Pesos kosten. Und Sie haben genau diesen Betrag dabei: tausend Pesos. Wenn ich Sie jetzt fragte: »Wie viele Artikel können Sie kaufen?«, dürfte die Antwort klar sein: einen einzigen. Wenn in dem Geschäft hingegen alle Dinge 500 Pesos kosten würden, könnten Sie mit den tausend Pesos, die Sie bei sich haben, zwei Dinge kaufen.

Warten Sie. Glauben Sie nicht, dass ich verrückt geworden bin (das war ich schon vorher). Folgen Sie bitte meinem Gedankengang. Wenn alle Waren, die es in dem Geschäft zu kaufen gibt, jetzt nur einen Peso pro Stück kosten würden, könnten Sie mit den tausend Pesos genau tausend Artikel kaufen.

Wie Sie sehen, nimmt die Menge der Objekte, die Sie erstehen können, in dem Maße zu, wie der Preis abnimmt. Denkt man das weiter, könnten Sie, wenn die Artikel zehn Centavos kosten würden, zehntausend kaufen. Würden sie einen Centavo kosten, würden Ihre tausend Pesos reichen, um hunderttausend Artikel zu erwerben. Das heißt, in dem Maße, wie die Artikel billiger werden, kann man immer mehr Einheiten kaufen. Wenn Sie erreichen, dass die Produkte immer weiter an Wert verlieren, können Sie die Zahl der Einheiten beliebig in die Höhe treiben.

Und nun gesetzt den Fall, die Dinge wären umsonst, das heißt, sie würden nichts kosten? Wie viele Artikel könnte man mitnehmen? Denken Sie kurz nach.

Sie stellen fest: Wenn die Waren in dem Geschäft nichts kosten, spielt es überhaupt keine Rolle, ob Sie tausend Pesos haben oder nicht, da Sie einfach alles mitnehmen könnten. Vor diesem Hintergrund könnte man sagen, dass *es gar keinen Sinn hat*, tausend Pesos durch »Dinge, die nichts kosten« zu »teilen«. Ich fordere Sie also dazu auf, mit mir gemeinsam zu folgern, dass *es keinen Sinn hat, durch null zu teilen*.

Um uns die Tendenz, die wir soeben festgestellt haben, vor Augen zu führen, tragen wir die Menge der Artikel, die wir kaufen können, in eine Liste ein, in Abhängigkeit von ihrem Preis.

Preis pro Artikel	Menge, die man für tausend Pesos erhält
$ 1.000	1
$ 500	2
$ 100	10
$ 10	100
$ 1	1.000
$ 0,1	10.000
$ 0,01	100.000

In dem Maße, wie der Preis sinkt, steigt die Anzahl der Artikel, die wir *stets mit denselben tausend Pesos* kaufen können. Wenn wir den Preis auf der linken Seite immer weiter senkten, stiege die Menge auf der rechten Seite immer weiter an … Kämen wir jedoch schließlich an den Punkt, an dem der Wert pro Artikel gleich *null* ist, wäre die Menge, die man in die Spalte auf der linken Seite einsetzen müsste: *unendlich*. Mit anderen Worten, wir könnten alles mitnehmen.

➜ **Fazit:** Man darf nicht durch null teilen.

Sprechen Sie mir nach: Man darf nicht durch null teilen! Man darf nicht durch null teilen!

1 = 2

Nehmen wir an, man hat zwei beliebige Zahlen: *a* und *b*.
Nehmen wir außerdem an:

$$a = b$$

Folgen Sie mir bitte bei diesem Rechengang. Wenn ich
beide Glieder mit *a* multipliziere, ergibt das

$$a^2 = ab$$

Addieren wir jetzt $(a^2 - 2ab)$ in beiden Gliedern, ergibt
sich folgende Gleichung:

$$a^2 + (a^2 - 2ab) = ab + (a^2 - 2ab)$$

Das heißt zusammengefasst:

$$2a^2 - 2ab = a^2 - ab$$

Wenn man den gemeinsamen Faktor in jedem Glied
ausklammert

$$2a\,(a - b) = a\,(a - b)$$

und auf beiden Seiten $(a - b)$ kürzt, erhält man:

$$2a = a$$

Jetzt kürzt man *a* auf beiden Seiten, und das Ergebnis
lautet:

$$2 = 1$$

Wo ist der Fehler? Es muss doch einen geben, oder? Vielleicht haben Sie ihn schon bemerkt. Vielleicht auch nicht. Ich schlage Ihnen vor, jeden Schritt aufmerksam zu lesen und zu versuchen, allein herauszufinden, *wo der Fehler ist*.

Die Antwort finden Sie wie immer auf der Seite mit den Lösungen.

Das Problem 3× + 1

Ich schlage Ihnen eine Aufgabe vor, die wir gemeinsam lösen. Natürlich bin ich weder hier bei Ihnen (»hier«, wo Sie gerade dieses Buch lesen), noch sind Sie mit mir »hier« (»hier«, wo ich bin, vor meinem Computer, und diese Zeilen schreibe). Aber jetzt zurück zum Thema, folgen Sie bitte meinem Gedankengang.

Wir werden gemeinsam eine *Folge* von natürlichen (positiven ganzen) Zahlen konstruieren. Die Regel dabei lautet: Wir beginnen mit irgendeiner beliebigen Zahl. Sagen wir, zum Beispiel, mit der 7. Sie wird das erste Glied unserer Folge sein.

Das zweite Glied erhalten wir folgendermaßen: Ist die Zahl, die wir ausgewählt haben, gerade, teilen wir sie durch zwei. Ist sie dagegen ungerade, multiplizieren wir sie mit 3 und addieren 1 dazu. Da wir in unserem Beispiel die 7 ausgesucht haben, müssen wir sie, weil sie *nicht gerade ist*, mit 3 multiplizieren und 1 dazuzählen. Das Ergebnis lautet 22, denn $3 \times 7 = 21$, plus 1 ergibt 22.

Die ersten beiden Glieder *unserer Folge* sind also: {7, 22}. Um das dritte Glied der Folge zu gewinnen, teilen wir sie – die 22 ist eine gerade Zahl – durch zwei und erhalten 11. Jetzt haben wir {7, 22, 11}.

Weil die 11 ungerade ist, besagt die Regel: »Multipliziere mit 3 und addiere 1 dazu.« Das Ergebnis lautet 34. Wir haben also {7, 22, 11, 34}.

Da die 34 eine gerade Zahl ist, lautet das nächste Glied der Folge 17. Darauf folgt 52. Dann 26. Und danach 13. Als Nächstes 40. Dann 20. (Bis dahin ergibt sich die Folge {7, 22, 11, 34, 17, 52, 26, 13, 40, 20}.) Wir teilen weiterhin die geraden Zahlen durch zwei und multiplizieren die ungeraden mit 3 und zählen 1 dazu:

{7, 22, 11, 34, 17, 52, 26, 13, 40, 20, 10, 5, 16, 8, 4, 2, 1}

Bei der Zahl 1 halten wir an.

Ich bitte Sie jetzt, eine andere Zahl als Anfang zu wählen, sagen wir die 24. Wir erhalten folgende Zahlenfolge:

{24, 12, 6, 3, 10, 5, 16, 8, 4, 2, 1}

Beginnen wir mit der 100, erhalten wir die Folge:

{100, 50, 25, 76, 38, 19, 58, 29, 88, 44, 22, 11, 34, 17, 52, 26, 13, 40, 20, 10, 5, 16, 8, 4, 2, 1}

Wir stellen fest, dass alle Folgen mit der Zahl 1 enden. Und das ist auch tatsächlich das Ende der Folge, da man von hier an in eine Endlosschleife geraten würde: Von der 1 käme man auf die 4, von der 4 auf die 2 und von der 2 wieder auf die 1. Daher können wir die Folge auch gleich bei der 1 beenden.

Bis heute endet die Folge in *allen* bisher bekannten Beispielen mit der Zahl 1. Und doch gibt es *keinen Beweis dafür*, dass das Ergebnis für *jede beliebige Zahl* gültig ist.

Das Problem ist unter dem Namen »3× + 1-Problem« oder auch »Collatz-Problem«, »Syrakus-Problem«, »Kakutani-Problem«, »Hasse-Algorithmus« oder »Ulam-Problem« bekannt. Wie Sie sehen, hat es viele Namen, aber keine Lösung. Eine gute Gelegenheit, das Problem in Angriff zu nehmen. Lassen Sie mich an dieser Stelle jedoch noch eine Sache einfügen: Es ist ziemlich unwahrscheinlich, dass ein »Laie« das nötige Handwerkszeug besitzt, um das Problem zu lösen. Man schätzt, dass es auf der Welt nur zwanzig Personen gibt, die in der Lage sind, »es mit ihm aufzunehmen«. Wie ich jedoch bereits an anderer Stelle in diesem Buch erwähnt habe, heißt das nicht, dass irgendjemand von Ihnen, wo auch immer er sich auf diesem Planeten befindet und ungeachtet seiner mathematischen Vorkenntnisse, verhindert wäre, einen völlig neuen Gedanken zu haben und das Problem zu lösen, ohne zu dieser *privilegierten Gruppe der zwanzig Personen* zu gehören.

Das Problem, von dem Sie eben gelesen haben, ist Teil einer langen Liste noch offener Fragen in der Mathematik. Es ist leicht, derartige Lücken in anderen Wissenschaften zu akzeptieren. So weiß beispielsweise die Medizin noch nicht, wie sie bestimmte Arten von Krebs oder Alzheimer behandeln kann, um nur ein paar Beispiele zu nennen. Die Physik hat bisher weder eine »Theorie«, die *Makro und Mikro* miteinander vereinbart, noch kennt sie *alle Elementarteilchen*. Die Biologie weiß noch nicht, wie alle Gene funktionieren, geschweige denn, wie viele es gibt.

Kurz und gut, ich bin sicher, Sie könnten noch viele weitere Beispiele anfügen. Die Mathematik hat, wie gesagt, *ihre eigene Liste.*

Wie oft kann man ein Papier falten?

Nehmen wir an, wir hätten ein sehr dünnes Blatt Papier, wie das, das man üblicherweise zum Druck der Bibel benutzt. In einigen Teilen der Welt kennt man dieses Papier sogar als das »Bibelpapier«. Im Grunde sieht es aus wie »Seidenpapier«.

Um eine Vorstellung von der Stärke des Papiers zu bekommen, sagen wir, es hat eine Dicke von einem tausendstel Zentimeter.

Das heißt, 10^{-3} cm = 0,001 cm.

Nehmen wir ferner an, wir hätten ein großes Blatt von diesem Papier, so groß wie die Seite einer Zeitung.

Beginnen wir nun damit, es zur Hälfte zu falten.

Wie oft, glauben Sie, könnten Sie es falten? Und ich habe noch eine andere Frage: Angenommen, Sie könnten es falten und falten, so oft wie Sie wollen, sagen wir ungefähr *dreißig Mal*, wie dick, glauben Sie, wäre das Papier, das Sie dann in Händen hielten?

Bevor Sie weiterlesen, schlage ich vor, dass Sie einen Augenblick über die Antwort nachdenken und danach weiterlesen (wenn Sie wollen).

Kehren wir also zu unserem Ansatz zurück. Nachdem wir es einmal gefaltet haben, hätten wir ein Papier von 2 tausendstel Zentimeter Dicke. Falten wir es noch einmal, wären es 4 tausendstel Zentimeter. Bei jedem Mal Falten *verdoppelt* sich die Dicke. Und wenn wir es im-

mer wieder und wieder falten (jeweils zur Hälfte), hätten wir nach 10 Mal Falten folgende Situation:
2^{10} (das heißt, die Zahl 2 zehnmal mit sich selbst multipliziert) = 1.024 tausendstel Zentimeter = ungefähr 1 cm.
Was sagt uns das? Wenn wir das Papier 10 (zehn) Mal falten würden, hätten wir eine Dicke von etwas mehr als einem Zentimeter. Nehmen wir an, wir falten das Papier weiter, immer zur Hälfte. Was würde passieren?
Nach 17 Mal Falten hätten wir eine Dicke von
2^{17} = 131.072 tausendstel Zentimeter = etwas mehr als einen Meter.
Nach 27 Mal Falten hätten wir:
2^{27} = 134.217.728 tausendstel Zentimeter, das heißt, etwas mehr als 1.342 Meter! Also fast eineinhalb Kilometer!
Hier lohnt es sich, einen Augenblick innezuhalten: Indem wir ein Blatt Papier, selbst ein so dünnes wie das Bibelpapier, nur 27 Mal falteten, erhielten wir eines von fast eineinhalb Kilometern Dicke.

Was ist mehr?
37 % von 78 oder 78 % von 37?

Im Allgemeinen ist eine Idee wichtiger als eine Rechnung. Mit anderen Worten, es ist nicht immer ratsam, ein Problem mit »roher Gewalt« anzugehen. Wenn man zum Beispiel gefragt würde: Welche Zahl ist größer? 37 % von 78 oder 78 % von 37?
Natürlich kann man jetzt anfangen zu rechnen und das Ergebnis herausfinden, aber es geht hier darum, sich auch ohne Rechnen für eine Antwort entscheiden zu

können. Die Idee beruht auf der folgenden Überlegung: Um 37 % von 78 zu berechnen, müssen wir 37 mit 78 multiplizieren und dann durch 100 dividieren. Rechnen Sie nicht nach, das ist nicht nötig.

Wollen wir 78 % von 37 berechnen, müssen wir ebenfalls 78 mit 37 multiplizieren und dann durch 100 teilen.

Wie Sie sehen, handelt es sich um ein und dieselbe Rechnung, denn die Multiplikation ist *kommutativ. Mit anderen Worten, die Reihenfolge der Faktoren ändert das Produkt nicht.* Das heißt, unabhängig davon, wie das Ergebnis lautet (in diesem Fall 28,86), kommt bei beiden dasselbe heraus. Die Zahlen sind also gleich.

Binäre Tafeln

Überlegen Sie sich einmal Folgendes: Egal, ob Sie englisch, deutsch, französisch, portugiesisch, dänisch oder schwedisch sprechen … Wenn Sie

$$153 + 278 = 431$$

schreiben, wird es in England, in den USA, in Deutschland, Frankreich, Portugal, Brasilien oder Dänemark jeder verstehen (um nur ein paar Länder zu nennen, in denen man verschiedene Sprachen spricht).

Das bedeutet: Die Sprache der Zahlen ist »universaler« als die der verschiedenen Sprachen. Sie transzendiert sie. Wir haben uns darauf geeinigt (wenn auch ohne es zu wissen), dass die Zahlen »heilig« sind. Gut, nicht ganz, aber was ich sagen will, ist, dass es gewisse Konventionen gibt (die Zahlen *sind* offensichtlich eine Konvention), die die Übereinkünfte transzendiert, die wir einst getroffen haben, um zu kommunizieren.

Es dauerte über vierhundert Jahre, bis Europa die arabische Zählung annahm (also die Zahlen, die wir heute benutzen) und gegen die alte (die römische Zählung) austauschte. Sie wurde erstmals um 1220 von Fibonacci in Europa eingeführt. Fibonacci, der seinen Vater, einen Handelsreisenden, als Kind nach Nordafrika begleitet hatte, erkannte klar die Notwendigkeit, ein anderes, geeigneteres Zahlensystem zu verwenden. Wenngleich es keine Zweifel über die Vorteile der neuen Zählung gab, waren die Händler der Zeit bemüht, den Fortschritt zu vermeiden, der sie daran hindern würde, bei den Rechnungen zu schummeln.

Außerdem *kannten* die Römer *keine* Nullen. Die Schwierigkeit beim Rechnen ist mit einem Satz von Juan Enríquez in *As the Future Catches You* treffend formuliert: »Versuchen Sie, 436 mit 618 in römischen Zahlen zu multiplizieren, dann reden wir weiter.«

Also gut. Wenn wir die Zahl

2.735.896

schreiben, *verkürzen* oder *vereinfachen* wir eigentlich folgende Rechenoperation:

a)   2.000.000 + 700.000 + 30.000 + 5.000 + 800 + 90 + 6.

Zwar sind wir uns darüber nicht bewusst (und müssen es auch nicht sein), aber im Grunde ist die Notation eine »Übereinkunft«, die wir ursprünglich getroffen haben, um alles, was wir in der Reihe a) schreiben, »abzukürzen«.

Eine andere mögliche Schreibweise wäre:

b) $2 \cdot 10^6 + 7 \cdot 10^5 + 3 \cdot 10^4 + 5 \cdot 10^3 + 8 \cdot 10^2 + 9 \cdot 10^1 + 6 \cdot 10^0$,

mit der Übereinkunft: $10^0 = 1$.

Das hat man uns schon in der Grundschule beigebracht, nämlich als die »Millionen«, die »Hunderttausender«, die »Zehntausender«, die »Tausender«, die »Hunderter«, die »Zehner« und die »Einer« – und fertig. Danach haben wir diese Nomenklatur nie wieder benutzt, und sie hat uns auch nicht gefehlt.

Das Interessante an dieser Schreibweise ist, dass wir die Anzahl der Zehntausender, Tausender, Hunderter usw. nennen müssen.

Dafür brauchen wir die Zahlen, die ich in der Gleichung b) »fett« und etwas größer gesetzt habe.

Diese Zahlen bezeichnen wir als *Ziffern*, von denen es bekanntlich zehn gibt:

0, 1, 2, 3, 4, 5, 6, 7, 8 und 9

Nehmen wir jetzt an, man würde nur mit zwei Ziffern zählen: 0 und 1.

Wie können wir auf diese Weise eine Zahl schreiben?

Der Zählweise mit *zehn Ziffern* liegt die Logik zugrunde, zuerst alle Ziffern einzeln zu benutzen, sprich: 0, 1, 2, 3, 4, 5, 6, 7, 8, 9.

Von da an können wir die Ziffern nicht mehr separat verwenden. Wir müssen sie kombinieren. Das heißt, wir müssen jetzt *zwei Ziffern* einsetzen. Wir beginnen mit der 10, machen weiter mit 11, 12, 13, 14 ... 19 ... (an dieser Stelle müssen wir auf die nächste Ziffer zurückgreifen) und weiter mit 20, 21, 22, 23 ... 29, 30 ... usw. ..., bis wir zur 97, 98, 99 gelangen. An diesem Punkt *haben* wir alle Möglichkeiten *erschöpft*, Zahlen mit *zwei Ziffern* zu schreiben. Sie dienten dazu, die ersten *hundert* aufzuzählen (da wir mit der 0 angefangen haben; bis 99 sind es genau 100).

Und jetzt? Wir müssen *drei Ziffern* benutzen (die nicht mit null beginnen, denn sonst wäre es, als ob man *zwei Ziffern* hätte, nur auf verdeckte Weise). Dann beginnen wir mit 100, 101, 102 ... usw. Nachdem wir die Tausend erreicht haben, brauchen wir *vier Ziffern*. Und so geht es weiter. Das heißt: Jedes Mal, wenn wir *alle verfügbaren Zahlen, die wir mit einer Ziffer schreiben können,* verbraucht haben, benötigen wir zwei Ziffern. Wenn wir die Zahlen mit zwei Ziffern verbraucht haben, benötigen wir drei Ziffern. Dann vier. Und so weiter.

Was also, wenn man nur zwei Ziffern hat, sagen wir die 0 und die 1? Wir benutzen die beiden Ziffern getrennt:

$$0 = 0$$
$$1 = 1$$

Jetzt gehen wir zum nächsten Schritt über, das heißt, wir benötigen *zwei Ziffern* (und bemerkenswerterweise benötigen wir schon *zwei Ziffern*, um die Zahl *Zwei* schreiben zu können):

$$10 = 2$$
$$11 = 3$$

An dieser Stelle sind die Möglichkeiten mit zwei Ziffern
bereits erschöpft. Wir müssen mehr einsetzen:

        100 = 4
        101 = 5
        110 = 6
        111 = 7

Und wir benötigen noch eine, um fortzufahren:

        1 000 = 8
        1 001 = 9
        1 010 = 10
        1 011 = 11
        1 100 = 12
        1 101 = 13
        1 110 = 14
        1 111 = 15

Ich schreibe nur noch einen weiteren Schritt auf:

        10 000 = 16
        10 001 = 17
        10 010 = 18
        10 011 = 19
        10 100 = 20
        10 101 = 21
        10 110 = 22
        10 111 = 23
        11 000 = 24
        11 001 = 25
        11 010 = 26

```
11 011 = 27
11 100 = 28
11 101 = 29
11 110 = 30
11 111 = 31
```

Und hier überlasse ich Sie sich selbst. Aber es wird klar, dass man, um zur 32 zu kommen, eine Ziffer hinzufügen und die 100.000 benutzen muss. Das Bemerkenswerte ist, dass es möglich ist, *mit nur zwei Ziffern* jede beliebige Zahl zu schreiben. Die Zahlen sind jetzt *in Potenzen von 2* geschrieben, auf die gleiche Weise, wie sie vorher *in Potenzen von 10* dargestellt waren.

Sehen wir uns einige Beispiele an:

a) $\qquad 111 = 1 \cdot 2^2 + 1 \cdot 2^1 + 1 \cdot 2^0 = 7$

b) $\qquad 1\,010 = 1 \cdot 2^3 + 0 \cdot 2^2 + 1 \cdot 2^1 + 0 \cdot 2^0 = 10$

c) $\qquad 1\,100 = 1 \cdot 2^3 + 1 \cdot 2^2 + 0 \cdot 2^1 + 0 \cdot 2^0 = 12$

d) $\qquad 110\,101 = 1 \cdot 2^5 + 1 \cdot 2^4 + 0 \cdot 2^3 + 1 \cdot 2^2 + 0 \cdot 2^1 +$
$\qquad\qquad\qquad 1 \cdot 2^0 = 53$

e) $\qquad 10\,101\,010 = 1 \cdot 2^7 + 0 \cdot 2^6 + 1 \cdot 2^5 + 0 \cdot 2^4 + 1 \cdot 2^3 +$
$\qquad\qquad\qquad 0 \cdot 2^2 + 1 \cdot 2^1 + 0 \cdot 2^0 = 170$

(Interessant ist, dass jede *gerade* Zahl auf *null* endet und jede *ungerade* auf *eins*.)

An dieser Stelle dürfte klar sein, wie man »herausfinden« kann, um welche Zahl es sich in der »dezimalen« Schreibweise handelt, wenn sie in »binärer Form« geschrieben ist (man nennt sie binär, weil nur zwei Ziffern gebraucht werden: 0 und 1).

Wichtig ist auch die Erkenntnis, dass nur zwei Dinge passieren können, da man »nur« die Ziffern 0 und 1 benutzt und sie mit den Potenzen von zwei multipliziert: Entweder taucht diese Potenz in der Schreibung der Zahl *auf oder nicht*.

In der Schreibung der Zahl 6 (110) beispielsweise sind die Potenzen 2^2 und 2^1 enthalten. 2^0 dagegen (die 2^1 vorangeht) besagt, dass diese Potenz nicht erscheint.

Und genau darin besteht das »Geheimnis«, mit dem wir das Rätsel der »binären Karten« lösen können, die sich im Anhang befinden. Das heißt: Man bittet eine Person, sich eine beliebige Zahl zwischen 0 und 255 zu denken, und gibt ihr die binären Karten, die sich im Anhang befinden. Dann stellt man folgende Frage: »Auf welcher dieser Karten taucht die Zahl auf, die du gewählt hast?« Die Person sieht jede Karte durch und wählt die entsprechenden aus. Wenn sie zum Beispiel die Zahl 170 gewählt hat, gibt sie Ihnen die Karten, die am *linken oberen Rand* folgende Zahlen haben: 128, 32, 8 und 2.

Addiert man diese Zahlen, erhält man die Zahl 170. Wir wissen die Zahl, *ohne dass die Person sie uns verraten hätte*. Wir können sie selbst herausfinden!

Warum diese Methode funktioniert? Weil uns die Person, indem sie die Karten auswählt, auf denen die Zahl erscheint, mitteilt (natürlich ohne es zu wissen), wo *die Einsen* in der binären Schreibweise der Zahl sind.

Müsste die Person, die in Gedanken die Zahl 170 ausgesucht hat, die Zahl in binärer Schreibweise schreiben, würde sie schreiben:

10 101 010

oder anders ausgedrückt:

$$10\ 101\ 010 = 1 \cdot 2^7 + 0 \cdot 2^6 + 1 \cdot 2^5 + 0 \cdot 2^4 + 1 \cdot 2^3 +$$
$$1 \cdot 2^2 + 1 \cdot 2^1 + 0 \cdot 2^0 = 170$$

Indem sie die Karten auswählt, ist es so, als würde sie die »Einsen auswählen«. Die Karten, die sie Ihnen nicht gibt, sind die Karten, die *die Nullen enthalten*.
Wie geht man also vor, wenn man eine beliebige Zahl auf binäre Weise schreiben will? Zum Beispiel die Zahl 143? (Dieses Problem lösen zu können, ist sehr nützlich, denn sonst müsste man die ganze Liste aufschreiben, bis man zur 143 gelangt.)
Was man tun muss: *Die Zahl 143 durch 2 teilen. Und das Ergebnis wieder durch 2 teilen. Und so weiter, bis der Quotient, den man erhält, 0 oder 1 ist.*
In diesem Fall also:

$$143 = 71 \cdot 2 + 1$$

Das heißt, hier ist der Quotient 71 *und der Rest 1*.
Fahren wir fort. Jetzt teilen wir die 71 durch 2.

$$71 = 35 \cdot 2 + 1$$

Hier ist der Quotient 35. Und der Rest ist 1. Wir dividieren 35 durch 2.

$$35 = 17 \cdot 2 + 1 \quad \text{(Quotient 17, Rest 1)}$$
$$17 = 8 \cdot 2 + 1 \quad \text{(Quotient 8, Rest 1)}$$
$$8 = 4 \cdot 2 + 0 \quad \text{(Quotient 4, Rest 0)}$$
$$4 = 2 \cdot 2 + 0 \quad \text{(Quotient 2, Rest 0)}$$
$$2 = 1 \cdot 2 + 0 \quad \text{(Quotient 1, Rest 0)}$$
$$1 = 0 \cdot 2 + 1 \quad \text{(Quotient 0, Rest 1)}$$

Und hier endet die Geschichte. Was man jetzt tun muss: Alle Reste zusammenfügen, und zwar in der Reihenfolge von unten nach oben:

10 001 111

$1 \cdot 2^7 + 0 \cdot 2^6 + 0 \cdot 2^5 + 0 \cdot 2^4 + 1 \cdot 2^3 + 1 \cdot 2^2 + 1 \cdot 2^1 +$
$1 \cdot 2^0 = 128 + 8 + 4 + 2 + 1 = 143$

Jetzt schlage ich vor, üben Sie mit anderen Zahlen. Ich werde nur noch ein paar Beispiele anführen:

$$82 = 41 \cdot 2 + 0$$
$$41 = 20 \cdot 2 + 1$$
$$20 = 10 \cdot 2 + 0$$
$$10 = 5 \cdot 2 + 0$$
$$5 = 2 \cdot 2 + 1$$
$$2 = 1 \cdot 2 + 0$$
$$1 = 0 \cdot 2 + 1$$

Also:
$82 = 1\,010\,010 = 1 \cdot 2^6 + 0 \cdot 2^5 + 1 \cdot 2^4 + 0 \cdot 2^3 + 0 \cdot 2^2 + 1 \cdot 2^1 + 0 \cdot 2^0 = 64 + 16 + 2$
(Diese Zahl erhalten wir, wenn wir von unten nach oben alle Reste zusammenfügen. Ich fordere Sie nochmals dazu auf, nachzurechnen und sich davon zu überzeugen, dass die Rechnung funktioniert – und noch viel interessanter ist es, sich davon zu überzeugen, dass die Rechnung immer funktioniert, unabhängig von der Zahl, die wir auswählen.)

Ein letztes Beispiel:

$$1\,357 = 678 \cdot 2 + 1$$
$$678 = 339 \cdot 2 + 0$$
$$339 = 169 \cdot 2 + 1$$
$$169 = 84 \cdot 2 + 1$$
$$84 = 42 \cdot 2 + 0$$
$$42 = 21 \cdot 2 + 0$$
$$10 = 5 \cdot 2 + 0$$
$$5 = 2 \cdot 2 + 1$$
$$2 = 1 \cdot 2 + 0$$
$$1 = 0 \cdot 2 + 1$$

Die Zahl, die wir suchen, ist also:

10 101 001 101

Das heißt:

$$1 \cdot 2^{10} + 0 \cdot 2^9 + 1 \cdot 2^8 + 0 \cdot 2^7 + 1 \cdot 2^6 + 0 \cdot 2^5 + 0 \cdot 2^4 +$$
$$1 \cdot 2^3 + 1 \cdot 2^2 + 0 \cdot 2^1 + 1 \cdot 2^0 = 1.024 + 256 + 64 + 8 +$$
$$4 + 1 = 1.357$$

Die Quadratwurzel aus 2 ist eine irrationale Zahl

Als Pythagoras und seine Leute (ob es sie nun gab oder nicht) den berühmten Satz entdeckten (den des Pythagoras, meine ich), stießen sie auf ein Problem ... Nehmen wir an, wir hätten ein rechtwinkliges Dreieck, dessen zwei Katheten die Länge *eins* haben. (Hier könnten *wir einen Meter oder einen Zentimeter oder eine Einheit* einsetzen, damit es nicht zu abstrakt wird.)

Wenn jede Kathete *eins* lang ist, muss die Hypotenuse[3] $\sqrt{2}$ lang sein. Diese Zahl lieferte sofort ein Problem. Um es zu verstehen, einigen wir uns zunächst auf ein paar Punkte.

a) Eine Zahl x heißt *rational*, wenn sie als *Quotient aus zwei ganzen Zahlen* darstellbar ist.
    Das heißt, $x = p/q$,
    wobei p und q ganze Zahlen sind, und es muss erfüllt sein, dass q ≠ 0.

Beispiele:

I)   1,5 ist eine rationale Zahl, weil 1,5 = 3/2
II)   7,6666666… ist rational, weil 7,6666666… = 23/3
III)   5 ist eine rationale Zahl, weil 5 = 5/1

Insbesondere dieses letzte Beispiel legt nahe, dass *jede ganze Zahl rational ist.* Und dieses Ergebnis ist richtig, denn jede ganze Zahl kann man als Quotient aus sich selbst und *1* schreiben.

Bis zu diesem Moment, das heißt dem Moment, in dem Pythagoras seinen Lehrsatz bewies, kannte man *nur die rationalen Zahlen.* Die Absicht dieses Unterkapitels ist es, das Problem vorzustellen, auf das die Pythagoräer stießen.

Gehen wir einen Schritt weiter. Überlegen wir: Ist es richtig, dass, wenn eine Zahl gerade ist, ihr Quadrat auch gerade ist?

---

3 Die Hypotenuse eines rechtwinkligen Dreiecks ist die Seite mit der größten Länge. Die anderen beiden Seiten nennt man Katheten.

Wie immer überlasse ich Sie kurz Ihren Gedanken (oder Ihrem Bleistift und Papier). Ich jedoch fahre jetzt fort, weil ich nicht so lange auf Sie warten kann, aber folgen Sie mir, wann immer Sie wollen …

Die Antwort ist Ja. Warum? Weil man x, wenn es eine gerade Zahl ist, auf folgende Weise ausdrücken kann:

$$x = 2 \cdot n$$

(wobei n auch eine ganze Zahl ist).

Wenn man x nun quadriert, erhält man:

$$x^2 = 4 \cdot n^2 = 2 \, (2 \cdot n^2)$$

Das heißt, x^2 ist ebenfalls eine gerade Zahl.

Jetzt umgekehrt: Ist es richtig, dass, wenn x^2 gerade ist, auch x gerade sein muss? Machen wir uns die Sache klar: Wäre x nicht gerade, wäre es ungerade. In diesem Fall müsste man x so schreiben:

$$x = 2k + 1,$$

wobei k eine beliebige natürliche Zahl ist.

Aber dann *kann sie auch nicht gerade sein,* wenn man sie quadriert, denn

$$x^2 = (2k + 1)^2 = 4k^2 + 4k + 1 = 4m + 1$$

(wobei ich $m = k^2 + k$ genannt habe).

Wenn $x^2 = 4m + 1$, dann ist x^2 eine *ungerade* Zahl.

➜ **Fazit:** Wenn das Quadrat einer Zahl gerade ist, war die Zahl auch schon gerade.

Mit diesen Informationen sind wir jetzt in der Lage, das Problem anzugehen, das sich den Pythagoräern stellte. Ist es richtig, dass die Zahl $\sqrt{2}$ auch rational ist? Ich sage es noch einmal: Bedenken Sie, dass man damals *nur die rationalen Zahlen* kannte. Also wollte man natürlich beweisen, dass jede Zahl, mit der man es zu tun hatte, *rational sei*. Das heißt: Wenn man zu jener Zeit *nur rationale Zahlen* kannte, war es folgerichtig, dass man sich bemühte, für jede *neue* Zahl, die auftauchte, eine *Schreibweise wie p/q* zu finden.

Nehmen wir also an (wie damals die Griechen), $\sqrt{2}$ sei eine rationale Zahl. Ist das der Fall, muss es zwei ganze Zahlen p und q geben, sodass

$$\sqrt{2} = (p/q)$$

Indem wir (p/q) schreiben, nehmen wir an, dass wir die gemeinsamen Faktoren, die p und q haben könnten, bereits »gekürzt« haben. Insbesondere gehen wir davon aus, dass *beide nicht gerade* sind, denn wenn sie es wären, würden wir den Bruch kürzen und den *Faktor zwei sowohl im Zähler als auch im Nenner eliminieren.* Das heißt: Wir können davon ausgehen, dass entweder p oder q nicht gerade ist.

Nehmen wir beide Glieder zum Quadrat, haben wir:

$$2 = (p/q)^2 = p^2/q^2$$

Multiplizieren wir jetzt die Gleichung mit dem Nenner des zweiten Gliedes, ergibt das:

$$2 \cdot q^2 = p^2 \qquad\qquad (*)$$

Die Gleichung (*) besagt, dass die Zahl p^2 eine gerade Zahl ist (denn sie schreibt sich als Produkt von 2 *mit* einer ganzen Zahl).

Wie wir etwas weiter oben gesehen haben, ist die Zahl p selbst eine gerade Zahl, wenn die Zahl p^2 gerade ist. Daher kann die Zahl p, da sie eine gerade Zahl ist, so geschrieben werden:

$$p = 2k$$

Wenn man dies quadriert, erhält man:

$$p^2 = 4k^2$$

In die Gleichung (*) eingesetzt, ergibt das:

$$2q^2 = p^2 = 4k^2$$

Und kürzt man auf beiden Seiten mit 2, lautet das Ergebnis:

$$q^2 = 2k^2$$

Daher ist q^2 ebenfalls gerade. Aber wir haben schon gesehen, dass, wenn q^2 gerade ist, auch die Zahl q gerade ist. Führen wir diese Beweise jetzt zusammen, kommen wir zu dem Ergebnis, dass *sowohl p als auch q gerade sind*. Das ist aber nicht möglich, weil wir zu Beginn vorausgesetzt haben, dass wir sie gekürzt hätten, wenn es so wäre.

➜ **Fazit:** Die Zahl $\sqrt{2}$ *ist nicht rational*. Diese Erkenntnis eröffnete einen neuen, bislang unerforschten und sehr fruchtbaren Weg: den der *irrationalen* Zahlen. Zusammen bilden die rationalen und die irrationalen Zahlen die Menge der reellen Zahlen. Dies sind alle Zahlen, die wir zum Messen in unserem täglichen Leben benötigen. (Anmerkung: Nicht alle irrationalen Zahlen sind so leicht *herzustellen* wie $\sqrt{2}$. Wenngleich $\sqrt{2}$ und π beide irrationale Zahlen sind, so sind sie *im Wesentlichen* doch sehr verschieden, und zwar aus Gründen, die über das Ziel dieses Buches hinausgehen. $\sqrt{2}$ gehört zur Menge der »algebraischen Zahlen«, während π zur Menge der »transzendenten Zahlen« gehört.)

Summe aus fünf Zahlen

Wenn ich mit einer Gruppe von jungen (und nicht mehr ganz so jungen) Leuten zusammen bin und sie mit einem Zahlenspiel überraschen will, nehme ich immer das folgende. Ich werde es hier anhand eines Beispiels vorführen, aber dann werden wir es analysieren und erklären, wie und warum es funktioniert.

Ich bitte meine Gesprächspartner, mir eine Zahl aus fünf Ziffern zu nennen. Sagen wir 12.345 (trotzdem fordere ich Sie dazu auf, beim Lesen gleichzeitig ein anderes Beispiel durchzurechnen). Dann notiere ich *12.345* und sage ihnen, dass ich auf der Rückseite des Papiers (oder auf einem anderen Papier) das Ergebnis einer »Summe« aufschreiben werde. Natürlich wirken die Leute überrascht, weil sie nicht verstehen, von welcher »Summe« ich spreche, wenn sie mir bis dahin doch nur eine Zahl gegeben haben.

Ich bitte sie um Geduld und sage ihnen, dass ich eine weitere Zahl aufschreiben werde (wie gesagt auf der Rückseite des Papiers), die das Ergebnis einer Summe sein wird, deren Summanden *wir noch nicht kennen*, bis auf einen: die 12.345.

Auf der Rückseite notiere ich folgende Zahl:

212.343

Sie werden sich jetzt fragen, warum. Es geht darum, der Zahl am Anfang eine Zwei hinzuzufügen und am Ende zwei abzuziehen.

Wenn sie mir zum Beispiel die 34.710 nennen, notiere ich auf der Rückseite 234.708. Dann bitte ich meinen Gesprächspartner, mir noch eine Zahl zu nennen. Sagen wir beispielsweise:

73.590

Damit haben wir schon zwei Zahlen, die Teile unserer »Summe« bilden werden. Die ursprüngliche Zahl 12.345 und die zweite Zahl 73.590.

Dann bitte ich sie um eine weitere Zahl mit fünf Ziffern. Zum Beispiel:

43.099

Wir haben also bereits drei Zahlen mit je fünf Ziffern, die drei der fünf Summanden sein werden:

12.345
73.590
43.099

Wenn wir einmal an diesem Punkt angelangt sind, schreibe ich kurzerhand zwei weitere Zahlen auf:

26.409

und

56.900

Woher habe ich diese Zahlen?

Ich habe Folgendes getan: Ich nehme die 73.590 und füge unten hinzu, was fehlt, damit die Summe 99.999 ergibt. Das heißt, unter die Zahl 7 eine 2, unter die 3 eine 6, unter die 5 eine 4, unter die 9 eine 0 und unter die 0 eine 9.

$$
\begin{array}{r}
73.590 \\
+\ 26.409 \\
\hline
99.999
\end{array}
$$

Mit der 43.099 verfahre ich auf die gleiche Weise. In diesem Fall lautet die Zahl 56.900.

Das heißt:

$$
\begin{array}{r}
56.900 \\
+\ 43.099 \\
\hline
99.999
\end{array}
$$

Wenn wir das, was wir bisher getan haben, zusammenfassen, haben wir jetzt *fünf Zahlen mit jeweils fünf Ziffern*. Die ersten drei entsprechen den Zahlen, die uns unser Gesprächspartner gegeben hat:

12.345, 73.590 und 56.900

Mit der ersten habe ich die »Gesamtsumme« hergestellt (und sie auf der Rückseite des Papiers vermerkt, 212.343), mit den anderen beiden habe ich *zwei weitere Zahlen mit fünf Ziffern* (in diesem Fall 26.409 und 43.099) so konstruiert, dass die Summe jeweils 99.999 ergibt. Jetzt fordere ich meinen Gesprächspartner in aller Ruhe dazu auf, »die Summe zu bilden«.

Und auch Sie fordere ich dazu auf:

```
  12.345
  73.590
  56.900
  26.409
  43.099
 212.343
```

Wir erhalten *die Zahl, die wir auf die Rückseite des Papiers geschrieben haben.*

Ich fasse die einzelnen Schritte noch einmal zusammen:

a) Sie bitten um eine Zahl mit fünf Ziffern (43.871).

b) Dann schreiben Sie auf die Rückseite des Papiers eine weitere Zahl (jetzt mit sechs Ziffern), die sich ergibt, wenn man an den Anfang eine 2 hinzufügt und zwei abzieht (243.869).

c) Sie bitten um zwei weitere Zahlen mit fünf Ziffern (35.902 und 71.388).

d) Sie fügen zwei Zahlen hinzu, die mit den beiden vorhergehenden 99.999 ergeben (64.097 und 28.611).

e) Sie fordern die Person, die Sie vor sich haben, dazu auf, die Summe zu bilden … und die Rechnung geht auf!

Aber warum geht sie auf?

Das ist der interessanteste Teil. Beachten Sie, dass Sie an die ursprüngliche Zahl, die die andere Person uns gegeben hat, eine 2 vorne anfügen und zwei abziehen, als addierten wir 200.000 hinzu und subtrahierten zwei. Wir addieren also im Grunde (200.000 – 2).

Wenn wir die beiden anderen Zahlen, die uns unser Gesprächspartner genannt hat, so ergänzen, dass sie 99.999 ergeben, bedenken wir, dass 99.999 genau (100.000 – 1) ist. Da wir dies *zweimal* tun, da wir zweimal (100.000 – 1) hinzufügen, addieren wir insgesamt auch (200.000 – 2).

Und das ist auch schon alles, was wir getan haben – der ursprünglichen Zahl (200.000 – 2) hinzuzufügen! Deshalb geht die Rechnung auf: Weil wir letztlich nichts anderes tun, als zweimal (100.000 – 1) zu addieren oder, was auf das Gleiche herauskommt, (200.000 – 2).

Ein Attentat auf den Fundamentalsatz der Arithmetik?

Der Fundamentalsatz der Arithmetik besagt, dass jede ganze Zahl (ungleich +1, –1 oder 0) entweder eine Primzahl ist oder sich in ein Produkt von Primzahlen zerlegen lässt.

Beispiele:

a) $14 = 2 \cdot 7$
b) $25 = 5 \cdot 5$
c) $18 = 2 \cdot 3 \cdot 3$
d) $100 = 2 \cdot 2 \cdot 5 \cdot 5$

e) 11 = 11 (denn 11 ist eine Primzahl)

f) 1.000 = 2 · 2 · 2 · 5 · 5 · 5

g) 73 = 73 (denn 73 ist eine Primzahl)

Mehr noch: Der Satz besagt, dass *die Primfaktorzerlegung bis auf die Reihenfolge der Faktoren eindeutig ist* (weil die Reihenfolge der Faktoren das Produkt nicht verändert). Ich möchte jedoch eine Frage aufwerfen. Sehen Sie sich die Zahl 1.001 an, die sich auf zweierlei Weise schreiben lässt:

$$1.001 = 7 \cdot 143$$

sowie

$$1.001 = 11 \cdot 91$$

Wo liegt der Fehler? Könnte es sein, dass der Lehrsatz hier versagt?
Die Antwort findet sich im Lösungsteil.

Unendliche Primzahlen

Wir wissen bereits, was Primzahlen sind. Jedoch lohnt es sich, an eine Passage aus dem Werk *Der Bürger als Edelmann* von Molière zu denken, in der der Protagonist, als er gefragt wird, ob er etwas im Besonderen wüsste, antwortet: »Tut so, als wüsste ich es nicht, und erklärt es mir.« Daher werden wir mit einigen Definitionen beginnen, um von einem gemeinsamen Kenntnisstand auszugehen.

In diesem Kapitel werden wir nur die *natürlichen (oder positiven ganzen) Zahlen* benutzen. Ich will hier keine rigorose Definition abgeben, aber doch dahingehend mit Ihnen einig werden, über welche Zahlen ich spreche:

N = {1, 2, 3, 4, 5, 6, …, 100, 101, 102, …,}

Wir wollen die Zahl 1 aus den folgenden Betrachtungen ausschließen, aber wie Sie leicht nachprüfen können, hat jede andere Zahl *immer mindestens zwei Teiler: sich selbst und 1. (Eine Zahl ist ein Teiler* einer anderen, wenn diese *exakt durch sie teilbar ist, das heißt, wenn man die eine durch die andere dividiert und kein Rest bleibt oder, anders ausgedrückt, der Rest gleich null ist.*) Zum Beispiel:

Die 2 ist durch 1 und sich selbst (die 2) teilbar,
die 3 ist durch 1 und sich selbst (die 3) teilbar,
die 4 ist durch 1, durch 2 und sich selbst (die 4) teilbar,
die 5 ist durch 1 und durch sich selbst (die 5) teilbar,
die 6 ist durch 1, durch 2, durch 3 und sich selbst
(die 6) teilbar,
die 7 ist durch 1 und durch sich selbst (die 7) teilbar,
die 8 ist durch 1, durch 2, durch 4 und durch sich
selbst (die 8) teilbar,
die 9 ist durch 1, durch 3 und durch sich selbst (die 9)
teilbar,
die 10 ist durch 1, durch 2, durch 5 und durch sich
selbst (die 10) teilbar.

Man könnte diese Liste unendlich fortführen. Wenn man sich jedoch ansieht, was mit den ersten natürlichen

Zahlen geschieht, entdeckt man ein Muster: *Alle sind durch die 1 und sich selbst teilbar. Es kann sein, dass sie mehr Teiler haben, mindestens aber zwei.* Ich möchte hier noch ein paar Beispiele anfügen und Sie bitten, sich eine Definition zu überlegen. Beobachten Sie:

Die 11 ist nur durch 1 und durch sich selbst teilbar.
Die 13 ist nur durch 1 und durch sich selbst teilbar.
Die 17 ist nur durch 1 und durch sich selbst teilbar.
Die 19 ist nur durch 1 und durch sich selbst teilbar.
Die 23 ist nur durch 1 und durch sich selbst teilbar.
Die 29 ist nur durch 1 und durch sich selbst teilbar.
Die 31 ist nur durch 1 und durch sich selbst teilbar.

Bemerken Sie ein Muster in all diesen Beispielen? Was sagt Ihnen die Tatsache, dass die 2, 3, 5, 7, 11, 13, 19, 23, 29, 31 *nur zwei Teiler haben, alle anderen Zahlen aber mehr als zwei*? Sobald Sie die Antwort haben (und auch, wenn Sie sie nicht haben), gebe ich eine Definition:
Eine natürliche Zahl (ungleich 1) nennt man dann, und nur dann *eine Primzahl*, wenn *sie exakt zwei Teiler* hat: *die 1 und sich selbst.*
Wie man sieht, möchte ich eine Gruppe von Zahlen abgrenzen, weil sie ein ganz besonderes Charakteristikum haben: Sie sind nur durch zwei Zahlen teilbar, durch sich selbst und die Zahl Eins.
Machen wir nun eine Liste der Primzahlen, die sich unter den ersten hundert natürlichen Zahlen befinden:

2, 3, 5, 7, 11, 13, 17, 19, 23, 29, 31, 37, 41, 43, 47, 53, 59, 61, 67, 71, 73, 79, 83, 89, 97.

Es gibt 25 Primzahlen unter den ersten hundert Zahlen.
Es gibt 21 zwischen 101 und 200.
Es gibt 16 zwischen 201 und 300.
Es gibt 17 zwischen 301 und 400.
Es gibt 14 zwischen 501 und 600.
Es gibt 16 zwischen 601 und 700.
Es gibt 14 zwischen 701 und 800.
Es gibt 15 zwischen 801 und 900.
Es gibt 14 zwischen 901 und 1.000.

Das heißt, es gibt 168 Primzahlen unter den ersten tausend Zahlen. An jeder beliebigen Primzahltabelle ist zu beobachten, dass die Folge immer »dünner« wird. Demnach haben wir 123 Primzahlen zwischen 1.001 und 2.000, 127 zwischen 2.001 und 3.000, 120 zwischen 3.001 und 4.000. Und so könnten wir immer weitermachen. Obschon dabei einige Fragen auftauchen ... viele Fragen. Zum Beispiel:

a) Wie viele Primzahlen gibt es?
b) Hören sie irgendwann auf?
c) Und wenn sie nicht aufhören, wie findet man sie alle?
d) Gibt es irgendeine Formel, die Primzahlen *erzeugt*?
e) Wie sind sie verteilt?
f) Wenn man auch *weiß*, dass es keine aufeinander folgenden Primzahlen geben kann, außer der 2 und der 3, wie viele benachbarte Zahlen können wir finden, ohne dass eine Primzahl auftaucht?
g) Was ist eine Primzahllücke?
h) Was sind *Primzahlzwillinge*? (Die Antwort findet sich im nächsten Kapitel)

In diesem Buch habe ich nur vor, ein paar dieser Fragen zu beantworten, optimal wäre allerdings, wenn der Leser dieser Aufzeichnungen so neugierig würde, dass er sich selbst einige Antworten überlegt beziehungsweise in den verschiedenen Büchern über dieses Thema (Zahlentheorie) nachliest, was man bisher darüber weiß und welche Fragen noch offen sind.

Das Ziel ist zu *beweisen*, dass die Primzahlen unendlich sind. Das heißt, dass die Liste niemals endet. Nehmen wir an, dem wäre nicht so. Gehen wir davon aus, dass sie sich bei unserem Versuch, sie »aufzulisten«, irgendwann erschöpfen.

Wir nennen sie also

$$p_1, p_2, p_3, p_4, p_5, \ldots, p_n$$

sodass sie schon in ansteigender Form geordnet sind.

$$p_1 < p_2 < p_3 < p_4 < p_5 < \ldots < p_n$$

In unserem Falle hieße das:

$$2 < 3 < 5 < 7 < 11 < 13 < 17 < 19 < \ldots < p_n$$

Wir nehmen also an, dass es n Primzahlen gibt. Und außerdem, dass p_n die größte von allen ist. Wenn es nur eine endliche Zahl von Primzahlen gibt, muss es auch eine größte geben. Das heißt: In einer endlichen Zahlenmenge muss eine die größte von allen sein. Das Gleiche ließe sich nicht behaupten, wenn die Menge unendlich wäre, da wir aber gerade annehmen, dass es nur eine endliche Menge von Primzahlen gibt, muss eine davon die größte und höchste sein. Diese Zahl nennen wir p_n.

Denken wir uns jetzt eine Zahl, die wir **N** nennen.

$$N = (p_1 \cdot p_2 \cdot p_3 \cdot p_4 \cdot p_5 \ldots p_n) + 1 \text{ [4]}$$

Sagen wir, sie bestünde allein aus Primzahlen:

2, 3, 5, 7, 11, 13, 17, 19,

dann wäre die neue Zahl **N**:

$$2 \cdot 3 \cdot 5 \cdot 7 \cdot 11 \cdot 13 \cdot 17 \cdot 19 + 1 = 9.699.691$$

Weil diese Zahl **N** aber größer ist als *die größte* aller Primzahlen[5], das heißt größer als p_n, kann sie demnach keine Primzahl sein (denn wir haben angenommen, dass p_n die *größte* aller Primzahlen ist).

Weil **N** also keine Primzahl sein kann, muss sie durch eine Primzahl *teilbar* sein.[6] Das heißt, da

$$p_1, p_2, p_3, p_4, p_5, \ldots, p_n$$

---

4 Das Symbol · benutzen wir, um eine »Multiplikation« oder ein »Produkt« darzustellen.

5 Um sich davon zu überzeugen, beachten Sie, dass **N** > p_n 2 + 1; das ist für unseren Beweis bereits ausreichend.

6 Eigentlich wäre ein Beweis dieser Tatsache notwendig; denken wir daran, dass eine Zahl, die *keine Primzahl* ist, mehr Teiler hat als eins und sich selbst. Ihr Teiler muss kleiner als sie selbst und größer als eins sein. Wenn dieser Teiler eine Primzahl ist, ist das Problem gelöst. Ist der Teiler jedoch keine Primzahl, wiederholen wir diesen Ablauf. Und da wir immer kleinere Teiler erhalten, wird ein Moment kommen (und dies kann ein formellerer Beweis zeigen), in dem das Verfahren sich erschöpft. Und diese Zahl schließlich ist die *Primzahl, nach der wir suchen.*

Primzahlen sind, muss sie durch eine von ihnen, sagen wir p_k, teilbar sein. Oder, anders ausgedrückt, **N** muss ein *Vielfaches* von p_k sein.

Das heißt:

$$N = p_k \cdot A$$

Da die Zahl ($p_1 \cdot p_2 \cdot p_3 \cdot p_4 \cdot p_5 \ldots p_n$) auch ein Vielfaches von p_k ist, kämen wir nun zu dem Schluss, dass sowohl **N** als auch (**N** – 1) Vielfache von p_k sind. Das ist aber nicht möglich. Zwei aufeinander folgende Zahlen können niemals Vielfache derselben Zahl sein (außer der Eins).

Betrachten wir an einem Beispiel, wie der Beweis auszusehen hätte. Nehmen wir an, die Liste der Primzahlen (die nach unserer Annahme endlich ist) wäre folgende:

$$2 < 3 < 5 < 7 < 11 < 13 < 17 < 19$$

Wir nehmen also an, die 19 sei die größte Primzahl, die es gibt. In diesem Fall stellen wir folgende Zahl **N** her:

$$N = 2 \cdot 3 \cdot 5 \cdot 7 \cdot 11 \cdot 13 \cdot 17 \cdot 19 + 1 = 9.699.691$$

Auf der anderen Seite die Zahl

$$(2 \cdot 3 \cdot 5 \cdot 7 \cdot 11 \cdot 13 \cdot 17 \cdot 19) = 9.699.690 = N - 1.$$

Die Zahl **N** = 9.699.691 könnte keine Primzahl sein, weil wir annehmen, dass die größte von allen die Zahl 19 ist. Also muss diese Zahl **N** durch eine Primzahl teilbar sein. Demnach müsste diese Primzahl eine von denen sein, die wir kennen: 2, 3, 5, 7, 11, 13, 17 und/oder 19. Wählen wir nun eine beliebige aus, um die Beweisführung fortzuführen (wenngleich Sie, wenn Sie wollen, auch zeigen können, dass es falsch ist … **N** ist durch keine von ihnen teilbar). Nehmen wir an, N ließe sich durch die Zahl 7 teilen.[7] Die Zahl (**N** – 1) ist aber offensichtlich auch ein Vielfaches von 7.

Also hätten wir zwei aufeinander folgende Zahlen, (**N** – 1) und **N**, die jeweils ein Vielfaches von 7 wären, was natürlich unmöglich ist. Damit ist bewiesen, dass die Annahme, es gäbe eine größte aller Primzahlen[8], falsch ist, und dies schließt den Beweis.

Primzahlzwillinge

Wir wissen, dass es keine aufeinander folgenden Primzahlen geben kann, außer dem Paar {2, 3}. Das ist auch ganz offensichtlich, wenn man bedenkt, dass von jedem Paar benachbarter Zahlen eine gerade ist. Und die einzige *gerade Primzahl* ist die 2. Daher ist das einzige Paar aufeinander folgender Primzahlen {2, 3}.

Wenn wir also wissen, dass es keine benachbarten Primzahlen gibt, was passiert, wenn wir eine Zahl auslassen? Das heißt, gibt es zwei aufeinander folgende ungerade Zahlen, die Primzahlen sind? Die Paare {3, 5}, {5, 7},

---

7 Die Wahl der Zahl 7 als Teiler der Zahl N dient lediglich dem Zweck, Sie zum Nachdenken anzuregen, aber natürlich hätte sie auch mit jeder anderen funktioniert.

8 Was wir mit der Annahme, dass 19 die größte Primzahl sei, getan haben, war nur als Beispiel gedacht, das dazu dienen sollte, um den allgemeinen Gedankengang zu verstehen, der weiter oben dargestellt ist, wobei die Primzahl p_n diejenige ist, die die Rolle der 19 übernimmt.

{11, 13}, {17, 19} zum Beispiel sind Primzahlen und zwei aufeinander folgende ungerade Zahlen.

Zwei Primzahlen, die um *zwei Einheiten* voneinander abweichen, wie in den vorstehenden Beispielen, *nennt man Primzahlzwillinge*. Das heißt, sie sind von der Art {p, p + 2}.

Der Erste, der sie »Primzahlzwillinge« nannte, war Paul Stäckel (1892–1919), wie aus der Bibliografie hervorgeht, die Tietze 1965 veröffentlichte.

Weitere Paare von Primzahlzwillingen:

{29, 31}, {41, 43}, {59, 61}, {71, 73}, {101, 103}, {107, 109}, {137, 139}, {149, 151}, {179, 181}, {191, 193}, {197, 199}, {227, 229}, {239, 241}, {281, 283} ...

Man vermutet, dass es *unendlich viele Primzahlzwillinge* gibt. Aber bis heute, August 2005, weiß man noch nicht, ob es stimmt.

Das größte derzeit bekannte Paar von Primzahlzwillingen ist

$$(33.218.925) \cdot 2^{169.690} - 1$$

und

$$(33.218.925) \cdot 2^{169.690} + 1$$

Die 51.090-stelligen Zahlen wurden im Jahr 2002 entdeckt. Es gibt sehr viel Material, das über dieses Thema geschrieben wurde, aber bis heute bleibt die Vermutung unendlich vieler Primzahlzwillinge unbewiesen.

Primzahllücken

Eines der interessantesten Probleme der Mathematik ist der Versuch, ein Muster in der Verteilung der Primzahlen zu entdecken.

Das heißt: Wir wissen bereits, dass sie unendlich sind. Wir haben auch schon gesehen, was *Primzahlzwillinge* sind. Betrachten wir nun die ersten hundert natürlichen Zahlen. In dieser Gruppe gibt es 25 Primzahlen (sie erscheinen in Kursivschrift). Es ist leicht, *drei aufeinander folgende Zahlen* zu finden, *die keine Primzahlen sind*: 20, 21, 22. Auf der Liste sind noch mehr, aber egal. Suchen wir nun eine Folge von *vier benachbarten Zahlen, die keine Primzahlen sind:* 24, 25, 26, 27 (wenngleich man hier auch noch die 28 hinzufügen könnte). Und so lassen sich immer weiter »Folgen« von (benachbarten) Zahlen finden, die »keine Primzahlen« oder »zusammengesetzten Zahlen« sind.

> *2*, *3*, 4, *5*, 6, *7*, 8, 9, 10, *11*, 12, *13*, 14, 15, 16, *17*, 18,
> *19*, 20, 21, 22, *23*, 24, 25, 26, 27, 28, *29*, 30, *31*, 32,
> 33, 34, 35, 36, *37*, 38, 39, 40, *41*, 42, *43*, 44, 45, 46,
> *47*, 48, 49, 50, 51, 52, *53*, 54, 55, 56, 57, 58, *59*, 60,
> *61*, 62, 63, 64, 65, 66, *67*, 68, 69, 70, *71*, 72, *73*, 74,
> 75, 76, 77, 78, *79*, 80, 81, 82, *83*, 84, 85, 86, 87, 88,
> *89*, 90, 91, 92, 93, 94, 95, 96, *97*, 98, 99, 100.

Die Frage ist: Können die Folgen jede beliebige Länge aufweisen? Das heißt: Wenn ich zehn benachbarte Zahlen haben will, von denen keine eine Primzahl ist, werde ich sie finden? Und wenn ich hundert aufeinander folgende Zahlen haben möchte, die alle zusammengesetzt sind? Und tausend?

Was ich versuchen will zu beweisen: dass man tatsächlich *beliebig große Folgen benachbarter Zahlen* »erzeugen« kann, *die keine Primzahl enthalten.* Dieser Umstand ist ziemlich bemerkenswert, wenn man bedenkt, dass die Zahl der Primzahlen unendlich ist. Sehen wir jedoch, wie man es beweisen kann.

Zunächst möchte ich hier einen Begriff einführen, der sehr nützlich und in der Mathematik sehr gebräuchlich ist: Das Produkt *aller Zahlen, die kleiner oder gleich n sind,* nennt man *Fakultät* einer Zahl *n und wird n! geschrieben.*

Zum Beispiel:

1! = 1 (und liest sich: *Die Fakultät von 1 ist gleich 1*)

2! = 2 · 1 = 2 (*Die Fakultät von 2 ist gleich 2*)

3! = 3 · 2 · 1 = 6 (*Die Fakultät von 3 ist gleich 6*)

4! = 4 · 3 · 2 · 1 = 24

5! = 5 · 4 · 3 · 2 · 1 = 120

6! = 6 · 5 · 4 · 3 · 2 · 1 = 720

10! = 10 · 9 · 8 · 7 · 6 · 5 · 4 · 3 · 2 · 1 = 3.628.800

Wie man sieht, nimmt die Fakultät sehr schnell zu.

Im Allgemeinen:

n! = n · (n-1) · (n-2) · (n-3) … 4 · 3 · 2 · 1

Auch wenn es so erscheinen mag, als wäre diese Definition willkürlich, und man ihren Nutzen nicht klar versteht, ist es eine Notwendigkeit, die *Fakultät einer Zahl* zu definieren, um *jegliches kombinatorische Problem* anzugehen, das heißt jegliches Problem, das Zählen mit einbezieht. Aber wieder einmal geht dies über das Ziel dieses Buches hinaus.

Dennoch lohnt es sich festzuhalten (und es ist wichtig, dass Sie darüber nachdenken), dass die Fakultät einer Zahl *n* tatsächlich *ein Vielfaches von n und aller Zahlen ist, die ihm vorausgehen.*

Das heißt:

3! = 3 · 2 ist ein Vielfaches von 3 und von 2.

4! = 4 · 3 · 2 ist ein Vielfaches von 4 sowie von 3 und von 2.

5! = 5 · 4 · 3 · 2 ist ein Vielfaches von 5, von 4, von 3 und von 2.

Daraus folgt:

n! ist ein Vielfaches von n, (n-1), (n-2), (n-3), …, 4, 3 und von 2.

Eine letzte Sache, bevor wir das Problem der »Folgen« *zusammengesetzter* oder »nichtprimer« Zahlen in Angriff nehmen. Wenn zwei Zahlen gerade sind, ist ihre Summe gerade. Das heißt, wenn zwei Zahlen Vielfache von 2 sind, gilt dies für die Summe auch. Wenn zwei Zahlen Vielfache von 3 sind, gilt dies für die Summe auch. Wenn zwei Zahlen Vielfache von 4 sind, gilt dies für die Summe auch. Durchschauen Sie das Konzept? Wenn zwei Zahlen Vielfache von k sind, ist die Summe auch ein Vielfaches von k (für jedes k) (ich schlage Ihnen vor, dass Sie den Beweis erbringen, was sehr leicht ist).

Ich fasse zusammen:

a) Die Fakultät von n (das heißt n!) ist ein Vielfaches der Zahl n und aller Zahlen kleiner als n.

b) Wenn zwei Zahlen Vielfache von k sind, dann gilt dies für die Summe auch.

Mit diesen beiden Formeln gehen wir das Problem an. Zur Übung werde ich einige Beispiele zeigen, damit der Leser auf die allgemeine Vorgehensweise schließen kann.

Suchen wir, ohne dabei in der Tabelle der primen und »nichtprimen« bzw. zusammengesetzten Zahlen nachsehen zu müssen, drei benachbarte zusammengesetzte Zahlen:

$$4! + 2$$
$$4! + 3 \qquad\qquad (^*)$$
$$4! + 4$$

Diese drei Zahlen folgen aufeinander. Jetzt *werden wir feststellen, dass sie außerdem zusammengesetzt sind.* Sehen wir uns die erste an: 4! + 2. Der erste Summand, 4!, ist ein Vielfaches von 2 (wegen Punkt a). Auf der anderen Seite ist der zweite Summand, 2, offensichtlich ein Vielfaches von 2. Also ist wegen Punkt b) die Summe der zwei Zahlen (4! + 2) ein Vielfaches von 2.

Die Zahl 4! + 3 ist aus zwei Summanden zusammengesetzt. Der erste, 4!, ist wegen Punkt a) ein Vielfaches von 3. Und der zweite Summand, 3, ist ebenfalls ein Vielfaches von 3. Aufgrund von Punkt b) ist die Summe (4! + 3) dann ein Vielfaches von 3.

Die Zahl 4! + 4 ist auch aus zwei Summanden zusammengesetzt. Der erste, 4!, ist wegen Punkt a) ein Vielfaches von 4. Und der zweite Summand, 4, ist auch ein Vielfaches von 4. Aufgrund von Punkt b) ist die Summe (4! + 4) dann ein Vielfaches von 4.

Die drei Zahlen, die in (*) auftauchen, sind definitiv aufeinander folgend, und keine der drei kann eine Primzahl sein, weil die erste ein Vielfaches von 2, die zweite ein Vielfaches von 3 und die vierte ein Vielfaches von 4 ist.

Nach derselben Idee bilden wir jetzt zehn *aufeinander folgende* Zahlen, die keine Primzahlen sind, oder auch zehn *aufeinander folgende* Zahlen, die zusammengesetzt sind:

$$11! + 2 \text{ (ist ein Vielfaches von 2)}$$
$$11! + 3 \text{ (ist ein Vielfaches von 3)}$$
$$11! + 4 \text{ (ist ein Vielfaches von 4)}$$
$$11! + 5 \text{ (ist ein Vielfaches von 5)}$$
$$11! + 6 \text{ (ist ein Vielfaches von 6)}$$
$$11! + 7 \text{ (ist ein Vielfaches von 7)}$$
$$11! + 8 \text{ (ist ein Vielfaches von 8)}$$
$$11! + 9 \text{ (ist ein Vielfaches von 9)}$$
$$11! + 10 \text{ (ist ein Vielfaches von 10)}$$
$$11! + 11 \text{ (ist ein Vielfaches von 11)}$$

Diese zehn Zahlen sind aufeinander folgend und zusammengesetzt. Demnach erfüllen sie die Forderung. Wenn ich Sie jetzt bitten würde, hundert benachbarte zusammengesetzte Zahlen zu bilden, würde es Ihnen gelingen? Ich bin sicher, das würde es, wenn Sie dem Muster der beiden vorherigen Beispiele folgen.[9]

9 Hilfe: Die erste wäre beispielsweise 101! + 2. Dann 101! + 3, 101! + 4, ..., 101! + 99, 101! + 100, 101! + 101. Natürlich sind dies aufeinander folgende Zahlen. Wie viele sind es? Machen Sie die Probe und finden Sie es heraus. Außerdem sind sie alle zusammengesetzt – oder keine

Im Allgemeinen macht man Folgendes, wenn man n aufeinander folgende zusammengesetzte Zahlen erzeugen muss:

$(n+1)! + 2$

$(n+1)! + 3$

$(n+1)! + 4$

$(n+1)! + 5$

...

$(n+1)! + n$

$(n+1)! + (n+1)$

Dies sind n Zahlen (und ich bitte Sie, sie zu zählen, hören Sie auf mich – denn Sie scheinen mir noch nicht sehr überzeugt ...), und sie sind aufeinander folgend; darüber hinaus ist die erste ein Vielfaches von 2, die zweite ein Vielfaches von 3, die nächste ein Vielfaches von 4 usw., bis zur letzten, die ein Vielfaches von (n+1) ist.

Das heißt, diese Liste erfüllt unsere Bedingung: Wir haben *n aufeinander folgende zusammengesetzte Zahlen* gefunden.

→ **Fazit:** Hat man es mit großen – sehr großen – Zahlen zu tun, tauchen viele viele (und das ist jetzt kein Druckfehler ... es sind wirklich viele) zusammengesetzte Zahlen auf. Aber das heißt auch, dass sich Primzahl*lücken* finden lassen. Eine Primzahllücke ist ein Intervall der natürlichen Zahlen, in dem *es keine Primzahl gibt*.

Primzahlen –, denn die erste ist ein Vielfaches von 2, die zweite ein Vielfaches von 3, die dritte ein Vielfaches von 4 ... usw. Die letzte ist ein Vielfaches von 101.

Ich denke, infolge oben stehender Erklärung müssten Sie in der Lage sein, jegliche Herausforderung beim Auffinden von Lücken (so groß, wie man sie von Ihnen verlangt) anzunehmen.

Die Zahl *e*

Ich möchte hier ein Problem aufwerfen, bei dem es darum geht, Geld, das einen bestimmten Zins abwerfen soll, bei einer Bank anzulegen.

Um die Darstellung klarer zu machen, werde ich ein Beispiel anführen. Wir nehmen an, eine Person hat ein Kapital von einem Peso. Ferner nehmen wir an, der Zins, der jährlich für diesen Peso bezahlt wird, beträgt 100 %. Ich weiß … bei diesem Zinssatz ist klar, dass die Bank zusammenbricht, noch bevor sie begonnen hat, und dass dieses Beispiel zum Scheitern verurteilt ist. Aber folgen Sie mir bitte trotzdem, denn nun wird es interessant.

Kapital: 1 Peso
Zins: 100 % pro Jahr

Wenn man die Investition in der Bank tätigt und dann nach Hause geht, wie viel Geld hat man, wenn man nach genau einem Jahr zurückkehrt? Ganz klar: Da der Zins 100 % beträgt, hat der Herr nach einem Jahr zwei Pesos: einen, der seinem Kapital entspricht, und einen als Ergebnis des Zinses, den die Bank bezahlt hat. Bis hierher ist alles klar:

Kapital nach einem Jahr: 2 Pesos

Nehmen wir jetzt an, der Herr beschließt, sein Geld nicht für ein Jahr, sondern nur für sechs Monate anzulegen. Der Zins wird (im Verlaufe dieses gesamten Beispiels) konstant bleiben: Er wird immer 100 % betragen. Wie viel Geld hat der Herr also nach sechs Monaten? Ist es klar, dass er 1,5 Pesos besitzt?

Dies ist der Fall, weil das Kapital unberührt bleibt: Es ist immer noch ein Peso. Da der Zins hingegen 100 % beträgt, er aber das Geld nur die Hälfte des Jahres in der Anlage beließ, gebührt ihm ein Zins für die Hälfte, die er investiert hat, und daher bekommt er $ 0,50 Zinsen. Das heißt, sein neues Kapital beträgt $ 1,5.

Wenn der Herr nun beschließt, *sein neues Kapital wieder bei derselben Bank zum selben Zins (100 %) und für weitere sechs Monate zu investieren*, sodass man wieder auf ein Jahr kommt wie vorher, wie viel Geld hat er jetzt?

Neues Kapital: 1,5
Zins: 100 % pro Jahr
Laufzeit der Anlage: 6 Monate

Am Ende des Jahres hat der Herr

$$1,5 + 1/2\,(1,5) = 2,25$$

Warum? Weil das Kapital, das er nach den ersten sechs Monaten hatte, nicht berührt wird: $ 1,5. Der neue Zins, den er einnimmt, bezieht sich auf die Hälfte des Kapitals, da er das Geld zu einem Zinssatz von 100 %, aber nur für *sechs Monate* anlegt. Daher hat er $1/2\,(1,5) = 0,75$ neues Kapital, das ihm die Bank als Ergebnis der angefallenen Zinsen gewährt.

→ **Fazit:** Es lohnt sich für den Herrn (sofern die Bank es ihm gestattet), das Geld zunächst für sechs Monate anzulegen und dann die feste Laufzeit für weitere sechs Monate zu erneuern. Wenn wir das mit dem vergleichen, was er im ersten Fall bekommen hätte: Am Jahresende hatte er zwei Pesos. Wenn er hingegen nach der Hälfte reinvestiert, hat er nach 365 Tagen $ 2,25.

Nehmen wir nun an, der Herr legt denselben Peso an, den er ursprünglich hatte, aber diesmal nur für vier Monate. Nach diesen vier Monaten reinvestiert er das Geld für weitere vier Monate. Und schließlich tätigt er die letzte Reinvestition (immer mit demselben Kapital) bis zum Ablauf des Jahres. Wie viel Geld hat er nun?

Mir ist klar, dass Sie jetzt auf dieser Seite weiterlesen und die Lösung finden können, aber es ist immer wünschenswert, dass die Leser eine minimale Anstrengung vollbringen (wenn Sie es denn wünschen), selbst zu überlegen.

Wie dem auch sei, hier kommt die Lösung. Wir werden sehen, ob sie verständlich ist.

Am Anfang des Jahres hat der Herr:

$$1$$

Nach vier Monaten (das heißt nach Ablauf von 1/3 des Jahres) hat er:

$$(1+1/3)$$

Nach weiteren vier Monaten (also nach insgesamt acht) hat er

$$(1+1/3) + 1/3\,(1+1/3) = (1+1/3)\,(1+1/3) = (1+1/3)^2$$

(Dies ist der Fall, da nach vier Monaten das Kapital (1+1/3) beträgt und er nach weiteren vier Monaten *das Kapital plus ein Drittel dieses Kapitals* haben wird. Der nächste Schritt besteht darin, auf der linken Seite der Gleichung »den gemeinsamen Faktor (1+1/3) auszuklammern«, mit dem Ergebnis $(1+1/3)^2$.)

Wenn der Herr also $(1+1/3)^2$ für weitere vier Monate investiert, wird er am Jahresende das Kapital $(1+1/3)^2$ *plus* (1/3) dieses Kapitals haben. Das heißt:

$$(1+1/3)^2 + 1/3\,(1+1/3)^2 = (1+1/3)^2\,(1+1/3) = (1+1/3)^3$$
$$= 2{,}37037037\ldots\,[10]$$

Wie Sie sicher bemerken, geraten wir nun in Versuchung, das Geld nicht nur alle vier Monate, sondern alle drei Monate neu anzulegen. Ich bitte Sie, dies selbst nachzurechnen, aber das Ergebnis schreibe ich auf. Nach einem Jahr hat der Herr ein Kapital von

$$(1+1/4)^4 = 2{,}44140625$$

Wenn er dies alle zwei Monate tun würde, müsste er sein Geld sechs Mal pro Jahr reinvestieren:

$$(1+1/6)^6 = 2{,}521626372\ldots$$

---

10 Von jetzt an werde ich die ersten Ziffern der Dezimalbruchentwicklung jeder Zahl, die im Text auftaucht, benutzen. In diesem Fall ist die Zahl $(1+1/3)^3$ nicht gleich 2,37037037, es handelt sich vielmehr um eine Annäherung mit Beschränkung auf die ersten neun Ziffern.

Wenn er dies einmal pro Monat tun würde, würde er *zwölf* Mal pro Jahr reinvestieren:

$$(1+1/12)^{12} = 2{,}61303529\ldots$$

Wie Sie sehen, lohnt es sich für den Herrn, sein Geld fest anzulegen, aber mit immer kürzerer Laufzeit, und jeweils das erzielte Kapital zu reinvestieren (immer zu demselben Zinssatz).

Nehmen wir an, die Bank würde dem Herrn erlauben, seine Laufzeit *täglich* zu erneuern. In diesem Fall hätte der Herr

$$(1+1/365)^{365} = 2{,}714567482\ldots$$

Bei einer stündlichen Reinvestition hätte er (da das Jahr 8.760 Stunden hat):

$$(1+1/8760)^{8760} = 2{,}718126692\ldots$$

Gestattete man ihm, dies einmal pro Minute zu tun, beliefe sich sein Kapital (da das Jahr 525.600 Minuten hat) auf

$$(1+1/525.600)^{525.600} = 2{,}718279243\ldots$$

Und schließlich nehmen wir an, man erlaubte ihm, *einmal pro Sekunde* neu anzulegen.

In diesem Fall hätte er am Ende eines Jahres (bei 34.536.000 Sekunden pro Jahr)

$$(1+1/34.536.000)^{34.536.000} = 2{,}718281793\ldots$$

➜ **Fazit:** Wenngleich wir feststellen, dass der Gewinn nach Ablauf des Jahres jedes Mal höher ist, *vermehrt sich das Geld, das man am Ende hat, nicht in gleicher Weise.*

Ich werde die Liste, die wir soeben geschrieben haben, zusammenfassen:

Anzahl der jährlichen Reinvestitionen

> 1 Mal pro Jahr, 2
> 2 Mal pro Jahr, 2,25
> 3 Mal pro Jahr (alle vier Monate), 2,37037037…
> 4 Mal pro Jahr (alle drei Monate), 2,44140625…
> 6 Mal pro Jahr (alle zwei Monate), 2,521626372…
> 12 Mal pro Jahr (monatlich), 2,61303529…
> 365 Mal pro Jahr (täglich), 2,714567482…
> 8.760 Mal pro Jahr (stündlich), 2,718126692…
> 525.600 Mal pro Jahr (einmal pro Minute), 2,71827943…
> 34.536.000 Mal pro Jahr (einmal pro Sekunde), 2,718281793…

Interessant ist, dass diese Zahlen zwar steigen, je öfter der Zins fällig ist, dies aber nicht in *willkürlicher* oder *unkontrollierter* Weise geschieht. Im Gegenteil: Sie haben eine Grenze, sie sind *begrenzt.* Und der obere Grenzwert (das heißt, wenn man ihn imaginär jeden Moment mit sofortiger Wirkung erneuern könnte) ist als Zahl *e* bekannt (die Basis der natürlichen Logarithmen, was in diesem Zusammenhang aber unwichtig ist). Sie ist nicht nur die obere Grenze, sondern auch die Zahl, der sich die Folge, die wir schaffen, indem wir die

Fristen für die Reinvestition ändern, immer weiter annähert.

Die Zahl *e* ist eine *irrationale* Zahl. Ihre ersten Dezimalziffern sind:

$$e = 2{,}718281828\ldots\text{[11]}$$

Die Zahl *e* ist eine der wichtigsten Zahlen im täglichen Leben, wenngleich ihre Relevanz dem großen Publikum im Allgemeinen verborgen bleibt. Es gäbe noch viel mehr über sie zu erzählen, allerdings nicht hier und jetzt. An dieser Stelle begnügen wir uns damit, ihr Erscheinen in diesem Szenario hervorzuheben, und zwar als *Grenzwert (und auch als obere Grenze) des Wachstums eines Kapitals von $ 1 zu einem Zinssatz von 100 % pro Jahr, der periodisch erneuert wird.*

Verschiedene Arten von Unendlichkeit

Zählen

Ein Kind kann bereits zählen, wenn es noch sehr klein ist. Aber was heißt *zählen*? Wenn man eine Menge von irgendwelchen Dingen besitzt, sagen wir eine Schallplattensammlung, was tut man de facto, um herauszufinden, wie viele man hat? Die Antwort erscheint offensichtlich

---

11 Diese Zahl hat eine unendliche Dezimalbruchentwicklung und gehört zur selben Kategorie wie die Zahl π (Pi), insofern, als sie sowohl eine irrationale als auch transzendente Zahl ist (zumal sie nicht Wurzel eines Polynoms mit ganzen Koeffizienten ist).

(und das ist sie auch). Ich will die Frage trotzdem beantworten. Die Antwort lautet: Um herauszufinden, wie
viele Platten man in seiner Sammlung hat, muss man
hingehen und sie zählen.

Einverstanden. Das ist ein Schritt, den man tun muss.
Aber was bedeutet zählen? Sie gehen zu dem Ort, wo
Sie die Schallplatten aufbewahrt haben, und beginnen:
1, 2, 3 ... usw.

Aber:

a) Um zählen zu können, muss man die Zahlen kennen
   (in diesem Fall die natürlichen Zahlen).

b) Die Zahlen, die wir benutzen, sind geordnet, aber
   ihre Ordnung *interessiert uns nicht.* Verstehen Sie,
   was ich meine? Uns interessiert nur, *wie viele Sie
   haben,* nicht, wie jede einzelne angeordnet ist. Wenn
   ich Sie darum bitten würde, sie *nach Ihren Vorlieben
   zu ordnen,* ja, dann wäre die Reihenfolge wichtig.
   Aber um zu wissen, wie viele es sind, ist die Ordnung
   irrelevant.

c) Sie wissen, dass der Vorgang begrenzt ist. Das heißt,
   egal wie groß Ihre Plattensammlung ist, irgendwann
   endet sie.

Nehmen wir jetzt an, wir wären in einem Kino. Das Publikum für die nächste Vorstellung ist noch nicht einge-
lassen worden. Wir wissen, dass draußen viele Leute in
der Schlange stehen und darauf warten, dass sich die
Türen öffnen.

Wie ließe sich feststellen, ob das Kino über ausreichend
Sitze verfügt, um allen Wartenden einen Platz bieten zu
können? Oder was würden wir höchstwahrscheinlich

tun, um festzustellen, ob es mehr Sitze als Personen gibt oder mehr Personen als Sitze oder ob es die gleiche Anzahl ist? Natürlich ist zunächst jeder versucht, folgende Antwort zu geben: »Sehen Sie. Ich zähle die Sitze, die es gibt. Dann zähle ich die Leute. Und zum Schluss vergleiche ich die Zahlen.«

Das verlangt, dass wir *zwei Mengen zählen*. Zuerst müssen wir *die Sitze und danach (oder vorher) die Personen zählen*.

Müssen wir *zählen können*, um herauszufinden, ob es mehr Sitze als Personen oder Personen als Sitze oder gleich viele gibt? Diese Frage könnten wir folgendermaßen beantworten: Öffnen wir die Türen des Kinos, lassen wir die Leute hineingehen und sich setzen, wo sie wollen, und wenn dieser Vorgang beendet ist, ich wiederhole, wenn er *beendet ist* (denn sowohl die Sitze als auch die Leute *sind endliche Mengen*), sehen wir nach, ob es noch freie Plätze gibt; das hieße, dass mehr Sitze als Personen da wären. Wenn Leute zu sehen sind, die stehen und keinen Sitzplatz haben (mehr als ein Sitz pro Person ist nicht erlaubt), dann sind mehr Leute im Kino, als es Plätze gibt. Und wenn kein Sitz übrig bleibt und niemand steht, ist die Zahl der Sitze und die der Personen genau gleich. Das Bemerkenswerte daran ist, dass wir die Frage beantworten können, ohne zu zählen. Ohne die Zahl der Personen oder der Sitze überhaupt zu kennen.

Das ist nicht unwichtig in diesem Zusammenhang: Was wir tun, ist, die beiden Mengen *zu vergleichen*. Es ist so, als hätten wir zwei Beutel: einen, in dem die Personen sind, und einen anderen, in dem die Sitze sind. Dann ziehen wir »Pfeile«, die jeder Person einen Sitz »zuweisen«.

Das Gleiche ließe sich auch mit den Kinokarten herausfinden. Ob Eintrittskarten übrig bleiben oder fehlen
oder ob es die gleiche Menge gibt, es ist so, als würden
wir Pfeile ziehen. Und das Gute an diesem Verfahren ist,
dass man nicht zählen können muss.

Der zweite wichtige Schritt ist zu erkennen, dass ich genauso wenig auf das Zählen angewiesen bin, wenn ich
die Zahl der Elemente zweier Mengen vergleichen will.
Es genügt, sie einander *paarweise zuzuordnen, Pfeile*
zwischen die eine und die andere zu setzen.

Nur um uns über die Begriffe zu einigen, werden wir *die*
Zahl der Elemente einer Menge A Kardinalzahl dieser
Menge A nennen (und sie # (A) *schreiben*).

Zum Beispiel:

- (die Kardinalzahl der Menge »Stammspieler einer
  Profi-Fußballmannschaft«) = # {Stammspieler einer
  Profi-Fußballmannschaft} = 11,
- (die Kardinalzahl der Menge »Präsidenten der Na-
  tion«) = # {Präsidenten der Nation} = 1,
- (die Kardinalzahl der Menge »staatliche Universitäten in Argentinien« = # {staatliche Universitäten in
  Argentinien} = 36,
- (die Kardinalzahl der Menge »Himmelsrichtungen« =
  # {Himmelsrichtungen} = 4.

Wie wir gesehen haben, müssen wir, um *die Kardinal-*
zahlen zweier Mengen zu vergleichen, nicht *von jeder*
einzelnen die Kardinalzahl wissen, um zu erkennen,
welche die größere ist oder ob sie gleich sind. Es genügt,
die Elemente beider Mengen paarweise zusammenzustellen. Es sollte also klar sein, dass man sich von dem

Prozess des Zählens *befreit*, um Kardinalzahlen zu vergleichen. Denn dies wird gerade dann sehr wichtig sein, wenn wir ebenjenen Begriff des Zählens »verallgemeinern« müssen.

Eine letzte Beobachtung, bevor wir zu den unendlichen Mengen übergehen. Die natürlichen Zahlen sind bekannt und in diesem Buch oft genug erwähnt:

$$N = \{1, 2, 3, 4, 5 \ldots\}$$

Wir werden die *Teilmenge {1, 2, 3, … (n-2), (n-1), n} Intervall der natürlichen Zahlen der Länge n nennen.* Dieses Intervall werden wir [1, n] schreiben.

Zum Beispiel das *Intervall der natürlichen Zahlen der Länge fünf*:

$$[1, 5] = \{1, 2, 3, 4, 5\}$$
$$[1, 35] = \{1, 2, 3, 4, 5, 6, 7, \ldots, 30, 31, 32, 33, 34, 35\}$$
$$[1, 2] = \{1, 2\}$$
$$[1, 1] = \{1\}$$

Demnach dürfte klar sein, dass all diese »Intervalle natürlicher Zahlen« mit der Zahl Eins beginnen; die Definition lautet demnach:

$$[1, n] = \{1, 2, 3, 4, 5, \ldots, (n-3), (n-2), (n-1), n\}.$$

Tatsächlich können wir sagen, *die Elemente einer endlichen Menge zu zählen* bedeutet, die Elemente der Menge, die man uns vorgegeben hat, und ein beliebiges *Intervall natürlicher Zahlen* »paarweise zusammenzustellen«, sie einander *zuzuordnen* oder »Pfeile zu setzen«. Abhängig von *n* sagen wir, die Menge hat die *Kardinalzahl n*. Oder, anders ausgedrückt, die Menge hat *n* Elemente.

Wenn wir das einmal verstanden haben, wissen wir, was die *endlichen* Mengen sind. Das Gute ist, dass uns diese Definition auch dabei hilft zu verstehen, was eine *unendliche* Menge bedeutet.

Welche Definition soll man geben? Bevor ich eine versuchsweise Definition aufschreibe, hören Sie einen Augenblick auf Ihre Intuition: Wann würden Sie sagen, dass eine Menge unendlich ist? Und auf der anderen Seite, wenn Sie an diese Definition denken, an welche Menge denken Sie? Welches Beispiel haben Sie zur Hand?

Die Definition einer *unendlichen* Menge, die ich vorgeben werde, wird Ihnen erstaunlich erscheinen, aber das Bemerkenswerte ist, dass sie am offenkundigsten ist: Wir nennen eine Menge *unendlich*, wenn sie nicht endlich ist. Was sagt uns das? Dass wir, wenn man uns eine Menge A gibt und uns bittet zu entscheiden, ob sie endlich oder unendlich ist, versuchen müssen, ein *Intervall natürlicher Zahlen zu finden, dem sie sich paarweise zuordnen lässt*. Wenn man auf eine *natürliche Zahl n* stößt, sodass man das Intervall [1, n] und die Menge A einander in Entsprechung setzen kann, hat man die Antwort: Die Menge ist *endlich*. Sind wir allen Bemühungen zum Trotz jedoch nicht in der Lage, ein solches Intervall natürlicher Zahlen zu finden, oder – was auf das Gleiche hinausläuft –, ist jedes Intervall natürlicher Zahlen, das wir finden, zu *klein*, so ist die Menge A *unendlich*.

Beispiele für unendliche Mengen:

a) die natürlichen Zahlen (alle)
b) die geraden Zahlen
c) die Zahlen, die Vielfache von 5 sind
d) die Punkte eines Intervalls
e) die Punkte eines Dreiecks
f) die Zahlen, die *keine Vielfachen von 7 sind.*

Ich bitte Sie, weitere Beispiele zu suchen.[12]

Beschäftigen wir uns nun ein bisschen mit den unendlichen Mengen. In diesem Buch gibt es mehrere Beispiele (Hotel Hilbert, Menge und Verteilung der Primzahlen), die der Intuition zuwiderlaufen. Und das ist wunderbar: Die Intuition *entwickelt und verbessert sich* wie jede andere Sache auch. *Unsere Intuition verändert sich* mit jeder neuen Information, die wir erhalten. Je mehr man daran gewöhnt ist, über verschiedene Dinge nachzudenken, desto *besser bereitet man sich darauf vor, neue Ideen zu entwickeln.*

Halten Sie sich also gut fest, wenn wir nun unsere Reise durch die Welt der *unendlichen* Mengen beginnen. Schnallen Sie sich an und stellen Sie sich darauf ein, anders zu denken.

---

12 Die leere Menge ist die einzige, die die »Kardinalzahl« Null hat. Auf diese Weise wird der logische »Engpass« überwunden, der andernfalls entstehen würde – denn die »leere Menge« wäre nicht »endlich«, weil sie sich keinem Intervall natürlicher Zahlen »zuordnen« lässt. Sie wäre also »unendlich«. Dieses logische Hindernis kann überwunden werden, indem man entweder die »leere Menge« aus der Diskussion ausschließt oder – wie ich – sagt, dass die »leere Menge« die einzige ist, die die »Kardinalzahl Null« hat.

Problem

Einige Absätze weiter oben haben wir gesehen, wie man herausfinden kann, welche von zwei Mengen mehr Elemente hat (oder ob sie die gleiche Kardinalzahl haben). Wir haben gesehen – um es noch einmal deutlich zu machen –, dass zwei Mengen *gleich mächtig* sind, wenn sie die gleiche Kardinalzahl besitzen. Das heißt, wenn sie die gleiche *Anzahl an Elementen* haben. Wie wir gesehen haben, müssen wir nicht mehr im klassischen Sinne zählen. Wir wissen zum Beispiel, dass die Menge aller natürlichen Zahlen eine *unendliche* Menge ist.

Was aber ist mit den geraden Zahlen? Ich schlage vor, Sie übernehmen die Aufgabe zu *beweisen*, dass sie ebenso unendlich sind oder, anders gesagt, dass die geraden Zahlen *eine unendliche Menge bilden*.

Die Frage, deren Antwort im Widerspruch zur Intuition zu stehen scheint, ist jedoch die: Wenn N alle Zahlen sind und P die geraden Zahlen, in welcher Menge sind mehr Elemente? Ich weiß, dass dies unmittelbar zu einer Antwort herausfordert (*alle Zahlen müssen mehr sein, denn die geraden Zahlen sind* in allen *enthalten*). Aber diese Antwort basiert auf einer Grundlage, von der wir nicht mehr wissen, ob sie auf unendliche Mengen zutrifft: Ist es wahr, dass es weniger *gerade Zahlen* gibt, nur weil sie ein Teil aller Zahlen sind? Warum versuchen wir nicht das, was wir am Beispiel der Sitzplätze und Personen gelernt haben, auch hier anzuwenden? Was müssten wir tun? Wir müssten versuchen, alle Zahlen den geraden Zahlen *zuzuordnen, sie paarweise zusammenzustellen oder mit Pfeilen zu verbinden*. Das wird uns die korrekte Antwort geben.

Fangen wir an. Auf der einen Seite haben wir einen Beutel mit allen natürlichen Zahlen, die die Menge N bilden. Auf der anderen Seite, in einem anderen Beutel, sind die geraden Zahlen, die die Menge P bilden.

Ich nehme also folgende Zuordnung vor (wobei zu berücksichtigen ist, dass links die Zahlen der Menge N und rechts die Elemente der Menge P stehen):

$$1 \leftrightarrow 2$$
$$2 \leftrightarrow 4$$
$$3 \leftrightarrow 6$$
$$4 \leftrightarrow 8$$
$$5 \leftrightarrow 10$$
$$6 \leftrightarrow 12$$
$$7 \leftrightarrow 14$$

(Verstehen Sie, was ich mache? Wir *ordnen jeder Zahl aus N eine Zahl aus P zu.*)

Das heißt, wir ordnen jeder links stehenden Zahl jeweils ihr Doppeltes zu. Der Zahl n wird also die Zahl *2n* zugeordnet. Zum Beispiel entspricht der Zahl 103 die 206, der Zahl 1.751 die 3.502 usw.

Fest steht also, dass jeder Zahl links eine Zahl auf der rechten Seite gegenübersteht. Und dass jede Zahl auf der rechten Seite gerade ist. Es wird auch klar, dass jeder geraden Zahl (rechts) eine Zahl auf der linken entspricht (genau die Hälfte). Und dass es *eine bijektive Abbildung oder Entsprechung zwischen beiden Mengen* gibt. Das Verfahren zeigt also, dass *es die gleiche Menge an natürlichen wie geraden Zahlen gibt*. Diese Behauptung widerspricht anfangs zwar der Intuition. Aber es ist so. Von dem Problem, *zählen* zu müssen, befreit – denn in diesem Fall könnten wir gar nicht zählen, da es kein Ende geben würde, wenn die Mengen unendlich sind –, haben wir schließlich Folgendes getan: Wir haben gezeigt, dass N und P gleich mächtig sind. Das heißt, dass sie die gleiche Zahl an Elementen haben.

Auf diesem Wege wird ein Argument zunichte gemacht, das nur für endliche Mengen gültig ist. Denn wie wir am vorangehenden Beispiel gesehen haben, gilt für unendliche Mengen: *Auch wenn eine Menge in einer anderen enthalten ist, bedeutet dies nicht, dass diese aus diesem Grund weniger Elemente hätte.*[13]

Jetzt haben wir schon ein neues Spielzeug. Damit können wir uns eine Weile beschäftigen und fragen: Was ist mit den ungeraden Zahlen? Gut, ich nehme an, dass jeder, der dem Gedankengang der vorhergehenden Absätze gefolgt ist, in der Lage ist festzustellen, dass es auch genauso viele ungerade Zahlen wie natürliche Zahlen gibt. Und natürlich gibt es genauso viele ungerade wie gerade Zahlen.

An diesem Punkt sollte ich darauf hinweisen, dass die *Kardinalzahl* der unendlichen Mengen, die wir bis hierher gesehen haben (natürliche, gerade und ungerade Zahlen), »Aleph Null« heißt. (Aleph ist der erste Buchstabe des hebräischen Alphabets, und Aleph Null ist der Begriff, der allgemein gebraucht wird, um die *Mächtigkeit einer Menge mit der Mächtigkeit der Menge der natürlichen Zahlen zu vergleichen.*)

---

13 In einigen Büchern gilt darüber hinaus die *Definition einer unendlichen Menge* als eine Menge, die eigene Teilmengen hat (also Mengen, die *nicht die ganze Menge sind*), die sich bijektiv auf *die ganze Menge* abbilden lassen.

Was geschieht nun, wenn wir die ganzen Zahlen betrachten? Erinnern Sie sich, dass die ganzen Zahlen *alle natürlichen Zahlen* sind, zu denen aber noch *die Null und alle negativen Zahlen* hinzugefügt werden. Die ganzen Zahlen werden mit dem Buchstaben Z bezeichnet (vom deutschen Wort Zahl) und lauten:

$$\{\dots -5, -4, -3, -2, -1, 0, 1, 2, 3, 4, 5, \dots\}$$

Es ist also klar, dass die ganzen Zahlen eine unendliche Menge bilden. Bei der Gelegenheit ist es gut festzustellen, dass eine Menge, die als *Teilmenge* eine unendliche Menge enthält, auch unendlich sein muss. (Hätten Sie keine Lust, allein darüber nachzudenken?)

Jetzt aber kehren wir zum ursprünglichen Problem zurück. Was geschieht mit Z? Das heißt, was geschieht mit den ganzen Zahlen? Sind es mehr als die natürlichen Zahlen?

Um zu zeigen, dass die Kardinalzahl von beiden Mengen die gleiche ist, müssen wir Folgendes tun: eine bijektive Entsprechung finden (das heißt Pfeile, die einer Menge entspringen und zur anderen gelangen, ohne ein Element beider Mengen »frei« zu lassen).

Machen wir folgende Zuordnungen:

> Der 0 ordnen wir die 1 zu.
> Der −1 ordnen wir die 2 zu.
> Der +1 ordnen wir die 3 zu.
> Der −2 ordnen wir die 4 zu.
> Der +2 ordnen wir die 5 zu.
> Der −3 ordnen wir die 6 zu.
> Der +3 ordnen wir die 7 zu.

Und so können wir *jeder ganzen Zahl* eine natürliche Zahl zuordnen. Es ist klar, dass weder eine ganze Zahl übrig bleibt, ohne dass ihr eine natürliche Zahl entspräche, noch umgekehrt eine natürliche Zahl, ohne dass ihr eine ganze Zahl zugeordnet wäre. Damit ist bewiesen, *dass die Menge Z* der ganzen Zahlen *und die Menge N* der natürlichen Zahlen beide die gleiche Kardinalzahl haben, nämlich Aleph Null. Das heißt, die ganzen und die natürlichen Zahlen besitzen die gleiche Menge an Elementen.

Als Übung bitte ich Sie zu beweisen, dass auch die Vielfachen von fünf, die Potenzen von zwei, drei usw. die Kardinalzahl Aleph Null haben (und folglich die gleiche Menge an Elementen wie die ganzen oder die natürlichen Zahlen). Wenn Sie bis hierher gekommen und noch immer interessiert sind, hören Sie nicht auf, über die verschiedenen Fälle nachzudenken und darüber, wie sich die *Entsprechung* finden lässt, die beweist, dass alle diese Mengen (wenngleich es zunächst nicht so scheint) die gleiche Kardinalzahl haben.

Jetzt wollen wir einen kleinen Qualitätssprung machen. Betrachten wir die *rationalen Zahlen*, die den Namen Q tragen (abgeleitet vom Wort »Quotient«). Eine Zahl heißt *rational*, wenn sie der Quotient aus zwei ganzen Zahlen ist: a/b. (Wobei natürlich der Fall ausgeschlossen ist, dass b null ist. Denn *durch null darf man bekanntlich nicht teilen,* wie wir bereits an anderer Stelle gesehen haben.)

Im Grunde sind die rationalen Zahlen diejenigen, die man als »Brüche« kennt, mit ganzen Zahlen als Zähler und Nenner. Zum Beispiel sind (–7/3), (17/5), (1/2), 7 rationale Zahlen. Interessant ist, dass jede ganze Zahl *auch eine rationale Zahl ist*, denn jede ganze Zahl *a* kann man als einen Bruch schreiben oder als Quotient aus sich selbst und eins. Das heißt:

$a = a/1$

Interessant wird es, wenn man versucht zu beweisen, dass auch *die rationalen Zahlen Aleph Null als Kardinalzahl haben*, wenngleich *sie sehr viel mehr erscheinen*. Demnach ist auch ihre Menge genauso mächtig wie die der natürlichen Zahlen. In der Gemeinsprache (und damit der nützlichen Sprache) heißt das: *Es gibt so viele rationale wie natürliche Zahlen.*
Der Beweis ist interessant, weil wir eine Zuordnung aufstellen werden, die spiralförmig verläuft. Sie werden es gleich verstehen. Wir machen Folgendes:

0/1 ordnen wir die 1 zu	4/2 ordnen wir die 16 zu
1/1 ordnen wir die 3 zu	4/1 ordnen wir die 17 zu
1/2 ordnen wir die 4 zu	5/1 ordnen wir die 18 zu
2/1 ordnen wir die 5 zu	5/2 ordnen wir die 19 zu
3/1 ordnen wir die 6 zu	5/3 ordnen wir die 20 zu
3/2 ordnen wir die 7 zu	5/4 ordnen wir die 21 zu
3/3 ordnen wir die 8 zu	5/5 ordnen wir die 22 zu
2/3 ordnen wir die 9 zu	4/5 ordnen wir die 23 zu
1/3 ordnen wir die 10 zu	3/5 ordnen wir die 24 zu
1/4 ordnen wir die 11 zu	2/5 ordnen wir die 25 zu
2/4 ordnen wir die 12 zu	1/5 ordnen wir die 26 zu
3/4 ordnen wir die 13 zu	1/6 ordnen wir die 27 zu
4/4 ordnen wir die 14 zu	…
4/3 ordnen wir die 15 zu	

Wie man sieht, ordnen wir jeder rationalen *nicht negativen Zahl (das heißt größer oder gleich null)* eine natürliche Zahl zu. Diese Zuordnung ist bijektiv, insofern als jeder rationalen Zahl eine natürliche entspricht und umgekehrt. An dieser Stelle müssten wir aufmerken, denn all das habe ich auch für die positiven rationalen Zahlen gemacht. Wenn man die negativen hinzufügen will, *muss* die Zuordnung anders sein, aber ich bin davon überzeugt, dass dem Leser etwas einfallen wird, um sie zu erstellen. (Für alle Fälle findet sich im Lösungsteil ein Vorschlag, wie Sie es angehen könnten.)

Betrachten wir die oben stehende Tabelle, so fällt auf, dass ich in der linken Spalte mehrmals auf die gleiche Zahl komme. Zum Beispiel die 1 erscheint in der linken Spalte als 1/1, 2/2, 3/3, 4/4 usw.; das heißt, sie taucht einige Male auf. Beeinträchtigt dies die Kardinalität? Nein, im Gegenteil. Müssten wir a priori eine Vermutung aufstellen, könnten wir formulieren, dass die Menge der rationalen Zahlen *mehr Elemente zu haben scheint* als die natürlichen Zahlen, und dennoch offenbart die Zuordnung, die ich eben gemacht habe, dass sie die *gleiche Kardinalzahl haben*. Auf jeden Fall lässt sich dadurch aufzeigen, dass es trotz mehrmaligen Auftauchens der gleichen rationalen Zahl noch genügend natürliche Zahlen für alle gibt. Was offen gestanden bemerkenswert und antiintuitiv ist.

Und nun kommen wir zum zentralen Punkt. Hier stellt sich nämlich folgendes Problem: Es entsteht der Eindruck, dass *alle unendlichen Mengen die gleiche Kardinalzahl haben*. Das heißt, wir haben die natürlichen, die geraden, die ungeraden, die ganzen, die rationalen Zahlen usw. betrachtet. *Alle* Beispiele von unendlichen

Mengen, die wir gesehen haben, erwiesen sich als ebenso mächtig wie die der natürlichen Zahlen, oder, anders gesagt, alle haben die gleiche Kardinalzahl: Aleph Null. Mit jedem Recht könnte man nun sagen: »Gut. Wir wissen schon, welche die unendlichen Mengen sind. Es mag viele oder wenige geben, aber alle haben die gleiche Kardinalzahl.« Und genau hier liegt ein zentraler Punkt der Mengenlehre. Es gab einen Mann, der vor vielen Jahren, um 1880, auf ein Problem stieß. Als er versuchte zu beweisen, dass alle unendlichen Mengen die gleiche Kardinalzahl haben, fand er eine, bei der dies nicht der Fall war. So sehr sich der Mann auch anstrengte, die »Pfeile« zu finden, um *seine Menge* mit den natürlichen Zahlen in Entsprechung zu setzen, *es gelang ihm nicht.* Seine Verzweiflung war so groß, dass er irgendwann seine Vorstellungen änderte (und etwas Geniales tat, denn er hatte eine wundervolle Idee). Er dachte: »Und was, wenn ich die Pfeile nicht finden kann, weil es gar nicht möglich ist, sie zu finden? Wäre es nicht besser, *zu beweisen zu versuchen, dass man die Pfeile nicht finden kann, weil sie gar nicht existieren?*«

Dieser Mann hieß Georg Cantor. Ich werde Ihnen später noch ein paar biografische Informationen liefern, an dieser Stelle sei jedoch gesagt, dass das Problem Cantor um den Verstand brachte. Die wissenschaftliche Gemeinde der Spezialisten auf diesem Gebiet hat ihn buchstäblich verrückt gemacht.

Als Cantor entdeckte, dass es *unendliche Mengen gibt, die größer sind als andere*, sagte er: »Ich sehe es und glaube es nicht.«

Aber was hat Cantor gemacht? Um das zu verstehen, muss ich an dieser Stelle kurz daran erinnern, was die

Dezimalbruchentwicklung einer Zahl ist (ohne dabei zu sehr ins Detail zu gehen). Als ich zum Beispiel die rationalen Zahlen definiert habe, sagen wir die Zahl 1/2, wurde klar, dass man diese Zahl auch so schreiben kann:

1/2 = 0,5

Und ich füge weitere Beispiele hinzu:

    1/3 = 0,33333...
    7/3 = 2,33333...
   15/18 = 0,8333...
   37/49 = 0,75510204...

Das heißt, jede rationale Zahl hat eine Dezimalbruchentwicklung (die man eben erhält, wenn man den Quotienten aus den beiden ganzen Zahlen bildet). Was wir von den rationalen Zahlen wissen: Wenn wir den Quotienten erzeugen, ist die Dezimalbruchentwicklung entweder endlich (wie im Fall von 1/2 = 0,5, denn danach gäbe es rechts vom Komma nur noch Nullen) oder periodisch, wie 1/3 = 0,33333..., wo sich eine Zahl wiederholt (hier die 3), oder es könnte eine Zahlenfolge sein (die sich *Periode* nennt), wie im Fall von (17/99) = 0,17171717... mit *der Periode 17* oder bei (1743/9900) = 0,176060606... mit der *Periode* 60.

Mehr noch: Wir können sagen, dass jede rationale Zahl eine endliche oder periodische Dezimalbruchentwicklung besitzt. Und umgekehrt: Liegt eine endliche oder periodische Dezimalbruchentwicklung vor, entspricht dies einer einzigen rationalen Zahl.

An diesem Punkt glaube ich annehmen zu können, dass die Leser *verstehen, was die Dezimalbruchentwicklung ist.*

Es gibt jedoch Zahlen, die *nicht rational sind.* Diese Zahlen haben zwar eine Dezimalbruchentwicklung, man weiß aber, dass sie nicht rational sind. Das berühmteste Beispiel ist π (Pi). Es ist bekannt (ich werde es hier nicht beweisen), dass π keine rationale Zahl ist. Wenn Sie an weiteren Beispielen interessiert sind, so finden Sie in diesem Buch den Beweis, der die Pythagoräer »verrückt gemacht hat«, dass nämlich »die Quadratwurzel von 2« ($\sqrt{2}$) *nicht rational ist.* Und auf der anderen Seite gibt es die Zahl *e*, die *ebenfalls nicht rational ist.* Sie wissen, dass die Zahl π eine Dezimalbruchentwicklung hat, die so beginnt:

$\pi = 3{,}14159\ldots$

Die Dezimalbruchentwicklung der Zahl $\sqrt{2}$ beginnt so:

$\sqrt{2} = 1{,}41421356\ldots$

Und die Dezimalbruchentwicklung der Zahl *e* so:

$e = 2{,}71828183\ldots$

Die Besonderheit, *die alle diese Zahlen* aufweisen, ist, dass sie eine Dezimalbruchentwicklung haben, die *niemals endet* (das heißt, dass von keinem Zeitpunkt an nur noch Nullen rechts vom Komma erscheinen) und die *auch nicht periodisch ist* (sprich, dass es keine Stelle in der Entwicklung gibt, ab der *sich eine Ziffernfolge im-*

mer wieder wiederholt). Diese beiden Tatsachen sind garantiert, weil *die Zahlen, um die es geht, nicht rational sind*. Mehr noch: Die Ziffern jeder Zahl können durch die vorangehenden nicht vorhergesagt werden. Sie folgen keinem Muster.

Ich denke, man versteht, worum es sich bei dieser Klasse von Zahlen handelt. Außerdem: Jede *reelle* Zahl, die nicht *rational* ist, nennt man *irrational*. Bei den drei Beispielen, die ich eben gebracht habe, handelt es sich um drei irrationale Zahlen.

Cantor nahm sich vor: »Ich werde beweisen, dass es eine unendliche Menge gibt, die *sich nicht mit den natürlichen Zahlen in Entsprechung setzen lässt*.« Und ferner sagte er: »Die Menge, die ich nehme, ist diejenige *aller reellen Zahlen*, die sich in dem Intervall [0,1] befinden.«[14]

Passen Sie auf: Nehmen Sie eine Gerade, markieren Sie einen beliebigen Punkt und nennen Sie ihn *null*. Die Punkte, die sich rechts davon befinden, nennt man *positiv* und die auf der linken Seite *negativ*.

Jeder Punkt der Geraden entspricht einer *Entfernung von null*. Jetzt markieren Sie einen beliebigen Punkt rechts der Null. Dieser wird die Zahl 1 sein. Von dort aus kann man die *reellen* Zahlen konstruieren. Jeder andere

---

14 Hier sollte man feststellen, dass sich die *reellen* Zahlen aus der Menge der *rationalen* und der Menge der *irrationalen* Zahlen (das heißt derjenigen, die *nicht rational sind*) zusammensetzen.

Punkt der Geraden befindet sich in einer Entfernung von null, die durch die Länge des Intervalls bemessen ist, die von null bis zum Punkt führt, den Sie ausgewählt haben. Dieser Punkt ist eine reelle Zahl. Wenn er rechts von null ist, ist er eine reelle positive Zahl. Wenn er links ist, ist er eine reelle negative Zahl. 1/2 zum Beispiel bezeichnet den Punkt, der sich auf halber Entfernung zwischen null und 1 befindet. 4/5 ist vier Fünftel von der Null entfernt. (Es ist, als ob man das Intervall, das von der Null bis zur 1 führt, in fünf gleiche Teile schneiden würde und nach den ersten vier Punkten stehen bliebe.)

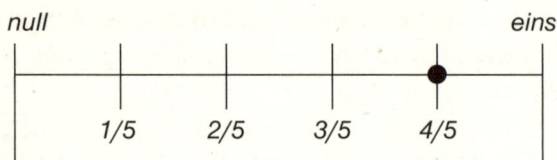

Es ist also klar, dass jedem Punkt des Abschnitts, der von 0 bis 1 reicht, eine reelle Zahl entspricht. Diese reelle Zahl kann *rational oder irrational* sein. Zum Beispiel ist die Zahl $(\sqrt{2} - 1) = 0{,}41421356\ldots$ eine irrationale Zahl, die sich in diesem Intervall befindet. Die Zahl $(\pi/4)$ auch. Ebenso die Zahl $(e - 2)$.

Cantor nahm also das Intervall [0,1]. Dabei handelt es sich um alle reellen Zahlen des *Einheits*intervalls. Diese Menge ist eine *unendliche* Menge von *Punkten*. Stellen Sie es sich so vor: Nehmen Sie die 1 und teilen Sie das Intervall durch die Hälfte, und Sie haben 1/2. Teilen Sie es jetzt durch die Hälfte, und Sie haben die Zahl 1/4. Teilen Sie es wieder durch die Hälfte, und Sie haben 1/8. Sie stellen fest: Wenn Sie immer wieder durch die Hälfte teilen, erhalten Sie jeweils einen Punkt, der im Vergleich zum vorhergehenden bei der Hälfte der Entfernung liegt. Auf diese Weise erhält man eine *unendliche* Folge von Punkten: $(1/2^n)$, die sich *alle* auf dem Intervall [0,1] befinden.

Gleich sind wir so weit. Cantor sagte weiter: »Ich werde annehmen, dass diese Menge (das Einheitsintervall) sich *mit den natürlichen Zahlen in Entsprechung setzen lässt.*« Das heißt, er nahm an, *sie hätten die gleiche Kardinalzahl.* Wenn dies der Fall wäre, müsste es eine Zuordnung (oder was wir »die Pfeile« nennen) der Elemente des Intervalls [0,1] zu den natürlichen Zahlen geben. Es würde sich also als möglich erweisen, wie in den vorhergehenden Beispielen alle Elemente des Intervalls [0,1] in einer *Liste* aufzustellen.

Und das tat er:

1	$0, a_{11}\ a_{12}\ a_{13}\ a_{14}\ a_{15}\ a_{16} \dots$
2	$0, a_{21}\ a_{22}\ a_{23}\ a_{24}\ a_{25}\ a_{26} \dots$
3	$0, a_{31}\ a_{32}\ a_{33}\ a_{34}\ a_{35}\ a_{36} \dots$
4	$0, a_{41}\ a_{42}\ a_{43}\ a_{44}\ a_{45}\ a_{46} \dots$
...	
n	$0, a_{n1}\ a_{n2}\ a_{n3}\ a_{n4}\ a_{n5}\ a_{n6} \dots$

In diesem Fall repräsentieren die verschiedenen Symbole der Form a_{pq} die Ziffern der Entwicklung jeder Zahl. Nehmen wir zum Beispiel an, dies seien die Dezimalbruchentwicklungen der ersten Zahlen der Liste:

1	0,783798099937…
2	0,523787123478…
3	0,528734340002…
4	0,001732845…

Das heißt:

$$0, a_{11}\, a_{12}\, a_{13}\, a_{14}\, a_{15}\, a_{16} \ldots = 0{,}783798099937\ldots$$
$$0, a_{21}\, a_{22}\, a_{23}\, a_{24}\, a_{25}\, a_{26} \ldots = 0{,}523787123478\ldots$$

und so weiter.

Was Cantor tat, war Folgendes: Er ging von der Möglichkeit aus, die »Pfeile« so zu setzen, das heißt die »Zuordnungen« so zu bilden, dass *alle reellen Zahlen* des Intervalls [0,1] mit den natürlichen Zahlen in Entsprechung stehen.

Und jetzt kommt Cantors Genialität. Er sagte: »Ich werde eine Zahl konstruieren, die im Intervall [0,1] enthalten ist, aber *nicht in der Liste.*«

Und so stellte er sie her: Er konstruierte sich die Zahl

$$A = 0, b_1\, b_2\, b_3\, b_4\, b_5\, b_6\, b_7\, b_8 \ldots$$

Man *weiß,* dass diese Zahl im Intervall [0,1] ist, weil sie mit 0, … beginnt.

Was aber sind die Buchstaben b_k? Nun, Cantor sagte: Ich wähle

b_1 so, dass es eine Ziffer ungleich a_{11} ist,
b_2 so, dass es eine Ziffer ungleich a_{22} ist,
b_3 so, dass es eine Ziffer ungleich a_{33} ist,
…
b_n so, dass es eine Ziffer ungleich a_{nn} ist.

Auf diese Weise kann ich sichergehen, dass die Zahl A nicht in der Liste ist. Warum? Sie kann nicht die erste in der Liste sein, weil b_1 *ungleich* a_{11} *ist.* Sie kann nicht die zweite sein, weil b_2 ungleich a_{22} ist. Sie kann nicht die dritte sein, weil b_3 ungleich a_{33} ist. Sie kann nicht die n-te sein, weil b_n ungleich a_{nn} ist.[15] Damit stellte Cantor sich eine *reelle* Zahl her, die sich in dem Intervall [0,1] befindet, aber die *nicht in der Liste ist*. Und die konnte er unabhängig davon erzeugen, wie die Liste beschaffen war.

Das heißt, wenn jemand kommt und sagt: »Ich habe eine Liste, die anders ist als Ihre, aber ich weiß, dass sie funktioniert und *alle reellen Zahlen des Intervalls [0,1] enthält*«, so kann Cantor *die Herausforderung annehmen, denn er ist in der Lage, eine reelle Zahl zu konstruieren, die in der Liste sein müsste, aber nicht darin sein kann.*

Und damit ist der Beweis erbracht, denn wir haben gesehen, dass es nicht möglich ist, eine bijektive Korrespondenz zwischen den reellen und den natürlichen Zahlen herzustellen. Jegliche Liste, die *beansprucht, sie alle zu enthalten*, wird dagegen verstoßen, indem sie irgendeine außen vor lässt. Und es gibt keine Methode, diesen Konflikt zu bereinigen.[16]

---

15 Um dieses Argument einzusetzen, muss man wissen, dass die *Dezimalschreibweise* einer Zahl *eindeutig* ist, aber dafür benötigte man ein subtileres Werkzeug.

16 Die Zahl $0{,}0999999\ldots$ und die Zahl $0{,}1$ sind gleich. Das heißt, damit zwei rationale Zahlen gleich sind, ist es nicht notwendig, dass sie es Ziffer für Ziffer sind. Dieses Problem entsteht immer dann, wenn man die »unendliche Periode« *neun* in der Dezimalbruchentwicklung »zulässt«. Damit die »Konstruktion« der Zahl, die »nicht« in meiner Liste »erscheint«, *absolut korrekt* ist, muss man bei jedem Schritt *eine Zahl wählen, die ungleich a_{11} und 9 ist*. Damit »verhindert« man zum Beispiel, dass man, wenn man die Zahl $0{,}1$ in der Liste hat und damit beginnt, eine 0 an die Stelle von a_{11} zu setzen, und in der Folge *immer* die Zahl 9 wählt, schließlich dieselbe Zahl konstruiert, die man bereits am Anfang hatte.

Die Methode ist unter dem Namen *Cantorsches Diagonalverfahren* bekannt; was die unendlichen Mengen betrifft, war sie einer der wichtigsten Qualitätssprünge der Geschichte. Seither weiß man, dass es unendliche Mengen gibt, die größer sind als andere.

Die Geschichte geht weiter und ist sehr ergiebig. Sie gäbe genug her, um sehr viele Bücher über das Thema zu schreiben (die in der Tat auch geschrieben wurden). Aber nur um uns einen süßen Nachgeschmack zu bescheren, will ich Ihnen vorschlagen, über einige Dinge nachzudenken:

a) Nehmen wir an, wir hätten einen »Würfel« mit *zehn Seiten* und nicht, wie üblich, mit sechs. Jede Seite ist mit einer Ziffer von 0 bis 9 versehen. Wir würfeln und notieren jeweils die Zahl, die herauskommt. Es geht mit 0 los, ... sodass das Ergebnis schließlich eine reelle Zahl des Intervalls [0,1] ist. Bedenken Sie Folgendes: Damit das Ergebnis eine rationale Zahl ist, muss sich der zehnseitige »Würfel« ab einem bestimmten Moment wiederholen, sei es, dass er immer null zeigt oder dass er eine *Periode* wiederholt. Wenn er sich nicht wiederholt oder *nicht konstant null ergibt*, ist das Ergebnis in jedem Fall eine irrationale Zahl. Wenn er sich wiederholt oder beginnt, immer *null* zu zeigen, ist sie rational. Was erscheint Ihnen wahrscheinlicher? Welche der beiden Alternativen ist Ihrer Meinung nach eher erfüllbar? Diese Übung dient dazu, intuitiv zu erfassen, *wie viel mehr irrationale als rationale Zahlen es gibt*.

b) Wenn man eine Gerade hätte und *die rationalen Zahlen ausschließen* könnte, würde man virtuell die

Löcher nicht bemerken. Wenn wir hingegen die irrationalen Zahlen ausschließen würden, würde man *kaum* die Punkte sehen, die übrig blieben. So viel größer ist die Menge der reellen verglichen mit der der natürlichen Zahlen. (Ich habe absichtlich *kaum* geschrieben, denn es ist nicht so, dass *man die rationalen Zahlen nicht sehen könnte; ich möchte hier lediglich vermitteln, dass es sehr viel mehr irrationale als rationale Zahlen gibt.*)

c) Es gibt viele Fragen, die man sich stellen kann, aber nächstliegend ist folgende: Ist die Menge der reellen Zahlen diejenige mit der »größten Unendlichkeit«? Die Antwort lautet nein. Man kann sich Mengen von beliebiger Größe konstruieren und mit einer unendlichen Kardinalzahl, die »größer« ist als die vorhergehende. Und dieser Prozess endet nie.

d) Eine andere Fragestellung könnte sein: Wir haben soeben gesehen, dass die reellen Zahlen *zahlreicher* sind als die natürlichen; doch gibt es eine unendliche Menge, die eine größere Kardinalzahl als die natürlichen Zahlen und eine kleinere als die reellen hat? Dieses Problem ist ein *offenes* Problem in der Mathematik, aber man nimmt an, dass es keine unendlichen Mengen *dazwischen* gibt. Die Kontinuumshypothese besagt jedoch, dass die Mathematik konsistent bleibt, ob man nun beweist, dass es Mengen mit größeren Unendlichkeiten als die der natürlichen Zahlen und kleineren als die der reellen gibt oder dass es sie nicht gibt.

Intervalle mit verschiedener Länge

Wie wir bereits wiederholt in diesem Buch gesehen haben, ist alles, was mit unendlichen Mengen zu tun hat, faszinierend. Die Intuition wird auf die Probe gestellt und auch die Sinne. Der berühmte Satz von Cantor (»Ich sehe es, aber ich glaube es nicht«) beschreibt treffend, wie es uns ergeht, wenn wir die ersten Male auf die unendlichen Mengen stoßen.

Ein anderes sehr anschauliches Beispiel ist das der Intervalle.

Nehmen wir zwei Intervalle von *verschiedener Länge*. Nennen wir sie [A,B] und [C,D]. Man *weiß (weiß?)*, dass jedes Intervall unendlich viele Punkte hat. Wenn Sie eine Bestätigung brauchen, markieren Sie den Punkt in der Mitte des Intervalls. Jetzt haben Sie zwei gleiche Intervalle. Wählen Sie eines aus, markieren Sie den mittleren Punkt und führen Sie den Vorgang fort. Sie bemerken, dass es *immer* einen mittleren Punkt geben wird, und daher ist die Zahl der Punkte, die ein Intervall enthält, *immer unendlich*.[17]

Interessant ist die Frage, wie man die unendlichen Mengen vergleicht. Das heißt, welches Intervall enthält mehr Punkte, wenn beide unterschiedliche Längen haben wie [A,B] und [C,D]? Die Antwort ist wieder überraschend; sie lautet: *Beide haben die gleiche Anzahl an Punkten. Unendlich viele, gewiss, aber die gleiche Anzahl.* Wie kann man sich davon überzeugen?

Wie wir schon in dem Kapitel über verschiedene Typen

17 Dieses Argument habe ich schon in dem Kapitel über die verschiedenen Unendlichkeiten von Cantor benutzt.

von unendlichen Mengen gesehen haben, ist es unmöglich, sie zu *zählen*. Wir brauchen eine andere Vergleichsmethode. Und das Werkzeug, das ich an anderer Stelle benutzt habe, sind die »Zuordnungen« oder »Pfeile«, die die Elemente einer Menge mit den Elementen einer anderen Menge verbinden (erinnern Sie sich an die Zuordnungen von natürlichen zu ganzen oder zu rationalen Zahlen usw.). Hier werde ich nun das Gleiche machen.[18]

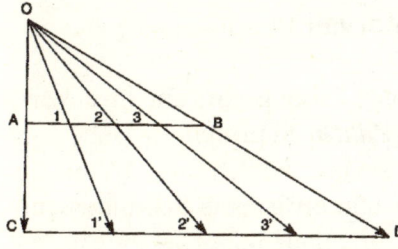

Wir stellen die beiden Intervalle [A,B] und [C,D] übereinander (wie man es in der Abbildung sieht). Wir platzieren einen Punkt O weiter oben, sodass die Punkte O, B und D ANEINANDERGEREIHT (das heißt auf derselben Geraden) sind und auf der anderen Seite die Punkte O, A und C auch auf einer Linie stehen. Um zu sehen, dass beide Intervalle die gleiche Anzahl von Punkten haben, müssen wir zwischen den Punkten des einen und des anderen Intervalls »Zuordnungen bilden« oder »Pfeile setzen«. Zum Beispiel entspricht dem Punkt 1 der Punkt 1', denn wir ziehen VON O AUS ein Intervall, das bei O beginnt und durch 1 führt. Der Punkt, wo es das Intervall [C,D] durchschneidet, nennen wir 1'. Wenn wir herausfinden wollen, welcher dem Punkt 2 entspricht, machen wir wieder das Gleiche: Wir zeichnen das Intervall ein, das den Punkt O mit dem Punkt 2 verbindet, und sehen nach, auf welchem Punkt es das Intervall [C,D] »schneidet«. Diesen Punkt nennen wir 2'. Auf diese Weise wird offensichtlich, dass es für jeden Punkt des Intervalls [A,B] einen entsprechenden Punkt des Intervalls [C,D] gibt, wenn man den oben genannten Vorgang wiederholt. Und umgekehrt: Wenn wir für einen Punkt 3' im Intervall [C,D] wissen wollen, welcher Punkt des Intervalls [A,B] ihm entspricht, »verbinden« wir diesen Punkt 3' mit dem Punkt O, und die Stelle, wo er [A,B] schneidet, nennen wir 3. Und fertig.

18 Ich schließe die Intervalle aus, die einen einzigen Punkt enthalten, was wir als »entartetes Intervall« [A,A] bezeichnen könnten. Dieses Intervall enthält *einen einzigen Punkt: A.*

Diese Tatsache widerspricht natürlich der Intuition, denn aus ihr folgt, dass ein Intervall, das den äußeren Rand der Buchseite, die Sie gerade lesen, mit dem inneren verbindet, *die gleiche Anzahl von Punkten hat wie ein Intervall, das die Stadt Buenos Aires mit Tucumán verbindet.* Oder wie ein Intervall zwischen Erde und Mond.

Ein Punkt in einem Intervall

Ich schlage Ihnen folgende Übung vor, um Ihre Vertrautheit mit den *großen Zahlen* zu prüfen.

1. Nehmen Sie ein Blatt und etwas zum Schreiben zur Hand.
2. Zeichnen Sie ein Intervall (machen Sie es groß, sparen Sie nicht gerade jetzt mit Papier, obwohl das Beispiel auch so funktioniert).
3. Schreiben Sie die Zahl 0 auf die äußerste linke Seite Ihres Intervalls.
4. Schreiben Sie die Zahl eine Billion auf die äußerste rechte. Das heißt, Sie nehmen an, dass das Intervall, das Sie gezeichnet haben, eine Billion misst. Markieren Sie auf dem gleichen Intervall die Zahl eine Milliarde. Wo würden Sie sie ansetzen?

Die Antwort finden Sie im Lösungsteil.

Summe der Kehrwerte der Potenzen von 2 (unendliche Summe)

Nehmen wir an, zwei Personen (A und B) stehen zwei Meter voneinander entfernt. Beide Personen sind *virtuell*, in dem Sinne, dass sie als *Punkte*, als Enden eines Intervalls dienen. Das Intervall misst zwei Meter.

Jetzt beginnt Herr A auf Herrn B zuzugehen, aber er tut dies nicht auf beliebige Art und Weise, sondern er hält sich an folgende Anweisungen: Jeder Schritt, den er tut, wird genau *die Hälfte der Entfernung* betragen, die er noch zurücklegen muss, um zu B zu kommen. Das heißt, der erste Schritt, den A macht, beträgt *einen Meter* (denn die Entfernung, die ihn von B trennt, misst zwei Meter).

Dann geht Herr A (der nun auf der Hälfte des Intervalls [A,B] steht) weiter, und sein nächster Schritt wird einen halben Meter (1/2 = 0,5) weit sein, denn die Entfernung, die er noch zurücklegen muss, um zu B zu kommen, beträgt exakt einen Meter. (Die Anweisung ist sehr genau: Seine Schritte müssen immer exakt die *Hälfte der Strecke betragen, die er noch zurücklegen muss.*)

Wenn A diesen Schritt getan hat, steht er auf dem Punkt 1,5. Da er einen halben Meter von B entfernt ist, wird sein nächster Schritt 0,25 Meter (1/4, also die Hälfte von 1/2) weit sein. Und wenn er ankommt, ist er 1,75 von seinem Ursprungsort entfernt.

Herr A geht weiter. Seine nächsten Schritte werden sein: 1/8, 1/32, 1/64, 1/128, 1/256, 1/512, 1/1024 usw.

Wie Sie bemerken, wird Herr A *seinen Bestimmungsort nie erreichen (wenn es seine Bestimmung war, zu Herrn B zu gelangen).* Es ist egal, wie lange er weitergeht, seine

Schritte werden immer kleiner (tatsächlich werden sie jedes Mal um die Hälfte reduziert), aber obwohl *er immer vorwärtskommen wird* (und das heißt schon was) und *nicht weniger* als die Hälfte, die ihm noch fehlt, voranschreitet, wird der arme Herr A niemals an sein Ziel gelangen.

Andererseits sind die Schritte, die Herr A tut, immer vorwärtsgerichtet, sodass A B immer näher kommt.

Man könnte all das in Zahlen ausdrücken, und zwar folgendermaßen:

$$1 = 1 = 2 - 1$$
$$1 + 1/2 = 3/2 = 2 - 1/2$$
$$1 + 1/2 + 1/4 = 7/4 = 2 - 1/4$$
$$1 + 1/2 + 1/4 + 1/8 = 15/8 = 2 - 1/8$$
$$1 + 1/2 + 1/4 + 1/8 + 1/16 = 31/16 = 2 - 1/16$$
$$1 + 1/2 + 1/4 + 1/8 + 1/16 + 1/32 = 63/32 = 2 - 1/32$$
$$1 + 1/2 + 1/4 + 1/8 + 1/16 + 1/32 + 1/64 = 127/64 = 2 - 1/64$$

Ich nehme an, Sie werden schon ein Muster bemerkt haben (worin die Tätigkeit von uns Mathematikern letzten Endes besteht … nicht notwendigerweise mit Erfolg). Die Summen werden immer größer, und die Ergebnisse, die man mit diesen *Teilsummen*, den Schritten des Herrn A, erhält, sind immer größere Zahlen. Das heißt, wir sind dabei, eine Folge von *strikt ansteigenden* Zahlen zu bilden (insofern, als sie mit jeder Reihe größer werden). Auf der anderen Seite ist klar, dass sie nicht nur wachsen; wir können außerdem feststellen, *wie sie wachsen*, denn sie sind jedes Mal ein Stückchen näher an 2. Wenn man die Ergebnisse der rechten Spalte betrachtet, sieht man, wie viel noch bleibt:

2 – 1

2 – 1/2

2 – 1/4

2 – 1/8

2 – 1/16

2 – 1/32

2 – 1/64 ...

Man könnte aus diesen Entdeckungen verschiedene Lehren ziehen, aber im Prinzip will ich hier zwei Tatsachen festmachen:

a) Man kann positive Zahlen unendlich addieren, und die Summe wird nicht beliebig groß. In diesem Beispiel ist es klar, dass die Summe all dieser Zahlen (wenn man hypothetisch *unendlich addieren* könnte) zwei nicht übersteigen würde. Mit anderen Worten: Wenn man *tatsächlich* unendlich addieren *könnte*, *wäre* das Ergebnis *zwei*.

b) Dieses Verfahren stellt sicher, dass man sich einer Zahl (in diesem Fall der *Zwei*) zwar *beliebig* nähern kann, sie aber niemals erreichen wird. Die Entfernung, die Herrn A von Herrn B trennt, wird immer kleiner und kann beliebig verkleinert werden, aber A *wird es niemals gelingen,* B *zu berühren.*

Was wir hier gesehen haben, birgt verschiedene wichtige und tiefe Begriffe der Mathematik, aber der wichtigste ist der des Grenzwerts, eine Entdeckung, die gemeinsam von Newton und Leibniz – dem einen in England und dem anderen in Deutschland – zu Beginn des 18. Jahrhunderts gemacht wurde. Und mit diesem Begriff veränderte sich die Welt der Wissenschaft für immer.

Persönlichkeiten

Warum man etwas nicht versteht

Diese kurze Geschichte befasst sich mit dem, was ein enger Freund von mir geschrieben hat, Ricardo Noriega, ein argentinischer Mathematiker, Spezialist der Differenzialgeometrie, der bereits in einem sehr frühen Alter verstorben ist. Er arbeitete viele Jahre mit Luis Santaló[19] zusammen und, abgesehen von seinen beruflichen Leistungen, war er ein toller Typ. Immer gut gelaunt, gebildet, sehr großzügig mit seiner Zeit und in seinem Verhalten Schülern und anderen Kollegen gegenüber immer väterlich. Ein wirklich großartiger Typ.

Mit ihm habe ich studiert, als wir beide jung waren. In seinem Buch *Cálculo Diferencial e Integral (»Differenzial- und Integralrechnung«)* schrieb er über einen Gedanken, der mich immer beherrscht hat: Warum ver-

---

19 Santaló war einer der wichtigsten Geometer der Geschichte. Er wurde in Spanien geboren, aber, auf der Flucht vor dem spanischen Bürgerkrieg, verbrachte er den größten Teil seines Lebens in Argentinien. Er war ein wahrer Meister, und sowohl seine persönlichen als auch beruflichen Leistungen sind von unschätzbarem Wert.

steht man etwas zuerst nicht? Und warum versteht man es dann plötzlich? Und warum vergisst man es später wieder?

Ich werde hier nicht einfach wiedergeben, was Ricardo geschrieben hat, ich erzähle lieber meine eigene Version: »Sehr oft, wenn man etwas über Mathematik liest, stößt man auf ein Problem: Man versteht nicht, was man gelesen hat. Dann hält man inne, denkt nach und liest den Text noch einmal. Und meistens versteht man immer noch nichts. Man kommt nicht vorwärts. Man will verstehen, kann es aber nicht. Man liest den Absatz noch einmal. Denkt. Und investiert (letzten Endes) viel Zeit … bis man auf einmal … begreift. Etwas öffnet sich in unserem Gehirn, etwas verbindet sich … und man *beginnt zu verstehen*. Man versteht! Aber das ist nicht alles: Das Wunderbare ist, dass man *nicht verstehen kann, warum man es vorher nicht verstanden hat*.«

Dies ist eine Überlegung, die wirklich einmal eine Antwort verdient. Was hält uns auf? Warum verstehen wir etwas in einem Moment nicht und dann schon? Warum? Was geschieht in unserem Gehirn? Welche Verbindungen werden hergestellt? Was spielt sich da ab, dass wir eine ganze Weile etwas nicht verstehen und plötzlich macht es »klick« und wir beginnen zu verstehen? Ist es nicht wunderbar, darüber nachzudenken, warum man es vorher nicht verstanden hat? Kann man den Vorgang reproduzieren? Kann man die Erkenntnis vielleicht sogar dazu nutzen, das Verständnis einer anderen Person zu unterstützen? Nützt einem die eigene Erfahrung, um die Schnelligkeit und Tiefe des Lernens eines anderen zu verbessern?

Konversation zwischen Einstein und Poincaré

Ich denke, es ist nicht notwendig, Einstein vorzustellen. Poincaré wird aber, denke ich, einiger Worte bedürfen, nicht, weil sein Beitrag zur Wissenschaft Ende des neunzehnten Jahrhunderts und Anfang des zwanzigsten weniger wichtig gewesen wäre, sondern weil seine Arbeiten und sein Lebensweg dem Publikum im Allgemeinen weniger bekannt sind.

Die Medien haben dafür gesorgt (und mit gutem Recht), dass Einstein als eine der berühmtesten Personen in die Geschichte einging. Es ist schwierig, jemanden zu finden, der lesen und schreiben kann, aber nicht weiß, wer Einstein war. Doch könnte ich mit der Behauptung richtig liegen, dass die Zahl der Menschen, die Einstein nicht kennen, mit der, die Poincaré kennen, übereinstimmt. Vielleicht übertreibe ich auch …

Henri Poincaré wurde am 28. April 1854 in Nancy (Frankreich) geboren und starb am 17. Juli 1912 in Paris. Er war beidhändig und kurzsichtig. Er litt einen großen Teil seines Lebens unter Diphtherie, was ihm schwere motorische und koordinatorische Probleme einbrachte. Dennoch wird Poincaré als einer der genialsten Denker der Menschheit betrachtet. Er widmete sich der Mathematik, der Physik, der Philosophie, und er wird als der letzte »Universalist« beschrieben (in dem Sinne, dass er durch seine Kenntnis die Grenzen der Wissenschaften, die er erforschte, zu verwischen vermochte).

Er trug reich zu verschiedenen Zweigen der Mathematik, Himmelsmechanik, Mechanik der Flüssigkeiten, speziellen Relativitätstheorie und Wissenschaftsphilosophie bei.

Noch heute ist seine berühmte Vermutung – *Jede ge-schlossene einfach zusammenhängende 3-dimensionale Mannigfaltigkeit ist homöomorph zur 3-Sphäre* – unbewiesen.

Abgesehen von der Schwierigkeit, überhaupt den Wortlaut zu verstehen, was vielleicht nur einer sehr eingeschränkten Personengruppe, Spezialisten auf dem Gebiet, geglückt ist – Tatsache ist jedenfalls, dass Poincaré dieses Ergebnis vermutete, dessen Beweis den besten Mathematikern der Welt seit mehr als einem Jahrhundert nicht gelungen ist.[20]

Diese ganze Einleitung erlaubt mir nun, einen Dialog zwischen zwei der prominentesten Vertreter der Wissenschaft in der ersten Hälfte des 20. Jahrhunderts zu präsentieren, der die Betonung auf eine ewige Diskussion zwischen der Mathematik und der Physik legt. Hier ist er.

Einstein: »Weißt du, Henri, am Anfang habe ich Mathematik studiert. Aber ich habe es aufgegeben und mich der Physik zugewandt ...«

Poincaré: »Ah ... Das wusste ich nicht, Albert. Und warum hast du das getan?«

Einstein: »Nun ja, es war so, dass ich zwar herausfinden konnte, welche Behauptungen richtig und welche falsch waren, aber nicht entscheiden konnte, welche die wichtigen waren ...«

Poincaré: »Das ist sehr interessant, was du mir da erzählst, Albert, weil ich mich ursprünglich der Physik ge-

---

20 Seit Mai 2005 geht ein potenzieller Beweis dieser Vermutung um, aber er ist noch nicht *offiziell* durch die Gemeinschaft der Mathematiker akzeptiert.

widmet hatte, dann aber ins Feld der Mathematik gewechselt bin ...«

Einstein: »Ach ja? Und warum?« – Poincaré: »Weil ich
zwar entscheiden konnte, welche der Behauptungen
wichtig waren, und sie von den trivialen unterscheiden
konnte, mein Problem aber war ... dass ich nie herausfinden konnte, welche von ihnen wahr waren!«

Fleming und Churchill[21]

Sein Name war Fleming, und er war ein armer schotti-
scher Landwirt. Eines Tages, während er dabei war, das
Brot für seine Familie zu verdienen, vernahm er einen
Hilferuf aus einem nahe gelegenen Moor.

Er ließ seine Werkzeuge fallen und rannte zu der Stelle
hin. Dort fand er, bis zur Hüfte eingesunken im nassen
und schwarzen Schlamm des Moores, einen Jungen vor,
der schrie und sich zu befreien versuchte. Der Landwirt
Fleming rettete den Jungen vor dem langsamen und
grausamen Tod, der ihm hätte bevorstehen können.

Am nächsten Tag erreichte den Bauernhof eine sehr
prächtige Kutsche, die einen elegant gekleideten Adeligen brachte, der herabstieg und sich als Vater des von
dem Landwirt Fleming geretteten Jungen vorstellte.

»Ich möchte Sie belohnen«, sagte der Adelige. »Sie haben meinem Sohn das Leben gerettet.«

---

21 Diese Geschichte hat mir Gerardo Garbulsky geschickt, ein ehe-
maliger Schüler und sehr guter Freund von mir. Gerry hatte immer ein
waches und feinsinniges Auge für die Wissenschaft und ihre Anwendungen, und dank ihm weiß ich von dieser Geschichte.

»Nein, ich kann für das, was ich getan habe, keinen Lohn annehmen. Es war meine Pflicht«, antwortete der schottische Bauer.

In diesem Augenblick erschien der Sohn des Landwirts in der Tür der Hütte.

»Ist das Ihr Sohn?«, fragte der Adelige.

»Ja«, antwortete der Bauer stolz.

»Dann schlage ich Ihnen einen Handel vor. Erlauben Sie mir, Ihrem Sohn eine ebenso gute Ausbildung zuteil werden zu lassen, wie mein eigener Sohn sie bekommt. Wenn der Junge seinem Vater ähnlich ist, zweifle ich nicht, dass er zu einem Mann heranwachsen wird, auf den wir beide stolz sein werden.«

Der Landwirt willigte ein.

Der Sohn des Bauern Fleming besuchte die besten Schulen, und nach einiger Zeit graduierte er an der medizinischen Schule des Saint Mary's Hospital in London und wurde ein berühmter Wissenschaftler, der auf der ganzen Welt bekannt war für eine Entdeckung, die die Behandlung von Infektionen revolutionierte: das Penicillin.

Jahre später erkrankte der Sohn desselben Adeligen, der vor dem Tod im Moor gerettet worden war, an Lungenentzündung. Und was rettete sein Leben diesmal? Das Penicillin natürlich!!!

Der Name des Adeligen: Sir Randolph Churchill …

Der Name seines Sohnes: Sir Winston Churchill.

Wir Mathematiker machen keine Zahlen, sondern Beweisführungen

Luis Caffarelli gab mir eine Reihe von Beispielen bezüglich der Arbeit der Mathematiker an die Hand, von denen ich hier erzählen will. Caffarelli ist einer der besten argentinischen Mathematiker der Geschichte (und mit ziemlicher Sicherheit der beste der Gegenwart, im Jahr 2005). Ihn bat ich, mir Anhaltspunkte darüber zu geben, was ein berufsmäßiger Mathematiker macht, und sie mir zur Veröffentlichung zu überlassen. Das Erste, was er tat, war, mir den Titel dieses Kapitels zu liefern. Aber bevor wir zu seinen Überlegungen kommen, lohnt es sich, daran zu erinnern, dass Caffarelli im Jahr 1948 geboren wurde, das Studium der Mathematik abschloss, als er zwanzig Jahre alt war, und mit 24 promovierte. 1994 wurde er zum Mitglied der Päpstlichen Akademie der Wissenschaften ernannt, eine Institution, die 1603 gegründet wurde und nur achtzig Mitglieder auf der gesamten Welt zählt. Dieser Akademie anzugehören, impliziert eine außerordentliche wissenschaftliche Qualität. Er ist oder war Professor am Courant in New York, an der Universität von Chicago, am MIT, in Berkeley, in Stanford, an der Universität Bonn und natürlich an der Universität Princeton in New Jersey, dem Zentrum der Weltbesten, wo Einstein, von Neumann, Alan Turing, John Nash und viele andere einen Teil ihrer Forschungen betrieben.

Eine persönliche Anekdote: Caffarelli und ich waren gegen Ende der 60er Jahre Assistenten in einem Fach an der Fakultät für Mathematik und Naturwissenschaften. Das Fach hieß »Reelle Funktionen I«. Wir mussten

Übungen für die Praktika und die Prüfungen vorbereiten. Das Fach stellte eine ständige Herausforderung dar,
nicht nur für die Studenten, sondern auch für die Dozenten. Im Grunde war es für die Mathematikstudenten
das erste Fach im Hauptstudium. An einem Freitag nach
dem Unterricht vereinbarten wir, dass sich jeder über
das Wochenende Probleme ausdenken würde, die wir
am Montag diskutieren wollten. Und so geschah es
auch. Ich tat meinen Teil und brachte fünf Probleme mit.
Caffarelli tat den seinen. Allerdings mit einem leichten
Unterschied. Er brachte 123 mit. Ja, hundertdreiund-
zwanzig Probleme. Und noch etwas: Es hat niemals eine
Geste von Arroganz oder Überlegenheit gegeben. Für
ihn ist die Mathematik etwas Natürliches, das sein Leben durchströmt wie die Luft, die wir alle atmen. Nur
dass er anders denkt, anders sieht und andere Vorstellungen hat. Ohne Zweifel ein genialer Denker. Jetzt
aber sehen wir, was ein berufsmäßiger Mathematiker
laut Luis Caffarelli tut:

*Zu untersuchen, was mit dem Whisky und den Eiswür-
feln geschieht, steht in Verbindung mit dem Wiedereintritt
eines Raumschiffs in die Erdatmosphäre, der Bevölke-
rungsexplosion und der Klimavorhersage.*
*Der Forscher schafft ein mathematisches Modell eines
Systems, er nimmt an, dass dieses die Realität widerspie-
gelt, und testet die Ergebnisse einer nummerischen Simulation, um zu sehen, ob seine Berechnungen zutreffend
sind oder nicht.*
*Im Fall der Eiswürfel analysiert man die Kontaktoberflä-
che des Eises mit dem Wasser. Wenn sie stabil ist, untersucht man, was passieren würde, wenn wir ein bisschen*

mehr Whisky hineingießen würden, ob sich eine dramati-
sche Veränderung im System ergeben würde, ob das Eis
schmelzen wird usw.

Das Gleiche geschieht, wenn man den Luftstrom um die
Flügel eines Flugzeuges untersucht oder die demografi-
sche Dynamik. Der Mathematiker versucht, Gleichungen
zu finden, die diese Probleme repräsentieren, und adä-
quate Korrekturfaktoren einzuführen, um das Phäno-
men, das man untersuchen will, darzustellen.

Die Beziehung zwischen der Mathematik und der Gesell-
schaft wird manifest, wenn man den Fernseher einschal-
tet, ein Fax bekommt, eine E-Mail verschickt, eine Mikro-
welle anschaltet und das Essen warm wird. Aber die
Wissenschaftler, die sich über die grundlegenden Phäno-
mene des Mikrowellenherdes Gedanken machten, ver-
suchten nicht, das Problem zu lösen, wie man das Fläsch-
chen eines Kindes aufwärmt, sondern überlegten sich, wie
interessant es doch wäre zu verstehen, wie Moleküle an-
gesichts eines bestimmten Effekts angeregt werden.

Später bat ich ihn, Überlegungen anzustellen bezüglich
der Probleme der Kommunikation zwischen den Wissenschaftlern und der Gesellschaft, die sie beherbergt:

Es ist nicht so, dass es eine Spaltung zwischen der Wissen-
schaft und der Gesellschaft gäbe, vielmehr ist die Vielfalt
der Beziehungen sehr umfassend und verschlungen und
oft nicht offenkundig. Die Wissenschaft ist sehr verbunden
mit der Gesellschaft, es ist nur so, dass immer mehr Spe-
zialisierung notwendig ist, um Zugang zu ihr zu haben.

In der Zukunft werden die Wissenschaften noch mehr
mathematisiert. Es gibt eine immense Herausforderung,

die Dinge zu verstehen, zu mathematisieren und nachzu-
vollziehen, warum sie so sind. Die Mathematik versucht,
eine Synthese herzustellen, was disparate Dinge gemein-
sam haben, um dann sagen zu können: Dies ist das Phä-
nomen, und das sind Variationen derselben Formel.

Die Paradoxa von Bertrand Russell

Bertrand Russell lebte 97 Jahre: von 1872 bis 1970.[22] Er
wurde in England als Sohn einer sehr reichen und mit
dem englischen Königshaus verbundenen Familie geboren. Er lebte ein nuancenreiches Leben, trat gegen den
Krieg ein, kämpfte gegen die Religion (jegliche Mani-
festation von ihr), war bei verschiedenen Gelegenhei-
ten im Gefängnis, heiratete vier Mal (das letzte Mal mit
80 Jahren) und hatte vielfältige sexuelle Erfahrungen,
auf die er stets stolz war. Obwohl er einer der großen
Denker und Mathematiker des 20. Jahrhunderts war, gewann er 1950 den Nobelpreis für *Literatur*. Er war Professor in Harvard, Cambridge und Berkeley.
Kurz und gut: Er war eine sehr außergewöhnliche Persönlichkeit. Es geht zwar über das Ziel dieses Buches
hinaus, alle seine Leistungen auf dem Gebiet der Logik
zu schildern. Doch ohne jeden Zweifel hat eines der
interessantesten Kapitel mit seinem berühmten Paradoxon *der Mengen, die sich selbst nicht als Elemente enthalten*, zu tun.

22 Es gibt eine exzellente Biografie über Russell (The Life of Bertrand
Russell – Bertrand Russell, Philosoph – Pazifist – Politiker, erschienen
1976 (dt. 1984), in der ein perfektes Bild dieser Persönlichkeit des
20. Jahrhunderts gezeichnet wird.

Bevor ich zum nächsten Abschnitt übergehe, schlage ich Ihnen vor, sich mit mir drei Beispiele anzusehen. Dann kommen wir auf das Thema zurück.

A) Über die Barbiere auf hoher See

Ein Schiff voller Seeleute legt ab und begibt sich auf eine Mission, die es viele Tage auf hoher See zubringen lassen wird. Der Kapitän stellt mit Unbehagen fest, dass einige Männer der Besatzung sich nicht jeden Tag rasieren. Und da es auf dem Schiff einen Barbier-Matrosen gab, ruft er ihn in seine Kajüte und gibt ihm folgende Anweisung:
»Ab morgen rasieren Sie jeden Mann auf dem Schiff, der sich nicht selbst rasiert. Was die betrifft, die sich selbst rasieren wollen, gibt es keine Probleme. Befassen Sie sich mit denen, die es nicht tun. Das ist ein Befehl.«
Der Barbier zog sich zurück, und kaum war er am nächsten Morgen erwacht (noch in seiner Kajüte), machte er sich daran, den Befehl des Kapitäns auszuführen. Aber vorher ging er natürlich ins Bad. Als er sich anschickte, sich zu rasieren, wurde ihm klar, dass *er das nicht tun durfte*, denn der Kapitän hatte sich sehr klar ausgedrückt: Er durfte nur diejenigen rasieren, die sich nicht selbst rasierten. Das heißt, als Barbier war es ihm nicht gestattet, daran mitzuwirken, wenn er sich selbst rasierte. Er musste seinen Bart stehen lassen, um sich an die Vorschrift zu halten, nur diejenigen zu rasieren, die sich nicht selbst rasierten. Aber gleichzeitig merkte er, dass er seinen Bart nicht wachsen lassen konnte, weil er dann auch den Befehl des Kapitäns missachten würde, der ihm gesagt hatte, dass er es nicht dulden solle, wenn ein

Mitglied der Besatzung sich nicht rasieren lassen wolle. Demnach musste er sich rasieren.

Verzweifelt, weil er sich weder rasieren konnte (weil der Kapitän ihm gesagt hatte, dass er sich nur mit denen befassen solle, die sich nicht selbst rasierten) noch seinen Bart stehen lassen (denn der Kapitän hätte dies nicht geduldet), entschloss sich der Barbier, sich über Bord zu werfen (oder jemanden zu bitten, ihn zu rasieren …).

B) Über einen, der hängen sollte

In einer Stadt, in der Fehler einen Untertan teuer zu stehen kamen, entschied der König, dass eine bestimmte Person exekutiert werden musste, und zwar sollte sie hängen. Um das Ganze ein wenig pikanter zu gestalten, stellte man auf zwei Plattformen zwei Galgen auf. Den einen nannte man »Altar der Wahrheit«, den anderen »Altar der Lüge«.

Als sie dem Angeklagten gegenüberstanden, erklärten sie ihm die Regeln:

»Du wirst die Gelegenheit haben, deine letzten Worte zu äußern, wie es der Brauch ist. Je nachdem, ob das, was du sagst, die Wahrheit oder eine Lüge ist, wirst du auf diesem Altar (und dabei zeigte man auf den der Wahrheit) oder auf dem anderen exekutiert. Es ist deine Entscheidung.«

Der Gefangene dachte eine Weile nach und sagte dann, dass er bereit sei, seine letzten Worte zu sprechen. Es wurde still, und alle schickten sich an, ihm zuzuhören. Und er sagte: »Ihr werdet mich auf dem Altar der Lüge hängen.«

»Ist das alles?«, fragte man ihn.

»Ja«, antwortete er.

Die Henker näherten sich diesem Mann und machten sich daran, ihn zum Altar der Lüge zu bringen. Als sie an seiner Seite waren, sagte einer von ihnen:

»Einen Augenblick bitte. Wir können ihn hier nicht aufhängen, denn würden wir dies tun, wären seine letzten Worte wahr. Und um die Regeln einzuhalten: Wir haben ihm gesagt, dass wir ihn aufhängen würden, je nach dem Wahrheitsgehalt seiner letzten Worte. Er sagte, dass ›wir ihn auf dem Altar der Lüge hängen würden‹. Daher können wir ihn nicht dort hängen, denn sonst wären seine Worte wahr.«

Ein anderer der Anwesenden sagte: »Klar. Es gebührt sich, dass wir ihn auf dem Altar der Wahrheit hängen.«

»Falsch«, rief einer von hinten. »Wenn es so wäre, würden wir ihn belohnen, denn seine letzten Worte waren eine Lüge. Wir können ihn nicht auf dem Altar der Wahrheit hängen.«

Wahrhaft verwirrt, verstrickten sich alle, die den Gefangenen exekutieren wollten, in eine ewige Diskussion. Der Angeklagte floh und schreibt heute Bücher über Logik.

C) Gott existiert nicht

Sicher ist diese Art, das Russellsche Paradoxon zu präsentieren, die eindrucksvollste. Die Absicht ist zu beweisen, dass Gott nicht existiert, nichts weniger.

Einigen wir uns zunächst darauf, was Gott bedeutet. Per definitionem ist die Existenz von Gott gleichgesetzt mit der Existenz eines allmächtigen Wesens. Insofern wir in der Lage sind zu beweisen, dass *nichts und niemand all-*

mächtig sein kann, kann sich niemand das »Wesen Gott«
zuschreiben.

Wir werden dies »per absurdum« zeigen; das heißt, wir
werden annehmen, dass das Ergebnis wahr ist, und dies
wird uns zu einem Widerspruch führen.

Nehmen wir an, Gott existiert. Dann muss er, wie wir
gesagt haben, insofern er Gott ist, allmächtig sein. Was
wir tun: Wir werden beweisen, dass *es keinen Allmächtigen geben kann*. Oder, was auf dasselbe hinausläuft: Es
kann niemanden geben, der *alle Macht* besitzt.

Und wir gehen folgendermaßen vor: Wenn jemand exis-
tierte, der allmächtig wäre, müsste er die Macht haben,
sehr große Steine zu erschaffen. Diese Fähigkeit darf
ihm nicht fehlen, denn sonst würde er bereits beweisen,
dass er nicht allmächtig ist. Daraus schließen wir, dass er
die Macht haben *muss*, *sehr große Steine* zu erschaffen.
Er muss nicht nur die Macht haben, sehr große Steine zu
erschaffen, sondern muss auch in der Lage sein, Steine
zu erschaffen, *die er nicht bewegen kann* … diese Macht
darf ihm nicht fehlen (und eigentlich auch keine andere). Daher muss er in der Lage sein, Steine zu erschaffen, die sehr groß sind. So groß, dass er sie schließlich
nicht bewegen kann.

Das ist der Widerspruch, denn wenn es Steine gibt, die
er nicht bewegen kann, heißt das, dass ihm eine Fähigkeit fehlt. Und wenn er solche Steine nicht erschaffen
kann, heißt das, dass ihm diese Fähigkeit fehlt. Letztendlich wird jeder, der beansprucht, allmächtig zu sein,
unter einem Problem leiden: Entweder fehlt ihm die
Macht, so große Steine zu schaffen, dass er sie nicht bewegen kann, oder es existieren Steine, die er nicht bewegen kann. Auf die eine oder auf die andere Art kann es

niemanden geben, der *allmächtig* ist (und genau das wollten wir ja beweisen).

Nachdem wir nun diese drei Manifestationen des Russellschen Paradoxons gesehen haben, überlegen wir, was dahintersteckt.

Grundsätzlich ist es ein nichttriviales Problem, eine *korrekte* Definition davon zu geben, was eine *Menge* ist. Wenn man es versucht (und ich bitte Sie, dies auch zu tun), benutzt man letztendlich irgendein Synonym: *eine Ansammlung, eine Gruppierung, eine Zusammenstellung* etc.

Auf jeden Fall wollen wir die *intuitive Definition, was eine Menge ist*, akzeptieren; sagen wir eine *Ansammlung* von Objekten, die wir aufgrund irgendeines Charakteristikums abgrenzen: alle ganzen Zahlen, alle meine Geschwister, die Mannschaften, die an der letzten Fußballweltmeisterschaft teilgenommen haben, die großen Pizzas, die ich in meinem Leben gegessen habe, usw.

Im Allgemeinen sind »die Elemente« einer Menge die »Glieder«, die »dazugehören«. Wenn man mit den Beispielen des vorhergehenden Absatzes fortfährt, sind die »ganzen Zahlen« die Elemente der ersten Menge; »meine Geschwister« die Elemente der zweiten; die Liste der Länder, die an der letzten Weltmeisterschaft teilnahmen, wären die Elemente der dritten; jede Pizza, die ich gegessen habe, sind die Elemente der vierten usw.

Man bezeichnet oder benennt eine Menge für gewöhnlich mit einem Großbuchstaben (zum Beispiel: A, B, X, N, Z), und die Elemente jeder Menge setzt man »in Klammern«:

A = {1, 2, 3, 4, 5}

B = {Argentinien, Uruguay, Brasilien, Chile, Kuba, Venezuela, Mexiko}

C = {Laura, Lorena, Máximo, Alejandro, Paula, Ignacio, Viviana, Sabina, Brenda, Miguel, Valentín}

N = {natürliche Zahlen} = {1, 2, 3, 4, 5, ..., 173, 174, 175, ...}

P = {Primzahlen} = {2, 3, 5, 7, 11, 13, 17, 19, 23, 29, 31, ...}

M = {{Néstor und Graciela}, {Pedro und Pablo}, {Timo und Betty}}

L = {{gerade Zahlen}, {ungerade Zahlen}}

Einige Mengen sind endlich, wie A, B und C. Andere sind unendlich, wie N und P.

Einige Mengen enthalten als Elemente andere Mengen, wie M, die als Glieder »Paare« beinhaltet.

L hingegen enthält zwei Elemente, die wiederum Mengen sind. Das heißt, *die Elemente einer Menge können auch Mengen sein.*

Nach all diesen Darlegungen möchte ich die Frage ansprechen, die Russell sich stellte:

»Kann eine Menge *sich selbst als Element enthalten?*«

Russell schrieb: »Mir scheint, es gibt eine Klasse von Mengen, wo dies der Fall ist, und eine andere, wo es nicht der Fall ist.« Und er gab als Beispiel die Menge der *Teelöffelchen* an. Offensichtlich ist die Menge aller Teelöffelchen *nicht ein Löffelchen*, und demnach *enthält sie sich nicht selbst als Element.* In gleicher Weise ist *die Menge aller Menschen, die auf der Erde wohnen,* nicht ein Mensch und demzufolge *ist sie nicht ein Element ihrer selbst.*

Auch wenn es der Intuition zu widersprechen scheint, dachte Russell auch an Mengen, die *doch sich selbst als Elemente enthalten.* Zum Beispiel: Die Menge aller Dinge, die *keine Teelöffelchen sind.* Diese Menge enthält auch Löffelchen, gewiss, aber keine für Tee, sowie Gabeln, Fußballspieler, Bälle, Kissen, verschiedene Flugzeugtypen usw. Alles *außer Teelöffelchen.*

Klar ist, dass diese neue Menge (die, die aus allem besteht, was *kein Teelöffelchen ist*) *kein Teelöffelchen ist*! Und demnach, weil sie kein Teelöffelchen ist, *muss sie ein Element von sich selbst sein.*

Russell gab noch ein weiteres Beispiel: Nennen wir A die Menge aller Mengen, die ihre Elemente mit zwanzig Worten oder weniger beschreiben können. (In Wirklichkeit legte Russell dies in englischer Sprache dar, aber das ist für diesen Gedankengang nicht wichtig.)

Zum Beispiel ist die Menge »aller Mathematikbücher« ein Element von A, denn man braucht nur zwei Worte, um ihre Elemente zu beschreiben. Auf die gleiche Weise sind »alle Tiere Patagoniens« auch ein Element von A. Und die Menge »aller Stühle, die es in Europa gibt«, ist ein weiteres Element von A.

Nun bitte ich Sie, über Folgendes nachzudenken: Gehört A zu sich selbst? Das heißt: Ist A ein Element von sich selbst? Damit dies der Wahrheit entspricht, müssten die Elemente von A in zwanzig Worten oder weniger beschrieben werden können. Und wir haben A eben als Menge definiert, deren Elemente »Mengen sind, deren Elemente in zwanzig Worten oder weniger beschrieben werden können«. Auf diese Weise ist A eine Teilmenge von sich selbst.

Von diesem Moment an können wir also zwei Klassen von Mengen betrachten: diejenigen, die sich selbst als Elemente enthalten, und diejenigen, bei denen das nicht der Fall ist.

Bis hierher ist alles klar.

Aber Russell ging noch einen Schritt weiter. Er zog in Betracht, dass

R = »die Menge aller Mengen, die sich nicht selbst
als Elemente enthalten«

= {alle Mengen, die sich nicht selbst als Elemente
enthalten} (* *)

Zum Beispiel enthält R als Elemente die Menge »aller Hauptstädte Südamerikas«, die Menge »alle meine Geschwister«, »alle Kängurus Australiens« usw. Und natürlich noch viele andere.

Und schließlich die (Eine-Million-)Frage:

»Ist R eine Menge, die sich selbst als Element enthält?«

Analysieren wir die beiden möglichen Antworten.

a) Wenn die Antwort ja lautet, dann enthält R sich selbst als Element. Das heißt, R ist ein Element von R. Aber wie man in (**) sieht, *kann R kein Element von sich selbst sein, denn wenn es so wäre, könnte sie kein Element von R sein.* Also kann R kein Element von sich selbst sein.

b) Wenn die Antwort nein lautet, das heißt, dass R kein Element von sich selbst ist, *dann müsste R zu R gehören*, da R eben aus Mengen gebildet ist, die *sich selbst nicht als Elemente enthalten.*

Dieses Problem liegt den drei Beispielen zugrunde, die ich zu Beginn des Kapitels vorgestellt habe. Es handelt sich um das *Paradoxon von Bertrand Russell*.

Es scheint unmöglich zu entscheiden, ob die Menge, deren Elemente Mengen sind, die sich selbst nicht als Elemente enthalten, *zur Menge gehört oder nicht*.

Nach vielen Jahren einigten sich die Wissenschaftler, die sich der Erforschung der Logik widmen, festzulegen, dass jede Menge, die sich selbst als Element enthält, *keine Menge ist*, und auf diese Weise lösten sie (dem Anschein nach) die Streitfrage. In Wirklichkeit »kehrte« man das Problem »unter den Teppich«.

Biografie von Pythagoras

Pythagoras von Samos wird als Prophet und Mystiker betrachtet. Er wurde auf Samos geboren, auf einer der Inseln der Dodekanes, nicht sehr weit von Milet, dem Ort, wo Thales zur Welt kam. Gelegentlich wird Pythagoras als Schüler Thales' dargestellt, aber dies scheint angesichts einer zeitlichen Differenz von fast einem halben Jahrhundert zwischen beiden nicht sehr wahrscheinlich. Sehr wahrscheinlich ist jedoch, dass Pythagoras nach Babylonien und Ägypten ging und sogar bis nach Indien, um Informationen aus erster Hand über Mathematik, Astronomie und schließlich auch über Religion zu gewinnen.

Pythagoras war zufällig ein Zeitgenosse von Buddha, Konfuzius und Lao-Tse. Ein aufregendes Jahrhundert also, sowohl aus der Sicht der Religion als auch der Mathematik. Als er nach Griechenland zurückkehrte, siedelte er sich in Kroton an, an der südöstlichen Küste des heutigen Ita-

liens, das man aber zur damaligen Zeit »Großgriechen-
land« nannte. Hier gründete er eine Geheimgesellschaft,
die, abgesehen von ihrer mathematischen und philoso-
phischen Basis, an einen orphischen Kult erinnerte.

Dass Pythagoras eine obskure Figur bleibt, ist zum Teil
darauf zurückzuführen, dass alle Dokumente aus dieser Zeit verloren gingen. Zwar wurden in der Antike
einige Pythagoras-Biografien geschrieben, einschließ-
lich von Aristoteles, aber sie sind nicht überliefert.
Eine andere Schwierigkeit, die Figur des Pythagoras
klar zu identifizieren, liegt in der Tatsache begründet,
dass der Orden, den er gründete, gemeinschaftlich und
geheim war. Das Wissen und der Besitz gehörten allen,
sodass die Entdeckungen nicht einem Besonderen zugeschrieben, sondern als Erbe der Gruppe betrachtet
wurden. Daher ist es besser, nicht von der Arbeit des
Pythagoras zu sprechen, sondern von den Leistungen
der »Pythagoräer«.

Der Satz des Pythagoras

Vor vielen Jahren brachte mir Carmen Sessa, eine Freundin von mir und außerordentliche Kennerin jedes Themas, das mit Mathematik zu tun hat, einen Umschlag
mit verschiedenen Beweisen für den Satz des Pythagoras. Ich erinnere mich nicht, woher sie sie hatte, aber sie
war begeistert, als sie sah, wie viele verschiedene Arten
es gab, die gleiche Tatsache zu beweisen. Später habe ich
außerdem erfahren, dass es ein Buch gibt *(The Pythago-
rean Proposition)*, das 367 Beweise für diesen Lehrsatz
enthält und 1968 neu aufgelegt wurde.

Was jedenfalls die Beweise betrifft, die mir Carmen gegeben hatte: Es gab einen, der mich wegen seiner Einfachheit faszinierte. Mehr noch: Von diesem Moment an
(Ende der 80er Jahre) hörte ich nicht mehr auf, ihn mir
immer wieder vor Augen zu führen.
Und mich daran zu erfreuen. Hier
kommt er:
Man hat ein rechtwinkliges Dreieck T
mit den Seiten *a*, *b* und *h*. (Man nennt
ein Dreieck rechtwinklig, wenn einer
der Winkel 90 Grad hat, was auch
rechter Winkel heißt.)

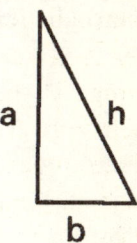

Stellen wir uns vor, dass das Dreieck T aus drei »zusam-
mengeklebten« Fäden gemacht ist. Nehmen wir an, dass
man die Seite *h* »abschneiden« und die Seiten *a* und *b*
»auseinanderziehen« kann.
Mit dieser neuen »Seite« der Länge (a + b) stellen wir
zwei gleiche Quadrate her. Jede Seite des Quadrats
misst (a + b).
Wir markieren an jedem Quadrat die Seiten *a* und *b*,
sodass wir diese Gebilde zeichnen können:

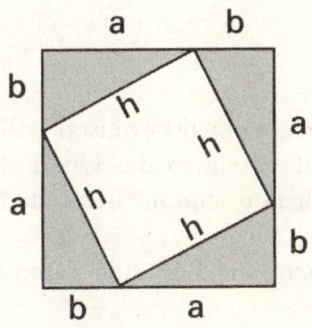

Jetzt schauen wir, wie oft das Dreieck T in jedem Quadrat vorkommt (wofür auf einer Zeichnung die vier Dreiecke T in jedem Quadrat zu markieren sind).

Da die Quadrate gleich sind, *muss* die Fläche (wenn wir erst einmal die vier Quadrate in beiden entdeckt haben), die jeweils »frei« bleibt, die gleiche sein.

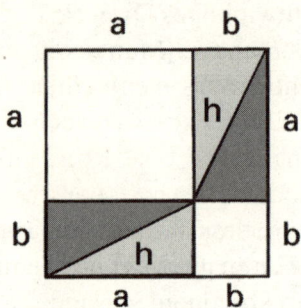

Im ersten Quadrat bleiben also zwei »kleine Quadrate« von der Fläche a^2 und b^2. Auf der anderen Seite entsteht im anderen Quadrat ein »neues« Quadrat der Fläche h^2.

Folgerung: Es »muss« gelten

$$a^2 + b^2 = h^2,$$

was genau das ist, was wir beweisen wollten: »In jedem rechtwinkligen Dreieck ist das Quadrat über der Hypotenuse gleich der Summe der Quadrate über den Katheten.«

In diesem Fall sind die Katheten a und b, während die Hypotenuse h ist.

Ist dies kein wunderbarer Beweis? Es ist nur das Ergebnis einer wundervollen Idee, die kein kompliziertes Werkzeug mehr braucht.[23] Nur gesunden Menschenverstand.[24]

Die Geschichte von Carl Friedrich Gauß

Wir pflegen den Jugendlichen zu sagen, dass das, was sie denken, schlecht ist, nur weil sie nicht so denken wie wir.

Damit senden wir ihnen eine Botschaft zum Verrücktwerden, ähnlich der Botschaft, die wir vermitteln, wenn wir ihnen in den ersten zwölf Lebensmonaten zu sprechen und zu gehen beibringen und dann in den folgenden zwölf Jahren von ihnen verlangen, dass sie still und bewegungslos bleiben sollen.

23 Dieser Lehrsatz wurde in einer Schrift aus Babylonien entdeckt, aus der Zeit zwischen 1900 und 1600 v. Chr. Pythagoras lebte zwischen 560 und 480 v. Chr., doch obwohl die Lösung des Problems ihm zugeschrieben wird, ist es unklar, ob sie auf ihn oder einen seiner Schüler zurückgeht. Und sogar diese Möglichkeit muss nicht unbedingt der Wahrheit entsprechen.

24 Der Lehrsatz ist *umkehrbar* in dem Sinne, dass ein Dreieck der Seiten *a*, *b* und *h*, das die Gleichung

$$a^2 + b^2 = h^2$$

erfüllt, rechtwinklig sein muss. Denken Sie einmal darüber nach, dass das ein sehr interessantes Ergebnis ist. Denn es hätte ja sein können, dass der Satz des Pythagoras für andere Dreiecke, die nicht rechtwinklig sind, zutreffend ist. Dieser Abschnitt besagt jedoch, dass die Eigenschaft, dass das Quadrat über der Hypotenuse gleich der Summe der Quadrate über den Katheten ist, ein Dreieck »charakterisiert«: Es ist zwangsläufig rechtwinklig.

Tatsache ist, dass diese Geschichte mit jemandem zu tun hat, der anders dachte. Und auf diesem Weg löste er auf unerwartete Weise (für den Lehrer) ein Problem. Die Geschichte spielt sich um 1784 im deutschen Braunschweig ab.

Ein Lehrer der dritten Volksschulklasse (mit Namen Büttner, wenngleich es Hinweise gibt, dass er auch von einem Assistenten begleitet war, Martin Bartels) war des »Durcheinanders« müde, das die Kinder anstellten, und um sie etwas ruhig zu halten, gab er ihnen folgendes Problem auf: »Berechnet die Summe der ersten hundert Zahlen.« Die Idee war eigentlich, sie für eine Weile zum Schweigen zu bringen. Tatsache ist, dass ein Kind fast unmittelbar die Hand hob, ohne dem Lehrer überhaupt Zeit zu lassen, es sich auf seinem Stuhl bequem zu machen.

»Ja?«, fragte der Lehrer und sah das Kind an.

»Ich bin schon fertig, Herr Lehrer«, antwortete der Kleine. »Das Ergebnis ist 5.050.«

Der Lehrer konnte nicht glauben, was er gehört hatte, nicht, weil die Antwort falsch gewesen wäre, was sie nicht war, sondern weil ihn die Schnelligkeit verwirrte.

»Hast du das vorher schon einmal gemacht?«, fragte er.

»Nein, erst gerade eben.«

Währenddessen hatten die anderen Kinder gerade einmal die ersten Ziffern auf das Papier geschrieben und verstanden den Dialog zwischen ihrem Kameraden und dem Lehrer nicht.

»Komm und erzähle uns allen, wie du das gemacht hast.« Der Kleine stand von seinem Stuhl auf, und ohne auch nur das Papier, das er vor sich hatte, mitzunehmen, näherte er sich bescheiden der Tafel und begann die Zahlen aufzuschreiben:

$$1 + 2 + 3 + 4 + 5 + \ldots + 96 + 97 + 98 + 99 + 100$$

»Also«, fuhr der Kleine fort. »Ich habe Folgendes gemacht: Ich habe die erste und die letzte Zahl addiert (das heißt die 1 und die 100). Diese Summe ergibt 101. Danach habe ich mit der zweiten und der vorletzten (der 2 und der 99) weitergemacht. Diese Summe ergibt wiederum 101.

Dann habe ich die dritte und die vorvorletzte hergenommen (die 3 und die 98). Indem man diese beiden addiert, erhält man wieder 101.

Wenn man auf diese Weise die Zahlen ›zusammenstellt‹ und addiert, hat man 50 Zahlenpaare, deren Summe 101 ist. 50 mal 101 ergibt dann die Zahl 5.050, die Sie haben wollten.«

Die Anekdote endet hier. Der Junge hieß Carl Friedrich Gauß. Er wurde am 30. April 1777 in Braunschweig geboren und starb 1855 in Göttingen, Hannover. Gauß wird als »Fürst der Mathematik« betrachtet und war einer der besten (wenn nicht der beste) Mathematiker der Geschichte.

Wie dem auch sei, es ist hier nicht wichtig, wie berühmt das Kindchen schließlich wurde, sondern ich will besonders betonen, dass man im Allgemeinen dazu tendiert, auf eine bestimmte Art zu denken, die man für »selbstverständlich« hält.

Es gibt Menschen, die dies widerlegen und die Probleme von einem anderen Standpunkt aus betrachten. Das bedeutet nicht, dass sie *alle* Probleme, die sich ihnen stellen, so betrachten, aber das spielt auch kaum eine Rolle.

Warum soll man nicht jedem erlauben, so zu denken, wie er will? Doch gibt es gerade in den Volks- und weiterführenden Schulen und sogar bei den eigenen Eltern die Tendenz, die Kinder zu »dressieren« (im übertragenen Sinn natürlich), womit man erreichen will, dass sie einen Weg gehen, den andere auch schon gegangen sind.

Das ist ganz natürlich, weil es den Erwachsenen zweifellos größere Sicherheiten bietet, doch letzten Endes begrenzt es in unerbittlicher Weise die kreative Fähigkeit derjenigen, deren Film des Lebens zum Teil noch unbespielt ist.

Gauß und seine subtile, aber elementare Methode, die ersten hundert Zahlen zu addieren, sind dafür nur ein Beispiel.[25)]

Die Goldbach-Vermutung

Ich bin sicher, dass es Ihnen schon irgendwann einmal passiert ist, dass Sie auf eine Idee gekommen sind, aber nicht so sicher waren, ob sie stimmt, und eine Weile darüber nachgedacht haben. Wenn Ihnen das noch nie passiert ist, dann fangen Sie jetzt an, denn es ist nie zu spät. Aber das Wunderbare ist, im Kopf ein Problem »pflegen« zu können, dessen Lösung unsicher ist. Und es zu

25 Wie würden Sie vorgehen, um nun die ersten tausend Zahlen zu addieren? Und die ersten n Zahlen? Ist es möglich, eine allgemeine Formel zu erschließen?
Die Antwort lautet Ja:

$$1 + 2 + 3 + \ldots + (n-2) + (n-1) + n = \{n(n+1)/2$$

wälzen, es aus verschiedenen Blickwinkeln zu betrachten, zu zweifeln, von neuem zu beginnen. Darüber wütend zu werden. Es loszulassen, um es später wiederzufinden. Es ist eine unvergleichliche Erfahrung: Ich empfehle sie Ihnen.

In der Geschichte der Wissenschaft, der verschiedenen Wissenschaften, gibt es viele Beispiele für solche Situationen. In einigen Fällen konnten die gestellten Probleme einfach gelöst werden. In anderen waren die Lösungen sehr viel schwieriger, sie brauchten Jahre (manchmal Jahrhunderte). Aber wie Sie an dieser Stelle bereits vermuten werden, gibt es viele, von denen man immer noch nicht weiß, ob sie richtig oder falsch sind. Das heißt: Es gibt Menschen, die ihr ganzes Leben lang glaubten, es gäbe eine Lösung für das Problem, sie aber nicht finden konnten. Und viele andere, die glaubten, das sei der falsche Weg, aber kein Gegenbeispiel fanden, um es zu beweisen.

Auf alle Fälle würde es dem Autor Ruhm, Prestige und auch Geld bringen, eines jener Probleme zu lösen, die noch »offen« sind.

In diesem Kapitel will ich ein wenig über eine Vermutung erzählen, die unter dem Namen »Goldbach-Vermutung« bekannt ist. Am 7. Juni 1742 (denken Sie nur, dass seither schon 263 Jahre vergangen sind) schrieb Christian Goldbach einen Brief an Leonhard Euler (einen der größten Mathematiker aller Zeiten) und legte ihm nahe, sich für folgende Behauptung einen Beweis zu überlegen:

»Jede gerade positive Zahl größer als zwei kann als Summe zweier Primzahlen geschrieben werden.«

Sehen wir uns zum Beispiel die einfachsten Fälle an:

$$4 = 2 + 2$$
$$6 = 3 + 3$$
$$8 = 3 + 5$$
$$10 = 5 + 5$$
$$12 = 5 + 7$$
$$14 = 7 + 7 = 3 + 11$$
$$16 = 5 + 11$$
$$18 = 7 + 11 = 5 + 13$$
$$20 = 3 + 17 = 7 + 13$$
$$22 = 11 + 11$$
$$24 = 11 + 13 = 7 + 17$$
$$\cdots$$
$$864 = 431 + 433$$
$$866 = 3 + 863$$
$$868 = 5 + 863$$
$$870 = 7 + 863$$

Und so könnten wir immer weitermachen.

Bis heute (August 2005) weiß man, dass die Vermutung für alle geraden Zahlen wahr ist, die kleiner als $4 \cdot 10^{13}$ sind.

Der Roman *Uncle Petros & Goldbach's Conjecture*[26] des australischen (wenngleich in Griechenland aufgewachsenen) Schriftstellers Apostolos Doxiadis, 1992 auf Griechisch veröffentlicht und im Jahr 2000 in verschiedene Sprachen übersetzt, war der Auslöser dafür,

---

26 Die Übersetzung trägt den Titel *Onkel Petros und die Goldbachsche Vermutung*; man darf hervorheben, dass das Buch ein internationaler *Bestseller* wurde.

dass die Verlagshäuser Faber and Faber in Großbritannien und Bloomsbury Publishing in den USA demjenigen, der *die Vermutung* beweisen konnte, *eine Million Dollar* boten. Doxiadis ist auch als einer der Pioniere der Romane mit »mathematischem Thema« bekannt und hat außerdem Regie in Theater und Kino geführt. Aber wichtig in diesem Fall ist, dass die durch den Roman erreichte Popularität in einem Angebot der Verleger (das bisher noch niemand einfordern konnte) mündete.

Es gibt noch eine andere von Goldbach aufgestellte Vermutung, die unter dem Namen »schwache Goldbachsche Vermutung« bekannt ist und besagt, dass jede *ungerade* Zahl größer als 5 als Summe *dreier Primzahlen* geschrieben werden kann. Bis zum heutigen Tag (August 2005) ist sie ebenfalls ein ungelöstes Problem der Mathematik geblieben, wenngleich man weiß, dass sie für ungerade Zahlen mit bis zu sieben Millionen Ziffern gültig ist. Obwohl sich jede Vermutung als falsch herausstellen kann, ist die »kompetente« Meinung der Experten auf dem Gebiet der Zahlentheorie, dass Goldbach mit seiner Annahme *richtig* liegt und es nur eine Frage der Zeit ist, bis der Beweis auftaucht.

Die Geschichte von Srinivasa Ramanujan

Wir wissen sehr wenig über die östliche Geschichte und Wissenschaft. Oder zumindest ist für uns alles, was nicht amerikanisch oder europäisch ist, irgendwo *zwischen weit weg und unbekannt*. Jedoch gibt es eine ganze Menge sehr interessanter Geschichten, um nicht zu sagen, eine ganze Wissenschaft, die außerhalb unserer Reichweite liegt und sich außerordentlicher Gesundheit erfreut.

Srinivasa Ramanujan (1887–1920) war ein indischer Mathematiker, der sich zum Hinduismus bekannte. Da er sehr bescheidener Herkunft war, konnte er eine öffentliche Schule nur dank eines Stipendiums besuchen. Seine Biografen sagen, dass er seinen Kameraden die Dezimalziffern der Zahl π (Pi) aufsagte und bereits mit zwölf Jahren sehr vertraut mit allem war, was mit *Trigonometrie* zu tun hatte. Mit fünfzehn Jahren gab man ihm ein Buch mit 6.000 (!) bekannten Lehrsätzen, aber ohne die entsprechenden Beweise. Das war seine elementare mathematische Ausbildung.

Zwischen 1903 und 1907 entschied er sich, keine Examen mehr an der Universität abzulegen, und widmete seine Zeit Forschungen und Überlegungen zu mathematischen Kuriositäten. 1912 regten seine Freunde ihn dazu an, seine sämtlichen Ergebnisse drei ausgezeichneten Mathematikern mitzuteilen.

Zwei von ihnen antworteten nie. Der dritte, Godfrey Harold Hardy (1877–1947), ein englischer Mathematiker aus Cambridge, war der Einzige. Hardy galt damals als herausragendster Mathematiker seiner Zeit.

Später schrieb Hardy, dass er kurz davor gewesen sei, den Brief einfach wegzuwerfen, doch noch am selben Abend setzte er sich mit seinem Freund John Littlewood zusammen, um die Liste der 120 Formeln und Lehrsätze zu entziffern, die dieser so erstaunliche Mann aus Indien vorschlug. Stunden später waren sie davon überzeugt, das Werk eines Genies vor sich zu haben.

Hardy war ein Mann mit einer schwierigen Persönlichkeit. Er hatte sein eigenes Wertesystem für das mathematische Genie, das im Laufe der Zeit publik wurde:

100 für Ramanujan
80 für David Hilbert
30 für Littlewood
25 für sich selbst

Einige der Formeln Ramanujans überforderten ihn; und sein Erstaunen kommentierend schrieb Hardy: »Sie müssen wahr sein, denn wenn sie es nicht wären, hätte niemand die notwendige Vorstellungskraft besessen, sie zu erfinden.«
Hardy lud Ramanujan 1914 nach England ein, und sie begannen zusammen zu arbeiten. 1917 wurde Ramanujan in die Royal Society of London und am Trinity College aufgenommen und war somit der erste Mathematiker *indischer* Herkunft, dem eine solche Ehre zuteil wurde.
Jedoch gab die Gesundheit Ramanujans immer Anlass zur Sorge. Er verstarb drei Jahre, nachdem er nach London übergesiedelt war, als sein Körper dem ungleichen Kampf mit der Tuberkulose nicht mehr gewachsen war …
Nun eine Anekdote. Es wird erzählt, dass Ramanujan bereits in das Londoner Krankenhaus eingewiesen war, das er nicht mehr verlassen sollte. Hardy ging ihn besuchen. Er kam in einem Taxi und ging zu seinem Zimmer hinauf. Um das Eis zu brechen, erzählte er ihm, dass er mit einem Taxi mit der Nummer 1.729 gefahren sei, *eine langweilige und seichte Zahl.*
Ramanujan, der halb aufgerichtet im Bett saß, sah ihn an und sagte: »Glauben Sie das nicht. Mir scheint sie

eine sehr interessante Zahl zu sein: Sie ist die erste ganze Zahl, die sich auf verschiedene Weise als Summe zweier Kubikzahlen schreiben lässt.«

Ramanujan hatte Recht:

$$1.729 = 1^3 + 12^3$$

und

$$1.729 = 9^3 + 10^3$$

Außerdem ist 1.729 durch die Summe seiner Ziffern teilbar: 19

$$1.729 = 19 \cdot 91$$

Weitere Zahlen, die diese Bedingung erfüllen, sind:

(9, 15) und (2, 16)
(15, 33) und (2, 34)
(16, 33) und (9, 34)
(19, 24) und (10, 27)

Das heißt:

$$9^3 + 15^3 = 729 + 3.375 = 4.104 = 2^3 + 16^3 = 8 + 4.096$$
$$15^3 + 33^3 = 3.375 + 35.937 = 39.312 = 2^3 + 34^3$$
$$= 8 + 39.304$$
$$16^3 + 33^3 = 4.096 + 35.937 = 40.033 = 9^3 + 34^3$$
$$= 729 + 39.304$$
$$19^3 + 24^3 = 6.859 + 13.824 = 20.683 = 10^3 + 27^3$$
$$= 1.000 + 19.683$$

Ramanujan hatte definitiv Recht ... 1.729 ist keine so seichte Zahl.

Die mathematischen Modelle von
Oscar Bruno

Oscar Bruno ist Doktor der Mathematik. Er arbeitet am California Institute of Technology, bekannter als Cal-Tech. Er widmet sich der Forschung auf Gebieten der angewandten Mathematik, der partiellen Differenzialgleichungen und der Computerwissenschaft. In seiner Arbeit beschäftigt er sich damit, die Charakteristika ingenieurtechnischer Konstruktionen vorauszusagen, indem er mathematische Methoden und Computerprogramme einsetzt.

Vor ein paar Jahren bat ich ihn, mir einige Anhaltspunkte über seine Tätigkeit zu geben. Und er schrieb mir diese Zeilen, die ich hier – natürlich mit seiner Erlaubnis – wiedergebe.

»Wie benutzt man mathematische Modelle, um die Qualität eines Objekts zu verbessern, bevor man es baut?

Die Vorteile, die solche Methoden bieten, sind zahlreich und eindeutig. Auf der einen Seite ist es viel einfacher und weniger kostenaufwändig, einen Entwurf zu simulieren als zu bauen. Auf der anderen kann ein mathematisches Modell Informationen aufdecken, die man nur sehr schwer oder gar nicht auf experimentellem Weg bekommt.

Natürlich muss die Gültigkeit solcher Modelle durch Vergleiche mit Experimenten verifiziert werden, aber wenn ein Modell einmal geprüft ist, kann man einen hohen Grad von Vertrauenswürdigkeit in seinen Vorhersagen erreichen.

Meine Aufgabe besteht darin, mathematische Modelle für Probleme der Materialwissenschaft zu schaffen und zu prüfen. Des Weiteren beschäftige ich mich damit, nummerische Methoden für eine Vielfalt von Wissenschaftsgebieten zu entwerfen. Durch die nummerischen Methoden kann man die mathematischen Modelle in Computern anwenden.

In der letzten Zeit habe ich an einer Vielfalt von Problemen gearbeitet:

a) Produktion von Radaren,

b) Produktion von Diamanten aus Graphit mittels Schockwellen,

c) Konstruktion eines auf Laserstrahlen basierenden Mikroskops, gemeinsam mit einer Gruppe von Biologen und Physikern,

d) finanzielle Vorhersage,

e) Design von Materialverbindungen aus Gummi und kleinsten Eisenteilchen, auch genannt magnetorheologische Feststoffe (deren Elastizität und Form durch die Anwendung eines Magnetfelds geändert werden können).

Ich will nicht unerwähnt lassen, dass Fortschritte bei dieser Art von Vorhersageproblemen folgende Errungenschaften nach sich ziehen können:

a) neue wissenschaftliche Erkenntnisse,

b) Verbesserungen oder Verbilligung in Produktionsprozessen,

c) Design neuer Artefakte.

Zum Beispiel wird das Mikroskop, das ich eben erwähnt habe, dafür entwickelt, die Beobachtung der Aktivität von lebenden Zellen, ihres Austausches von Flüssigkeiten und Interaktionen mit Mikroorganismen usw. zu ermöglichen.

Nach den auf Gummi basierenden Materialverbindungen hingegen forscht man, um die Mechanismen der Stoßdämpfung in Automobilen zu verbessern: Je nach Art der Straße ist es besser, Gummis mit verschiedenen Härtegraden zu kombinieren.
Indem man Magnetfelder und auf Gummi basierende Materialverbindungen benutzt, kann man den Härtegrad variieren und eine deutliche Reduzierung der Vibrationen erreichen, die für alle Arten von Straßen zweckdienlicher sind.
Die Entwicklung der am besten geeigneten Verbindung (welche Art von Partikeln man verwendet, in welcher Menge und welche Art von Gummi am zweckmäßigsten ist) wird dank der nummerischen Methoden enorm erleichtert. Natürlich muss man dafür keinen Prototyp aus jeder möglichen Rohstoffverbindung produzieren, man benutzt ein Computerprogramm. Um die Charakteristika einer bestimmten Verbindung zu bestimmen, ist es dann nur notwendig – wenn der Computer es verlangt –, eine Folge von Zahlen zu spezifizieren, die die grundlegenden Eigenschaften der verwendeten Inhaltsstoffe charakterisieren.«

Soweit die Überlegungen von Oscar. Nun möchte ich hinzufügen, dass uns Mathematikern oftmals die Frage gestellt wird: »Wozu braucht man das, was Sie machen? Wie setzt man es ein? Verdienen Sie Geld damit?«
Wenn es sich um Mathematiker handelt, die ihr Leben der Wissenschaftsproduktion mit offensichtlicheren oder direkteren Anwendungen widmen, sind die Antworten, wie die Brunos, gewöhnlich klarer und schlagkräftiger. Stammen diese Antworten hingegen von Wis-

senschaftlern, die sich zeitlebens mit der Grundlagen-
forschung oder dem akademischen Leben beschäftigen,
überzeugen sie den Gesprächspartner für gewöhnlich
nicht. Der Durchschnittsbürger fühlt sich verwirrt und
schweigt, aber er ist sich nicht sicher, ob man ihm seine
Frage beantwortet hat. Er versteht nicht.

Eines der Ziele dieses Buches ist es, beide Parteien einander anzunähern. Die Schönheit zu zeigen, die darin
enthalten ist, über ein Problem nachzudenken, dessen
Lösung man nicht kennt. Vor allem: zu überlegen, sich
Wege auszudenken, den Zweifel zu genießen. Und in
jedem Fall zu lernen, mit der Unkenntnis zu koexistie-
ren, aber immer mit der Absicht, sie zu besiegen, den
Schleier zu lüften, der die Wahrheit verbirgt.

Alan Turing über die Unterschiede zwischen Maschine und Mensch

Übereinstimmend mit dem, was ich im *Lexikon der Ideen*
von Chris Rohmann gelesen habe, antwortete Alan Turing auf die Frage, wie man herausfinden könne, ob eine
Maschine intelligent sei:

*Die Maschine ist intelligent, wenn sie diesen Test besteht:
Man lasse eine Person einer Maschine und einer anderen
Person parallel Fragen stellen, ohne dass derjenige, der
fragt, weiß, wer die Antworten gibt.*

*Wenn der Fragesteller nach einiger Zeit nicht in der Lage
ist zu unterscheiden, ob die Antworten von dem Menschen stammten, kann die Maschine als* intelligent *bezeichnet werden.*

Wahrscheinlichkeiten und Schätzungen

Ein bisschen Kombinatorik und Wahrscheinlichkeitsrechnung

Die Zahl der möglichen Ergebnisse beim Werfen einer Münze ist *zwei*. Offensichtlich Kopf und Zahl. Wenn wir jetzt *zwei Münzen* werfen und die Zahl der möglichen Ergebnisse zählen wollen, haben wir:

> Kopf – Kopf
> Kopf – Zahl
> Zahl – Kopf
> Zahl – Zahl

Das heißt, es gibt vier mögliche Ergebnisse. Beachten Sie, dass die Reihenfolge wichtig ist, denn sonst gäbe es *nur drei mögliche Ergebnisse*:

> Kopf – Kopf
> Kopf – Zahl oder Zahl – Kopf (was das Gleiche wäre)
> Zahl – Zahl

Wenn man drei Münzen wirft *und die Reihenfolge eine Rolle spielt*, haben wir an möglichen Fällen: $2^3 = 8$.
Wenn hingegen die Reihenfolge keine Rolle spielt, bleiben nur *vier Fälle*. (Überlegen Sie einmal für jeden Fall, warum das so ist. Ich bitte Sie außerdem, darüber nachzudenken, was passieren würde, wenn ich n Münzen werfen würde und wir die Menge an möglichen Ergebnissen berechnen wollen, *abhängig und unabhängig von der Reihenfolge*.) Und jetzt wollen wir zu den Würfeln übergehen.

Die Zahl der möglichen Ergebnisse, wenn man einen Würfel wirft, beträgt sechs.
Die Zahl der möglichen Ergebnisse, wenn man zwei Würfel wirft, beträgt:

$6 \cdot 6 = 6^2 = 36$

Aber: Wenn man zuerst einen roten Würfel wirft und dann einen grünen, wie lautet die Zahl der möglichen Ergebnisse, bei denen der grüne Würfel ein *anderes* Ergebnis als der rote zeigt?

Die Antwort ist $6 \cdot 5 = 30$ (rechnen Sie nach, wenn Sie nicht überzeugt sind).
Wenn wir jetzt drei Würfel haben, lautet die Zahl der möglichen Ergebnisse:

$6^3 = 216$

Wenn wir aber wollen, dass das Ergebnis beim ersten Wurf anders ist als beim zweiten und dritten, dann sind die möglichen Fälle:

$6 \cdot 5 \cdot 4 = 120$

Anhand dieser Beispiele können wir überlegen, was in anderen Fällen passiert. Zum Beispiel beim Lottospiel. Es geht darum, sechs Zahlen zwischen 1 und 40 zu treffen, und zwar *in einer bestimmten Reihenfolge*. Daher haben wir folgende möglichen Fälle:

$$40 \cdot 39 \cdot 38 \cdot 37 \cdot 36 \cdot 35 = 2.763.633.600 \text{ Möglichkeiten}$$

Denken Sie daran, dass *sich die Wahrscheinlichkeit, dass ein Ereignis eintrifft, als Quotient aus den günstigen Fällen und den möglichen Fällen definiert.*[27] Daher ist die Wahrscheinlichkeit, dass Kopf eintritt, wenn man eine Münze wirft, 1/2, weil es *nur einen günstigen Fall gibt (Kopf)* und zwei mögliche Fälle (Kopf und Zahl). Die Wahrscheinlichkeit, dass zuerst *Kopf* und dann *Zahl* erscheint, wenn man zwei Münzen wirft (vorausgesetzt die Reihenfolge zählt), ist 1/4, weil es *einen einzigen günstigen Fall (Kopf–Zahl) und* vier mögliche Fälle gibt (Kopf–Kopf, Kopf–Zahl, Zahl–Kopf und Zahl–Zahl).

Kehren wir zum Beispiel des Lottospiels zurück. Das Ergebnis ist interessant, denn die Wahrscheinlichkeit, im Lotto zu gewinnen, ist offensichtlich sehr gering. *Die Chance steht eins zu mehr als zweitausendsiebenhundertsechzig Millionen.* Sehen Sie, es ist nicht leicht.

Wenn man großzügig wäre und sich dazu entschließt, die Reihenfolge außer Acht zu lassen, muss man durch 6!

---

27 Ich nehme an, dass die Fälle die gleiche Wahrscheinlichkeit des Eintretens haben. Das heißt, dass weder eine Münze gezinkt ist noch dass ein Würfel eine schwerere Seite hat noch der Roulettekessel einen begünstigten Sektor usw. Mit anderen Worten: Die Fälle haben die gleiche Wahrscheinlichkeit einzutreten.

teilen. (Erinnern Sie sich, wie wir die Fakultät auf Seite 65 definiert haben?) Das liegt daran, dass man die sechs Zahlen, wenn man sie einmal ausgewählt hat, auf 120 verschiedene Arten anordnen kann, ohne sie auszutauschen. Das nennt man in der Mathematik eine *Permutation*.

Wenn man dann die Zahl (2.763.633.600) durch 120 teilt, erhält man 3.838.380. Das heißt, wenn man beim Lotto sechs Zahlen unter den ersten vierzig auswählen würde, ohne dass die Reihenfolge zählt, in der sie auftauchen, dann erhöht sich die Wahrscheinlichkeit zu gewinnen stark. Jetzt ist sie 1 zu 3.838.380.

Fahren wir mit dem Spiel fort: Gehen wir nun zum Kartenspiel über. Bei einem Kartenspiel mit 52 Karten: Wie viele mögliche Blätter von jeweils fünf Karten gibt es? (Beachten Sie, dass die Reihenfolge irrelevant ist, wenn man Karten in einem Spiel bekommt. Wichtig ist das Blatt, das man bekommen hat, und nicht die Reihenfolge, in der man sie in der Hand hält.) Das Ergebnis ist:

$$52 \cdot 51 \cdot 50 \cdot 49 \cdot 48/(5!) = 2.598.960$$

Wenn sich jetzt die Frage stellt, auf wie viele Arten ich vier Asse bekommen kann, lautet die Antwort 48, denn diese 48 sind die verbleibenden Möglichkeiten für die fünfte Karte (die anderen vier sind schon vergeben: Es sind die Asse, und da es insgesamt 52 Karten waren, abzüglich der vier Asse, bleiben 48). Die Wahrscheinlichkeit, dass ich eine Hand von vier Assen bekomme, ist 48/(2.598.960), was fast 1 zu 50.000 ist. Das heißt für diejenigen, die Poker spielen und wissen wollen, wie hoch die Wahrscheinlichkeit ist, einen Ass-Vierling zu haben: Sie ist ziemlich niedrig. (Ich gehe hier davon aus, dass man nur fünf Karten austeilt und dass keine Karten ausgetauscht werden. Das schreibe ich für die Puristen, die anmerken werden, dass man sich bestimmter Karten entledigen und neue anfordern kann.)

Und wenn man wissen will, wie hoch die Wahrscheinlichkeit ist, einen König-Vierling zu bekommen? Würde sich diese ändern? Die Antwort lautet nein, denn ob die Karten, die sich wiederholen, Asse sind oder Könige oder Damen oder was auch immer, ändert nichts an dem gelieferten Argument. Allenfalls wird es etwas bunter.

Was nun folgt, ist eine wichtige Feststellung: Wenn zwei Ereignisse voneinander unabhängig sind, in dem Sinn, dass das Ergebnis des einen unabhängig von dem des anderen ist, dann *erhält man die Wahrscheinlichkeit, dass beide eintreten, indem man die Wahrscheinlichkeiten beider multipliziert.*

Zum Beispiel ist die Wahrscheinlichkeit, dass zweimal Kopf herauskommt, wenn man zweimal eine Münze wirft:

$$(1/2) \cdot (1/2) = 1/4$$

(Es gibt vier mögliche Fälle: Kopf–Kopf, Kopf–Zahl, Zahl–Kopf und Zahl–Zahl; von ihnen ist nur einer günstig: Kopf–Kopf. Daher 1/4).

Die Wahrscheinlichkeit, dass eine Zahl beim Roulette fällt, ist:

$$1/37 = 0{,}027\ldots$$

Dass eine »rote« Zahl fällt, ist 18/37 = 0,48648...
Aber dass fünfmal hintereinander »Rot« erscheint, bemisst sich durch $(0,48648)^5 = 0,027...$

Das heißt, in 2,7 % der Fälle. Das ist eine wichtige Erkenntnis, denn was wir messen, hat mit der Wahrscheinlichkeit zu tun, dass fünf »rote« Zahlen hintereinander auftreten. Aber die Wahrscheinlichkeit ist berechnet, bevor der Croupier zu werfen beginnt.

Dies ist nicht dasselbe, wie wenn man zum Spielen an einen Roulettetisch in einem Casino geht und fragt: »Was kam bis jetzt?« Wenn man die Antwort bekommt, dass vier »rote« Zahlen hintereinander gefallen sind, *beeinflusst diese Tatsache nicht die Wahrscheinlichkeit der Zahl, die als Nächstes auftreten wird*: Die Wahrscheinlichkeit, dass »Rot« fällt, ist wieder 18/37 = 0,48648..., dass »Schwarz« erscheint, ebenfalls 18/37 = 0,48648... Und dass die Null kommt, 1/37 = 0,027027...

Gehen wir nun von den Spielen zu den Personen über (die vielleicht gerade ein Spiel spielen). Wenn man eine Person zufällig herausnimmt, ist die Wahrscheinlichkeit, dass sie *nicht* im Monat Juli geboren wurde, 11/12 = 0,9166666... (Das heißt, die Wahrscheinlichkeit liegt bei fast 92 %, dass sie nicht im Juli zur Welt kam.) [28] Die Wahrscheinlichkeit muss jedoch immer größer oder gleich null und kleiner oder gleich eins sein. Wenn man in Wahrscheinlichkeitsbegriffen spricht, müsste man sagen: Die Wahrscheinlichkeit beträgt 0,916666... Zieht man es dagegen vor, sich in *Prozenten* auszudrücken,

---

28 Dabei gehe ich davon aus, dass alle Monate dieselbe Anzahl von Tagen haben. Andernfalls wäre es, als hätte man eine *gezinkte Münze*.

muss man sagen, dass sich der Prozentsatz der Wahrscheinlichkeit, dass sie nicht im Juli geboren ist, auf mehr als 91,66 % beläuft.

(Anmerkung: Die Wahrscheinlichkeit, dass ein Ereignis eintritt, ist immer eine Zahl zwischen null und eins. Bei dem Prozentsatz der Wahrscheinlichkeit, dass es zu eben diesem Ereignis kommt, handelt es sich immer um eine Zahl zwischen 0 und 100).

Wenn man fünf Personen per Zufall auswählt, ist die Wahrscheinlichkeit, dass keine von ihnen im Juli geboren wurde

$$(11/12)^5 = 0,352\ldots,$$

das heißt, ungefähr 35,2 % der Fälle. Um es noch einmal deutlich zu sagen: Bei fünf zufällig herausgegriffenen Personen ist die Wahrscheinlichkeit, dass *keine* von den fünf im Juli geboren wurde, ungefähr 0,352 %, oder, anders ausgedrückt, in mehr als 35 % der Fälle kam keine der Personen im Juli zur Welt.

Wie ich bereits erwähnt habe, ist es irrelevant, dass der betrachtete Monat der Juli ist. Das Gleiche gilt für jeden Monat. Aber: Man muss ihn vorher bestimmen. Die Frage (damit sie die gleiche Antwort erhält) muss lauten: Wie hoch ist die Wahrscheinlichkeit, dass von fünf beliebigen Personen keine der fünf im Monat … geboren ist (in die Lücke kann jeder beliebige Monat eingetragen werden)?

Kehren wir zu den Würfeln zurück. Was ist wahrscheinlicher: bei vier Würfen mindestens einmal eine 6 zu würfeln oder *zwei Sechsen mit zwei Würfeln zu bekommen*, wenn man sie 24 Mal wirft?

Die Wahrscheinlichkeit, »keine« 6 zu erhalten, ist

$5/6 = 0,833\ldots$

Da vier Mal gewürfelt wird, ist die Wahrscheinlichkeit, dass »keine« 6 fällt:

$(5/6)^4 = 0,48\ldots$

Die Wahrscheinlichkeit, mindestens einmal eine 6 zu haben, wenn man einen Würfel vier Mal wirft, ist ungefähr

$1 - 0,48 = 0,52$

Auf der anderen Seite ist die Wahrscheinlichkeit, »keine« *zwei Sechsen* zu würfeln, wenn man *zwei Würfel nimmt,*

$(35/36) = 0,972\ldots$

(Die günstigen Fälle, *keine* zwei Sechsen zu erhalten, sind 35 der 36 möglichen.)
In Übereinstimmung mit dem, was wir bis hierher gesehen haben, ergibt sich bei 24 Würfen folgende Zahl:

$(0,972)^{24} = 0,51\ldots$

Das heißt, die Wahrscheinlichkeit, zwei Sechsen zu bekommen, wenn man zwei Würfel 24 Mal wirft, ist

$1 - (0,51) = 0,49\ldots$

→ **Fazit:** Es ist wahrscheinlicher, eine Sechs zu würfeln, wenn man einen Würfel vier Mal hernimmt, als zwei Sechsen zu erhalten, wenn man zwei Würfel 24 Mal wirft.

Interview mit verbotener Frage[29]

Dieses Beispiel zeigt eine subtile Art, ein Problem zu vermeiden. Nehmen wir an, man will eine Gruppe von Personen zu einem kritischen, delikaten Problem interviewen. Sagen wir, man will den Prozentsatz von Jugendlichen herausfinden, die am Gymnasium Drogen konsumiert haben.

Es ist sehr gut möglich, dass die Mehrheit sich unbehaglich fühlt, mit Ja antworten zu müssen. Das würde natürlich den Wahrheitsgehalt der Befragung ruinieren.

Wie stellt man es also an, das Hindernis der Scham oder Unannehmlichkeit zu »umgehen«, das die Frage aufwirft? In dem Beispiel will der Interviewer jeden Schüler befragen, ob er während seiner Gymnasialzeit irgendwelche Drogen konsumiert hat. Er versichert ihm jedoch folgende Vorgehensweise:

29 Was hier folgt, ist ein Auszug dessen, was Alicia Dickenstein mir im Rahmen des ersten Wissenschaftsfestivals erzählte, das in Buenos Aires stattfand (*Buenos Aires Piensa*, dt. »Buenos Aires denkt«). Alicia sagte mir, Doktor Eduardo Cattani, ein argentinischer Mathematiker aus Amherst, Massachusetts, habe ihr von dieser Methode berichtet. Und das erstaunt nicht, denn Eduardo ist ein Mensch mit unstillbarem Wissensdurst, ein großer Fachmann und darüber hinaus ein guter Freund. Er war der erste Assistent, den ich an der Fakultät für Mathematik und Naturwissenschaften hatte, um das Jahr 1965. Seither sind nicht weniger als vierzig Jahre vergangen.

Der Jugendliche wird in eine »Kabine« treten, als würde er zum Wählen gehen, und eine Münze werfen. Niemand sieht, was er tut. Man bittet ihn nur, die Regeln einzuhalten:

1. Wenn Kopf herauskommt, muss er »Ja« antworten (egal wie die richtige Antwort lautet),
2. Wenn jedoch Zahl herauskommt, muss er die Wahrheit sagen.

Jedenfalls ist er selbst sein einziger Zeuge.

Mit dieser Methode erwartet man mindestens rund 50 % positive Antworten (die daher rühren, dass die Münze »schätzungsweise« in der Hälfte der Fälle Kopf zeigt). Wenn hingegen jemand *Nein* sagt, dann lautet die richtige Antwort *Nein*. Das heißt, dieser Jugendliche *hat keine Drogen genommen*. Nehmen wir jedoch an, es gibt ungefähr 70 % positive Antworten (die Jugendlichen antworteten mit *Ja*). Sagt uns das nichts? Sind Sie nicht versucht festzustellen, ob diese Daten irgendeine Schlussfolgerung erlauben?

Wie immer bitte ich Sie, *selbst ein wenig darüber nachzudenken*. Anschließend folgen Sie bitte meinem Gedankengang. Über die Zahl der positiven Antworten hinaus *erwartete man von vornherein* einen Anteil von (mindestens) rund 50 %, denn man nimmt an, dass in der Hälfte der Fälle Kopf herauskommt, da die Münze *nicht gezinkt ist*. Allein aufgrund dieser Angabe weiß man, dass die Hälfte der Teilnehmer *Ja sagen muss*, wenn sie aus der Kabine herauskommt. Gleichzeitig gibt es aber weitere 20 % Antworten, die positiv sind und *NICHT daher rühren, dass die Münze Kopf zeigte*. Wie soll man diesen Hinweis interpretieren?

Fest steht: Wenn Zahl geworfen wurde (was der anderen Hälfte der Fälle entspricht), haben ca. 20 % der Schüler ausgesagt, *dass sie Drogen genommen haben*. Man könnte also zu dem Schluss kommen (und ich bitte Sie mitzudenken), dass mindestens rund 40 % der Schüler Konsumenten irgendeiner Droge waren. Warum? Weil von den übrigen 50 % 20 % (nicht weniger!) mit Ja geantwortet haben. Und genau die 20 % von diesen 50 % implizieren rund 40 % der Personen.

Dieses System vermeidet es, auf denjenigen, der mit Ja antwortet, zu zeigen und ihn einer peinlichen Situation auszusetzen. Aber auf der anderen Seite hat man die Möglichkeit, das zu fragen, was man wissen möchte.

Für diejenigen, die etwas mehr Kenntnisse über Wahrscheinlichkeitsrechnung besitzen und wissen, was die *bedingte Wahrscheinlichkeit* ist, können wir hier einige Formeln angeben.

Wenn wir x die Wahrscheinlichkeit nennen, dass die Antwort Ja lautet, dann gilt:

$$x = p\,(\text{»Ergebnis Kopf«}) \cdot p\,(\text{»Ja«, wenn Kopf}) +$$
$$p\,(\text{»Ergebnis Zahl«}) \cdot p\,(\text{»Ja«, wenn Zahl}),$$

wobei wir definieren:

p (»Ergebnis Kopf«) = Wahrscheinlichkeit, dass die Münze Kopf zeigt

p (»Ja«, wenn Kopf) = Wahrscheinlichkeit, dass der Jugendliche Ja sagt, wenn beim Wurf der Münze *Kopf* herauskommt

p (»Ergebnis Zahl«) = Wahrscheinlichkeit, dass die Münze *Zahl* zeigt p (»Ja«, wenn Zahl) = Wahrscheinlichkeit, dass der Jugendliche *Ja* sagt, wenn beim Wurf der Münze *Zahl* herauskommt.

Auf der anderen Seite:

p (Kopf) = p (Zahl) = 1/2
p (»Ja«, wenn Kopf) = 1
p (»Ja«, wenn Zahl) = ist die Wahrscheinlichkeit des Drogenkonsums, was genau das ist, was wir berechnen wollen. Nennen wir sie P.[30]

Das heißt:

$$x = 1/2 \cdot 1 + 1/2 \cdot P \Rightarrow P = 2 \cdot (x\text{-}1/2) \qquad (*)$$

Wenn zum Beispiel der Prozentsatz der positiven Antworten bei ca. 75 % gelegen hätte (das heißt 3/4 der Gesamtheit aller Antworten), erhält man, indem man x durch 3/4 in der Formel (*) ersetzt:

$$P = 2 \cdot (3/4 - 1/2) = 2 \cdot (1/4) = 1/2$$

Dies würde bedeuten, dass die *Hälfte* der studentischen Bevölkerung während des Gymnasiums irgendeine Droge konsumierte.

---

30 Tatsächlich gehe ich davon aus, dass die Personen immer die Wahrheit sagen werden. Da dies nicht immer der Fall ist, müsste man hier, um genau zu sein, mit einem *Korrektur*faktor multiplizieren, der diese Wahrscheinlichkeit einschätzt. Das Beispiel soll jedoch lediglich einen Weg *illustrieren*, auch wenn er nicht *ganz so exakt* ist, wie er sein müsste.

Wie man die Zahl der Fische in einem Teich schätzt

Eines der größten Defizite, die unsere Bildungssysteme haben, zumindest wenn man von Mathematik spricht, besteht darin, dass man uns nicht zu *schätzen* lehrt. Ja. *Zu schätzen.*

Es könnte uns nämlich prinzipiell dabei helfen, einen gesunden Menschenverstand zu entwickeln. Wie viele Häuserblocks hat eine Stadt? Wie viele Blätter kann ein Baum tragen? Wie viele Tage lebt eine Person durchschnittlich? Wie viele Ziegel braucht man, um ein Haus zu bauen?

Für dieses Kapitel habe ich folgenden Vorschlag: die Menge an Fischen zu schätzen, die es in einem bestimmten Gewässer gibt. Nehmen wir an, wir wären an einem Teich. Das heißt einem Wasserkörper von vernünftigen Proportionen. Wir wissen, dass es möglich ist, dort zu fischen, würden aber gerne einschätzen können, wie viele Fische es gibt. Wie geht man vor?

Natürlich bedeutet *schätzen* nicht *zählen.* Es geht darum, eine *Vorstellung* von einer Menge zu gewinnen. Zum Beispiel könnte man vermuten, dass es im Teich tausend Fische gibt oder dass es eine Milliarde Fische gibt. Das ist zweifellos ein großer Unterschied. Aber was tun?

Wir werden gemeinsam eine Überlegung anstellen. Nehmen wir an, dass man ein Netz auftreibt, das man sich von Fischern ausleiht. Und man macht sich ans Fischen, bis man tausend Fische hat. Es ist wichtig, dass jegliches Vorgehen, das man anwendet, um die tausend Fische zu bekommen, die Fische nicht umbringt, weil wir sie lebend ins Wasser zurückwerfen müssen. Sobald wir die tausend

Fische haben, *färben wir sie mit einer Farbe ein, die was-serunlöslich ist, oder markieren sie* auf andere Weise. Sagen wir zum Beispiel, wir färben sie gelb ein.

Dann werfen wir sie ins Wasser zurück und warten eine angemessene Zeit. Mit »angemessen« ist gemeint, dass wir ihnen Zeit lassen, sich wieder unter die Population zu mischen, die den Teich bevölkert. Sobald wir uns dessen sicher sind, nehmen wir *nach derselben Methode* wieder *tausend Fische* heraus. Natürlich werden nun einige der Fische, die wir bekommen, eingefärbt sein und andere nicht. Nehmen wir an – immer in Hinblick darauf, leichter rechnen zu können –, dass unter den tausend, die wir jetzt gefischt haben, nur *zehn* gelb markierte sind.

Das heißt, dass der Anteil von *gefärbten Fischen* im Teich *zehn zu tausend* ist. (Fahren Sie nicht fort, wenn Sie dieses Argument nicht verstehen. Wenn Sie es verstanden haben, gehen Sie zum folgenden Absatz weiter. Wenn nicht, denken Sie mit mir zusammen nach. Was wir getan haben, nachdem wir sie eingefärbt haben: Wir haben die tausend Fische in den Teich geworfen und ihnen Zeit gegeben, sich unter diejenigen zu mischen, die vorher da waren. Wenn wir erneut tausend Fische herausholen, ist zwischen denen, die wir vorher eingefärbt haben, und denen, die im Wasser geblieben waren, kein Unterschied mehr zu erkennen.)

Wenn wir wieder tausend Fische herausholen und sehen, dass *zehn gelb gefärbte* darunter sind, heißt das, dass *zehn von tausend* Fischen im Teich mit Farbe versehen sind. Wir wissen zwar nicht, wie viele Fische es gibt, wohl aber, wie viele *gefärbte Fische wir haben*. Wir wissen, dass es tausend sind. Wenn unter tausend Fischen je zehn gefärbte sind (das heißt *einer von hun-*

dert) – und *wir wissen*, dass in dem Teich tausend markierte Fische sind und dass diese *ein Prozent der Gesamtheit* repräsentieren –, bedeutet das, dass *ein Prozent der Fische, die im Teich sind, tausend beträgt.* Daher müssen im Teich *hunderttausend Fische* sein.

Diese Methode ist zweifellos *nicht genau,* sie vermittelt eine Schätzung, keine Gewissheit. Doch angesichts der Unmöglichkeit, alle Fische zu *zählen,* ist es besser, wenigstens eine Vorstellung zu haben.

Das Problem des Schubfach-Prinzips (oder *pigeonhole principle*)

Eine der Aufgaben von (uns) Mathematikern besteht darin, nach *Mustern* zu forschen. Das heißt, Situationen zu suchen, die sich »wiederholen«, sich ähneln. Auch Besonderheiten ausfindig zu machen oder Dinge, die verschiedene Objekte gemeinsam haben. So bemühen wir uns um Schlussfolgerungen (oder Lehrsätze), mit denen man ableiten kann, dass es unter bestimmten Voraussetzungen (wenn sich bestimmte Hypothesen bestätigen) zu *bestimmten Konsequenzen* kommt (man folgert diese oder jene These). Statt jedoch abstrakte Vermutungen anzustellen, lassen Sie mich Ihnen gewisse Beispiele zeigen.

Wenn ich fragen würde: Wie viele Personen müssen in einem Kino sein, damit ich sicher sein kann … (ich sagte *sicher*) …, dass mindestens *zwei von ihnen* am selben Tag Geburtstag haben? (Ich meine nicht, dass sie im selben Jahr geboren sind, nur dass sie am selben Tag Geburtstag feiern.)

(Sie überlegen natürlich selbst, bevor sie die nachstehende Antwort lesen.)

Bevor ich die Antwort niederschreibe, möchte ich einen Moment mit Ihnen nachdenken (wenn Sie es nicht schon alleine getan haben). Zum Beispiel: Bei zwei Kinobesuchern gibt es ganz klar keine Garantie, dass beide am selben Tag Geburtstag haben. Das Wahrscheinlichste ist, dass es nicht so ist. Aber jenseits von *wahrscheinlich* oder *nicht wahrscheinlich* ist es ja so, dass wir *Sicherheiten* wollen. Und wenn sich im Kinosaal *zwei Personen* befinden, könnten wir niemals sicher sein, dass die beiden am selben Tag geboren wurden.

Das Gleiche gilt für drei Personen. Oder sogar für zehn. Oder fünfzig. Nein? Oder hundert. Oder zweihundert. Oder sogar dreihundert. Warum? Nun ja, weil wir, auch wenn es bei einem Saal mit dreihundert Personen wahrscheinlich ist, dass zwei von ihnen ihren Geburtstag am selben Tag feiern, diesen Fall noch nicht *sicherstellen oder garantieren* können. Wir könnten auch das »Pech« haben, dass alle an verschiedenen Tagen des Jahres geboren wurden.

Wir nähern uns einem interessanten Punkt (und ich bin sicher, dass Sie schon bemerkt haben, worauf ich hinauswill). Denn selbst wenn sich im Saal 365 Personen befänden, *könnten wir noch nicht sicherstellen, dass zwei von ihnen am gleichen Tag Geburtstag haben.* Es könnte sein, dass *alle an einem anderen Tag des Jahres geboren wurden.* Schlimmer noch: Wir könnten es nicht einmal mit 366 Personen garantieren (wegen der Schaltjahre). Es könnte sein, dass die 366 Personen, die wir im Saal haben, exakt *alle möglichen Tage eines Jahres ohne Wiederholung abdecken.*

Jedoch gibt es ein kategorisches Argument: Wenn 367 Personen im Saal sind, *besteht keine Möglichkeit*, dass sie uns entkommen: Mindestens *zwei* müssen am gleichen Tag die Kerzen ausblasen.

Natürlich weiß man weder, welche diese Personen sind (aber das war auch nicht die Frage), noch, ob es nur zwei sind, die die gewünschte Eigenschaft erfüllen. Es kann sein, dass es mehr gibt ... viel mehr, aber das interessiert uns nicht. Garantiert ist, dass wir mit 367 das Problem lösen.

Jetzt bringe ich unter Berücksichtigung dieser Idee, die wir eben diskutiert haben, ein anderes Problem vor: Wie können wir beweisen, dass es in der Stadt Buenos Aires mindestens zwei Personen mit der gleichen Anzahl von Haaren auf dem Kopf gibt?

Natürlich könnte man die Frage schnell beantworten, indem man an die Leute mit »Glatze« appelliert. Sicher gibt es in Buenos Aires zwei Personen, die keine Haare und daher dieselbe Anzahl von Haaren auf dem Kopf haben: null! Einverstanden. Aber lassen wir diese Fälle beiseite. Wir wollen ein Argument finden, das eine überzeugende Antwort liefert, und zwar ohne Zuflucht zu *null Haaren* zu nehmen.

Bevor ich die Lösung niederschreibe: Der Umstand, dass ich dieses Problem an dieser Stelle anbringe, *unmittelbar nachdem* ich das Problem mit den Geburtstagen diskutiert habe, legt nahe, dass es *irgendeine Verbindung zwischen beiden geben muss*. Sie können zwar nicht sicher sein, aber es ist sehr wahrscheinlich. Also? Irgendeine Idee?

Noch eine Frage: Haben Sie eine Vorstellung davon, wie viele Haare ein Mensch auf dem Kopf haben kann? Haben Sie sich diese Frage schon einmal gestellt? Nicht, dass man es zum Leben unbedingt bräuchte, aber ...

wenn man die Dicke eines Haares und die Oberfläche der Kopfhaut jeglicher Person berücksichtigt, lautet das Ergebnis, dass *es nicht möglich ist, dass jemand mehr als 200.000 Haare hat.* Und das wäre schon ein Fall wie King-Kong oder so ähnlich. Es ist unmöglich, sich eine Person mit 200.000 Haaren vorzustellen. Aber denken wir diesen Gedanken weiter.

Was machen wir mit dieser neuen Information: Was nützt es zu wissen, dass ein Mensch *maximal* 200.000 Haare auf dem Kopf haben kann? Was stellen wir damit an?

Wie viele Personen leben in Buenos Aires? Irgendeine Vorstellung? Nach dem Zensus des Jahres 2000 leben 2.965.403 Personen in der Stadt Buenos Aires. Um das Problem zu lösen, brauchen wir keine so präzise Information. Es reicht also zu sagen, dass es mehr als zwei Millionen neunhundertsechzigtausend Personen sind. Wieso sind diese Daten ausreichend? Wieso ist dieses Problem nun das gleiche wie das mit den Geburtstagen? Könnten vielleicht alle Einwohner von Buenos Aires eine unterschiedliche Anzahl von Haaren auf dem Kopf haben?

Ich denke, die Antwort dürfte klar sein. Wenn wir die beiden Informationen zusammenbringen, die wir haben (die Höchstmenge an Haaren, die eine Person auf ihrem Kopf haben kann, und die Einwohnerzahl der Stadt), lässt sich schließen, dass *sich die Anzahl an Haaren bei den Personen ohne Zweifel wiederholen muss.* Und nicht nur einmal, sondern *viele, viele Male.* Aber das interessiert uns schon nicht mehr. Uns interessiert, dass wir die Frage beantworten können.

➜ **Fazit:** Wir haben dasselbe Prinzip benutzt, um zwei Schlussfolgerungen zu ziehen. Sowohl beim Geburtstags- als auch beim Haarproblem gibt es eine Gemeinsamkeit: Es ist, als ob man eine Anzahl von Löchern und eine Anzahl von Kügelchen hätte. Wenn man 366 Löcher hat und 367 Kügelchen und sie alle aufteilen muss, *ist es unvermeidlich, dass es mindestens ein Loch mit zwei Kügelchen geben muss.* Und wenn man 200.000 Löcher hat und fast drei Millionen Kügelchen, die man verteilen möchte, ist es das gleiche Spiel: Es gibt auf jeden Fall Löcher mit mehr als einem Kügelchen.

Dieses Prinzip ist unter dem Namen »pigeonhole principle« (wörtlich »Taubenschlagprinzip«) oder »Schubfach-Prinzip« bekannt. Wenn man eine Anzahl von Nestern hat (sagen wir »n«) und eine Anzahl von Tauben (sagen wir »m«), dann muss es, wenn die Zahl m größer ist als die Zahl n, *in irgendeinem Nest mindestens zwei Tauben geben.*

Klavierstimmer (in Boston)

Gerardo Garbulsky war ein großer Lieferant von Ideen und Material, nicht nur für das Fernsehprogramm, sondern auch für mein Leben im Allgemeinen und meinen Unterricht an der Fakultät im Besonderen.

Gerardo und seine Frau Marcela lebten einige Jahre in Boston. Sie verließen Argentinien unmittelbar nach Gerardos Hochschulabschluss in Physik an der Universität von Buenos Aires. Dann machte er seinen Doktor – auch in Physik – am MIT (Massachusetts Institute of Technology).

An einem bestimmten Punkt, als er den Titel bereits in der Hand hatte, wollte er das akademische Leben hinter sich lassen und eine Anstellung in einer privaten Firma suchen, wo er seine Fähigkeiten einsetzen konnte. Und auf der Suche nach einer Stelle stieß er auf eine Institution, die bei der Auswahl des potenziellen Personals, das sie einstellen wollte, die Kandidaten einer Reihe von Gesprächen und Tests unterzog.

Bei einem dieser Treffen sagte ihm ein Manager der Firma in einem persönlichen Gespräch, dass er ihm einige Fragen stellen würde, die dazu dienten, seinen »gesunden Menschenverstand« einzuschätzen. Gerardo war überrascht; er wusste nicht genau, worum es ging, wollte sich die Fragen aber anhören.

»Wie viele Klavierstimmer gibt es Ihrer Meinung nach in der Stadt Boston?« (Das Gespräch fand in ebendieser Stadt der USA statt.)

Es ging natürlich nicht darum, diese Frage *präzise* zu beantworten. Vermutlich weiß *niemand* genau, wie viele Klavierstimmer es in einer Stadt gibt. Es ging vielmehr darum, dass jemand, der in einer Stadt lebt, so etwas *schätzen* könne. Sie forderten nicht, dass er 23 oder 450.000 sagte. Aber sie wollten seine Gründe hören. Und sehen, dass er zu einer Schlussfolgerung gelangte. Nehmen wir für einen Augenblick an, es gäbe in etwa tausend. Sie wollten natürlich nicht, dass er 23 oder 450.000 schätzte, weil das sehr weit von der ungefähren Zahl entfernt gewesen wäre.

Ebenso würde niemand, wenn man ihn fragte, was wohl die Tageshöchsttemperatur in der Stadt Buenos Aires sein könnte, 450 Grad sagen oder auch 150 Grad unter null. Man wollte *eine Schätzung* haben. Aber noch viel mehr: Man wollte ihn »argumentieren« hören.

Mittlerweile habe ich mir selbst die nötigen Informationen zusammengesucht, um *meine eigene Mutmaßung* anzustellen. Und ich bitte Sie, mir zu folgen. Zu dem Zeitpunkt, an dem ich diese Zeilen schreibe (Mai 2005), leben in Boston ungefähr 589.000 Personen, und es gibt ungefähr 250.000 Häuser.

Also haben wir bis hierher:

Personen: 600.000
Häuser: 250.000

Hier müssen wir abermals eine Vermutung anstellen. In jedem wievielten Haus, würde man sagen, gibt es ein Klavier? In jedem hundertsten? Tausendsten? Zehntausendsten? Ich entscheide mich für das hundertste, was mir am wahrscheinlichsten erscheint.

Das heißt, bei 250.000 Häusern und einem Klavier in jedem hundertsten gehe ich von 2.500 Klavieren in Boston aus.

An dieser Stelle müssen wir aber noch eine *Schätzung* machen. Um wie viele Klaviere kümmert sich jeder Stimmer? Hundert? Tausend? Zehntausend? Ich werde erneut meine eigene Schätzung anstellen und nehme wieder hundert. Wenn es also 2.500 Klaviere gibt und jeder Stimmer um die hundert Klaviere betreut (im Durchschnitt natürlich), bedeutet das, dass es nach meiner Schätzung ungefähr 25 Klavierstimmer gibt.[31]

31 Sie brauchen weder mit meiner Argumentation noch mit den Zahlen, die ich vorschlage, übereinzustimmen. Es ist nur eine Vermutung. Aber ich bitte Sie, Ihre eigenen anzustellen und zu schlussfolgern, was Ihnen richtig erscheint. Ah, und die Firma, die die Auswahl des Personals machte, war übrigens The Boston Consulting Group, die Gerardo damals eingestellt hat; er arbeitet noch heute für diese Firma, in der Niederlassung, die sie in Argentinien hat.

Eine weitere Anekdote im gleichen Zusammenhang: Nach der Vorauswahl lud man alle Bewerber zu einer Schulung im Babson College ein. Jeder Anwärter würde drei komplette Wochen (von Montag bis Samstag) damit verbringen müssen, Kurse und vorbereitende Seminare zu besuchen. Dafür erhielt jeder einige Wochen vor dem Termin eine Schachtel, die verschiedene Bücher enthielt.

Als die Schachtel bei Gerardo zu Hause ankam und er den Inhalt sah, musste er eine neue Schätzung anstellen. Er fand heraus: Wenn es das Ziel war, alle Bücher zu lesen, »bevor« er sich im Babson College vorstellte, handelte es sich dabei um eine nicht zu erfüllende Aufgabe. Indem er eine mehr oder weniger elementare Rechnung aufstellte, merkte er, dass er nicht alle schaffen könnte (bei weitem nicht), selbst wenn er Tag und Nacht lesen und nichts anderes tun würde. Daher entschied er sich, auf »selektive« Art zu lesen. Er wählte aus, »was er lesen würde« und »was nicht«. Er versuchte irgendwie, das »Wichtige« von dem »Nebensächlichen« zu trennen.

Wie er später herausfand, wollte die Firma mit dieser Aufgabe eine weitere Botschaft vermitteln: »Es ist unmöglich, hundert Prozent von dem zu schaffen, was man tun sollte. Es kommt darauf an, dass man in der Lage ist, die wichtigsten zwanzig Prozent auszuwählen, um die relevantesten Themen abzudecken und zu vermeiden, dass man einen Großteil seiner Zeit den 80 % der Themen widmet, die weniger wichtig sind.«

Das globale Dorf

Wenn wir in diesem Moment die Weltbevölkerung so einschrumpfen lassen könnten, dass sie die Größe eines Dörfchens von genau hundert Personen hätte, wobei wir die derzeitigen Größenverhältnisse aufrechterhalten, kämen wir zu folgendem Ergebnis:

- Es gäbe 57 Asiaten, 21 Europäer, 14 Amerikaner und 8 Afrikaner.
- 70 wären keine Weißen; 30 wären Weiße.
- 70 wären keine Christen; 30 wären Christen.
- 50 % des Reichtums des gesamten Planeten wäre in der Hand von sechs Personen. Die sechs wären Bürger der Vereinigten Staaten.
- 70 wären Analphabeten.
- 50 litten an Unterernährung.
- 80 lebten in dürftigen Behausungen.
- Nur einer hätte ein universitäres Bildungsniveau.

Ist es nicht so, dass wir von einem höheren Entwicklungsniveau des Menschen ausgehen?
Diese Daten entstammen einer Publikation der Vereinten Nationen vom 10. August 1996. Wenn auch fast zehn Jahre verstrichen sind, so sind sie immer noch überraschend.

Die Geschichte der argentinischen Autokennzeichen

In Argentinien hatten die Autos bis vor einigen Jahren auf ihren »Kennzeichen« eine Kombination aus einem Buchstaben und sechs oder sieben Zahlen.

Der Buchstabe wurde benutzt, um die Provinz zu kennzeichnen. Die Zahlenkombination identifizierte das Auto. Das »Kennzeichen« eines Autos, das aus der Provinz Córdoba stammte, lautete zum Beispiel so:

X357892

Das Kennzeichen eines Autos aus der Provinz San Juan lautete:

J243781

Die Autos aus der Provinz Buenos Aires sowie der Bundeshauptstadt selbst stellten mit der Zeit ein Problem dar. Da der Fahrzeugpark bereits eine Million Autos überstieg[32], benutzte man jetzt – abgesehen vom Buchstaben B für Buenos Aires und C für Capital (dt. »Hauptstadt«) – eine siebenstellige Zahl. Nun konnte man auf der Straße zum Beispiel Autos mit folgendem Kennzeichen sehen:

B₁793852

C₁007253

---

32 Dabei handelt es sich sowohl um *die Automobile, die* zu diesem Zeitpunkt *angemeldet waren*, als auch um jene, die früher einmal *angemeldet* waren, aber bereits nicht mehr existierten, denn ihre Nummern konnten ebenfalls nicht mehr benutzt werden.

Man musste also die Zahl hinter dem Buchstaben (die anzeigte, zu »welcher Million« das Auto gehörte) »verkleinern«, weil nicht mehr genug Platz verfügbar war.

Diese ganze Einleitung dient dazu, die »Lösung« zu präsentieren, auf die man kam. Man schlug vor, das *ganze System der Autokennzeichen des Landes* zu ändern und von nun an drei Buchstaben und drei Ziffern zu benutzen. Es gab zum Beispiel die Kennzeichen:

NDC 378

XEE 599

Man wollte den ersten Buchstaben als Identifizierung der Provinz beibehalten und sich gleichzeitig das Alphabet zunutze machen, da die Anzahl der Buchstaben des Alphabets größer ist als die Anzahl der Ziffern. Bevor ich Ihnen im Folgenden darlegen werde, auf welches Hindernis die Behörden mit dieser Änderung stießen, möchte ich gemeinsam mit Ihnen überlegen, wie viele Kennzeichen man auf diese Weise schreiben kann.

Denken Sie an die Information, die wir einem »Autokennzeichen« entnehmen können: Man hat *drei* Buchstaben und *drei* Ziffern. Da aber der erste Buchstabe für jede Provinz fest ist, gibt es in Wirklichkeit nur *zwei* Buchstaben und *drei* Ziffern, die man in jeder Provinz »zur Verfügung hat«.

Wenn die Zahl der Buchstaben, die das spanische Alphabet hat (wenn man »ñ« ausschließt), 26 beträgt: Wie lassen sich die verschiedenen Paare zählen, die man bilden kann? Statt auf die Antwort zu sehen, die ich in den folgenden Zeilen niederschreiben werde, denken Sie (ein klein wenig) selbst nach.

Eine Hilfe: Die Paare könnten sein AA, AB, AC, AD, AE, AF, ..., AX, AY, AZ (das heißt, es gibt 26, die mit dem Buchstaben A beginnen). Dann würde folgen (wenn wir sie der Reihe nach denken) BA, BB, BC, BD, BE, ..., BX, BY, BZ (wieder 26, die mit dem Buchstaben B beginnen). Nun könnten wir diejenigen aufschreiben, die mit dem Buchstaben C anfangen, und hätten wieder 26. Und so weiter. Daher haben wir für jeden Anfangsbuchstaben 26 Möglichkeiten der *Zusammenstellung*. Das heißt, es gibt insgesamt $26 \cdot 26 = 676$ Buchstabenpaare.

Jetzt haben wir schon alle Kombinationen der drei Buchstaben verbucht. Die erste identifiziert die Provinz, und für die beiden folgenden haben wir 676 Möglichkeiten.

Nun müssen wir noch »zählen«, wie viele wir für die drei Zahlen haben. Aber das ist leichter. Wie viele Dreierkombinationen kann man mit drei Zahlen bilden? Wenn man mit dem Dreierpaar

000

beginnt und mit 001, 002, 003 fortfährt, bis man zu 997, 998, 999 gelangt: Die Gesamtsumme beträgt dann 1.000 (tausend). (Verstehen Sie, warum es tausend sind und nicht 999? – Wenn Sie es sich selbst überlegen wollen, umso besser. Wenn nicht, denken Sie daran, dass die Dreiergruppen mit der »dreifachen Null« beginnen.) Schon haben wir das Handwerkszeug, das wir brauchen.

Jede Provinz (diese legt dann den ersten Buchstaben fest) besitzt 676 Möglichkeiten für die Buchstaben und tausend für die Dreierpaare der Zahlen. Insgesamt gibt es also 676.000 Kombinationen. Wie Sie merken, hätte diese Zahl für einige Provinzen Argentiniens ausgereicht, aber nicht für die am dichtesten besiedelten, und noch viel weniger, um das Problem zu lösen, das den Ausschlag für die ganze Änderung gegeben hat.

Welche Lösung fand man also, um die Autokennzeichen zu »modernisieren« und die Datenbasis für den Fuhrpark zu »aktualisieren«? Man musste den ersten Buchstaben »befreien«. In diesem Fall: Wenn es keine Einschränkung mehr für den ersten Buchstaben gibt (wenn er nicht mehr mit einer Provinz in Verbindung zu stehen braucht), hat man damit 26 zusätzliche Möglichkeiten für jede der 676.000 Kombinationen der übrigen »fünf« Stellen (die zwei Buchstaben und die drei Ziffern).[33]
Daher ist die Gesamtzahl

$$26 \times 676.000 = 17.576.000$$

Mit mehr als 17 Millionen verfügbaren »Autokennzeichen« gibt es keine Probleme mehr. Eins aber ist klar: Man weiß nicht mehr, zu welcher Provinz jedes Auto gehört. Unklar ist, wer die ursprünglichen Berechnungen angestellt hat, die einen derartigen Skandal auslösten. Und alles nur, weil man eine ganz banale Rechnung nicht gemacht hat.

---

33 Um das zu verstehen: Nehmen Sie eine der 676.000 möglichen Kombinationen. Fügen Sie an ihren Anfang den Buchstaben A hinzu. Dann nehmen Sie dieselben 676.000 und stellen den Buchstaben B an ihren Beginn. Wie man sieht, hat man nun die Zahl der »Kennzeichen« verdoppelt. Wenn man nun den Buchstaben C am Anfang hinzunimmt, verdreifacht sich die Zahl. Wenn man mit dieser Prozedur fortfährt und jeden der 26 Buchstaben des Alphabets benutzt, merkt man, dass man die Möglichkeiten, die man vorher hatte, mit 26 multipliziert hat.

Wie viel Blut gibt es auf der Welt?

Um eine Vorstellung von den Zahlen zu bekommen, die uns umgeben, wollen wir uns fragen, wie man die Menge an Blut schätzen kann, die es auf der Welt gibt.

Machen wir folgende Rechnung: Wie viel Blut fließt im Körper eines erwachsenen Menschen? Die Menge ist natürlich unterschiedlich, abhängig von verschiedenen Gegebenheiten. Doch machen wir eine *großzügige* Schätzung, versuchen wir *das Höchstmaß* zu veranschlagen; sagen wir, die *Obergrenze* liegt bei fünf Litern (und ich weiß, dass das eine *enorme Menge* ist, der Durchschnitt liegt eher bei vier als bei fünf Litern. Aber egal. Es geht ja nur um eine Schätzung). Ein Kind hat natürlich viel weniger, aber ich werde trotzdem annehmen, dass jede Person, *ob erwachsen oder nicht*, fünf Liter in ihrem Körper hat.

Wir wissen, dass es etwas mehr als sechs Milliarden Menschen auf der Welt gibt (tatsächlich schätzt man, dass es schon um die 6,3 Milliarden sind).

Daher ergeben sechs Milliarden à fünf Liter pro Person eine Gesamtmenge (ungefähr natürlich) von 30 Milliarden Litern Blut auf der Welt.

Das heißt, wenn wir

$$6.000.000.000 = 6 \cdot 10^9 \text{ (Personen)}$$

sind, ergibt das, wenn man mit fünf multipliziert:

$$30.000.000.000 = 30 \cdot 10^9 \text{ Liter Blut}$$

Demgegenüber:

$$10^3 \text{ Liter} = 1.000 \text{ Liter} = 1 \text{ m}^3 \qquad (*)$$

Wenn wir also feststellen wollen, wie viele Kubikmeter Blut es gibt, und wir wissen, dass 30 Milliarden Liter vorhanden sind, muss man die Umrechnung (*) benutzen:

$$\{30 \cdot 10^9 \text{ Liter}\} / \{10^3 \text{ Liter}\} = x \cdot m^3$$

wobei x für unsere Unbekannte steht.
Das heißt also:

$$x = 30 \cdot 10^6 = 30.000.000$$

Demnach gibt es 30 Millionen Kubikmeter Blut.

Um eine *bessere Vorstellung* von der Menge zu haben, nehmen wir an, man wollte dieses ganze Blut in einem Kubus unterbringen. Welche Dimensionen müsste der Kubus haben? Dafür ist es notwendig, die *Kubikwurzel der Zahl x* auszurechnen.

$$\sqrt[3]{(x)} = [(\sqrt[3]{30}) \cdot 10^2] \approx [(3,1 \cdot 10^2]$$

(Denn die Kubikwurzel von 30 ist ungefähr gleich 3,1.)

Wenn wir also einen *Kubus* von 310 Metern Seitenlänge herstellen, würde *das gesamte Blut, das es auf der Welt gibt*, hineinpassen. Das hört sich gar nicht so viel an, oder?
Um einen weiteren Anhaltspunkt zu haben, wie viel diese Zahl bedeutet, betrachten wir den See Nahuel Huapi im Südosten Argentiniens. Dieser See hat eine Oberfläche von ungefähr 500 km^2. Die Frage ist nun: Wenn wir in den See das gesamte Blut hineingeben, das es auf der Welt gibt, um wie viel würde sein Wasserspiegel steigen?

Um das schätzen zu können, stellen wir uns den See als Schuhschachtel vor. Wie berechnet sich das Volumen? Man multipliziert die Oberfläche des Bodens mit der Höhe der Schachtel. In diesem Fall wissen wir, dass der Boden 500 Quadratkilometer hat. Und wir wissen, dass wir ein Volumen von 30 Millionen Kubikmetern hinzufügen werden. Unsere Aufgabe ist jetzt festzustellen, um wie viel die Höhe (die wir h nennen) ansteigt.

Wenn wir die Gleichungen aufschreiben, haben wir:

$$500 \text{ km}^2 \cdot h = 30 \cdot 10^6 \cdot \text{m}^3$$
$$500 \cdot 10^6 \text{ m}^2 \cdot h = 30 \cdot 10^6 \text{ m}^3 \qquad (**)$$

(wobei wir die Formel benutzt haben, die besagt, dass $1 \text{ km}^2 = 10^6 \text{ m}^2$)

Wenn wir dann die Gleichung (**) nach h auflösen, haben wir:

$$h = (30 \cdot 10^6 \text{ m}^3) / 500 \cdot 10^6 \text{ m}^2 = (3/50) \text{ m} = 0,06 \text{ m} = 6 \text{ cm}$$

Diesen Rechnungen zufolge können wir anhand unserer Schätzung feststellen, dass der Spiegel des Sees Nahuel Huapi, in den wir das gesamte Blut der Welt geschüttet haben, *nur um ... 6 Zentimeter ansteigen würde!*

➜ **Fazit:** Entweder gibt es sehr wenig Blut auf der Welt, oder es gibt *sehr viel ... aber richtig viel Wasser.*

Geburtstagswahrscheinlichkeiten

Wir wissen schon, dass in einem Raum 367 Personen sein müssen, um *sichergehen* zu können, dass mindestens zwei von ihnen am selben Tag ihren Geburtstag feiern können.

Jetzt ändern wir die Fragestellung: Was wäre, wenn wir uns damit zufriedengäben, dass die Wahrscheinlichkeit, dass zwei Personen am selben Tag Geburtstag haben, größer als 1/2 ist? Das heißt, wenn wir uns damit begnügen zu wissen, dass die Wahrscheinlichkeit größer als 50 % ist – wie viele Personen müssten es sein?

Gehen wir dieses Problem auf folgende Weise an: Wenn man zwei Personen hat, berechnet sich die Wahrscheinlichkeit, dass sie nicht am selben Tag Geburtstag haben, folgendermaßen:

$$(365/365) \cdot (364/365) = (364/365) = 0{,}99726\ldots \qquad (*)$$

Wie erklärt sich diese Rechnung? Nehmen wir eine beliebige Person. Sie wurde an einem der 365 Tage des Jahres geboren (wir lassen die Schaltjahre beiseite, aber die Rechnung würde genauso funktionieren, wenn wir 366 Tage mit einbezögen). Auf alle Fälle *muss* sie *an einem der 365 Tage des Jahres zur Welt gekommen sein.*

Wenn wir nun eine weitere Person auswählen, wie viele mögliche Fälle gibt es, dass sie *nicht* am selben Tag geboren wurden?

Es ist so, als würden wir berechnen, wie viele Paare zweier verschiedener Tage man im Jahr auswählen kann. In beliebiger Reihenfolge. Das heißt, für den ersten gibt es 365 Möglichkeiten. Für die zweite Person bleiben noch 364 Tage (denn einer muss ja schon für die erste Person herangezogen worden sein).

Daher sind die *günstigen* Fälle bei zwei Personen (wobei *günstig* bedeutet, dass *sie nicht am selben Tag geboren wurden*)

$$365 \cdot 364 = 132.860$$

Und wie viele mögliche Fälle sind es insgesamt? Nun, die möglichen Fälle sind *alle möglichen Paare von Tagen, die sich im Jahr bilden lassen.*
Demnach:

$$365 \cdot 365 = 133.225$$

Wenn man die Wahrscheinlichkeit, dass ein Ereignis eintritt, also dadurch berechnet, dass man die günstigen Fälle durch die möglichen Fälle teilt, erhält man:

$$(365 \cdot 364) / (365 \cdot 365) = 132.860/133.225$$
$$= 0,997260273973\ldots$$

Wenn wir jetzt *drei Personen* hätten und wollen, dass *keine der drei am gleichen Tag geboren wurde,* sind die *günstigen* Fälle nun alle möglichen Dreierkombinationen von Tagen im Jahr *ohne Wiederholung.*
Das heißt

$$365 \cdot 364 \cdot 363 = 48.228.180$$

Warum? Weil es für die erste Stelle (oder für eine der drei Personen) 365 Möglichkeiten gibt. Für die zweite

Person bleiben noch 364 (denn wir wollen nicht, dass sie sich mit der ersten überschneidet). Wie wir vorher gesehen haben, rechnet man: 365 · 364. Für die *dritte Person* bleiben jetzt nur noch 363 mögliche Tage ohne Wiederholung.

Daher *sind die möglichen Dreierkombinationen, ohne den Tag zu wiederholen*:

$$365 \cdot 364 \cdot 363$$

Die *möglichen* Fälle hingegen, das heißt alle *möglichen Dreiergruppen von Tagen, die wir im Jahr wählen können, sind*:

$$365 \cdot 365 \cdot 365 = 365^3 = 48.627.125$$

Also ist die *Wahrscheinlichkeit bei drei Personen, dass keine von ihnen am gleichen Tag geboren wurde*:

$$(365 \cdot 364 \cdot 363)/365^3 = 0{,}991795834115\ldots$$

Würden wir das Ganze mit *vier Personen* fortsetzen, sind die möglichen Fälle von *Viererkombinationen* von Tagen im Jahr *ohne Wiederholung*:

$$365 \cdot 364 \cdot 363 \cdot 362 = 17.458.601.160$$

Und alle möglichen Fälle sind:

$$365 \cdot 365 \cdot 365 \cdot 365 = 365^4 = 17.748.900.625$$

Das heißt, *die Wahrscheinlichkeit, dass vier Personen an vier verschiedenen Tagen des Jahres geboren wurden, ist*:

$$(365 \cdot 364 \cdot 363 \cdot 362)/365^4 = 17.458.601.160/$$
$$17.748.900.625 = 0,983644087533\ldots$$

Würde man auf diese Weise weitermachen: Wie viele Male müsste man den Vorgang wiederholen, damit die Wahrscheinlichkeit, dass kein Personenpaar der Gruppe am gleichen Tag Geburtstag hatte, kleiner als $1/2 = 0,5$ ist?

Die Antwort lautet 23, und daher ist, wenn man eine beliebige Person aus einer Gruppe von 23 Personen auswählt, die Wahrscheinlichkeit größer als 50 %, dass zwei von ihnen am gleichen Tag Geburtstag haben ... Nun geht es darum, die Probe zu machen ...

Indem wir so weitermachen, versuchen wir zu dem Punkt zu kommen, an dem die Zahl, die sich aus diesem Quotienten ergibt, *kleiner als 0,5* ist. In dem Maße, wie man die Zahl der Personen erhöht, nimmt die Wahrscheinlichkeit ab, dass sie an verschiedenen Tagen zur Welt kamen. Und die Zahl, die wir weiter oben gefunden haben, zeigt, dass die Wahrscheinlichkeit, dass alle 23 Personen an unterschiedlichen Tagen geboren wurden, kleiner als $1/2$ ist. Oder, anders ausgedrückt: Wenn man eine *zufällig ausgewählte* Gruppe von 23 Leuten hat, ist die Wahrscheinlichkeit, dass *zwei am gleichen Tag Geburtstag haben*, größer als $1/2$. Oder Sie können auch sagen, die Chancen sind größer als 50 %. Und diese Tatsache konnte man sich – außerhalb des Kontextes, den wir gerade analysiert haben – gar nicht vorstellen, nicht wahr?

Sollten Sie diese Rechnung nachprüfen wollen, versuchen Sie es, wenn Sie das nächste Mal an einem Fußballspiel teilnehmen (elf Spieler pro Mannschaft, ein Schiedsrichter und zwei Linienrichter). Die Wahrscheinlichkeit ist höher als 50 %, dass es unter den 25 Personen zwei gibt, die am gleichen Tag Geburtstag haben. Da diese Information bei vielen, die an dem Spiel teilnehmen, gegen die Intuition spricht, können Sie vielleicht sogar eine Wette gewinnen.

Die gezinkte Münze

Jedes Mal, wenn es eine Auseinandersetzung über irgendetwas gibt und man eine Entscheidung zwischen zwei Möglichkeiten treffen muss, greift man üblicherweise darauf zurück, *eine Münze in die Luft zu werfen.* Dabei nimmt man gemeinhin an (ohne sich davon zu überzeugen), dass die Münze nicht gezinkt ist. Das heißt: Man geht davon aus, dass die Wahrscheinlichkeit, dass Kopf oder Zahl herauskommt, die gleiche ist. Und diese Wahrscheinlichkeit ist 1/2, das heißt die Hälfte aller Fälle.[34]

Soweit nichts Neues. Jetzt wollen wir annehmen, dass man sich zwischen zwei Möglichkeiten entscheiden muss. Aber im Gegensatz zur vorhergehenden Fragestellung erfährt man, dass die Münze *gezinkt ist.* Nicht,

---

34 Vielleicht ist die Bemerkung, dass die Münze nicht gezinkt ist, gar nicht notwendig, denn wenn man etwas entscheiden will, *gleicht* es die Chancen *aus*, die jeder hat, wenn keiner der beiden *weiß*, ob sie gezinkt ist oder nicht.

dass sie *auf beiden Seiten Kopf oder Zahl* hätte. Nein. Zu sagen, dass sie gezinkt ist, heißt, dass die Wahrscheinlichkeit, dass *Kopf herauskommt, P ist*, während die Möglichkeit, dass *Zahl* erscheint, *Q ist*, aber man verfügt nicht über das Wissen, dass P und Q gleich sind.

In jedem Fall nehmen wir noch zwei Dinge an:

a) $P + Q = 1$
b) $P \neq 0$ und $Q \neq 0$

Teil a) besagt: Obwohl P und Q nicht gleich 1/2 sein müssen, wie im Fall einer gewöhnlichen Münze, *ergibt die Summe der Wahrscheinlichkeit eins*. Das heißt, entweder erscheint Kopf oder Zahl. Teil b) stellt sicher, dass die Münze nicht so gezinkt ist, dass *immer Kopf oder immer Zahl herauskommt*.

Die Frage ist: Wie kann man zwischen zwei Alternativen entscheiden, wenn man eine Münze mit solchen Eigenschaften hat?

Die Antwort finden Sie im Lösungsteil.

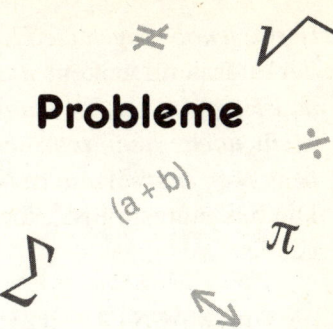

Probleme

Laterales Denken

Was ist laterales Denken? Auf der Internetseite von Paul Sloane (*http://rec-puzzles.org/lateral.html*) liest man folgende Erklärung:

Man bekommt ein Problem gestellt, das nicht ausreichend Informationen enthält, um die Lösung herausfinden zu können. Um voranzukommen, ist ein Dialog notwendig zwischen demjenigen, der es stellt, und demjenigen, der es lösen will.

Folglich besteht ein wichtiger Teil des Ablaufs darin, Fragen zu stellen. Die drei möglichen Antworten sind: ja, nein oder irrelevant.

Wenn sich eine Linie der Fragen erschöpft, muss man von einer anderen Seite her kommen, aus einer vollkommen anderen Richtung. Und hier kommt das laterale Denken ins Spiel.

Für viele Menschen ist es frustrierend, wenn ein Problem die Konstruktion von verschiedenen Antworten – die über das Rätsel »hinausgehen« – »zulässt« oder »tole-

riert«. *Jedoch sagen die Experten, dass ein gutes Problem des* lateralen Denkens *dasjenige ist, dessen Antwort am meisten Sinn hat, die tauglichste und befriedigendste ist. Mehr noch: Wenn man schließlich zur Antwort gelangt, fragt man sich »Wieso ist mir das nicht eingefallen?«.*

Die bekannteste Liste von Problemen dieser Art ist folgende:

A) DER MANN IM AUFZUG

Ein Mann lebt in einem Gebäude im zehnten Stock (10). Jeden Tag nimmt er den Aufzug ins Erdgeschoss, um zur Arbeit zu gehen. Wenn er zurückkommt, nimmt er jedoch den Aufzug bis zum siebten Stock und geht die restlichen Stockwerke (bis zum zehnten) zu Fuß. Warum macht er das, obwohl er es hasst, Treppen zu steigen?

B) DER MANN IN DER BAR

Ein Mann geht in eine Bar und bittet den Barmann um ein Glas Wasser. Der Barmann geht auf die Knie und sucht etwas, holt eine Waffe heraus und zielt auf den Mann, der zu ihm gesprochen hat. Der Mann sagt »Danke« und geht.

C) DER MANN, DER SICH »SELBST ERHÄNGTE«

Mitten in einer vollkommen leeren Scheune wurde ein erhängter Mann aufgefunden. Der Strick um seinen Hals war am Dachbalken befestigt und hatte drei Meter Länge. Seine Füße hingen in einer Höhe von einem Meter über dem Boden. Die nächste Wand befand sich sieben Meter von dem Toten entfernt. Wenn es unmöglich ist, die Wände zu erklimmen oder auf das Dach zu steigen, wie hat er sich dann erhängen können?

D) MANN AUF EINEM OFFENEN FELD MIT EINEM UNGEÖFFNETEN PAKET

Auf einem Feld liegt ein toter Mann. Neben ihm befindet sich ein *ungeöffnetes* Paket. Auf dem Feld gibt es keine Spur von einem weiteren Lebewesen. Wie ist er gestorben?

E) DER ARM, DER PER POST KAM

Ein Mann erhielt ein Paket per Post. Er öffnete es vorsichtig und fand einen menschlichen Arm darin. Er untersuchte ihn, packte ihn wieder ein und schickte ihn an einen anderen Mann. Dieser zweite Mann untersuchte das Paket ebenfalls sehr sorgfältig und brachte den Arm in einen Wald, wo er ihn begrub. Warum taten sie das?

F) ZWEI FREUNDE GEHEN ZUM ESSEN IN EIN RESTAURANT

Sie hatten den Untergang eines kleinen Bootes überlebt, in dem sie und der Sohn des einen gefahren waren. Sie hatten über einen Monat zusammen auf einer verlassenen Insel verbracht, bis sie gerettet wurden. Die beiden bestellen das gleiche Gericht. Nach dem ersten Bissen verlässt einer der beiden das Restaurant und erschießt sich. Warum?

G) EIN MANN STEIGT DIE TREPPE EINES GEBÄUDES HINAB

Plötzlich weiß er, dass seine Frau soeben gestorben ist. Woher weiß er das?

H) DIE MUSIK GING AUS.

Die Frau starb. Erklären Sie dies.

I) AUF DEM BEGRÄBNIS DER MUTTER ZWEIER
   SCHWESTERN

verliebt sich eine von beiden heftig in einen Mann, den
sie nie zuvor gesehen hatte und der den Hinterbliebenen
sein Beileid aussprach. Die beiden Schwestern waren
die einzigen Hinterbliebenen. Nach dem Begräbnis, wieder zu Hause, erzählt eine Schwester der anderen, was
sie für den Mann empfand (und noch immer empfin-
det), von dem sie nicht wusste, wer er war, und den sie
noch nie zuvor gesehen hatte. Unmittelbar darauf tötet
sie die Schwester. Warum?

Eine umfassendere Bibliografie zum Thema finden Sie
unter *http://rinkworks.com/brainfood/lateral/shtml*

Das Problem der drei Schalter

Unter allen Problemen, die laterales Denken verlangen,
gefällt mir dieses am besten. Ich will klarstellen, dass es
keine »Tücken« gibt und »alles mit rechten Dingen zu-
geht«. Es handelt sich um ein Problem, das sich mit den
gegebenen Hinweisen lösen lassen müsste. Hier kommt es.
Man hat ein leeres Zimmer, mit Ausnahme einer Glühbirne, die von der Decke hängt. Der Lichtschalter befindet sich draußen vor dem Zimmer. Dort gibt es jedoch
nicht nur einen Schalter, sondern drei gleiche, die nicht
voneinander zu unterscheiden sind. Man weiß, dass nur
einer der Schalter das Licht an- und ausschaltet (und
natürlich, dass das Licht funktioniert).
Das Problem ist folgendes: Die Tür des Zimmers ist geschlossen. Man kann mit den Schaltern so lange »spielen«,

wie man möchte. Man kann jede beliebige Kombination probieren, darf das Zimmer aber nur einmal betreten. Wenn man wieder herauskommt, muss man in der Lage sein zu sagen: »Das ist der Lichtschalter.« Die drei Schalter sind gleich und alle in der gleichen Position: auf »aus«. Um es noch klarer auszudrücken: Während man vor der geschlossenen Tür steht, darf man sich mit den Schaltern vergnügen, solange man will. Aber es kommt der Moment, an dem man beschließt, das Zimmer zu betreten. Kein Problem. Man tut es. Aber wenn man herauskommt, muss man die Frage beantworten können, welcher der drei Schalter die Lampe betätigt.

Noch einmal: Das Problem beinhaltet keine Tücken. Man kann weder unter der Tür hindurchsehen, noch gibt es ein Fenster, durch das man von draußen in das Zimmer hineinschauen könnte. Das Problem lässt sich ohne »Zauberei« lösen.

Jetzt sind Sie dran.

128 Teilnehmer an einem Tennisturnier

Zu einem Tennisturnier melden sich 128 Teilnehmer an. Es wird nach dem K.o.-System gespielt. Das heißt: Der Spieler, der ein Match verliert, scheidet aus.

Die Frage ist: Wie viele Matches müssen *insgesamt* ausgetragen werden, bis der Sieger feststeht?[35]

---

35 Es ist offenkundig, dass man die Rechnung machen kann, indem man alle Daten aufschreibt, aber die Idee dahinter ist, die Fähigkeit auf die Probe zu stellen, anders, auf »nichtkonventionelle« Weise zu denken. Die Lösung findet sich im Anhang.

Das Problem der drei Personen, die in eine Bar kommen und mit 30 Pesos eine Rechnung von 25 bezahlen müssen

Drei Personen kommen in eine Bar. Die drei geben ihre Bestellung auf und wollen essen. Als es ans Zahlen geht, bringt der Kellner die Rechnung, die genau 25 Pesos ergibt. Die drei Freunde beschließen, zusammen zu bezahlen und die Gesamtrechnung unter sich aufzuteilen. Deshalb holt jeder aus seiner Tasche einen 10-Pesos-Schein. Einer von ihnen sammelt das Geld ein und gibt dem Kellner 30 Pesos.

Der Kellner kommt nach einer Weile mit dem Wechselgeld zurück: fünf Scheine zu einem Peso. Sie beschließen, dem Kellner zwei Pesos Trinkgeld zu geben und teilen die restlichen drei Pesos unter sich auf: einen für jeden.

Die Frage ist: Wenn jeder von ihnen 9 Pesos bezahlt hat (den 10-Pesos-Schein, den er beigesteuert hatte, abzüglich des einen Pesos Wechselgeld, den er bekam, als der Kellner zurückkam), haben sie, da sie drei Personen sind, bei 9 Pesos pro Mann 27 Pesos bezahlt. Wenn wir dazu die *zwei Pesos Trinkgeld* addieren, die der Kellner bekommen hat, ergeben die 27 plus die zwei Pesos 29 Pesos! Wo ist der fehlende Peso?

Die Antwort findet sich auf der Seite mit den Lösungen.

Gemeinsame Vorfahren

Für diejenigen, die an die Geschichte von Adam und Eva glauben, habe ich eine interessante Frage. Aber

188

auch für diejenigen, die *nicht* daran glauben, kann sie beunruhigend sein.

Hier ist sie: Jeder von uns kam durch die Vereinigung unserer Eltern auf die Welt. Von ihnen hatte wiederum jeder zwei Elternteile (und solange die Wissenschaft nicht so weit fortschreitet, dass sie Individuen klonen kann, war bisher immer das Vorhandensein eines Mannes und einer Frau für die Fortpflanzung vonnöten … in der Zukunft weiß ich es nicht, aber bis heute war und ist es so). Das heißt: Jeder von uns hat (oder hatte) vier Großeltern. Und acht Urgroßeltern. Und sechzehn Ururgroßeltern. Und hier halte ich einen Augenblick inne.

Wie man beobachten kann, bedeutet jeder Generationensprung eine Multiplikation der Zahl der Vorfahren, die für unsere Geburt tätig werden mussten, mit zwei. Das heißt:

1. $1 = 2^0 =$ Sie
2. $2 = 2^1 =$ Ihre Eltern (Mutter und Vater)
3. $4 = 2^2 =$ Ihre Großeltern (mütterlicher- und väterlicherseits)
4. $8 = 2^3 =$ Urgroßeltern
5. $16 = 2^4 =$ Ururgroßeltern
6. $32 = 2^5$ (die Zahl der Väter und Mütter Ihrer Ururgroßeltern)
7. $64 = 2^6$
8. $128 = 2^7$
9. $256 = 2^8$
10. $512 = 2^9$
11. $1.024 = 2^{10}$

Nehmen wir an, dass es (im Durchschnitt) 25 Jahre dauerte, bis jede Generation sich fortpflanzte. Für *zehn* Generationen mussten also ungefähr 250 Jahre vergehen. Das bedeutet, dass vor ungefähr 250 Jahren jeder von uns mehr als tausend (1.024, um genau zu sein) Vorfahren hatte bzw. Personen, die irgendwann einmal mit uns verwandt sein sollten.

Das heißt: Im Augenblick sind wir in etwa sechs Milliarden Menschen (tatsächlich ungefähr 6,3 Milliarden). Wenn es so wäre, dass jede Person vor 250 Jahren mehr als tausend Vorfahren hatte, muss die Bevölkerung der Erde vor zweieinhalb Jahrhunderten mehr als sechs Billionen Personen betragen haben! (Eine Billion ist eine Million Millionen.)

Und das ist unmöglich, denn wenn man die vorhandene Literatur durchsieht, weisen die Daten darauf hin, dass die Erdbevölkerung um 1750 zwischen 600 und 900 Millionen Personen schwankte.

(vgl. *http://www.census.gov/ipc/www/worldhis.html*)

Das heißt, in irgendeinem Teil muss ein »Bruch« in der Argumentation sein.

Wo ist der Fehler?

Wo denken wir nicht richtig?

Es lohnt sich, über das Problem nachzudenken und die Antwort – vielleicht – im Lösungsteil im Anhang zu suchen.

Das Problem von Monty Hall[36)]

In einer Fernsehsendung lässt ein Moderator seinen Gast um den ersten Preis kämpfen: ein nagelneues Auto. Auf dem Podium sind drei geschlossene Tore. Hinter zweien dieser Tore befindet sich ein Foto von einer Ziege. Hinter dem dritten ist eine Abbildung des Fahrzeugs. Der Teilnehmer muss eines der drei Tore wählen. Und wenn er das richtige wählt, darf er das Auto behalten.

Soweit wäre das nicht besonders originell. Es würde sich um eine konventionelle Sendung mit Fragen und Rätseln handeln, wie es so viele im Fernsehen gibt. Aber das Problem hat noch einen Zusatz. Sobald der Gast eines der drei Tore »wählt«, gibt der Moderator der Sendung – *der weiß*, hinter welchem sich der Gewinn befindet – vor, mit dem Teilnehmer zu kooperieren, und dafür »öffnet« er eines der Tore, hinter dem sich das Auto, *wie er weiß, nicht befindet.*

Dann gibt er ihm noch eine Chance. Was ist die beste Strategie? Das heißt, was nützt dem Teilnehmer am meisten? Bei dem Tor zu bleiben, das er vorher gewählt hatte? Das Tor zu wechseln? Oder ist es irrelevant, um die Gewinnwahrscheinlichkeit zu steigern?

An diesem Punkt schlage ich Ihnen vor, die Lektüre einen Moment zu unterbrechen und konzentriert darüber nachzudenken, was Sie tun würden. Und dann kehren Sie wieder zurück, um zu erhärten, ob das, was Sie

---

36 Dieses Problem tauchte vor einigen Jahren in den Vereinigten Staaten auf und rief vielfältige Diskussionen hervor. Das erste Mal hörte ich davon, als mir Alicia Dickenstein davon erzählte, nachdem sie im Oktober 2004 gerade von einem Kongress in Berkeley zurückgekehrt war.

dachten, richtig ist, oder ob es noch einige andere Dinge zu bedenken gäbe.

(Jetzt stelle ich mir vor, dass Sie gerade wieder zurück sind.)

Das Problem bietet eine Klippe, die der Intuition zuwiderläuft. Warum? Weil man in Versuchung gerät, Folgendes zu antworten: Welche Bedeutung soll es haben, ob man tauscht oder nicht tauscht, wenn nur zwei Tore bleiben? Man weiß, dass hinter einem der beiden das Auto ist, und auf jeden Fall beträgt die Wahrscheinlichkeit die Hälfte, dass es hinter dem einen oder dem anderen ist.

Aber ist das richtig? Denn ich bitte Sie wirklich, von der Lösung abgesehen (die ich im Lösungsteil aufschreiben werde) über Folgendes nachzudenken: Können wir ignorieren, dass das Problem *nicht mit der zweiten Frage begann*, sondern dass es zu Beginn *drei Tore* gab *und die Wahrscheinlichkeit, das richtige zu treffen, 3 zu 1 war*? Die Antwort finden Sie wie immer weiter hinten.

Gesunder Menschenverstand

Haben Sie schon einmal auf die »Gullideckel« geachtet, die auf den Straßen sind? Haben Sie gesehen, dass die Arbeiter sie manchmal anheben und hinabsteigen, um die Leitungen zu säubern? Warum ist es besser, dass sie rund sind und nicht quadratisch oder rechteckig? Die Antwort finden Sie auf der Lösungsseite.

Das Einstein-Rätsel

Einstein schrieb dieses Rätsel im vergangenen Jahrhundert nieder und behauptete, 98 % der Weltbevölkerung seien nicht in der Lage, es zu lösen. Ich glaube nicht, dass es schwierig ist. Es geht nur darum, Geduld und Interesse zu haben, um zur Lösung zu gelangen. Hier ist es.

Es gibt fünf Häuser mit je einer anderen Farbe. In jedem Haus wohnt eine Person einer anderen Nationalität. Jeder Hausbewohner bevorzugt ein bestimmtes Getränk, raucht eine bestimmte Zigarettenmarke und hält ein bestimmtes Haustier. Unter den fünf Personen trinkt niemand das gleiche Getränk, raucht niemand die gleichen Zigaretten und hält niemand das gleiche Haustier.

Die Frage ist: Wem gehört der Fisch?

Hinweise:

1. Der Brite lebt im roten Haus.
2. Der Schwede hält einen Hund.
3. Der Däne trinkt gerne Tee.
4. Das grüne Haus steht links vom weißen Haus.
5. Der Besitzer des grünen Hauses trinkt Kaffee.
6. Die Person, die Pall Mall raucht, hält einen Vogel.
7. Der Mann, der im mittleren Haus wohnt, trinkt Milch.
8. Der Besitzer des gelben Hauses raucht Dunhill.
9. Der Norweger wohnt im ersten Haus.
10. Der Marlboro-Raucher wohnt neben dem, der eine Katze hält.
11. Der Mann, der ein Pferd hält, wohnt neben dem, der Dunhill raucht.
12. Der Winfield-Raucher trinkt gerne Bier.

13. Der Norweger wohnt neben dem blauen Haus.
14. Der Deutsche raucht Rothmanns.
15. Der Marlboro-Raucher hat einen Nachbarn, der Wasser trinkt.

Das Kerzen-Problem

Folgendes Problem ist wieder eines zum Nachdenken. Und wie immer gibt es keine Falle. Man muss es nicht SOFORT lösen. Nehmen Sie sich eine Weile Zeit, um den Text zu lesen, und wenn Ihnen die Lösung nicht einfällt, verzweifeln Sie nicht. Etwas zum Nachdenken zu haben, ist eine Art des Genusses. Die Lösung findet sich im Anhang, aber ich schlage Ihnen vor, nicht sofort loszustürmen und sie zu lesen.

Auf jeden Fall gebührt das Verdienst Ileana Gigena, der Toningenieurin der Sendung *Científicos Industria Argentina* (dt. »Wissenschaftler, argentinische Industrie«). Eines Nachmittags, als sie hörte, wie ich Denkaufgaben vorschlug, die ich am Schluss einer Sendung stellte und in der nächsten auflöste, kam sie aus ihrer Kabine und sagte zu mir:

»Adrián, kennst du das Kerzen-Problem?«

»Nein«, antwortete ich ihr. »Wie geht es?«

Und sie gab mir folgendes Problem auf, das ich Ihnen jetzt mitteilen möchte:

Man hat zwei gleiche Kerzen, wobei jede genau eine Stunde brennt, bis sie erlischt. Wenn man fünfzehn Minuten messen soll und keinen Zeitmesser hat, was muss man tun, um die Informationen zu nutzen, die man über die Kerzen hat?

Sie erklärte außerdem, dass man sie nicht mit einem Messer abschneiden oder markieren könne. Man dürfe nur das Feuerzeug und die Informationen benutzen, die man über jede Kerze habe.

Hüte (Teil 1)

In einem Gefängnis (um ein wenig Aufregung und Dramatik in die Sache zu bringen) sind drei Gefangene, sagen wir A, B und C. Angenommen, die drei haben eine gute Führung gezeigt und der Direktor der Institution möchte sie mit der Freiheit belohnen.
Dafür stellt er ihnen folgende Aufgabe:

Wie Sie sehen, habe ich hier fünf Hüte (er zeigt sie ihnen). *Drei weiße und zwei schwarze. Ich werde drei davon auswählen (ohne dass Sie sehen können, welche ich genommen habe) und an Sie verteilen. Sobald jeder von Ihnen seinen Hut hat, werde ich Sie alle in ein Zimmer bringen, sodass jeder von Ihnen den Hut sehen kann, den die beiden anderen aufhaben, nicht aber den eigenen.*
Danach werde ich Sie einen nach dem anderen befragen. Jeder wird die Gelegenheit haben, mir zu sagen, welche Hutfarbe er hat, aber ohne zu raten oder zu pokern. Jeder muss seine Meinung belegen. Wenn einer seine Meinung nicht rechtfertigen kann, muss er passen. Falls sich am Ende der Runde keiner von Ihnen geirrt und wenigstens einer der drei richtig geantwortet hat, schenke ich Ihnen die Freiheit.
Außerdem versteht sich, dass keiner von Ihnen mit den anderen beiden reden, sich mittels Gesten verständigen

oder eine Strategie verabreden darf. Es geht darum, ehrlich zu antworten. Zum Beispiel: Wenn ich die schwarzen Hüte auswählte, sie A und C gäbe und A fragte, welchen Hut er hätte, könnte A, wenn er sähe, dass B einen weißen Hut und C einen schwarzen hat, nicht entscheiden und müsste passen. Wenn aber B sieht, dass sowohl A als auch C einen schwarzen Hut haben und es insgesamt zwei dieser Farbe gab, kann er sich sicher sein, dass er einen weißen Hut hat, und könnte korrekt antworten.

Sobald die Regeln geklärt waren, brachte er die drei in getrennte Zimmer und wählte (wie vorauszusehen war) die *drei weißen Hüte.*

Dann bat er sie zusammen in ein Zimmer und fragte A: »Welche Hutfarbe haben Sie?«

»Ich weiß es nicht, mein Herr«, sagte A, als er mit Sorge sah, dass sowohl B als auch C weiße Hüte hatten.

»Also?«

»Also«, sagte A, »dann passe ich.«

»Gut. Und Sie?«, wandte sich der Direktor an B.

»Mein Herr, ich muss auch passen. Ich kann nicht wissen, welche Hutfarbe ich habe.«

»Jetzt muss ich nur noch einen von Ihnen fragen: C. Welche Hutfarbe haben Sie?«

C nahm sich Zeit, um nachzudenken. Er sah sich noch einmal um. Dann schloss er einen Moment lang die Augen. Um ihn herum machte sich Ungeduld bemerkbar. Woran dachte C wohl? Die anderen beiden Gefangenen konnten sich kaum noch ruhig halten. Von der Antwort von C hing die Freiheit der drei ab.

Aber C überlegte weiter. Bis er irgendwann, als die Atmosphäre schon zum Zerreißen gespannt war, sagte:

»Gut, mein Herr. Eins kann ich Ihnen auf jeden Fall sagen: Meine Hutfarbe ist weiß.«

Die anderen beiden Gefangenen begriffen nicht, wie er das gemacht hatte, aber er hatte es gesagt: Sie hatten es gehört. Jetzt musste er es nur noch erklären, um die Freiheit von allen zu gewährleisten. Beide hielten den Atem an, in Erwartung dessen, was noch vor einer Sekunde unmöglich erschien: dass C seine Antwort begründen könnte. Beide wussten, dass das, was er sagte, richtig war, aber er musste … er musste es auch *erklären* können.

Und das tat C auch, und ich bitte Sie, darüber nachzudenken. Wenn Ihnen die Antwort nicht einfällt, können Sie sie im Schlussteil des Buches nachschlagen.

Hüte (Teil 2): Wie man eine Strategie verbessern kann

Man hat nun folgendes Problem, ebenfalls verbunden mit schwarzen und weißen Hüten:

Nehmen wir noch einmal an, dass in einem Gefängnis drei Gefangene sind: A, B und C. Der Direktor beschloss, sie wegen guter Führung zu belohnen. Aber er wollte auch das logische Denkvermögen der drei auf die Probe stellen. Und daher schlug er ihnen Folgendes vor. Er rief die drei zusammen in einen Raum und sagte:

»*Wie Sie sehen, habe ich hier einen Stapel mit weißen und einen mit schwarzen Hüten*«, wobei er mit dem Finger auf zwei senkrechte Stöße mit Hüten in diesen Farben zeigte.

»Ich werde für jeden einen Hut aussuchen. Ich werde sie Ihnen geben, ohne dass Sie die Farbe des Hutes, den Sie bekommen haben, sehen können. Die Farbe der anderen beiden werden Sie aber sehr wohl sehen. Wenn ich sie verteilt habe, werde ich Sie einen nach dem anderen fragen, welche Hutfarbe Sie haben. Und Sie werden entweder weiß oder schwarz wählen müssen. Sie können sich auch entscheiden, nicht zu antworten, das heißt, sie können passen. Jedenfalls darf keiner von Ihnen eine falsche Antwort abgeben, wenn Sie in die Freiheit entlassen werden wollen. Zwei von Ihnen können passen, der dritte aber muss sich entscheiden: weiß oder schwarz. Wenn auch nur einer sich irrt, bekommt keiner die Freiheit. Doch es genügt eine korrekte Antwort, damit Sie alle drei die Freiheit erlangen.

Ich werde Ihnen eine Strategie zeigen, um das Problem zu lösen. Es handelt sich um folgende: A und B passen, wenn sie befragt werden. C wählt irgendeine Möglichkeit. In der Hälfte aller Fälle wird er die richtige Antwort geben (50 %).«

Diese Strategie führt also in ca. 50 % der Fälle in die Freiheit. Die Frage ist: Gibt es eine Strategie, die die Chance noch verbessert?

Er sagte zu den Gefangenen: *»Sie können die Strategie planen, die Sie verfolgen wollen. Aber Sie dürfen ab dem Moment, in dem ich die Hüte verteile, nicht mehr miteinander sprechen.«*

Die Gefangenen schlossen sich in ein Zimmer ein und begannen nachzudenken. Und sie kamen zu einer Lösung. Die Antwort, wenn Sie nicht allein darauf kommen, ist im Lösungsteil zu finden.

Interplanetare Botschaft

Nehmen wir an, man müsste eine Botschaft in den Weltraum schicken, mit dem Ziel, dass sie von irgendeinem »intelligenten Wesen« gelesen würde.

Wie geht man vor, um etwas in *keiner* speziellen *Sprache*, aber explizit genug zu schreiben, damit jeder, der »logisch denken« kann, sie versteht? Und wenn das Hindernis des »Mediums« einmal überwunden ist, das heißt, wenn man ein System der Kommunikation ausgewählt hat, von dem man ausgeht, dass der andere es versteht: Was soll man ihm schreiben? Was ihm sagen?

Eine Botschaft mit diesen Hypothesen tauchte vor langer Zeit in einer japanischen Zeitung auf. Die Geschichte geht so (wie mir Alicia Dickenstein erzählte, eine sehr liebe Freundin von mir, eine Mathematikerin, der ich sehr viele Dinge verdanke, wovon diejenigen auf der Gefühlsebene am wichtigsten sind. Alicia ist eine außergewöhnliche Person und exzellente Expertin): Nach ihrer Rückkehr von einer Reise in den Orient berichtete mir Alicia, dass sie in der Zeitschrift *El Correo de la Unesco* vom Monat Januar 1966 auf Seite 7 folgenden Artikel gelesen habe (den ich die Freiheit habe hier wiederzugeben, da er seit sehr langer Zeit frei im Internet kursiert):

Im Jahr 1960 hörte Iván Bell, ein Englischlehrer in Tokio, vom ›Projekt Ozma‹, einem Plan, Botschaften zu emp-

fangen, die uns per Radio aus dem All erreichen könn-
ten. Bell verfasste also eine interplanetare Botschaft aus
24 Symbolen, die die japanische Zeitung Japan Times
(die die japanische Ausgabe des Correo de la Unesco
druckt) in ihrer Ausgabe vom 22. Januar 1960 veröffent-
lichte, wobei sie ihre Leser dazu aufforderte, die Nach-
richt zu dechiffrieren.
Die Zeitung bekam vier Antworten, darunter eine von ei-
ner nordamerikanischen Leserin, die ihre Antwort im sel-
ben Code schrieb und hinzufügte, sie lebe auf dem Jupiter.

Was ich hier vorschlage: Ich schreibe die *Botschaft von*
Iván Bell nieder, die, wie es im ursprünglichen Artikel
heißt, »außergewöhnlich leicht zu dechiffrieren ist und
viel simpler, als es auf den ersten Blick erscheint«. Außerdem möchte ich hinzufügen, dass sie ein Zeitvertreib
und eine Übung für den Geist ist. Sie ist ein Beispiel
zum Genießen und originell in Hinblick darauf, was der
menschliche Intellekt – jeglicher Rasse, Religion oder
Sprache – vermag. Man muss nur den *Willen haben zu*
denken.

1. A.B.C.D.E.F.G.H.I.J.K.L.M.N.O.P.Q.R.S.T.U.V.W.X.Y.Z
2. AA, B; AAA, C; AAAA, D; AAAAA, E; AAAAAA, F;
   AAAAAAA, G; AAAAAAAA, H; AAAAAAAAA, I;
   AAAAAAAAAA, J.
3. AKALB; AKAKALC; AKAKAKALD, AKALB; BKALC;
   CKALD; DKALE, BKELG; GLEKB, FKDLJ; JLFKD.
4. CMALB; DMALC; IMGLB.
5. CKNLC; HKNLH, DMDLN; EMELN.
6. JLAN; JKALAA; JKBLAB; AAKALAB, JKJLBN;
   JKJKJLCN, FNKGLFG.

7. BPCLF; EPBLJ; FPJLFN.
8. FQBLC; JQBLE; FNQFLJ.
9. CRBLI; BRELCB.
10. JPJLJRBLSLANN; JPJPJLJRCLTLANNN, JPSLT; JPTLJRD.
11. AQJLU; UQJLAQSLV.
12. ULWA; UPBLWB; AWDMALWDLDPU, VLWNA; VPCLWNC. VQJLWNNA; VQSLWNNNA, JPEWFGHLEFWGH; SPEWFGHLEFGWH.
13. GIWIHYHN; TKCYT, ZYCWADAF.
14. DPZPWNNIBRCQC.

Ich bitte Sie, über die Lösung nachzudenken.

Die fehlende Zahl

In den Intelligenztests (die den IQ, den *Intelligenzquotienten*, messen) werden oft Probleme folgenden Typs präsentiert:
Man bekommt eine Zahlentabelle vorgelegt, in der eine Zahl *fehlt*. Können Sie sagen, welche Zahl fehlt, und erklären, warum?

54	(117)	36
72	(154)	28
39	(513)	42
18	(?)	71

Es geht nicht nur darum, dass Sie sagen können, welche Ziffer an Stelle des Fragezeichens stehen müsste, sondern auch, Ihre Fähigkeit zur Analyse zu messen, um eine *Gesetzmäßigkeit* abzuleiten. Das heißt, es gibt ein Muster, das der Entstehung dieser Zahlen zugrunde liegt, und man will, dass Sie es entdecken.

Die Antwort finden Sie wieder auf der Seite mit den Lösungen.

Wie oft pro Woche man gerne auswärts essen würde

Man stellt seinem Gesprächspartner die Frage: Wie oft würdest du gerne pro Woche auswärts essen? Er soll sich diese Zahl denken und *sie nicht verraten*. Und diese Zahl werden wir versuchen herauszufinden.

Wie werden hier unten in zwei Spalten eine allgemeine Antwort geben (dargestellt durch den Buchstaben *v*, der anzeigt, wie oft diese Person gerne auswärts essen würde) sowie ein Beispiel, sagen wir die Zahl 3.

3   v

Dann sagen wir ihr, dass sie die Zahl, die sie uns gegeben hat, mit zwei multiplizieren soll.

6   2v

Danach fordern wir sie auf, die Zahl 5 dazuzuzählen.

11   (2v + 5)

Wir bitten sie, nun mit 50 zu multiplizieren.

550   50 (2v + 5) = 100v + 250

Wenn ihr Geburtstag schon vorbei ist (im Jahr 2005),
zählt man 1.755 dazu

2.305   100v + 2.005

Wenn ihr Geburtstag *noch nicht vorbei* ist (im Jahr
2005), zählt man 1.754 dazu

2.304   100v + 2004

Jetzt bittet man sie, ihr Geburtsjahr abzuziehen (sagen
wir, die Person ist 1949 geboren). Im ersten Fall (der
Geburtstag ist schon vorbei) hat man

(2.305 − 1.949) = 356   100v + 56

Im zweiten Fall

(2.304 − 1.949) = 355   100v + 55

Im ersten Fall erhält man 356. Man bittet also die Person, einem diese Zahl zu nennen, und dann sagt man ihr
Folgendes: »Die Zahl, wie oft du gerne in der Woche
auswärts essen würdest, ist 3, und dein Alter ist 56.«
Im zweiten Fall ist das Ergebnis 355. Man sagt zu seinem Gesprächspartner: »Die Zahl, wie oft du gerne in
der Woche auswärts essen würdest, ist 3, und dein Alter
ist 55.«
Das heißt, die Zahl 100v macht Folgendes: Sie multipliziert genau die Zahl v mit 100 und fügt ihr die Zahl 56
oder 55 hinzu. Es ist, als würde man die Zahl v vor den
Geburtstag schreiben, daher bleibt:

v56 oder v55

Überlegungen und Kuriositäten

Alltagslogik

Es ist sehr verbreitet, dass man im alltäglichen Leben *Irrtümer in der logischen Interpretation* begeht. Sehen Sie sich mit mir folgende Beispiele an:

1. Nehmen wir an, dass sich in einem Aufzug ein Mann und zwei junge Frauen befinden. Plötzlich sagt der Mann zu der einen: »Sie sind sehr schön.« Muss sich die andere Frau *weniger schön* fühlen?
2. Wenn man in einem Restaurant ein Schild sieht, das besagt: »Samstags Rauchen verboten.« Kann man davon ausgehen, dass man an allen anderen Tagen, außer samstags, rauchen darf?
3. Letztes Beispiel, aber wieder nach demselben Muster: Wenn in einer Schule ein Lehrer sagt: »Montags gibt es eine Prüfung.« Heißt dies, dass an keinem anderen Tag eine Prüfung stattfindet?

Wenn man die drei Fälle analysiert, *schlussfolgert* man, dass die andere Frau *nicht so schön ist*. Und man tut dies, weil die Aussage »Sie sind sehr schön«, wenn eine andere Frau im Raum ist, (fälschlicherweise) dazu verleitet zu denken, dass die andere es nicht sei. Aber die Aussage hat als einzige Adressatin die erste Frau, *und über die andere wird nichts gesagt.*

Genauso besagt die Tatsache, dass auf dem Schild steht, dass »samstags Rauchen verboten ist«, nicht, dass es an Montagen gestattet ist. Auch nicht an Dienstagen. *Es wird nur gesagt, dass man samstags nicht rauchen darf.* Jede weitere Schlussfolgerung aufgrund dieses Satzes ist *nicht korrekt.*

Und wenn schließlich der Lehrer sagt, dass es »montags eine Prüfung gibt«, ist klar, dass er nicht sagt, dass er darauf verzichten wird, die Schüler an jedem anderen Tag zu prüfen.

Es sind nur Irrtümer in der Logik, die aufgrund von Sprachgewohnheiten entstehen.

Unterschied zwischen einem Mathematiker und einem Biologen

Dieses Beispiel soll einige Unterschiede zwischen Menschen illustrieren, die ein Studium an derselben Fakultät gewählt, aber unterschiedliche Interessen haben. Ich verspürte die Versuchung zu schreiben, dass es die (uns) Mathematiker ein wenig »dumm« dastehen lässt. Doch bin ich nicht so sicher, ob das tatsächlich der Fall ist. Ich überlasse das Urteil Ihnen.

Eine Person hat zwei Wissenschaftler vor sich: einen Mathematiker und einen Biologen. Das Ziel ist, beiden ein Problem zu stellen und jeweils zu sehen, wie die Antworten ausfallen. Sie zeigt den beiden die Gegenstände, die sie vor sich auf einem Tisch hat:

a) einen Kocher mit Petroleumtank
b) ein Gefäß mit Wasser
c) Streichhölzer
d) eine Tasse
e) einen Teebeutel
f) einen kleinen Löffel

Die erste Aufgabe besteht darin, einen Tee zuzubereiten. Der Biologe sagt: »Zuerst stelle ich das Gefäß mit Wasser auf den Kocher. Ich entzünde ein Streichholz und stelle den Kocher an. Ich warte, bis das Wasser kocht. Ich gebe den Teebeutel in die Tasse. Ich gieße das Wasser in die Tasse und rühre mit dem kleinen Löffel um, damit der Teebeutel das Wasser färbt.«

Der Mathematiker sagt (und hier ist kein Druckfehler): »Zuerst stelle ich das Gefäß mit Wasser auf den Kocher. Ich entzünde ein Streichholz und stelle damit den Kocher an. Ich warte, bis das Wasser kocht. Ich gebe den Teebeutel in die Tasse. Ich gieße das Wasser in die Tasse und rühre mit dem kleinen Löffel um, damit der Teebeutel das Wasser färbt.«

»Gut«, antwortet der Prüfer. »Jetzt stelle ich Ihnen eine andere Aufgabe: Nehmen wir an, ich gebe Ihnen das gekochte Wasser und bitte Sie, einen Tee zu machen. Was würden Sie tun?«

Der Biologe antwortet: »Nun, in diesem Fall lege ich den Teebeutel in die Tasse. Ich gieße das bereits gekochte Wasser in die Tasse und rühre mit dem kleinen Löffel um, damit der Teebeutel das Wasser färbt.«

Der Mathematiker sagt: »Ich nicht. Ich warte, bis das

Wasser kalt wird, und kehre dann zum vorherigen Fall zurück.«

Ich weiß, dass viele von Ihnen mit dem Biologen übereinstimmen werden (und Sie tun gut daran). Aber gleichzeitig bitte ich Sie darüber nachzudenken, dass der Mathematiker auch auf seine Weise Recht hat: Wenn er den komplizierteren Fall geklärt hat, den ersten, den man ihm vorgelegt hat, weiß er, dass er damit auch jede andere Fragestellung, die man ihm innerhalb dieses Zusammenhangs stellen kann, bereits gelöst hat. Und greift darauf zurück. Ist das Leben nicht auch so interessant?

Die Vier-Farben-Vermutung (oder der Vier-Farben-Satz)

Ich weiß, dass Sie keine Landkarte mehr ausmalen mussten, seit Sie die Grundschule verlassen haben. Und ich bin nicht einmal so sicher, ob sie es überhaupt jemals tun mussten. Tatsächlich glaube ich nicht, dass die Kinder von heute noch Landkarten »mit der Hand« ausmalen müssen, aber man kann nie wissen.

Die Sache ist die, dass es ein Theorem gibt, das die Mathematiker viele Jahre beschäftigte, ohne dass sie die Lösung fanden. Und es ging um Folgendes: Nehmen wir an, wir hätten eine Landkarte. Ja, eine Landkarte. Irgendeine Landkarte, die nicht einmal mit den realen Verhältnissen einer Region übereinstimmen muss.

Die Frage ist: Wie viele Farben braucht man, um sie auszumalen? Ja, ich weiß schon. Man hat unter seinen »Malfarben« oder im Computer sehr viele Farben. Wozu soll man sich fragen, wie viele verschiedene Farben notwendig sind, wenn man viel mehr verwenden kann, als man benötigt? Wozu soll es nützlich sein, das »Höchstmaß« zu berechnen? Wie dem auch sei, ich möchte Sie dennoch fragen: Was hat die Zahl Vier damit zu tun?

Die Vier-Farben-Vermutung kam auf folgende Weise auf: Francis Guthrie war ein Student an einer Londoner Universität. Einer seiner Lehrer war Augustus de Morgan. Francis legte seinem Bruder Frederick (der auch ein Student De Morgans gewesen war) eine Vermutung vor, die er bezüglich der Färbung von Karten hatte, und da er das Problem nicht lösen konnte, bat er seinen Bruder, den berühmten Professor zu konsultieren.

De Morgan, der auch keine Lösung fand, schrieb an Sir William Rowan Hamilton noch am selben Tag, an dem man ihm die Frage stellte, nämlich am 23. Oktober 1852, einen Brief nach Dublin:

»Ein Student bat mich, ihm einen Beweis für eine *Tatsache* zu liefern, von der ich nicht einmal *wusste, dass sie eine Tatsache ist, noch weiß ich es jetzt.* Der Student sagt: Wenn man irgendeine (ebene) Figur nimmt und sie in Abteilungen aufteilt, die in verschiedenen Farben koloriert sind, sodass zwei nebeneinanderliegende keine gemeinsame Farbe haben, dann sind *vier Farben* – so seine Behauptung – ausreichend.«

Hamilton antwortete ihm am 26. Oktober 1852 und sagte ihm, dass er nicht in der Lage sei, das Problem zu lösen. Daraufhin bat De Morgan die mathematische Gemeinde um Hilfe, aber niemand schien eine Lösung zu finden. Cayley zum Beispiel, einer der berühmtesten Mathematiker der Epoche, wusste um die Situation und stellte die Aufgabe am 13. Juni 1878 der London Mathematical Society und fragte, ob jemand die Vier-Farben-Vermutung gelöst habe.

Am 17. Juli 1879 verkündete Alfred Bray Kempe in der Zeitschrift *Nature*, dass er einen Beweis für die Vermutung habe. Kempe war ein Anwalt, der in London arbeitete und bei Cayley in Cambridge Mathematik studiert hatte.

Cayley schlug Kempe vor, sein Theorem an das *American Journal of Mathematics* zu schicken, wo es 1879 veröffentlicht wurde. Von diesem Moment an gewann Kempe ein außergewöhnlich großes Ansehen, und sein Beweis wurde ausgezeichnet, als er zum Mitglied der Königlichen Gesellschaft (Fellow of the Royal Society) ernannt wurde, in der er sehr viele Jahre als Schatzmeister tätig war. 1912 wurde er sogar zum »Ritter« geschlagen.

Kempe veröffentlichte zwei weitere Beweise des nunmehrigen Vier-Farben-Satzes mit Versionen, die die vorhergehenden Beweise verbesserten.

Jedoch fand 1890 Percy John Heawood Fehler in den Beweisen von Kempe. Nachdem Heawood gezeigt hatte, warum und wo sich Kempe geirrt hatte, bewies er, dass *man mit fünf Farben jegliche Landkarte kolorieren konnte*.

Kempe akzeptierte seinen Irrtum vor der London Mathematical Society und erklärte sich für unfähig, den Fehler in dem Beweis, in *seinem* Beweis, aufzuklären.

Noch im Jahr 1896 fand auch der berühmte Charles De la Vallée Poussin den Fehler in Kempes Beweisführung, offenbar ohne zu wissen, dass Heawood ihn bereits entdeckt hatte.

Heawood beschäftigte sich sechzig Jahre seines Lebens damit, Landkarten auszumalen und mögliche Vereinfachungen des Problems zu finden (die bekannteste davon besagt: Wenn die Zahl der Kanten um jede Region durch 3 teilbar ist, lässt sich die Landkarte mit vier Farben kolorieren), aber zum endgültigen Beweis konnte er nicht vordringen.

Das Problem blieb weiterhin offen. Viele Wissenschaftler weltweit beschäftigten sich einen guten Teil ihres Lebens erfolglos mit dem Beweis der Vermutung. Und es gab offensichtlich eine Menge Leute, die daran interessiert waren, das Gegenteil zu beweisen. Das heißt: eine Landkarte zu finden, die *man nicht mit vier Farben färben könnte.*

Unlängst im Jahr 1976 (ja, 1976) fand die Vermutung ihren Beweis und wurde wieder zum Vier-Farben-Satz. Er ging auf das Konto von Kenneth Appel und Wolfgang Haken, denen es mit dem *Aufkommen der Computer* gelang, das Ergebnis zu beweisen. Beide arbeiteten an der Universität von Illinois in Urbana, in dem Ort Champaign.

Um die Vermutung zu beweisen, arbeiteten sie mehr als 1.200 Stunden an den schnellsten Computern, die es zur damaligen Zeit gab. Der Vier-Farben-Satz ist einer der *ersten Fälle* in der Geschichte der Mathematik, bei dem der Computer einen so großen Einfluss hatte: Durch ihn konnte ein Ergebnis erreicht werden, das den Mathematikern mehr als ein Jahrhundert lang entgangen war.

Natürlich brachte der Beweis großes Unbehagen in die Welt der Mathematik, nicht, weil man dachte, dass das Ergebnis falsch sei (ganz im Gegenteil), sondern weil es der erste Fall war, bei dem (in einem gewissen Sinn) die Maschine dem Menschen überlegen war. Warum konnte man keinen besseren Beweis finden? Warum konnte man keinen Beweis finden, der nicht von einer externen Kraft abhing?

Die optimistischsten Berechnungen gehen nämlich davon aus, dass es *hunderttausend* Jahre (!) gedauert hätte, das Gleiche »per Hand« zu beweisen, und zwar bei einer Wochenarbeitszeit von 60 Stunden.

Der detaillierte Beweis wurde in zwei »papers« veröffentlicht, die 1977 erschienen.[37] Das Bemerkenswerte dabei war, dass es *den Menschen*, in diesem Fall zweien, gelang, das Problem auf *Fälle, viele Fälle*, zu reduzieren, die zu überprüfen vielleicht mehrere Leben gedauert hätte. Die Computer machten den Rest, aber ich möchte doch betonen, dass die Computer ohne die Menschen nicht gewusst hätten, was sie tun sollten (oder wozu).

Der Weihnachtsmann[38]

Da ich glaube, dass es heute noch Menschen gibt, die sich beim Weihnachtsmann darüber beschweren, nicht

---

37 Es gibt eine ganze Menge an Literatur zu diesem Thema, doch möchte ich Ihnen ein paar Lektüreempfehlungen geben:
1. *http://www-groups.dcs.st-and.ac.uk/~history/HistTopics/ The_four_colour_theorem.html*
2. *http://www.cs.uidaho.edu/~casey931/mega-math/gloss.math/4ct.html*
3. *Four Colours Suffice: How the Map Problem was Solved.* Buch von Robin Wilson, herausgegeben von der Penguin Group 2002.
4. *The Four-Color Problem* von Oystein Ore (Academic Press, Juni 1967)
5. *http://www.math-gatech.edu/~thomas/FC/fourcolor.html*
6. *http://www-gap.dcs.st-and.ac.uk/~history/HistTopics/ The_four_colour_theorem.html*

38 Dieser Text wurde mir von Hugo Scolnik geschickt, einem der wichtigsten Kryptografieexperten der Welt.

bekommen zu haben, was sie sich von ihm wünschten, bitte ich Sie, die Abenteuer, die der arme Weihnachtsmann jedes Jahr zu bestehen hat, aufmerksam mitzuverfolgen. Also:

Es gibt in etwa zwei Milliarden Kinder auf der Welt. Da der Weihnachtsmann jedoch weder muslimische noch jüdische noch buddhistische Kinder besucht, ist seine Arbeit am Weihnachtsabend auf 378 Millionen Besuche reduziert.

Bei einer Durchschnittsquote von 3,5 »Kindern« pro Familie entspricht das 108 Millionen Haushalten (wobei man annimmt, dass es pro Hausstand mindestens ein braves Kind gibt). Der Weihnachtsmann hat an Weihnachten ungefähr 31 Stunden, um seine Arbeit zuwege zu bringen, dank der verschiedenen Zeitzonen und der Erdrotation, wenn man annimmt, er reist von Ost nach West (was logisch erscheint). Das ergibt 968 Besuche pro Sekunde. Anders ausgedrückt, er hat ungefähr 1/1000 Sekunde für jedes christliche Haus mit einem braven Kind, um den Schlitten zu parken, abzusteigen, durch den Schornstein ins Haus zu gelangen, die Stiefel mit Geschenken zu füllen, die übrigen Geschenke unter dem Bäumchen zu verteilen, den Imbiss zu essen, den man ihm hingelegt hat, wieder durch den Schornstein zu steigen, sich auf den Schlitten zu schwingen ... und zum nächsten Haus zu fahren.

Wenn man annimmt, dass jede dieser 108 Millionen Haltestellen in gleichmäßigem Abstand zur nächsten liegt, sprechen wir von ca. 1248 Metern von Haustür zu Haustür. Dies entspricht einer Reise von insgesamt 121 Millionen Kilometern ... und zwar ohne Ruhe- und Pinkelpausen. Folglich bewegt sich der Schlitten des

Weihnachtsmanns mit einer Geschwindigkeit von 1.040 Kilometern pro Sekunde ... das heißt mit fast dreitausendfacher Schallgeschwindigkeit.

Stellen wir einen Vergleich an: Das schnellste vom Menschen je hergestellte Gefährt hat eine Maximalgeschwindigkeit von 44 km/s. Ein gewöhnliches Rentier kann (maximal) 24 km/h laufen oder, anders ausgedrückt, etwa einen siebentausendstel Kilometer pro Sekunde. Die Ladung des Schlittens fügt dem ein weiteres interessantes Element hinzu. Angenommen, dass sich jedes Kind nur ein mittelgroßes Spielzeug (sagen wir von einem Kilo) gewünscht hat, dann wäre der Schlitten mit mehr als 500.000 Tonnen beladen ... ohne den Weihnachtsmann mitzuzählen. Auf der Erde kann ein Rentier NICHT mehr als 150 kg tragen. Auch wenn man annähme, dass ein Rentier das Zehnfache der normalen Last transportieren könnte, könnte die Arbeit offensichtlich nicht von acht oder neun Rentieren erledigt werden. Der Weihnachtsmann bräuchte 360.000 von ihnen, was dem Gewicht weitere 54.000 Tonnen hinzufügt ... ohne das Gewicht des Schlittens zu zählen.

Und Spaß beiseite, 600.000 Tonnen, die sich mit 1.040 km/s bewegen, unterliegen einem enormen Luftwiderstand, was die Rentiere genauso erwärmen würde wie die Hülle eines Raumschiffs beim Eintritt in die Erdatmosphäre. Zum Beispiel würden die beiden vorderen Rentiere je 14,3 Quintillionen Joule Energie pro Sekunde absorbieren ... weshalb sie fast augenblicklich verglühen würden, wobei sie die folgenden Rentiere einer Gefahr aussetzen und einen ohrenbetäubenden Überschallknall erzeugen würden. Alle Rentiere würden in etwas mehr als vier Millisekunden verdampfen ... nämlich, wenn der

Weihnachtsmann im Begriff ist, seinen fünften Besuch zu machen.

Wenn das Vorhergehende keine Rolle spielte, müsste man das Ergebnis der Abbremsung von 1.040 km/s berücksichtigen. In 0,001 Sekunden wäre der Weihnachtsmann mit einem angenommenen Gewicht von 150 kg einer Trägheit von 2.315.000 kg ausgesetzt, die augenblicklich seine Knochen zerbrechen und alle seine Organe zerreißen würde, was den armen Weihnachtsmann auf eine formlose wässrige und glibberige Masse reduzieren würde.

Wenn die Leute trotz all dieser Informationen noch böse sind, dass der Weihnachtsmann ihnen nicht das gebracht hat, was sie sich dieses Jahr gewünscht haben, dann sind sie furchtbar ungerecht und rücksichtslos.

Wie man einen rechten Winkel konstruiert

An diesem Punkt kann jeder (jeder?) den Lehrsatz des Pythagoras *aufsagen*: »In einem rechtwinkligen Dreieck ist das Quadrat über der Hypotenuse gleich der Summe der Quadrate über den Katheten.« Also: Der Satz spricht über die Beziehung, die zwischen der Hypotenuse und den Katheten *in einem rechtwinkligen Dreieck* herrscht. Man nimmt also an, dass das Dreieck, das man uns gegeben hat, *rechtwinklig* ist.

Was würde jedoch im umgekehrten Fall geschehen? Das heißt, wenn ein Mann mit einem Dreieck kommt und sagt:

»Sehen Sie. Ich habe eben die Hypotenuse und die Katheten dieses Dreiecks gemessen, und wenn ich die Quadrate der Katheten addiere, ergibt dies die gleiche Zahl wie das Quadrat der Hypotenuse.«

Die Frage ist also: Ist das Dreieck dieses Herrn rechtwinklig? Der Satz des Pythagoras sagt darüber nichts. *Der Satz hat eine Aussagekraft, wenn man weiß, dass man ein rechtwinkliges Dreieck vorliegen hat.* Aber in diesem Fall sagt er nichts. Man kann den Satz nicht anwenden.

Auf jeden Fall muss man sich fragen, ob es wahr ist, dass der Herr vom vorhergehenden Absatz ein rechtwinkliges Dreieck hatte, ohne dass er es wusste. *Und die Antwort lautet Ja. Jedes Mal, wenn man bei einem Dreieck diese Beziehung zwischen den drei Katheten beobachtet, dann muss das Dreieck rechtwinklig sein* (auch wenn ich den Beweis hier nicht niederschreibe, ist dies eine gute Denkübung). Das Interessante daran ist, dass man mit diesem Ergebnis, das die *Umkehrung* des Satzes des Pythagoras bedeutet, *rechtwinklige Dreiecke konstruieren kann.*

Wie geht das? Gut. Nehmen Sie eine Schnur von 12 Metern Länge (oder 12 Zentimetern, aber ich glaube, es ist besser, wenn Sie dies mit einem Faden machen, der leichter zu handhaben ist). Sie wissen: $3^2 + 4^2 = 5^2$.

Diese Beziehung besagt also, dass ein Dreieck mit *Seiten von jeweils 3, 4 und 5 Metern Länge*, in Übereinstimmung mit dem, was wir soeben gesehen haben, *rechtwinklig sein muss.* Dann bitte ich Sie, Folgendes zu tun. Legen Sie die Schnur auf den Boden. Eines der Enden befestigen Sie mit Hilfe eines Buches oder Stuhlbeins. Spannen Sie nun die Schnur an. Wenn Sie bei drei Metern angekommen sind, legen Sie einen weiteren Gegenstand darauf, der die Schnur auf diesem Punkt festhält, und Sie drehen sich und gehen in eine andere Richtung, bis Sie *vier Meter mit der Schnur* zurückgelegt haben. Hier legen

Sie wieder etwas zum Befestigen darauf und wenden sich um, jetzt aber in die Richtung, in der Sie das andere Ende der Schnur abgelegt haben. Wenn Sie das zweite Ende mit dem ersten zusammenbringen und die Entfernungen einhalten (jeweils drei, vier und fünf Meter), *muss* das Dreieck, das sich gebildet hat, *rechtwinklig sein*. Tatsächlich konstruierten die Griechen auf diese Weise die rechten Winkel. Und das tun auch die Leute auf dem Land, die, ohne den Satz zu kennen oder ein Winkelmaß zu haben, ihr Territorium abgrenzen, indem sie auf diese Weise rechte Winkel bilden.

Alphabete des 21. Jahrhunderts

Mitte des 20. Jahrhunderts wurde eine Person als *alphabetisiert* definiert, wenn sie lesen und schreiben konnte. Heute, in den ersten Jahren des 21. Jahrhunderts, glaube ich, dass diese Definition eindeutig unvollständig ist. Natürlich weiß ich, dass es elementare Voraussetzungen sind, lesen und schreiben zu können, aber heute weist ein Kind, das keine digitale Kultur besitzt und keine Fremdsprache spricht (sagen wir Englisch oder Chinesisch, wenn Sie dies vorziehen), klare Defizite auf.

Vor kurzem erzählte mir Eric Perle, einer der Kapitäne der Luftfahrtgesellschaft United, der die modernsten Flugzeuge der Welt lenkt, Typ Boeing 777, dass die Gespräche zwischen dem Kontrollturm auf dem Flughafen Charles de Gaulle in Paris und den Cockpits der verschiedenen Flugzeuge, die sich im Pariser Luftraum bewegen, auf Englisch geführt werden, ganz gleich, ob es sich um ein Flugzeug der Air France oder das einer anderen Fluggesellschaft handelt. Und dabei geht es überhaupt nicht darum, eine andere Sprache herabzusetzen. Es geht darum, eine Sprache als »Norm« zu akzeptieren, sodass alle Leute in einem bestimmten Gebiet verstehen, was gesprochen wird, zumal die Mitteilungen von *allen* gehört werden.

Ich erwähne das, weil ich immer wieder höre, dass es einen starken Widerstand gegen das Englische als Universalsprache gibt, als ob dies zu Schaden anderer ginge (Spanisch, Französisch oder Chinesisch: In unserem Fall kommt es auf das Gleiche heraus). Ich versuche hier nicht, eine Position zu verteidigen, sondern lediglich eine Realität zu akzeptieren: *Solange die Welt sich nicht darauf einigt, eine einzige Sprache zu sprechen, die es erlaubt, dass alle alle verstehen, ist die einzige Sprache, die dies heute im Luftraum garantiert, das Englische.*

Natürlich muss es das Ziel sein, Bildung für alle zu gewährleisten, nicht nur für einige wenige Privilegierte. Und es muss auch Ziel sein, Bildung kostenlos und für alle zugänglich zu machen.

Chirurgen und Lehrer im 21. Jahrhundert

Eine interessante Geschichte zum Nachdenken: Nehmen wir an, ein Chirurg, der um 1920 verstarb, wachte heute auf und würde in einen Operationssaal eines modernen Krankenhauses versetzt (wo Personen mit großer Kaufkraft für ihre Gesundheitsfürsorge Zugang haben; die Ungerechtigkeit, die dadurch entsteht, geht über das Ziel dieses Buches hinaus, ich möchte sie aber dennoch nicht ignorieren).

Ich komme zum Operationssaal zurück. Nehmen wir an, auf dem Operationstisch liegt ein Mensch in Narkose, der mit Hilfe der modernsten heutigen Technologie operiert wird.

Was würde der besagte Chirurg tun? Welche Gefühle hätte er? Natürlich hat sich der menschliche Körper nicht verändert. Auf diesem Gebiet gäbe es kein Problem. Das Problem hätte er mit den »chirurgischen Techniken«, den »Apparaten«, die sie umgeben, »dem Instrumentarium« und den »Testreihen«, die dem Ärztekollegium im Saal zur Verfügung stünden. *Dies wäre in der Tat ein Unterschied.* Vermutlich würde der alte Chirurg das, was er sähe, »bestaunen« und hätte völlig »den Anschluss verloren«. Man würde ihm das Problem des Patienten erklären, und er würde es sicher verstehen. Er hätte keine Schwierigkeiten damit, die Diagnose nachzuvollziehen (zumindest im Großteil der Fälle). Die Operation als solche aber wäre für ihn völlig unerreichbar und unzugänglich.

Jetzt wollen wir den Beruf wechseln. Nehmen wir an, dass wir statt eines Chirurgen, der im ersten Viertel des 20. Jahrhunderts lebte und starb, einen Lehrer dieser Zeit wiedererweckten. Und wir bringen ihn *nicht* in einen Operationssaal, sondern auf das Operationsfeld eines Lehrers: einen Raum, in dem Unterricht gegeben wird. In eine Schule. Hätte er Verständnisprobleme? Würde er verstehen, worüber gesprochen wird? Würde er die Schwierigkeiten verstehen, die die Schüler an den Tag legen? (Ich beziehe mich nicht auf die Störungen im Verhalten, sondern die Probleme, die dem eigentlichen Verständnis anhaften.)

Möglicherweise ist die Antwort Ja, ein Lehrer aus diesen anderen Zeiten hätte keine Verständnisprobleme und könnte sogar, wenn das Thema vor einem Jahrhundert seine Spezialität war, zur Tafel gehen, die Kreide nehmen und fast ohne Schwierigkeiten mit dem Unterricht fortfahren.

→ **Fazit:** Die Technologie hat die Herangehensweise bei gewissen Disziplinen stark verändert, aber ich bin mir nicht sicher, ob sich das auch bei den Methoden und Programmen der Erziehung abgespielt hat. Mein Zweifel ist: Wenn wir uns *entscheiden,* nichts zu verändern, gibt es kein Problem. Wenn wir es so einschätzen, dass das, was man seit einem Jahrhundert tut, das ist, was *wir heute tun wollen*, gibt es nichts zu kritisieren. Aber wenn das, was wir heute tun, das Gleiche ist wie vor einem Jahrhundert, weil wir es wenig überholen oder es noch weniger untereinander abstimmen, dann stimmt etwas nicht. Und es lohnt sich, darüber zu diskutieren.

Über Affen und Bananen[39]

Nehmen wir an, wir hätten sechs Affen in einem Raum. Von der Zimmerdecke hängt eine Bananenstaude. Genau unter ihr befindet sich eine Leiter (wie sie Maler

---

39 Als meine Nichte Lorena ihr Studium der Biologie an der Universität von Buenos Aires noch nicht abgeschlossen hatte und noch nicht mit Ignacio, ebenfalls Biologe, verheiratet war, erzählte sie mir diese Geschichte schon. Aber sie hat mich immer beeindruckt wegen allem, was sie in Hinblick auf die Erklärung menschlichen Verhaltens impliziert. Die Quelle ist *De banaan wordt bespreekbaar* von Tom Pauka und Rein Zunderdorp (Nijgh en van Ditmar, 1988).
http://totse.com/en/technology/science_technology/dumbapes.html

oder Schreiner benutzen). Es dauert nicht lange, bis einer der Affen auf die Leiter zu den Bananen steigt.

Und hier beginnt das Experiment: Im selben Moment, in dem er die Leiter berührt, werden *alle* Affen mit *eiskaltem* Wasser bespritzt. Natürlich hält dies den Affen auf. Nach einem Augenblick macht derselbe Affe oder einer der anderen einen weiteren Versuch mit demselben Ergebnis: Alle Affen werden mit kaltem Wasser bespritzt, sobald einer von ihnen die Leiter berührt. Wenn sich dieser Ablauf noch ein paar Mal wiederholt, sind die Affen gewarnt. Sobald einer von ihnen es versuchen will, versuchen die anderen, es zu verhindern, sogar mit Prügeln, wenn es notwendig ist.

Wenn wir dieses Stadium erreicht haben, nehmen wir einen der Affen aus dem Raum und ersetzen ihn durch einen neuen (der natürlich bis jetzt noch nicht an dem Experiment teilgenommen hat). Der neue Affe sieht die Bananen und versucht sofort, die Leiter zu besteigen. Zu seinem Entsetzen greifen ihn *alle* Affen an und hindern ihn daran.

Nach ein paar weiteren Versuchen hat der neue Affe gelernt: wenn er die Leiter hinaufzuklettern versucht, werden sie ihn erbarmungslos prügeln.

Dann wiederholt sich das Verfahren: Man nimmt einen zweiten Affen heraus und wieder einen neuen herein. Der Neuankömmling geht zur Leiter, und der Ablauf wiederholt sich: Sobald er die Leiter berührt, wird er massiv angegriffen. Nicht nur das: Der Affe, der gerade vor ihm hereingekommen war (der niemals das eisige Wasser erfahren hatte!) nahm an der Attacke mit großem Enthusiasmus teil.

Ein dritter Affe wird ersetzt, und sobald er versucht, die

Leiter zu besteigen, schlagen ihn die anderen fünf. Trotzdem haben *zwei* der Affen, die ihn prügeln, überhaupt
keine Ahnung, *warum man nicht auf die Leiter steigen
darf.* Es wird ein vierter Affe ersetzt, dann ein fünfter
und schließlich ein sechster, der zu diesem Zeitpunkt der
einzige ist, *der von der ursprünglichen Gruppe übrig war.*
Wenn man diesen herausnimmt, bleibt keiner mehr, der
die Episode des Eiswassers erfahren hat. Sobald jedoch
der letzte ein paar Mal versucht, auf die Leiter zu steigen,
und von den anderen fünf wütend verprügelt wird, bleibt
die Regel etabliert: *Man darf nicht auf die Leiter steigen.
Wer es versucht, setzt sich einer brutalen Unterdrückung
aus.* Nur dass jetzt keiner der sechs Argumente hat, um
eine solche Grausamkeit zu verteidigen.
Jegliche Ähnlichkeit mit der menschlichen Wirklichkeit
*ist weder pure Koinzidenz noch Zufall. So sind wir eben:
wie die Affen.*

Was ist Mathematik?

Die folgenden Überlegungen wurden durch ein Buch
von Keith Devlin inspiriert (*Was ist Mathematik?* in: Das
Mathe-Gen). Ich schlage vor, dass Sie den Text mit der
größtmöglichen Flexibilität lesen. Und, wenn Sie können, lesen Sie ihn sorgfältig. Ich sage es noch einmal: Es
handelt sich nicht um mein Eigentum (ganz und gar
nicht). Es ist ein Durchlauf durch die Geschichte, den
man meiner Meinung nach kennen sollte.
Wenn man heute jemanden auf der Straße anhalten und
fragen würde: *Was ist Mathematik?,* würde er wahrscheinlich antworten – wenn er das Interesse aufbringt, etwas

zu entgegnen –, dass *die Mathematik das Studium der Zahlen ist*, oder vielleicht, dass sie *die Wissenschaft der Zahlen ist*. Wahr ist, dass diese Definition vor ungefähr 2.500 Jahren Gültigkeit hatte. Das heißt, dass der Wissensstand, den der gemeine Bürger hinsichtlich einer der grundlegenden Wissenschaften hat, dem von vor 25 Jahrhunderten entspricht!! *Gibt es irgendein anderes derart schmerzliches Beispiel im täglichen Leben?*

In der Geschichte hat die Menschheit einen so weiten und so reichen Weg zurückgelegt, dass ich mich dazu berechtigt glaube, eine etwas aktuellere Antwort zu erwarten. Das Bild darüber, was die Mathematik ist, scheint sich in der populären Vorstellung im Laufe der Jahrhunderte nicht allzu sehr weiterentwickelt zu haben. Irgendetwas stimmt nicht. Die Kommunikationskanäle funktionieren nicht so, wie sie sollten. Macht es Sie nicht neugierig herauszufinden, was wir verpassen?

Es ist wahrscheinlich, dass die Mehrheit der Menschen bereit ist zu akzeptieren, dass die Mathematik wertvolle Beiträge zu den verschiedenen Aspekten des täglichen Lebens leistet, aber weder eine Vorstellung von ihrer Essenz hat noch von der Forschung, die derzeit in der Mathematik geleistet wird, geschweige denn von ihren Fortschritten und ihrer Expansion.

Damit es gelingt, etwas von ihrem Geist einzufangen, ist es vielleicht angebracht, in sehr groben Zügen und in Kurzform die ersten Schritte und die Entwicklung der Mathematik im Laufe der Zeit aufzufrischen.

Die Antwort auf die Frage *Was ist Mathematik?* hat im Verlauf der Geschichte sehr variiert. Bis vor ungefähr 500 vor Christus war die Mathematik – tatsächlich – das Studium der Zahlen. Ich spreche natürlich von der Zeit der ägyptischen und babylonischen Mathematiker, in deren Zivilisationen die Mathematik fast ausschließlich aus Arithmetik bestand. Sie ähnelte einem Kochbuch: Machen Sie dies und das mit einer Zahl, und Sie erhalten dieses Ergebnis. Es war wie Zutaten in einen Mixer zu geben und einen Shake zu machen. Die ägyptischen Schreiber benutzten die Mathematik für die Buchhaltung, während es in Babylonien die Astronomen waren, die sie nach ihren Bedürfnissen weiterentwickelten.

Während der Epoche, die von 500 vor Christus bis 300 nach Christus reicht, also ungefähr 800 Jahre, bewiesen die griechischen Mathematiker Engagement und Interesse für das Studium der Geometrie. So sehr, dass sie *an die Zahlen in geometrischer Form dachten.*

Für die Griechen waren die Zahlen Werkzeuge. Daher wurden ihnen die Zahlen der Babylonier »zu klein« … sie reichten ihnen nicht mehr. Sie hatten die natürlichen Zahlen (1, 2, 3, 4 usw.) und die ganzen (die die natürlichen Zahlen plus die Null und die negativen Zahlen beinhalten), aber sie waren nicht genug.

Die Babylonier kannten bereits die rationalen Zahlen, das heißt die Quotienten aus den ganzen Zahlen (1/2, 1/3, –7/8, 13/15, –7/3, 0, –12/13 usw.), die die Dezimalbruchentwicklung (5,67 oder 3,8479) und die periodischen Zahlen 0,4444… oder 0,191919… lieferten. Diese Zahlen erlaubten ihnen zum Beispiel Größen zu messen, die größer als fünf, aber kleiner als sechs sind. Aber auch so waren sie nicht ausreichend.

Einige Schulen wie die der »Pythagoräer« (die sich in mystischer Form versprachen, das Wissen nicht weiterzugeben), behaupteten, alles sei messbar, und daher wurden sie fast verrückt, als sie die Hypotenuse eines rechtwinkligen Dreiecks, dessen Katheten die Länge eins hatten, nicht »richtig messen« konnten. Das heißt, es gab Größen, für die die Zahlen der Griechen nicht passten oder denen sie nicht entsprachen. Damals »entdeckte« man die irrationalen Zahlen ... oder es blieb ihnen nichts anderes übrig, als ihre Existenz zu akzeptieren.

Das Interesse der Griechen für die Zahlen als Werkzeuge und ihre Betonung der Geometrie erhoben die Mathematik zum Studium der Zahlen *und auch der Formen*. Hier taucht etwas Neues auf. Hier beginnt die Expansion der Mathematik, die nicht mehr aufzuhalten sein wird.

Tatsächlich geschah es durch die Griechen, dass die Mathematik sich in ein Gebiet der Forschung verwandelte und nicht mehr nur eine reine Sammlung von Techniken zur Messung und Zählung war. Sie betrachteten sie als ein interessantes Objekt der intellektuellen Bildung, das ebenso ästhetische wie religiöse Elemente umfasste.

Und es war ein Grieche, Thales von Milet, der die Vorstellung einführte, dass die Aussagen, die man in der Mathematik machte, durch logische und formale Argumente bewiesen werden konnten. Diese Innovation im Denken markierte *den Beginn der Lehrsätze*, Säulen der Mathematik.

Sehr kurz zusammengefasst, könnten wir sagen, dass die neuartige Annäherung der Griechen an die Mathematik in der Publikation des berühmten Buches »Die Elemente« von Euklid kulminiert, in etwa der Text mit der größten Verbreitung auf der Welt nach der Bibel. Zu seiner Zeit war dieses Mathematikbuch so populär wie die Lehren Gottes. Und da die Bibel die Zahl π (Pi) nicht erklären konnte, »wies« sie ihr den Wert 3 »zu«.

Wenn wir mit diesem Bild der Geschichte fortfahren, ist es bemerkenswert, dass es nicht allzu viele Veränderungen in der Entwicklung der Mathematik bis Mitte des 17. Jahrhunderts gab, als gleichzeitig in England und in Deutschland Newton auf der einen Seite und Leibniz auf der anderen den sogenannten CALCULUS »erfanden«.

Der Calculus (die Infinitesimalrechnung) eröffnete eine ganze Welt neuer Möglichkeiten, da sie die Erforschung von Bewegung und Veränderung erlaubte. Bis dahin war die Mathematik eine starre und statische Sache gewesen. Mit ihnen erschien der Begriff des »Grenzwerts«: die Vorstellung oder das Konzept, dass man sich beliebig an etwas annähern kann, ohne es jedoch jemals zu erreichen. So »explodieren« die Differential- und die Infinitesimalrechnung usw.

Mit dem Aufkommen der Infinitesimalrechnung befreit sich die Mathematik, die dazu verdammt schien, zu rechnen, zu messen, Formen zu beschreiben, statische Objekte zu untersuchen, von ihren Fesseln und beginnt »sich zu bewegen«.

Und mit dieser *neuen Mathematik* waren die Wissenschaftler besser dazu in der Lage, die Bewegungen der Planeten, die Expansion der Gase, den Fluss der Flüssigkeiten, den Fall der Körper, die physikalischen Kräfte, den Magnetismus, die Elektrizität, das Wachstum der Pflanzen und Tiere, die Ausbreitung der Epidemien usw. zu studieren.

Nach Newton und Leibniz verwandelte sich die Mathematik in das Studium der Zahlen, der Formen, der Bewegung, der Veränderung und des Raumes.

Der größte Teil der ursprünglichen Arbeit, die die Infinitesimalrechnung einbezog, richtete sich auf die physikalische Forschung. Tatsächlich waren viele der großen Mathematiker der Epoche auch bemerkenswerte Physiker. In dieser Zeit gab es keine so scharfe Trennung zwischen den verschiedenen Disziplinen wie heute. Das Wissen war nicht so umfassend, und eine einzige Person konnte Künstler, Mathematiker, Physiker und anderes mehr sein, wie es unter anderem Leonardo da Vinci oder Michelangelo waren.

Ab der Hälfte des 18. Jahrhunderts begann das Interesse für die Mathematik als Studienobjekt. Mit anderen Worten, man fing nicht mehr nur wegen ihrer möglichen Anwendungen an, Mathematik zu studieren, sondern wegen der Herausforderungen, die die enormen durch die Infinitesimalrechnung eingeführten Möglichkeiten erahnen ließen.

Gegen Ende des 19. Jahrhunderts hatte sich die Mathematik in das Studium der Zahl, der Form, der Bewegung, der Veränderung, des Raumes und auch der mathematischen Werkzeuge verwandelt, die man für diese Forschung benötigte.

Die Explosion der mathematischen Aktivität, die in diesem Jahrhundert stattfand, war beeindruckend. Um den Beginn des Jahres 1900 hätte das mathematische Wissen der ganzen Welt in eine 80-bändige Enzyklopädie gepasst. Stellten wir heute dieselbe Rechnung auf, sprächen wir von mehr als hunderttausend Bänden.

Die Entwicklung der Mathematik schließt zahlreiche neue Zweige mit ein. Irgendwann gab es zwölf Zweige, unter denen sich die Arithmetik, die Geometrie, die Infinitesimalrechnung usw. fanden. Nach dem, was wir »Explosion« nennen, kamen ungefähr 60 oder 70 Kategorien auf, in die sich die verschiedenen Gebiete der

Mathematik aufteilen lassen. Mehr noch: Einige – wie die Algebra oder die Topologie – haben sich in vielfältige Unterzweige aufgegliedert.

Auf der anderen Seite gibt es vollkommen neue Forschungsobjekte neueren Erscheinungsdatums, wie die Komplexitätstheorie oder die Theorie der dynamischen Systeme.

Aufgrund dieses gewaltigen Wachstums der mathematischen Aktivität könnte man als Reduktionist getadelt werden, wenn man auf die Frage »Was ist Mathematik?« antworten würde: »Mathematik ist das, was die Mathematiker tun, um ihren Lebensunterhalt zu verdienen.«

Erst vor ungefähr zwanzig Jahren entstand der Vorschlag einer Definition der Mathematik, der einen ziemlich breiten Konsens unter den Mathematikern fand – und noch findet: *»Die Mathematik ist die Wissenschaft der ›patterns‹«* (oder *Muster*).

Im Allgemeinen kann man sagen, dass der Mathematiker nichts anderes macht, als abstrakte »patterns« zu untersuchen. Das heißt, Besonderheiten zu suchen, Dinge, die sich wiederholen, nummerische Muster in Form, Bewegung, Verhalten usw. Diese »patterns« können ebenso real wie imaginär sein, visuell oder mental, statisch oder dynamisch, qualitativ oder quantitativ, rein utilitaristisch oder nicht. Sie können aus der Welt auftauchen, die uns umgibt, aus den Tiefen des Raumes und der Zeit oder aus den internen Diskussionen des Geistes.

Wie man sieht, ist es zu diesem Zeitpunkt des 21. Jahrhunderts zumindest ein ernst zu nehmendes Informationsproblem, die Frage *Was ist Mathematik?* mit einem simplen »Sie ist das Studium der Zahlen« zu beantworten. Die größere Verantwortung dafür haben nicht diejenigen, die dies denken, sondern wir, die wir auf dieser anderen Seite bleiben und etwas genießen, das wir nicht zu teilen vermögen.

Universität Cambridge

Lesen Sie diese Botschaft:

Ncah einer Sutide einer egnlichsen Uivernstiät ist die Riheenolfge, in der die Bhcubstaen gbieehcsrn snid, nhcit withicg, das ezniig wchtgie ist, dsas der estre und der lttzee Bstacuhbe an der rgihctien Slelte sheten. Der Rset knan toatl vrekerht sein und toertzdm knan man es onhe Plrbomee lseen. Das ist der Flal, weil wir nhcit jdeen Bstacuhben für scih lseen, snodren das Wrot als gnzaes. Mir pönrlesich ehesrcint deis uubcgnliah …

Man könnte jetzt annehmen, dass das nur auf Deutsch so ist, doch der folgende Absatz zeigt etwas anderes:

Aoccdrnig to a rscheearch at Cmabrigde Uinervtisy, it deosn't mttaer in waht oredr the ltteers in a wrod are, the olny iprmoatnt tihng is taht the frist and lsat ltteer be at the rghit pclae. The rset can be a total mses and you can sitll raed it wouthit porbelm. Tihs is bcuseae the huamn mnid deos not raed ervey lteter by istlef, but the wrod as a wlohe. Amznaig huh?

Meine Verarbeitungskapazität ist hier völlig überfordert. Wie funktioniert das Gehirn? Wie viel liest man wirklich wörtlich, und wie sehr antizipiert man, was es heißen müsste?

Ich erinnere mich an eine Anekdote mit einer Gruppe von Freunden, die vielleicht ebenfalls als Beispiel dient, dass man in Wahrheit auch das, was einem gesagt wird, nicht in seiner Gesamtheit hört, sondern in seiner Fantasie »das, was da kommen wird, vervollständigt«. Und das kann natürlich eine Menge Probleme mit sich bringen.

Um das Jahr 2001 waren wir, eine Gruppe von Freunden, in der Taverne von David (eine italienische Taverne im Herzen von Buenos Aires), wobei es unvermeidlich war, dass wir auf das Thema Fußball zu sprechen kamen, zumal Carlos Griguol, Víctor Marchesini, Carlos Aimar, Luis Bonini, Miguel »Tití« Fernández, Fernando Pacini, Javier Castrilli und der Inhaber der Taverne selbst, Antonio Laregina, mit am Tisch saßen.

Irgendwann stand Tití auf, um auf die Toilette zu gehen. Als er außer Hörweite war, sagte ich zu den anderen, dass sie dem Dialog, den wir mit Tití führen würden, sobald er an den Tisch zurückkäme, aufmerksam zuhören sollten, denn ich wollte allen (und mir selbst) beweisen, was ich zuvor geschrieben hatte: Man hört nicht immer alles. In jedem Fall erahnt man, was der andere sagen wird, schaltet den Geist auf Fernbedienung und zieht sich zurück, um darüber nachzudenken, wie man weitermacht, oder über etwas anderes.

Als Tití zum Tisch zurückkam, fragte ich ihn:

»Sag mal, hast du zu Hause nicht noch die Reportage, die wir über Menotti gemacht haben, damals, in der Zeit von *Sport 80*?«[40]

---

40 Dies muss ungefähr fünfundzwanzig Jahre vor dem Dialog gewesen sein.

»Ja«, antwortete Tití. »Ich glaube, ich habe noch einige Kassetten bei mir zu Hause …« (Und er dachte darüber nach.)

»Tu mir einen Gefallen«, sagte ich zu ihm. »Warum bringst du sie mir nicht in der nächsten Woche mit? *Ich höre sie mir an, lösche sie und gebe sie dir nie mehr wieder.*«

»Ist gut, Adrián«, sagte er ohne größere Bestürzung. »Aber mach mir keinen Druck. Ich weiß, dass ich sie habe, aber ich erinnere mich nicht genau, wo. Sobald ich sie finde, bringe ich sie dir mit.«

➜ **Fazit:** Angesichts des allgemeinen Gelächters verstand Tití immer noch nicht, was geschehen war. Er war in Wirklichkeit nur ein »Versuchskaninchen« für das Experiment gewesen. Ich glaube, dass wir uns oft nicht darauf konzentrieren zuzuhören, weil wir bereits »vermuten«, was der andere sagen wird. Das Gehirn benutzt diese Zeit, diesen »Augenblick«, um an etwas anderes zu denken, aber natürlich begeht es manchmal einen Irrtum.

Tastatur QWERTY

Die Schreibmaschine mit der Tastatur, die wir derzeit auf den Computern benutzen, erschien zum ersten Mal für den massenhaften Gebrauch im Jahr 1872. Aber tatsächlich erhielt der Ingenieur Christopher L. Sholes 1868 das erste nordamerikanische Patent für eine Schreibmaschine. Sholes war in Milwaukee geboren, einer Stadt im Staat Wisconsin nahe dem Michigansee, ungefähr 150 Kilometer nordwestlich von Chicago.

Als die ersten Maschinen auf dem Markt erschienen, bemerkte man einen Nachteil: Die Maschinenschreiber schrieben schneller, als es der Mechanismus erlaubte, sodass die Tasten irgendwann anfingen zu klemmen und es unmöglich machten, schnell zu tippen.

Daher nahm sich Sholes vor, eine Tastatur zu entwerfen, die die »Typisten« ein wenig »bremste«. Und so erschien das überaus bekannte *qwerty* auf der Bildfläche oder, anders gesagt, die Tastatur mit der so skurrilen Verteilung, die es noch heute gibt.

Wenn Sholes nur darauf aus gewesen wäre, die *Typisten* zu bremsen, hätte er vielleicht auch die Tasten, die die Buchstaben »A« und »S« aktivieren, an entgegengesetzten Stellen der Tastatur anbringen können. Tatsächlich wollte man, indem man Buchstabenpaare, die oftmals *zusammen* erschienen, wie »sh«, »ck«, »th«, »pr« (natürlich immer im Englischen), an auseinander liegende Punkte setzte, vermeiden, dass sie sich »zusammenklumpten« und die Maschine »blockierte« oder sie den Mechanismus *blockierten*.

Im Jahr 1873 interessierten sich Remington & Sons, die bis dahin Gewehre und Nähmaschinen produziert hatten, für die Erfindung von Sholes und begannen massenhaft Schreibmaschinen mit »langsamer« Tastatur herzustellen.

Wie die exzellente Wissenschaftsjournalistin und studierte Biologin Carina Maguregui bemerkte, blieb den Maschinenschreibern nichts anderes übrig, als die neue Technik zu erlernen; die Schulen mussten damit unterrichten, und als Mark Twain sich eine Remington kaufte, war der »Knoten« für immer gelöst.

Unabhängig von den Versuchen, die seit über 80 Jahren

unternommen werden, könnte man die Tastatur nie mehr ändern. Und so geht es uns bis heute: genau wie vor 132 Jahren.

Die Ausnahme, die die Regel bestätigt

Eine wunderbare Sache, die die Gewohnheit bringt: Man gebraucht einen Satz, glaubt ihn, wiederholt ihn, hört ihn (wenn ein anderer ihn sagt), und daraufhin verwandelt er sich in so etwas wie eine Wahrheit, die keine Diskussion erlaubt.

Jedoch ist *die Ausnahme, die die Regel bestätigt*, ein Satz, der uns beunruhigen müsste. Zumindest ein bisschen. Und wir sollten uns diesbezüglich einige Fragen stellen:

Wie kann es sein, dass man eine Regel hat, die Ausnahmen besitzt?

Was heißt es dann, eine Regel zu haben?

Und was bedeutet es, dass eine Ausnahme ... *nicht weniger als* ... eine Regel *bestätigt*?

Wie Sie sehen, könnte es mit den Fragen so weitergehen, aber an dieser Stelle ist es mir wichtig, ein Logikproblem zu diskutieren. Und dann festzustellen, woher dieses semantische Problem kam.

Erste Beobachtung: Eine Regel sollte etwas sein, das in einem bestimmten Zusammenhang Gültigkeit hat. Es ist ein Prinzip, das eine »Wahrheit« etabliert. Es würde den Rahmen dieses Buches sprengen, zu diskutieren, wozu man Regeln braucht und wer bestimmt, was eine Regel »ist« oder »nicht ist«. Aber ich glaube, dass wir alle darin übereinstimmen, dass eine

Regel etwas ist, deren Gültigkeit man *akzeptiert* oder *beweist*.

Also: Was würde besagen, dass eine *Regel Ausnahmen beinhaltet*? Eine Ausnahme müsste etwas sein, das *die Regel nicht erfüllt (auch wenn sie es müsste)*. Aber die elementarste Logik zwingt einen, sich zu fragen: Wie kann ich wissen, ob dies oder jenes eine Ausnahme oder der Regel zu unterwerfen ist, wenn ich ein Objekt oder ein Beispiel habe, um sie anzuwenden?

Um es anhand eines Beispiels auszudrücken: Wenn man sagt »*Alle natürlichen Zahlen sind größer als sieben*« und beansprucht, dass dies eine Regel sei, *weiß man auch*, dass dies nicht *für alle möglichen Fälle* wahr ist. Mehr noch: Man kann eine Liste der Zahlen erstellen, *die die Regel nicht erfüllen*:

$$(1, 2, 3, 4, 5, 6, 7) \qquad\qquad (*)$$

Diese sieben Zahlen *sind nicht größer als sieben*. Auf jeden Fall *sind sie Ausnahmen* der Regel. Und wenn man uns irgendeine Zahl geben würde, könnten wir feststellen, auch wenn wir sie nicht *sähen*, dass die Zahl größer ist als sieben, *außer es ist eine derjenigen, die in (*) erscheinen*.

Das Gute an dieser Regel ist, dass wir, wenngleich sie Ausnahmen hat, wissen, *welche die Ausnahmen sind, denn es gibt eine Liste dieser Ausnahmen*. Dann kann man seinen Frieden mit dieser Regel schließen, denn wenn man mir irgendeine Zahl gibt, stelle ich sie der *Liste* der Ausnahmen gegenüber, und wenn ich sie dort nicht finde, *habe ich die Gewissheit, dass sie größer als sieben ist*.

Niemandem würde es einfallen zu sagen, dass eine Zahl, die man mir gegeben hat, zum Beispiel die Vier – *die die Regel nicht erfüllt* –, die Ausnahme ist, die die Regel bestätigt.

Die Regeln erlauben Ausnahmen, natürlich. Aber dann muss es zusammen mit dem Text der Regel ein *Addendum* oder einen Anhang geben, wo die Ausnahmen aufgeschrieben sind. Dann muss das Objekt in der Tat entweder unter den Ausnahmen sein oder die Regel erfüllen, wenn jegliche Möglichkeit gegeben ist, ihm die Regel gegenüberzustellen.

Keinen Sinn hätte dagegen Folgendes:

»Man hat mir diese natürliche Zahl gegeben.«

»Pass auf, dann ist sie größer als sieben.«

»Nein, man hat mir die Vier gegeben.«

»Dann ist dies eine Ausnahme, die die Regel bestätigt.«

Dieses Gespräch würde als ein »verrückter« Dialog angesehen werden. Und das zu Recht.

Ein weiteres Beispiel könnte sein: »Alle Frauen heißen Alicia.« Das ist die Regel. Dann kommt eine Frau, und man braucht sie nicht zu fragen, wie sie heißt, weil die Regel besagt, dass *sie alle Alicia heißen*. Sie aber behauptet, ihr Name sei Carmen. Als wir ihr erzählen, dass eine Regel existiert, dass *alle Frauen Alicia heißen*, antwortet sie, sie sei eine Ausnahme, die *die Regel bestätige*. Natürlich würde auch dieser letzte Dialog als »verrückt« betrachtet werden.

Die Schlussfolgerung aus diesem ersten Teil ist, dass das Problem nicht darin besteht zu akzeptieren, dass eine Regel Ausnahmen haben kann, aber diese Ausnahmen müssen an derselben Stelle niedergelegt sein, an der die Regel erscheint.

Gehen wir einen Schritt weiter. Der lateinische Satz

exceptio probat regulam in casibus non exceptis

heißt übersetzt: »Die Ausnahme bestätigt, dass die Regel in nicht ausgeschlossenen Fällen gilt.« ... Und ich kann mit dieser Definition leben. Aber natürlich ist mir klar, dass es dann keinen Sinn machte, Regeln aufzustellen, denn in dem Moment, in dem wir eine anwendeten, wüssten wir nicht, ob wir sie in unserem Fall heranziehen können oder ob es sich um einen der ausgeschlossenen Fälle handelt.

Wenn man schließlich nach dem Ursprung dieses Problems forscht (das nicht nur im Deutschen oder Spanischen, sondern auch in anderen Sprachen wie im Englischen zu Hause ist, nur um ein Beispiel zu nennen), führt die Spur zurück ins antike Griechenland. Ein Mann (in dieser Epoche waren alle Wissenschaftler oder Weise, sodass das, was ich schreibe, niemanden erstaunen sollte) saß an seiner Haustür, mit einem Schild in der Hand, das besagte: »Ich habe eine Regel. Ich bin bereit, sie ›zu testen‹, ›sie auf die Probe zu stellen‹.« Mehr noch: Dieser Mann *forderte* denjenigen *heraus*, der *seine Regel* in Frage stellte, ihm irgendeine *potenzielle Ausnahme* zu nennen. Er war bereit, *den Feind zu bezwingen und ihm zu zeigen, dass es keine Ausnahmen gab. Dass die Regel »eine Regel war«.*

In der Folge behauptete ein anderer (der dort vorbeikam), dass er eine »Ausnahme« hätte, und forderte den anderen heraus. Wenn die »Ausnahme« bestehen blieb, nachdem die Regel getestet wurde, dann *gab es keine Regel.* Wenn hingegen nach Ablauf der Probe *die Regel weiterhin gültig blieb*, dann war die besagte Ausnahme … keine Ausnahme.

Tatsächlich besteht das Problem darin, dass das Verb BESTÄTIGEN falsch übersetzt ist. Was man sagen wollte, ist, dass die besagte Ausnahme *die Regel auf die Probe stellte. Die Regel bestätigen* bedeutet, dass *die vermeintliche Ausnahme keine solche war.*

Wir haben im Laufe der Zeit in aller Naivität akzeptiert, dass eine Regel Ausnahmen haben kann (was an und für sich nicht schlecht wäre, vorausgesetzt, dass sie an irgendeiner Stelle »aufgelistet« sind), und stellen uns nicht die Frage nach der Gültigkeit des Anfangssatzes.

Fragen, die einem Mathematiker gestellt werden (da man keine Vorstellung davon hat, was er tut und warum er es tut)

Wie ich oben schon schrieb, antwortet die große Mehrheit der Leute auf die Frage »Was macht ein Mathematiker?« oder »Was ist Mathematik?«: Ist es die Wissenschaft der Zahlen? (Denn sie sind sich nicht sicher, ob das, was sie sagen, richtig oder falsch ist.)

Noch schlimmer: Es ist das einzige mir bekannte Beispiel, dass *die Eltern* der Kinder, die in die Schule gehen, die Tendenz haben, als logisch zu akzeptieren, dass ihre Kinder resigniert hinnehmen, dass sie »nichts von Mathematik« verstehen, da sie selbst Probleme damit hatten. Wie könnte man sie daher nicht verstehen? Aber nicht nur das: Ich kenne kein anderes Beispiel, dass die Leute *sich damit brüsten*, dass sie keine Ahnung haben. Als ob sie es auskosten würden, dass es so ist; als ob sie

es genießen würden. Kennen Sie irgendein anderes Beispiel, dass jemand fast mit *Stolz* sagt: »Davon *verstehe
ich nichts*«?

Sehen wir uns nun einige Fragen an, die man (uns) Mathematikern stellt:

- Was arbeitest du?
- Wofür braucht man das, was du tust?
- Wirst du dafür bezahlt, was du tust?
- 132 mal 1.525. Du bist doch in so was schnell … Wie
  viel macht das?
- Benutzt man die Logarithmen noch?
- Stimmt es, dass man jemandem gemäß der Reihen-
  folge der Buchstaben seines Namens die Zukunft
  vorhersagen kann?
- Welche Zahl kommt nach dreieinhalb?
- Wie viel ist Pi?
- Bringst du mir das mit der Oberfläche bei?
- Ergibt drei geteilt durch null eins, null oder drei?
- Bringen »Palindrome« Glück?
- Hast du Donald im Land der Mathemagie gesehen?
- Gibt es etwas in der Mathematik, das hilft, Mädchen
  zu erobern?
- Wenn es null Grad hat, hat man dann keine Tempe-
  ratur?
- Kennst du diesen Taschenrechner?
- Nützt die Mathematik beim Roulette?
- Hast du viel lernen müssen?
- Du bist intelligent, oder?
- Wie liest man diese Zahl:
  27398393030303938737363535353533222?
- Wieso hast du dir die Mathematik ausgesucht?

Kurz und gut: Die Liste könnte so weitergehen, und ich bin sicher, dass derjenige, der bis hierher gekommen ist, noch viele weitere Fragen stellen könnte. Das Entmutigende ist, dass wir, die wir die *Verpflichtung* haben müssten, die Mathematik angemessen zu kommunizieren, in der Lage von *permanenten Schuldnern* sind, weil wir das Ziel nicht erreichen: die Schönheit zu zeigen, die ihr innewohnt. Glauben Sie mir: Es sind weder die Schüler noch die Eltern. Wir sind es, die Lehrer.

Wahlen: Sind sie wirklich die gerechteste Art der Entscheidung?

Was ich Ihnen hier erzählen werde, soll Sie zum Nachdenken darüber bringen, ob etwas, das man für selbstverständlich hält (nämlich, dass eine Abstimmung die gerechteste Art der Wahl ist), *tatsächlich* selbstverständlich ist.

Nehmen wir an, dass der Präsident eines Landes gewählt werden soll (das Gleiche gilt übrigens, wenn mehrere Tortenarten zur Wahl stehen). Ohne jeden Zweifel ist die Art, die alle für die gerechteste halten, eine Abstimmung. Und so sollte es sein. Auf alle Fälle gibt es einige Menschen (nicht notwendigerweise Antidemokraten … warten Sie kurz, bevor Sie sie kritisieren), die andere Vorstellungen haben. Wenn man die Situation von einem mathematischen Standpunkt aus betrachtet, kann man auf einige Hindernisse stoßen. Sehen wir uns die Sache an.

Laut dem Mathematiker Donald Saari (der unlängst ein wichtiges Wahlergebnis hinsichtlich der Wahltheorie prüfte) ist es möglich, durch das Votum jegliches Wahlergebnis, das man möchte, zu erzeugen. Das heißt, *den*

Willen des Volkes so zu verzerren, bis er damit überein-stimmt, was man will. Auch wenn man es nicht glauben mag. Man muss lediglich wissen, was die Bevölkerung oder die potenziellen Wähler ungefähr denken (was man heutzutage durch Befragungen mit sehr niedrigem Fehlerniveau erreichen kann). Dann ist es möglich, »Formeln« zu schaffen, sodass die Entscheidung der Wähler *beeinflusst wird, bis man erreicht, dass sie für das stimmen, was man will,* auch wenn sie glauben, frei zu wählen. Der Schlüssel ist, dass diejenigen an der Macht sind, die die »Mehrheit« beherrschen.

Sehen wir uns ein Beispiel an. Wir werden es mit einer begrenzten Anzahl von Wählern (30) und wenigen Kandidaten (3) durchführen. Aber die Vorstellung, die man aufgrund dieses Beispiels gewinnt, reicht aus, um auf andere Fälle zu schließen. Nehmen wir also an, dass es 30 Wähler gibt und 3 Kandidaten zur Wahl stehen: A, B und C. Ich werde eine Notation benutzen, um zu kennzeichnen, dass die Wähler den Kandidaten A dem Kandidaten B vorziehen. Das heißt, wenn wir schreiben A > B, bedeutet dies, dass die Bevölkerung, wenn sie *zwischen A und B* wählen soll, A wählen würde. Wenn wir auf der anderen Seite A > B > C angeben würden, bedeutet dies, dass, wenn sie vor der Wahl zwischen A und B stünde, A vorziehen würde und von C und B lieber B wählen würde. Aber es besagt auch, dass sie A nehmen würde, wenn sie sich zwischen A und C entscheiden müsste. Kommen wir zu unserem Beispiel:

10 Wähler wollen A > B > C.
10 Wähler bevorzugen B > C > A.
10 Wähler würden wählen C > A > B. (*)

Diese Wählerverteilung hätten wir, wenn sie zwischen diesen drei Kandidaten entscheiden müssten. Gehen wir nun davon aus, dass man zuerst zwischen zwei Kandidaten wählen muss und der Gewinner dann mit dem dritten konkurriert, der noch nicht teilgenommen hat. Und nehmen wir an, dass wir C zum Präsidenten machen wollen. Zuerst lassen wir B gegen A antreten. Wenn wir auf die Auflistung auf Seite 236 (*) blicken, sehen wir, dass A mit 20 Stimmen gewinnen würde, wenn die Leute zwischen A und B wählen müssten. Dann lassen wir den Gewinner (A) gegen denjenigen, der bleibt (C), antreten, und wenn wir wieder auf das Diagramm (*) blicken, gewinnt C (er wird ebenfalls 20 Stimmen erhalten). Und damit erreichen wir das Ergebnis, das wir haben wollten.

Zieht man es zum Beispiel vor, dass A Präsident wird, lassen wir zuerst B auf C »treffen«. Dann gewinnt B. Der Gewinner, B, tritt dann gegen A an, und wir wissen, dass A gegen ihn gewinnen wird (in Übereinstimmung mit *). Und er wird Präsident. Will man hingegen, dass B die Präsidentschaft übernimmt, lässt man A gegen C kämpfen, und wenn wir wieder auf die Liste von (*) blicken, erkennen wir, dass C gewinnen würde. Dieser Gewinner, C, tritt in den Wettbewerb mit B, und in diesem Fall würde B gewinnen. Und wir haben unseren Auftrag erfüllt.

Es lohnt sich anzumerken, dass in jeder Wahl der *Gewinner* 66 % der Stimmen erhält, worauf die Leute sagen würden, dass es ein »Erdrutschsieg« war. Niemand würde den Gewinner oder die Methode in Frage stellen.

Das Ergebnis von Saari ist noch interessanter, weil er sagt, dass er dazu in der Lage sei, noch unglaublichere

Szenarien mit mehr Kandidaten zu »erfinden«, bei denen zum Beispiel *alle* A gegenüber B vorziehen, er aber erreicht, dass B der Gewinner ist. Die Arbeit des Mathematikers erschien in einem Artikel mit dem Titel »Eine chaotische Erkundung von Aggregationsparadoxen« oder »A Chaotic Exploration of Aggregation Paradoxes«, erschienen im März 1995 in der SIAM Review, das heißt durch die Society for Industrial and Applied Mathematics (Gesellschaft für Industrielle und Angewandte Mathematik).[41]

Der ethische Eid

Jedes Mal, wenn an der Fakultät für Mathematik und Naturwissenschaften der Universität von Buenos Aires ein Student sein Studium abschließt, muss er vor seinen Altersgenossen und dem Dekan der Fakultät einen Eid ablegen. Im Allgemeinen schwört man bei Gott und dem Vaterland; bei Gott, dem Vaterland und den Heiligen Evangelien; nur bei Ehre und Vaterland. Der Varianten sind da viele, aber im Wesentlichen sind dies die wichtigsten.

Jedoch organisiert seit dem Jahr 1988 eine Gruppe von Studenten, die von Guillermo A. Lemarchand koordiniert und durch die Behörden dieser Hochschule sowie Studentenvertretung unterstützt wird, an der Fakultät für Mathematik und Naturwissenschaften der Universität von Buenos Aires, das Internationale Symposium

---

41 Dieser Artikel entstammt der Internetseite der American Mathematical Society und wurde von Allyn Jackson verfasst.

über »Die Wissenschaftler, den Frieden und die Abrüstung«.

Als der Kalte Krieg in voller Blüte stand, debattierte man über die soziale Rolle, die die Wissenschaftler ausüben müssen, und ihre Verantwortung als Erzeuger von Wissen, das am Ende die Menschheit in Gefahr bringen könnte. Als Ergebnis dieses Kongresses erarbeitete man eine Schwurformel für die Graduierung – ähnlich wie der hippokratische Eid der Mediziner –, durch die sich die Studienabgänger der Fakultät für Mathematik und Naturwissenschaften verpflichten, ihr Wissen zugunsten des Friedens einzusetzen. Dieser Eid wird freiwillig abgelegt – glücklicherweise sprechen sich fast 90 % der Graduierten dafür aus –, und sein Text wurde folgendermaßen formuliert:

In der Erkenntnis, dass die Wissenschaft und insbesondere ihre Ergebnisse der Gesellschaft und dem Menschen Schaden bringen können, wenn sie sich außerhalb ethischer Kontrolle befinden: Schwört ihr, dass die wissenschaftliche Forschung und Technologie, die ihr entwickelt, zum Wohle der Menschheit und zugunsten des Friedens sein werden, dass ihr euch fest dazu verpflichtet, dass eure Leistung als Wissenschaftler niemals Zwecken dienen wird, die die Menschenwürde verletzen, indem ihr euch von euren Überzeugungen und persönlichen Glaubenssätzen leiten lasst, gegründet auf wirklichem Wissen der Gegebenheiten, die euch umgeben, und der möglichen Folgen der Ergebnisse, die sich aus eurer Arbeit ableiten lassen, wobei ihr weder Lohn noch Prestige den Vorrang gebt, noch euch den Interessen von Arbeitgebern oder politischen Führern unterordnet?

Wenn ihr euch nicht daran haltet, so soll euer Gewissen es einfordern.

Ich glaube, dass der Text für sich spricht. Aber mehr als ein symbolischer Eid ist er eine Einstellung gegenüber dem Leben. Da ich diese Einstellung begrüße, wollte ich sie hier in diesem Buch mitteilen und sie denjenigen Universitäten ans Herz legen, die keine Schwurformel wie die vorangegangene besitzen.

Wie man eine Prüfung abnimmt

Seit vielen Jahren stelle ich mir eine Frage: Ist das argentinische Prüfungssystem sinnvoll? Oder zumindest: Ist die Art der Prüfungen, die heutzutage fast auf der ganzen Welt Anwendung findet, angebracht? (Ich beziehe mich insbesondere auf die Prüfungen in den Grundschulen und Gymnasien.)

Ich weiß, dass das, was ich schreiben werde, eine provokative Seite hat und viele Lehrende (und viele nicht Lehrende auch) nicht damit einverstanden sein werden. Aber egal. Ich möchte nur die Aufmerksamkeit auf bestimmte Punkte lenken, die es sich meiner Meinung nach zu untersuchen lohnt. Und zu diskutieren. Ich glaube, das 21. Jahrhundert wird Zeuge eines strukturellen Wandels auf diesem Gebiet sein. Die Studenten werden ein anderes Gewicht haben. Die Beziehung Lehrer–Schüler *muss* sich ändern. Und die Systeme der Bewertung ebenfalls. Die *Art* der Prüfung, die wir kennen, bei der ein Lehrer sich eine Reihe von Problemen ausdenkt und der Schüler eine bestimmte Zeit zur Verfügung hat, um sie zu beantworten, hat eine perverse Komponente, die schwer zu verbergen ist: Einer Person, allgemein einem Lehrer, ist eine Gruppe von Jugendlichen oder Kindern ausgeliefert, und auf subtile Weise missbraucht er seine Macht. Der Lehrer ist derjenige, der alle Regeln festlegt, und seine Entscheidungen sind – fast – unanfechtbar. Dies ist ein Spiel zwischen *ungleich* starken Partnern. Die Jugendlichen sind üblicherweise diesem Herrn/dieser Dame ausgeliefert, der/die sich entschieden hat, die Aufgabe in seine/ihre Hand zu nehmen, sie zu »prüfen«. Nichts weniger.

Bis vor relativ kurzer Zeit benutzten die Lehrerinnen Lineale, um den Kindern auf die Knöchel oder die Hände zu schlagen, sie banden den Kleinen den linken Arm fest, um sie dazu zu bringen, mit rechts zu schreiben und »normal« zu werden, man durfte keinen Kugelschreiber benutzen, kein Löschpapier, weder radieren noch durchstreichen noch Löcher in der Mappe haben usw. Man hielt die Kinder dazu an, auswendig zu lernen, und belohnt wurde derjenige, der ein gutes Gedächtnis hatte und in allem die beste Note bekam. Man stellte ihn als Beispiel eines besseren Menschen dar, weil er als besserer Schüler erschien. In einigen Jahren werden wir zurückblicken und uns genauso beschämt wiederfinden wie diejenigen, die sich in den vorangegangenen Beispielen wiedererkennen.

Die Prüfung aus der Sicht eines Schülers

Der Lehrer übernimmt als eine seiner Aufgaben zu überprüfen, ob die Schüler gelernt, sich vorbereitet, verstanden und Zeit und Mühe verwendet haben … eben ob sie etwas wissen. Aber im Allgemeinen klammern sie eine sehr wichtige Frage aus, die sie sich selbst stellen sollten: Haben sie vorher deren Interesse geweckt?

Wer hat Lust, seine Zeit, seine Energie und Mühe auf etwas zu verwenden, das ihn nicht interessiert? Verstehen wir Lehrer es, Neugier zu wecken? Wer hat uns darauf vorbereitet? Wer hat uns gelehrt und lehrt uns, die Lust am Lernen zu schaffen? Wer bemüht sich darum, die Vorlieben und Neigungen der Jugendlichen zu erforschen, um ihnen dabei zu helfen, sich dort zu entwickeln?

Machen Sie die Probe: Nehmen Sie ein Kind von drei Jahren und erzählen Sie ihm, wie ein Kind gezeugt wird. Es ist sehr wahrscheinlich, dass das Kind Ihnen zuhört, wenn Sie einen guten Draht zu ihm haben, aber dann auf und davon läuft, um etwas anderes zu spielen. Wenn Sie dagegen die gleichen Betrachtungen vor einem Kind von sechs oder sieben Jahren anstellen, werden Sie sehen, dass das Interesse und die Aufmerksamkeit ganz anders sind. Warum? Weil Sie ihm dabei helfen, die Antwort auf eine Frage zu finden, die es sich bereits selbst gestellt hat. Das größte Problem *der Erziehung in den unteren Klassen ist, dass die Lehrenden Antworten auf Fragen geben, die die Kinder sich gar nicht gestellt haben*; dies aushalten zu müssen, ist ganz entschieden langweilig. Warum versuchen sie es nicht umgekehrt? Kann jeder Lehrer erklären, warum er lehrt, was er lehrt? Kann er erklären, wozu das, was er sagt, gut ist? Ist er dazu in der Lage, den Ursprung des Problems zu erzählen, das zu der Lösung führte, die wir nach seinem Willen lernen sollen?

Wer hat gesagt, dass die Aufgabe des Lehrers nur darin besteht, Antworten zu geben? *Das Erste, was ein guter*

Lehrer tun müsste: versuchen, Fragen entstehen zu lassen.
Würden Sie sich hinsetzen, um Antworten auf Fragen zu
hören, die Sie sich nicht gestellt haben? Würden Sie das
gerne tun? Wären Sie mit Interesse dabei? Wie viel Zeit
würden Sie darauf verwenden? Warum würden Sie das
tun? Um es zu Ende zu bringen, aus Gründen der Höf-
lichkeit und des Respekts, weil Ihnen nichts anderes
übrig bleibt, weil Sie dazu verpflichtet sind, aber Sie würden versuchen, dem so schnell wie möglich zu entkommen. Die Jugendlichen oder Kinder können das nicht.
Wenn man hingegen jemandes Neugier zu erwecken vermag, wenn man die richtige Saite in ihm berührt, wird
der Jugendliche sich auf die Suche nach der Antwort begeben, weil es ihn interessiert, sie zu finden. Er wird sie
allein finden, er wird einen Schulkameraden danach fragen, den Vater, den Lehrer, in einem Buch danach suchen, was weiß ich. Irgendetwas wird er tun, weil er
durch sein eigenes Interesse dazu angetrieben wird.
Aus der Sicht eines Schülers könnte man die Situation
folgendermaßen zusammenfassen: »Warum muss ich zu
dem Zeitpunkt kommen, den man mir vorschreibt, an
das denken, was mir angeschafft wird, warum darf ich
nicht anschauen, was andere dazu geschrieben und veröffentlicht haben, nicht mit meinen Kameraden diskutieren; warum muss ich feste Zeiten einhalten, warum
darf ich nicht aufs Klo gehen, wenn ich muss, nicht essen, wenn ich Hunger habe, oder etwas trinken, wenn
ich Durst habe? Und zu allem Überfluss kann es sein,
dass man mich mit Fragen überrascht, ohne mir vorher
die Zeit gegeben zu haben, sie zu entwickeln.«
Alles zusammengenommen, ist das nicht Mitleid erre-
gend? Es ist wahrscheinlich, dass es etlichen Schülern

niemals gelingt, die Aufgaben, die sie in einer Prüfung vor sich haben, zu lösen, aber nicht, weil sie die Lösung nicht kennen, sondern weil sie es nicht schaffen, all die Hürden zu überwinden, die vorher auf sie zukommen.

Seit 1993 machen wir unsere Erfahrungen mit dem Mathematikwettbewerb, der den Namen meines Vaters trägt. Die Schüler aus dem ganzen Land, die antreten, um die Prüfung abzulegen, können sich dafür entscheiden, sich als Paar eintragen zu lassen. Das heißt: Wenn sie wollen, können sie sie einzeln machen, aber wenn nicht, können sie einen Kameraden oder eine Kameradin wählen, um gemeinsam über die Probleme nachzudenken, sich jemanden suchen, mit dem man über die Aufgaben diskutieren und polemisieren kann. Ist diese Methode dem wirklichen Leben nicht ähnlicher? Reden wir nicht immer vollmundig davon, dass wir uns bemühen, Gruppenarbeit, die bibliografische Recherche, die Rücksprache mit anderen Spezialisten, die Diskussionen in Foren, Debatten … im alltäglichen Leben zu fördern? Warum versuchen wir nicht, diese Situationen im Unterricht nachzuahmen?

In der Grundschule oder auf dem Gymnasium, wo die Lehrer täglich mit den Schülern in Kontakt kommen – wenn die interaktive Beziehung Lehrer–Schüler als solche effektiv funktionieren würde –, verstehe ich die Überraschungsprüfungen nicht. Genügt diese monatelange Beziehung nicht, um herauszufinden, wer etwas verstanden hat und wer nicht? Braucht man es als didaktische Methode, ihnen den Ball zuzuwerfen, um ihre Reaktion zu testen? Diese Prüfungssysteme haben eine starke Misstrauenskomponente. Es wirkt so, als hegte der Lehrer den Verdacht, dass der Schüler nicht gelernt hat, nichts weiß oder abschreiben wird, und ihn in dieser Hinsicht entlarven möchte. Und hier beginnt der Kampf. Ein fruchtloser und unverständlicher Kampf, der eine äußerst kuriose Entzweiung aufweist: Niemand würde gegen jemanden kämpfen, der ihm hilft, oder versuchen, ihn zu täuschen. Vielleicht kommt es zu diesem Problem erst, weil es dem Schüler nicht gelingt zu erkennen, dass der Beziehung diese Bedingungen zugrunde liegen, und da wir, die wir auf dieser Seite stehen, die größere Verantwortung haben, gibt es keinen Zweifel darüber, dass wir es sind, die sich ändern müssen.

Mein Vorschlag ist nicht, »nicht zu prüfen«. Es ist offensichtlich, dass man in jeder Stufe der Ausbildung, wenn man vorwärtskommen will – auf irgendeine Art –, beweisen muss, dass man das weiß, was man wissen soll. Das steht nicht zur Debatte. Nur in der Methodik weiche ich ab; mir widerstrebt dieser »Typ« Prüfung, weil für mich nicht klar ist, dass sie bemisst, was sie zu bemessen behauptet.

Eines ist meiner Meinung nach jedoch sicher – wie ich weiter oben bereits geschrieben habe: dass es in diesem Jahrhundert in dieser Hinsicht viele Veränderungen geben wird. Doch wir müssen einmal damit anfangen. Und eine gute Art ist es, bei sich selbst anzufangen, indem wir darüber diskutieren, warum wir lehren, was wir lehren, warum wir *dies* statt *jenes* unterrichten, wozu das, was wir lehren, gut ist, *welche Fragen das, was wir lehren, beantwortet,* und noch wichtiger: *Wer stellt diese Fragen – der Schüler oder der Lehrer?*

Wunderkinder

Was bedeutet es, ein »Wunderkind« zu sein? Welche Bedingungen muss man auf sich vereinigen? Muss man
schneller sein als seine Altersgenossen? Fortgeschritte-
ner, tiefgründiger, reifer? Oder früher das tun, was andere später oder nie tun?
Mir ist klar geworden, dass wir Menschen es brauchen,
in Kategorien und Schubladen zu denken. Das beruhigt
uns. Wenn ein Kind durchschnittlich mit sechs Jahren
in die Schule kommt, mit dreizehn ins Gymnasium und
an die Universität, wenn es schon wählen darf ... jegliche »Abweichung« vom Vorgegebenen unterscheidet
es, trennt es, »anormalisiert« es.
Auch mein Leben war anders, doch das wurde mir erst
nach einigen Jahren bewusst. Ich besuchte die erste
Klasse der Grundschule als »freier Schüler«, und dadurch
konnte ich das, was heute die zweite Klasse wäre, schon
im Alter von fünf Jahren beginnen. Als ich »die fünfte«
beendete, schlug man mich für die Aufnahme ins Colegio
Nacional von Buenos Aires vor. Ich bereitete mich vor,
doch dann ließ man mich die Prüfung nicht ablegen, weil
man sagte, ich sei zu klein: Ich war zehn Jahre alt. Während ich die sechste Klasse absolvierte, lernte ich dann
alle Fächer des ersten Jahres des Gymnasiums, um sie
wieder als »freier Schüler« abzulegen. Und ich schaffte
es. Daher begann ich mit elf Jahren das zweite Jahr. Und
während ich dann vormittags die fünfte Klasse absolvierte, besuchte ich abends den Aufnahmekurs für die exak-
ten Wissenschaften. Das heißt, ich stattete der Universität meinen ersten Besuch ab, als ich erst vierzehn Jahre
alt war. Ah, ich schloss mein Studium der Mathematik ab,

als ich neunzehn war, und ein wenig später machte ich den Doktor. Und außerdem studierte ich Klavier bei dem großen argentinischen Pianisten Antonio de Raco, der mich dazu brachte, den *Sturm* von Beethoven bei Radio Provincia zu spielen, als ich erst elf Jahre alt war. Dies ist die Geschichte. Nun einige Überlegungen. Für meine Umgebung gehörte ich zur Kategorie »Wunderkind«: Er ist ein Mathematikgenie! Er kann Logarithmen! (Was für eine Dummheit, mein Gott!) Du musst ihn hören, wenn er Klavier spielt! Ich, ein Wunderkind? Ich hatte keine Ahnung, was ich tat. Es kostete mich genauso viel Mühe, die Dinge zu erreichen, wie meine Kameraden. Es ist klar, dass ich diese Fähigkeiten an den Tag legte, aber es ist genauso klar, dass ich alle Voraussetzungen hatte, um sie zu entwickeln. In dem Zuhause, in das ich geboren wurde, mit den Eltern, die ich hatte – wie hätte ich mich nicht schneller entwickeln sollen, da ich praktisch keine Einschränkungen hatte? Von welchem Wunderkind erzählen sie mir? Ich verkenne die emotionalen Verwirrungen nicht, die es mit sich bringen kann, ältere Spielkameraden zu haben. Aber ist Reife nur eine chronologische Frage? Ich kann mich nicht daran erinnern, damit Probleme gehabt zu haben. Und ich wollte Fußball spielen. Und ich tat es.
Bis heute habe ich keine gute Definition dafür gefunden, was »Intelligenz« wirklich ist, aber es gibt eine starke Neigung unter den Menschen, sie als »ererbtes« oder »genetisch bedingtes« Gut zu betrachten. Und das führt zur ehrfürchtigen Betrachtung. Da sie nicht von einem abhängt, ist sie unerreichbar: »Es ist einem eben nicht in die Wiege gelegt.« Falsch! Ich bin dazu geneigt, die Umweltbedingungen zu schätzen, in dem ein Kind auf-

wächst. Alle Kinder kommen mit Fähigkeiten und Fertigkeiten auf die Welt. Das Problem liegt darin, die ökonomischen Mittel zu haben, die es gestatten, sie zu entdecken, und ein familiäres Umfeld, die sie stärkt und fördert. Und ich hatte sie, und das verwandelte mich nicht in ein Wunder-, sondern ein privilegiertes Kind.

Die Geschichte von den fünf Minuten und den fünf Jahren

Ein Mann arbeitete gerade in seiner Fabrik, als plötzlich eine der lebenswichtigen Maschinen für seine Produktionslinie stehen blieb. Der Mann, der an solcherlei Zwischenfälle gewöhnt war, versuchte zunächst, das Problem selbst zu lösen. Er überprüfte die Stromversorgung, das Öl, das er für die Maschine benutzte, und versuchte, den Motor per Hand zu starten. Nichts. Die Maschine funktionierte immer noch nicht.

Der Inhaber begann zu schwitzen. *Er war darauf angewiesen, dass die Maschine funktionierte.* Die gesamte Produktionslinie stand still, weil dieses mysteriöse Ding kaputt war.

Als bereits einige Stunden verstrichen waren und der Rest der Fabrik nur darauf wartete, was mit der Maschine geschah, beschloss der Inhaber, einen Spezialisten zu rufen. Er konnte nicht noch mehr Zeit verlieren. Er ließ einen Maschinenbauingenieur kommen, einen Experten für Motoren. Es stellte sich ein relativ junger Mann vor, oder jedenfalls war er jünger als der Inhaber selbst. Der Spezialist sah sich die Maschine eine Sekunde lang an, versuchte sie zu starten, doch es gelang ihm nicht. Aber

er hörte ein Geräusch, das ihm *etwas sagte,* und er öffnete das »Köfferchen«, das er mitgebracht hatte, nahm einen Schraubenzieher heraus, öffnete eine Schiebetür,
durch die man den Motor nicht sehen konnte, und steu-
erte auf eine bestimmte Stelle zu. Er wusste, was er
suchte: Er richtete ein paar Dinge und versuchte es erneut. Dieses Mal startete der Motor.

Der Inhaber atmete erleichtert auf. Nicht nur die Maschine, sondern die gesamte Fabrik war wieder im Einsatz. Er lud den Ingenieur ein, in sein privates Büro zu
kommen, und bot ihm einen Kaffee an. Sie sprachen
über verschiedene Themen, die jedoch immer um die
Fabrik und ihr Funktionieren kreisten. Bis der Moment
der Bezahlung kam.

»Was schulde ich Ihnen?«, fragte der Inhaber.

»Sie schulden mir 1.500 Dollar.«

Der Mann fiel beinahe vom Stuhl, als er die Summe vernahm.

»Wie viel sagen Sie? 1.500 Dollar?«

»Ja«, antwortete der junge Mann ungerührt und wieder-
holte: »1.500 Dollar.«

»Aber hören Sie mal«, rief der Inhaber. »Wie können
Sie 1.500 Dollar für eine Arbeit verlangen, die Sie gerade einmal fünf Minuten gekostet hat?«

»Nein, mein Herr«, fuhr der junge Mann fort. »Sie hat
mich fünf Minuten und fünf Jahre Studium gekostet.«[42]

42 Ein alternativer Ausgang ist folgender:
»Wie viel sagen Sie? 1.500 Dollar? Schicken Sie mir bitte eine detaillier-
te Rechnung.«
Der junge Mann schickt ihm eine Rechnung, die besagt:
»Kosten für die Auswechselung einer Schraube: 1 Dollar.
Kosten für das Wissen, welche Schraube zu wechseln ist: 1.499 Dollar.«
... Und der Inhaber zahlte ohne weitere Proteste.

Warum schrieb ich dieses Buch?

Es ist immer wieder die gleiche Geschichte. Egal wo, egal bei wem, egal wie, immer gibt es genügend Raum, dem Hass gegenüber der Mathematik Ausdruck zu verleihen. Aber warum? Warum erzeugt sie so viele feindliche Reaktionen? Warum hat sie so eine schlechte Presse?

Als Mathematiker stoße ich immer wieder auf die offensichtlichen Fragen: Wozu ist sie nützlich? Wie setzt man sie ein? ... und hier können Sie Ihre eigenen hinzufügen. Oder schlimmer noch: Kinder (und Eltern), die sagen: »Ich verstehe gar nichts«, »ich langweile mich«, »das da konnte ich noch nie« ... so ... »das da«. Die Mathematik ist eine Art »das da« oder vielleicht »diejenige«, die in den Schulen und Universitäten nicht gerade allgegenwärtig ist und sich als das universelle Folterinstrument präsentiert.

Die Mathematik ist ein Synonym für fast alle traurigen Momente unseres schulischen Wachstums. Sie ist ein Synonym für *Frustration*. Als wir klein waren, bewies nichts besser unsere Machtlosigkeit als ein Mathematikproblem. Ein wenig später, im Gymnasium, trifft man auf Probleme in der Physik oder Chemie, aber im Wesentlichen sind die größten Schwierigkeiten immer mit der Mathematik verbunden.

Ich kenne zwar die genauen Daten nicht, doch würde man *in allen Gymnasien* eine Untersuchung darüber anstellen, in wie vielen Fällen eins von zwei Fächern, in denen ein Schüler *zur Nachprüfung gehen muss (sei es im Dezember oder im März), Mathematik wäre* ... bin ich sicher, dass das Ergebnis überraschend wäre. In wie vielen? In 80 % der Fälle? Mehr? Ich würde wetten, dass es sich um diesen Wert bewegt.

Ein Student entdeckt schnell, dass die Geschichte etwas ist, das vergangen ist. Ob es ihm gefällt oder nicht, ob es ihn interessiert oder nicht, aber sie ist vergangen. Man kann die gegenwärtigen Tatsachen als eine Konsequenz der Vergangenheit analysieren. Ob der Student (oder Dozent) versteht, wofür es gut ist, sie zu studieren, oder nicht – er braucht sich jedenfalls nicht zu fragen, *was sie ist.*

In der Biologie ist es genauso: Die Pflanzen sind da, die Tiere auch, das Klonen steht in der Zeitung, und man hört von der DNS und der Entschlüsselung des menschlichen Erbguts im Fernsehen. Geografie, Buchführung, Grammatik, mutter- und fremdsprachlicher Unterricht ... alles erklärt sich selbst. Die Mathematik hat *keinen Anwalt, der sie verteidigt. Es gibt kein anderes Fach im Lehrplan, das sich mit ihr vergleichen ließe. Die Mathematik verliert immer.* Und da sie keine gute Presse hat, versteht man nicht mehr, warum man sie lernen soll. Wozu?

Sogar die Eltern der Jugendlichen sind einverstanden, weil sie ebenfalls schlechte Erfahrungen gemacht haben. Für mich gibt es daher nur einen logischen Schluss: Die schlimmsten Feinde der Mathematik sind wir Lehrenden selbst, weil es uns nicht gelingt, in den Jugendlichen, die wir vor uns haben, auch nur die geringste Neugier zu wecken, damit sie Freude an ihr finden können. Der Mathematik wohnt eine unendliche Schönheit inne, doch wenn die Menschen, die sie genießen sollen, sie nicht sehen können, liegt die Schuld bei dem, der sie darstellt.

Zu lehren, Freude an der Mathematik zu haben, zu denken, ein Problem zu haben, darin zu schwelgen, auch wenn man die Lösung nicht finden kann, schlicht eine Herausforderung zu haben – darin besteht die Aufgabe der Lehrenden. Und es handelt sich dabei nicht nur um ein *utilitaristisches* Problem. Ich spreche mich auch nicht dafür aus, dass man eine Liste von *potenziellen Anwendungen* machen soll, um das Publikum zu überzeugen. Nein. Ich spreche von der Magie, denken zu können, dem Zauber, das zu zeigen, was man nicht weiß, von der Herausforderung des Geistes.

Das ist es, was der Mathematik fehlt: Fürsprecher.

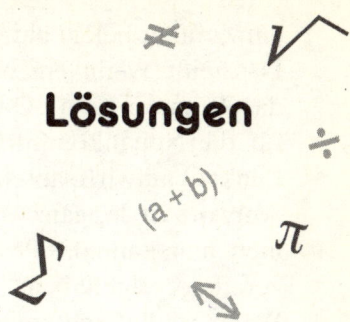

Lösungen

1. *Lösung zum Problem des Hotels Hilbert*

a) Wenn statt einer Person zwei kommen, muss der Portier denjenigen aus Zimmer 1 bitten, in die 3 zu gehen, derjenige aus der 2 muss in die 4, der aus der 3 in die 5, der aus der 4 in die 6 usw. Das heißt, er muss jeden darum bitten, *zwei Zimmer* weiterzugehen. Dadurch werden die ersten *beiden* Zimmer frei, in denen die beiden neu angekommenen Gäste untergebracht werden können.

b) Wenn statt zwei Reisenden hundert kommen, muss man Folgendes tun: dem Herrn aus dem Zimmer 1 sagen, dass er in die 101 gehen soll, der aus der 2 soll in die 102, der aus der 3 in die 103 usw. Das Prinzip ist, dass jeder *genau* 100 Zimmer weitergeht. Dadurch werden hundert Zimmer frei, die die hundert neu angekommenen Reisenden belegen.

c) Nach demselben Prinzip, nach dem wir die Punkte a) und b) gelöst haben, beantwortet sich diese Frage. Wenn diejenigen, die ankommen, *n* neue Reisende sind, besteht die Lösung darin, jeden Gast, der schon ein Zimmer belegt hat, *n* Zimmer weiterzuschicken. Das heißt: Wenn jemand im Zimmer x ist, muss er in das Zimmer (x + n). Dadurch werden *n* Zimmer frei für die Neuankömmlinge. Und um die Frage, die Punkt c) aufwirft, abschließend zu beantworten: Die Antwort ist Ja, ganz egal wie viele Personen kommen, man kann das Problem IMMER lösen, wie wir gerade gezeigt haben.

d) Wenn schließlich *unendlich viele* neue Reisende ankommen, was dann? Eine Möglichkeit ist, demjenigen aus Zimmer 1 zu sagen, er soll in die 2 gehen, dem aus der 2, er soll in die 4 gehen, dem aus der 3, er soll in die 6 gehen, dem aus der 4, er soll in die 8, dem aus der 5, er soll in die 10 usw. Das heißt, jeder geht in das Zimmer, das durch *das Doppelte* der Nummer, die er jetzt hat, gekennzeichnet ist. Auf diese Weise haben alle Neuankömmlinge ein Zimmer (nämlich die mit den *ungeraden* Nummern), während die Reisenden, die schon vor der Invasion der neuen Touristen da waren, sämtliche Zimmer mit den *geraden* Nummern belegen.

➜ **Fazit:** Die unendlichen Mengen besitzen sehr besondere Eigenschaften. Eine davon, die unter anderem der Intuition zuwiderläuft, ist, dass eine »kleinere« Teilmenge, die in einer Menge »enthalten ist«, die gleiche Anzahl an Elementen wie *das Ganze* beinhalten kann. Über dieses Thema sprechen wir noch ziemlich ausführlich im Kapitel über die *verschiedenen Arten von Unendlichkeiten.*

2. Lösung zum Problem 1 = 2

Der Rechengang ist einwandfrei, bis zu der Stelle, an der es heißt:
Klammert man den gemeinsamen Faktor in jedem Glied aus

$$2a\,(a\text{-}b) = a\,(a\text{-}b)$$

und kürzt auf beiden Seiten (a-b), erhält man:

$$2a = a.$$

Und an diesem Punkt möchte ich innehalten: Kann man kürzen? Untersuchen wir, was »kürzen« überhaupt bedeutet und ob man *immer* kürzen kann.
Zum Beispiel:
Angenommen, wir haben: $10 = 4 + 6$

$$2 \cdot 5 = 2 \cdot 2 + 2 \cdot 3$$
$$2 \cdot 5 = 2\,(2 + 3) \qquad\qquad (*)$$

In diesem Fall kommt die Zahl 2 in beiden Termen vor. Wenn man jetzt kürzt (das heißt, die Zahl 2, die als Faktor auf beiden Seiten vorkommt, sozusagen »loswird«), kommt sie nur noch in einem Term vor, und man erhält:

$$5 = (2 + 3) \qquad\qquad (**)$$

Wie man sieht, ist die Gleichung, die man in (*) hatte, auch in (**) gültig.
Allgemein heißt das:

$$a \cdot b = a \cdot c$$

Kann man *immer* kürzen? Das heißt, kann man immer den Faktor a eliminieren, der in beiden Gliedern erscheint? Ist die Gleichung b = c immer gültig, wenn man kürzt?

Denken Sie an folgenden Fall:

$$0 = 2 \cdot 0 = 3 \cdot 0 = 0 \qquad\qquad (***)$$

Da man also weiß, dass 0 = 0 und dass sowohl $2 \cdot 0$ als auch $3 \cdot 0$ null sind, folgt daraus die Gleichung (***). Dann könnte man bei der Gleichung

$$2 \cdot 0 = 3 \cdot 0$$

genauso verfahren wie oben im Fall mit der Zahl 2. Wenn man nun die Zahl 0 in jedem Glied »eliminiert« (denn in beiden ist sie als Faktor enthalten), müsste eigentlich gelten:

$$2 = 3,$$

was aber eindeutig falsch ist. Das Problem ist Folgendes: Damit man »eliminieren« oder »kürzen« kann, muss der Faktor, den man loswerden will, ungleich 0 sein. Das heißt, wir werden einmal mehr damit konfrontiert, dass man nicht *durch null teilen darf*.

Was sich aus der Schlussfolgerung 1 = 2 ergab, stellt sich jetzt als irrelevant heraus. Wenn man nämlich durch (a – b) dividieren will, das gleich null ist, stehen wir vor einem Problem, denn zu Beginn haben wir gesagt, dass a = b, und das heißt:

$$a - b = 0$$

3. Lösung zum Problem der potenziellen doppelten Zerlegung der Zahl 1.001

Die Zahl $1.001 = 7 \cdot 143 = 11 \cdot 91$

Dies scheint gegen die Gültigkeit des Fundamentalsatzes der Arithmetik zu verstoßen, weil es so aussieht, als ob die Zahl 1.001 *zwei Zerlegungen* hätte. Das Problem ist aber, dass weder 143 noch 91 Primzahlen sind.

$$143 = 11 \cdot 13$$

und

$$91 = 7 \cdot 13$$

Wir können also aufatmen. Der Satz ist immer noch quicklebendig.

4. Lösung zur Zuordnung der natürlichen Zahlen zu den positiven und negativen rationalen Zahlen

0/1 ordnen wir die 1 zu
1/1 ordnen wir die 2 zu
–1/1 ordnen wir die 3 zu
1/2 ordnen wir die 4 zu
–1/2 ordnen wir die 5 zu
2/2 ordnen wir die 7 zu
–2/2 ordnen wir die 8 zu
2/1 ordnen wir die 9 zu
–2/1 ordnen wir die 10 zu
3/1 ordnen wir die 11 zu
–3/1 ordnen wir die 12 zu

3/2 ordnen wir die 13 zu
–3/2 ordnen wir die 14 zu
3/3 ordnen wir die 15 zu
–3/3 ordnen wir die 16 zu
2/3 ordnen wir die 17 zu
–2/3 ordnen wir die 18 zu
1/3 ordnen wir die 19 zu
–1/3 ordnen wir die 20 zu
1/4 ordnen wir die 21 zu
–1/4 ordnen wir die 22 zu
2/4 ordnen wir die 23 zu
–2/4 ordnen wir die 24 zu
3/4 ordnen wir die 25 zu
–3/4 ordnen wir die 26 zu
4/4 ordnen wir die 27 zu ...

und so weiter.

5. Lösung zum Problem eines Punktes in einem Intervall

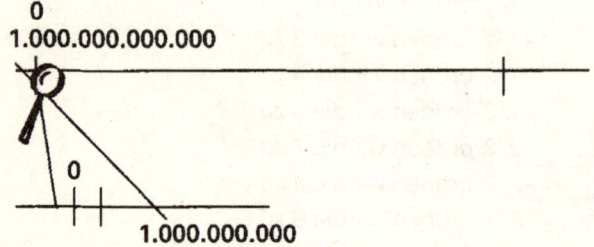

6. Lösung zm Problem der gezinkten Münze

Nehmen wir an, die Wahrscheinlichkeit, dass Kopf herauskommt, ist p, und die Wahrscheinlichkeit, dass Zahl herauskommt, q.

Bevor wir die Lösung niederschreiben, wollen wir analysieren, was geschehen würde, wenn wir diese Münze *zweimal hintereinander* in die Luft werfen würden. Welche Ergebnisse sind möglich?

1. Kopf–Kopf
2. Kopf–Zahl
3. Zahl–Kopf   (*)
4. Zahl–Zahl

Das heißt, es gibt vier mögliche Ergebnisse.

Wie hoch ist die Wahrscheinlichkeit, dass (1) (also Kopf–Kopf) herauskommt? Die Wahrscheinlichkeit ist gleich $p \cdot p = p^2$. Warum? Wir wissen bereits, dass die Wahrscheinlichkeit, dass Kopf beim ersten Mal herauskommt, p ist. Wenn wir die Prozedur jetzt wiederholen, ist die Wahrscheinlichkeit, dass *wieder* Kopf erscheint, immer noch p. Da wir die Münze *zweimal hintereinander* werfen, multiplizieren sich die Wahrscheinlichkeiten, und wir haben $(p \cdot p) = p^2$. (**)[43]

---

43 Wenn Sie tatsächlich von dieser Tatsache noch nicht überzeugt sind (ich beziehe mich darauf, dass man die Wahrscheinlichkeiten multiplizieren muss), denken Sie daran, dass die Wahrscheinlichkeit definiert ist als der Quotient aus den *günstigen Fällen* und den *möglichen Fällen*. Und im Fall des gleichen Ereignisses, das man zweimal wiederholt, berechnen sich dann die *günstigen* Fälle, *indem man die günstigen Fälle mit sich selbst multipliziert*. Und das Gleiche geschieht mit den *möglichen* Fällen, die man erhält, *indem man die möglichen Fälle ins Quadrat erhebt*.

Wenn das einmal klar ist, wollen wir die Wahrscheinlichkeit berechnen, dass sich jeder der Fälle ereignet, die auf der Liste (*) erscheinen:

a) Wahrscheinlichkeit, dass Kopf–Kopf herauskommt = p^2

b) Wahrscheinlichkeit, dass Kopf–Zahl herauskommt = $p \cdot q$

c) Wahrscheinlichkeit, dass Zahl–Kopf herauskommt = $q \cdot p$

d) Wahrscheinlichkeit, dass Zahl–Zahl herauskommt = q^2

Wenn Sie also diese letzte »kleine Tabelle« ansehen – fällt Ihnen nicht ein, was man tun müsste?

Der richtige Weg, um bei einer gezinkten Münze zwischen zwei Alternativen zu entscheiden, ist folgender: die *Münze zweimal zu werfen und jeden Teilnehmer zu bitten, die Wahl zu treffen, entweder Kopf–Zahl oder Zahl–Kopf.* Wie man an dieser letzten Liste sieht, sind die Wahrscheinlichkeiten dieselben: Eine ist $p \cdot q$, die andere $q \cdot p$. Aber wenn Kopf–Zahl herauskommt, gewinnt der eine. Und wenn Zahl–Kopf kommt, gewinnt der andere.

Die Frage, die man noch stellen muss: Was passiert, wenn Kopf–Kopf oder Zahl–Zahl herauskommt? In diesem Fall muss man die Münze wieder zweimal werfen, bis die Entscheidung fällt.

7. Laterales Denken

LÖSUNG ZUM AUFZUG-PROBLEM

Offensichtlich leidet der besagte Herr an Zwergwuchs. Deshalb kann er nicht bis zu seiner Wohnung mit dem Aufzug fahren: Der Mann kommt mit seinen Händen nicht bis zum Knopf zum zehnten Stock.

LÖSUNG ZUM PROBLEM DER BAR

Der Mann hat Schluckauf. Der Barmann erschreckt ihn, und dies genügt, um das Problem zu beseitigen. Daher dankt ihm der Mann und geht.

LÖSUNG ZUM PROBLEM DES »GEHÄNGTEN«

Der Mann hat sich aufgehängt, nachdem er auf einen riesigen Eisblock geklettert ist, der dann offensichtlich geschmolzen ist.
Manchmal erscheint dieses Problem mit einem Zusatz: Auf dem Boden erschien eine Wasserlache, oder aber der Boden war nass oder feucht.

LÖSUNG ZUM PROBLEM DES »TOTEN« AUF DEM FELD

Der Mann sprang aus einem Flugzeug mit einem Fallschirm, der nicht aufging. Neben ihm liegt das »ungeöffnete« Paket.

LÖSUNG ZUM PROBLEM DES ARMS, DER MIT DER POST KAM

Drei Männer saßen auf einer einsamen Insel fest. In verzweifeltem Hunger beschlossen sie, sich jeweils den linken Arm zu amputieren, um ihn zu essen. Sie schworen einander, dass jeder erlauben würde, ihm den Arm abzuschneiden. Einer von ihnen war Arzt, und so war er es, der seinen beiden Kameraden den Arm abschnitt. Als sie jedoch deren Arme aufgegessen hatten, wurden sie gerettet. Aber da der Schwur immer noch gültig war, ließ sich der Arzt den Arm amputieren und schickte ihn seinen beiden Kollegen bei der Expedition.

Lösung zum Problem des Mannes, der das Essen probiert und sich erschiesst

Die Sache ist die, dass beide Personen mit einem Schiff, in dem die beiden sowie der Sohn von einem von ihnen fuhren, Schiffbruch erlitten hatten. Bei dem Unglück starb der Sohn. Als der Vater nun im Restaurant das Gericht probierte, das sie bestellt hatten (Albatros), merkte er, dass er diesen Geschmack noch nie gekostet hatte, und fand heraus, was geschehen war: Er hatte das Fleisch seines Sohnes gegessen und nicht das des Tieres (Albatros), wie man ihm immer glauben machen wollte.

Lösung zum Problem des Mannes, der herausfand, dass seine Frau gestorben war, als er die Treppe herunterging

Der Mann ging eine Treppe in einem Gebäude herunter, in dem sich ein Krankenhaus befand. Während er dies tat, fiel der Strom aus, und er wusste, dass es keinen Stromgenerator gab. Seine Frau hing an einem Gerät zur künstlichen Beatmung, das Strom benötigte, um sie am Leben zu halten. Sobald er merkte, dass der Strom ausgefallen war, implizierte dies zwangsläufig den Tod seiner Frau.

Lösung zum Problem der Frau, die starb, als die Musik ausging

Die Frau war eine Seiltänzerin im Zirkus, die auf einem sehr stark gespannten Seil balancierte, das zwei Pfosten mit einer Kabine in jeder Ecke verband. Wenn die Frau mit einem Stab in ihren Händen und verbundenen Augen auf dem Seil war, hielt der Dirigent die Musik an als Zeichen dafür, dass sie am Ziel war. Einmal erkrankte der Dirigent und wurde durch einen anderen vertreten, der den Hinweis nicht kannte. Das Orchester verstummte vorher. Die Frau glaubte in Sicherheit zu sein und machte eine unerwartete Bewegung. Sie fiel und starb, als die Musik anhielt.

Lösung zum Problem der Schwester, die die andere tötet

Sie waren die beiden Letzten, die als Repräsentanten der Familie verblieben waren. Eine der Schwestern hatte sich auf den ersten Blick in diesen Mann verliebt und wusste nicht, wie sie ihn wieder treffen könnte. Es war jedoch offensichtlich, dass er jemanden aus der Familie kannte; deshalb war er zum Begräbnis der Mutter gekommen. Daher war die einzige Methode, ihn wiederzusehen, ein neues Begräbnis. Und aus diesem Grund tötet sie die Schwester.

8. *Lösung zum Problem der drei Lichtschalter*

Man muss Folgendes tun: Man stellt einen Lichtschalter (egal welchen) auf die Position »ein« und wartet fünfzehn Minuten (nur um eine Vorstellung zu haben, nicht, dass es so lange sein muss). Sobald die Zeit um ist, stellt man den Schalter, den man betätigt hatte, auf die Position »aus« und schaltet einen der anderen beiden ein. In diesem Moment geht man in das Zimmer.

Wenn das Licht brennt, weiß man, dass der Schalter, den man suchte, derjenige ist, den man als Zweites betätigte.

Wenn das Licht aus ist, aber die Lampe warm, bedeutet dies, dass der Schalter, der das Licht betätigt, der erste ist – den, den man fünfzehn Minuten in der Position »an« gelassen hatte (daher wollten wir eine bestimmte Zeit … damit die Birne ihre Temperatur erhöht).

Wenn schließlich die Glühbirne aus ist und man außerdem bei Berührung keinen Temperaturunterschied zur Umgebung bemerkt, bedeutet dies, dass der Schalter, der das Licht betätigt, der dritte ist – der, den man nie berührt hatte.

9. Lösung zum Problem der 128 Teilnehmer an einem Tennisturnier

Man gerät in Versuchung, die Zahl der Teilnehmer durch zwei zu teilen, womit 64 Matches für die erste Runde bleiben. Da die Hälfte von ihnen ausscheidet, bleiben nach diesen 64 Matches 64 Wettbewerber. Dann teilen wir diese wieder durch zwei, und wir haben 32 Matches. Und so weiter. Das Ergebnis wäre, dass man die Menge der Matches summieren muss, bis man zum Endspiel kommt.

Aber ich schlage Ihnen vor, das Problem auf andere Art anzugehen. Da es 128 Teilnehmer gibt, muss man ein Match verlieren, um auszuscheiden. Nur eins. Aber man muss es verlieren. Wenn es daher 128 Teilnehmer zu Beginn des Turniers gibt und am Ende einer übrig bleibt (der Sieger, der der *Einzige ist, der keines der Matches, die er gespielt hat, verloren hat*), bedeutet dies, dass die verbleibenden 127 *genau ein Match* verloren haben müssen, um auszuscheiden. Und da es jedes Mal *genau einen Gewinner und einen Verlierer* gibt, mussten *127 Matches* ausgetragen werden, damit alle ausscheiden und nur einer übrig bleibt: *der Einzige, der immer gewonnen hat.*

➜ **Fazit:** Es wurden genau 127 Matches gespielt.

Wenn wir die Rechnung auf die andere Weise gemacht hatten, wäre das Ergebnis (natürlich) dasselbe: 64 Matches in der ersten Runde, 32 danach, 16 im Sechzehntelfinale, 8 im Achtelfinale, 4 im Viertelfinale, zwei im Halbfinale und eines im Finale. Wenn man all diese Matches addiert:

$$64 + 32 + 16 + 8 + 4 + 2 + 1 = 127$$

Im Falle, dass es nur 128 Teilnehmer sind, ist es leicht zu addieren oder die Rechnung aufzustellen. Aber die vorhergehende Idee würde auch dann ihre Dienste tun, wenn es 1.024 Teilnehmer gegeben hätte. Die Zahl der zu spielenden Matches wäre dann 1.023.

10. *Lösung zum Problem in der Bar*

Jede Person kam mit 10 Pesos in der Tasche. Sie mussten die Rechnung von 25 Pesos bezahlen. Jeder legte seine 10 Pesos hin, und der Kellner nahm die 30 Pesos mit.

Als er wiederkam, brachte er 5 Scheine zu je einem Peso zurück. Jeder der Tischgenossen nahm sich einen Schein, dem Kellner gaben sie *zwei*.

Da jeder 9 Pesos beisteuerte (den Schein von 10, den er abgegeben hat, abzüglich des Scheins von einem Peso, den man ihm zurückgab), haben sie insgesamt 27 Pesos bezahlt. Und dies ist genau, was die Rechnung (25 Pesos) plus das Trinkgeld (2 Pesos) ausmacht!

Es ist nicht korrekt zu sagen, dass jeder 9 Pesos bezahlt hat (also insgesamt 27) plus die zwei Pesos Trinkgeld für den Kellner (die zu den 27 hinzugezählt 29 ergeben), weil sich die Rechnung plus das Trinkgeld eigentlich auf 27 beläuft, also genau das, was sie zu dritt bezahlt haben.

Wenn man die 9 Pesos, die jeder beigesteuert hat, mit drei multiplizieren will, und auf die 27 Pesos kommt, dann *ist das Trinkgeld bereits in der Rechnung enthalten.*

11. *Lösung zum Problem der Vorfahren*

Die Argumentation berücksichtigt nicht, dass jeder Vorfahre eine Menge Kinder und Enkel (um nicht von Ur- und Ururenkeln zu sprechen) haben konnte (und de facto hatte).

Zum Beispiel teilen meine Schwester Laura und ich uns dieselben Vorfahren: Beide haben wir dieselben Eltern, dieselben Großeltern, dieselben Urgroßeltern usw. Wenn die Entfernung jedoch »ein wenig« größer wird, wenn man zum Beispiel einen Cousin nimmt, ändert sich die Sache: Meine Cousine Lili und ich haben nur sechs verschiedene Großeltern (und nicht acht, wie es bei einer anderen Person wäre, die weder Cousin/e noch Bruder/Schwester ist).

Es ist wahr, dass ich vor 250 Jahren mehr als tausend Vorfahren hatte, aber es ist auch wahr, dass ich sie mit vielen anderen Leuten teile, die ich nicht einmal kenne. Zum Beispiel (und ich bitte Sie, einen »Stammbaum« zu machen, auch wenn Sie die Namen Ihrer Vorfahren nicht kennen): Wenn irgendeine Person und Sie einen *gemeinsamen Urgroßvater* hatten, dann sind 128 von Ihren 1.024 Ahnen auch die Ahnen des anderen. Rechnen Sie nach und stellen Sie fest, dass Sie exakt 128 Vorfahren miteinander teilen.

Diese Lage reduziert die Zahl natürlich *ungemein*, weil sie bewirkt, dass zwei Personen, die sich nicht kennen, ungeheuer viele gemeinsame Ahnen haben. Ich sage es noch einmal: Setzen Sie sich mit Papier und Stift hin und machen Sie eine »kleine Zeichnung«, um sich davon zu überzeugen. Man müsste auch bedenken, dass die 1.024 Vorfahren, die wir vor 250 Jahren hatten, vielleicht *nicht alle verschiedene waren*.

12. *Lösung zum Problem von Monty Hall*

Zu Beginn, wenn der Teilnehmer seine erste Wahl trifft, hat er eine Trefferchance von 1 zu 3. Das heißt, die Wahrscheinlichkeit, dass er das Auto bekommt, beträgt ein Drittel. Wenngleich es redundant erscheint, ist diese Tatsache doch wichtig: Der Finalist hat eine Chance von 1 zu 3, das Richtige zu treffen, und *zwei*, sich zu irren. Was würden Sie in diesem Fall vorziehen? Zwei Tore zu haben oder nur eines? Natürlich würde man sich aussuchen, zwei zu haben und nicht eines. Wenn man sich dafür entschiede, nur eins zu haben, wäre man im Nachteil hinsichtlich der anderen beiden. Und wenn es einen anderen Teilnehmer gäbe und man ihn zwei aussuchen ließe, würden Sie sich im Nachteil fühlen. Wenn man diese Idee weiterspinnt, würde sich mit Sicherheit, wenn es einen anderen Teilnehmer gäbe, der die anderen zwei Tore für sich bekommen hat, hinter einem von ihnen eine Ziege befinden. Daher ist es keine Überraschung, dass der Moderator der Sendung ein Tor öffnet, hinter dem das Auto nicht ist.

Genau darin wurzelt der Grundgedanke des Problems. Es ist vorzuziehen, zwei Tore *zu haben* statt nur eines. Wenn man also die Möglichkeit bekommt zu tauschen, *sollte man es umgehend tun,* weil man die Chancen auf einen Treffer auf nicht weniger als das Doppelte erhöht. Denn man kann nicht ignorieren, dass das Problem mit drei Toren beginnt *und man eines von den dreien auswählt.*

Um uns noch gründlicher davon zu überzeugen (wenn es denn noch notwendig ist), betrachten wir nun ausführlich *alle Möglichkeiten.*

Dies sind die drei möglichen Konfigurationen:

	Tor 1	Tor 2	Tor 3
Position 1	Auto	Ziege	Ziege
Position 2	Ziege	Auto	Ziege
Position 3	Ziege	Ziege	Auto

Nehmen wir an, dass wir die Position 1 haben.

MÖGLICHKEIT 1: Sie wählen das Tor 1.
                Der Moderator öffnet die 2.

Wenn Sie tauschen, VERLIEREN SIE.
Wenn Sie dabei bleiben, GEWINNEN SIE.

Es ist klar, dass das Ergebnis das gleiche wäre, wenn der Moderator das Tor 3 geöffnet hätte.

MÖGLICHKEIT 2: Sie wählen das Tor 2.
                Der Moderator öffnet die 3.

Wenn Sie tauschen, GEWINNEN SIE.
Wenn Sie dabei bleiben, VERLIEREN SIE.

MÖGLICHKEIT 3: Sie wählen das Tor 3.
                Der Moderator öffnet die 2.

Wenn Sie tauschen, GEWINNEN SIE.
Wenn Sie dabei bleiben, VERLIEREN SIE.

Zusammengefasst GEWINNEN Sie in zwei Fällen, wenn Sie tauschen, und Sie GEWINNEN nur einmal, wenn Sie dabei bleiben. Das heißt, SIE GEWINNEN in doppelt so vielen Fällen, wenn Sie tauschen. Dies scheint der »Intuition« zu widersprechen oder »gegen die Intuition zu verstoßen«, müsste Sie aber überzeugen. Sollte das nicht der Fall sein, schlage ich Ihnen vor, sich eine Weile mit einem Stift in der Hand hinzusetzen.
In jedem Fall ist eine andere Art und Weise, darüber nachzudenken, folgende. Nehmen wir an, dass es statt drei Toren eine Million Tore gäbe, und man lässt Sie ein

einziges auswählen (wie vorher). Natürlich befindet sich, wie vorher, nur hinter einem ein Auto. Um es noch deutlicher zu machen, nehmen wir an, dass es zwei Konkurrenten gibt: Sie und einen anderen. Einen lässt man ein einziges Tor wählen, und dem anderen gibt man die 999.999 übrigen. Ich brauche Sie nicht zu fragen, ob es Ihnen nicht gefallen würde, die Chance zu haben, der andere zu sein, da die Antwort offensichtlich wäre. Der *andere* hat 999.999 mehr Möglichkeiten zu gewinnen. Jetzt nehmen wir an, dass der Moderator der Sendung, wenn ein Tor gewählt ist, 999.998 der Tore des *anderen öffnet*, hinter denen, wie er weiß, das Auto *nicht ist*, und Ihnen nun die Chance gibt, von neuem zu wählen. Bleiben Sie bei dem, für das Sie sich anfangs entschieden hatten, oder nehmen Sie das, das *der andere* hat? Ich glaube, dass man jetzt (hoffe ich) besser versteht, dass es günstig ist zu tauschen. Auf jeden Fall bitte ich Sie zu überlegen, was für ein Aufwand es wäre, die oben stehende Tabelle zu erstellen – aber statt mit drei mit einer Million Toren.

13. *Lösung zum Problem der »Gullydeckel«*

Da diese Deckel aus sehr schwerem Metall (Eisen) bestehen und sehr dick sind, könnte sich ein Mensch schwer verletzen, wenn er in das Loch fallen würde, das sie abdecken. Die einzige »regelmäßige geometrische Form«, die verhindert, dass der Deckel egal in welcher Position »fällt«, sieht so aus, dass der Deckel rund ist. Wenn er zum Beispiel quadratisch wäre, könnte man ihn drehen, bis er in der Diagonale ist, und in diesem Fall würde er leicht durch das Loch fallen. Folglich ist die Antwort, dass sie aus Gründen der Sicherheit und Einfachheit rund sind.

14. *Lösung zum Problem des Einstein-Rätsels*

Meine Idee war, mit einer Nummerierung zu arbeiten:

1	2	3	4	5	Rot
1	2	3	4	5	Blau
1	2	3	4	5	Grün
1	2	3	4	5	Gelb
1	2	3	4	5	Weiß
1	2	3	4	5	Hund
1	2	3	4	5	Katze
1	2	3	4	5	Vogel
1	2	3	4	5	Pferd
1	2	3	4	5	Fisch
1	2	3	4	5	Pall Mall
1	2	3	4	5	Marlboro
1	2	3	4	5	Dunhill
1	2	3	4	5	Rothmanns
1	2	3	4	5	Winfield
1	2	3	4	5	Bier
1	2	3	4	5	Wasser
1	2	3	4	5	Milch
1	2	3	4	5	Tee
1	2	3	4	5	Kaffee

So kann man jeder Bedingung Zahlen zuweisen. Zum Beispiel: Da der Däne Tee trinkt, kann er nicht in der Mitte wohnen (weil man in dem Haus in der Mitte Wasser trinkt). Dies bedeutet folglich, dass man die Nummer 3 beim Dänen ausstreichen muss (weil Haus 3 das in der Mitte ist). Da der Deutsche Rothmanns raucht, bedeutet dies, dass der Norweger nicht zu Rothmanns gehört (der Norweger und der Deutsche können nicht dasselbe rauchen).

Da gelb = Dunhill und blau = 2, ist blau verschieden von Dunhill, das heißt, Dunhill kann nicht 2 sein (und man muss sie ausstreichen). Da Winfield = Bier, ist folglich Winfield ungleich 3. Da grün = Kaffee, gehört grün demnach nicht zu 3. Da Norweger = 1 und blau = Norweger + 1 = 2 und außerdem Brite = rot, ist der Brite demnach nicht 2. Da Brite = rot und da wir gesehen haben, dass der Brite weder 1 noch 2 sein kann, kann rot nicht 1 sein und auch nicht 2. Da Schwede = Hund und Schwede ungleich 1, ist also der Hund ungleich 1. Da Däne = Tee und Däne ungleich 1, ist Tee demnach verschieden von 1. Da grün = Kaffee und da grün weder 2 noch 3 noch 5 sein kann, kann folglich Kaffee weder 2 noch 3 noch 5 sein. Da Norweger = 1 und blau = Norweger + 1, ist also blau = 2. Da Marlboro = Wasser + oder −1 und da Wasser nicht 3 sein kann, gilt daher:

1. Wenn Wasser = 1, dann Marlboro = 2
2. Wenn Wasser = 2, dann Marlboro = 1 oder 3
3. Wenn Wasser = 4, dann Marlboro = 5 oder 3
4. Wenn Wasser = 5, dann Marlboro = 4

Auf der anderen Seite weiß man, dass:

> grün kleiner ist als weiß
> grün = Kaffee
> Pall Mall = Vogel
> Winfield = Bier
> Marlboro = Wasser + oder −1
> Rot = Brite
> Schwede = Hund
> Däne = Tee
> Marlboro = Katze + oder −1
> Pferd = Dunhill + oder −1
> Deutscher = Rothmanns
> Gelb = Dunhill

Ich habe all diese Bedingungen in die Tabellen eingetragen, die weiter oben stehen, sodass man sie vergleichen kann. Zum Beispiel:

Brite = rot (Daher muss die Linie des Briten die gleiche sein wie die von rot. Wenn es etwas gibt, das eines nicht sein kann, dann kann es das andere auch nicht sein und umgekehrt.)

Eine Analyse ergibt, dass grün 4 oder 1 sein kann. Aber wenn grün = 4, ist zwingend, dass weiß = 5, da grün kleiner als weiß ist …, und aufgrund dessen ergibt sich, dass rot = 3 und gelb = 1 …, womit folgende Situation entsteht (die sich schließlich als die richtige herausstellen wird):

> Gelb = 1
> Blau = 2
> Rot = 3
> Grün = 4
> Weiß = 5

Eine weitere Analyse ergibt, dass Winfield 2 oder 5 sein kann. Wenn Winfield 2 ist: da Winfield = Bier, ist demnach Bier = 2, Tee = 5, Wasser = 1, aber die Hypothese 15 ergibt zwingend, dass Marlboro = Wasser + 1, weshalb Marlboro = 2.

Somit haben wir Winfield = 5, Bier = 5, Tee = 2. Aufgrund dessen muss Rothmanns = 4 sein, und dies impliziert, dass Pall Mall = 3, dann jedoch ergibt Pall Mall = 3 zwingend, dass Vogel = 3 und dann Pferd = 2 und demzufolge Schwede = 5. Von hier an entwirrt sich alles. Bis man zum endgültigen Ergebnis kommt:

Haus 1	Haus 2	Haus 3	Haus 4	Haus 5
gelb	blau	rot	grün	weiß
Katze	Pferd	Vogel	FISCH	Hund
Norweger	Däne	Brite	Deutscher	Schwede
Dunhill	Marlboro	Pall Mall	Rothmanns	Winfield
Wasser	Tee	Milch	Kaffee	Bier

15. Lösung zum Kerzen-Problem

Man nimmt eine Kerze und zündet sie *an beiden Enden* an. Gleichzeitig entflammt man die andere Kerze.

Wenn die erste Kerze schließlich verlischt, ist eine halbe Stunde vergangen. Das bedeutet, dass auch genau eine halbe Stunde bleibt, bis die zweite Kerze am Ende ausgeht. In diesem Moment entzündet man das andere Ende der zweiten Kerze.

In dem Augenblick, in dem diese zweite Kerze schließlich verlischt, sind genau fünfzehn Minuten vergangen, seit man mit der Prozedur begonnen hat.

16. *Lösung zum Problem der Hüte (1)*

Wie konnte C antworten, dass er einen weißen Hut hatte? C dachte im Stillen Folgendes. Er nahm an, dass er einen schwarzen Hut hatte. Und dann, mit der Begründung, die ich jetzt niederschreiben werde, merkte er, dass entweder A oder B *vor ihm die Farbe des Hutes hätten nennen können müssen*, wenn er einen schwarzen Hut aufhätte. Und wenn sie es nicht taten, dann muss der Hut, den er hat, weiß sein.

Seine Argumentationslinie war folgende: »Wenn ich einen schwarzen Hut habe, was geschah vorher? A konnte nicht antworten. Klar, A konnte nicht antworten, weil, als er sah, dass B einen weißen Hut hatte, es unerheblich gewesen wäre, dass ich (C) einen schwarzen hätte. Er (A) konnte nichts aus dieser Information schließen. Aber ... B schon! B bemerkte, dass A nicht antworten konnte, weil er sah, dass B einen weißen Hut hatte, denn sonst, wenn A gesehen hätte, dass *beide schwarze Hüte trugen*, hätte er gesagt, dass er einen weißen hatte. Aber er tat es nicht. Demnach musste A gesehen haben, dass B einen weißen trug. Aber B antwortete auch nicht! Auch er konnte nicht antworten.« Das heißt, B sah, dass C keinen schwarzen Hut trug.

Schlussfolgerung: Wenn C einen schwarzen Hut gehabt hätte, hätten A oder B *vorher in der Lage sein müssen zu antworten*. Keiner der beiden konnte es, beide mussten passen, weil C einen weißen Hut hatte.

17. *Lösung zum Problem der Hüte (2)*

Was muss man tun, um die Strategie der 50 % zu verbessern? Man tut Folgendes: Welche möglichen Verteilungen der Hüte gibt es? Tragen wir die acht Fälle in Spalten ein *(rechnen Sie nach, um sich davon zu überzeugen, dass es nur acht mögliche Alternativen gibt)*:

A	B	C	
weiß	weiß	weiß	
weiß	weiß	schwarz	
weiß	schwarz	weiß	
weiß	schwarz	schwarz	(*)
schwarz	weiß	weiß	
schwarz	weiß	schwarz	
schwarz	schwarz	weiß	
schwarz	schwarz	schwarz	

Die Strategie, die die drei aufstellen, ist folgende: »Wenn der Direktor einen von uns nach der Farbe des Hutes fragt, sehen wir die Hutfarben der anderen beiden an. Wenn sie die gleiche ist, nehmen wir das Gegenteil. Wenn sie verschieden sind, passen wir.«
Sehen wir uns an, was mit dieser Strategie geschieht. Dafür bitte ich Sie, dass wir die Tabelle in (*) analysieren.

	A	B	C	
1.	weiß	weiß	weiß	
2.	weiß	weiß	schwarz	
3.	weiß	schwarz	weiß	
4.	weiß	schwarz	schwarz	(*)
5.	schwarz	weiß	weiß	
6.	schwarz	weiß	schwarz	
7.	schwarz	schwarz	weiß	
8.	schwarz	schwarz	schwarz	

Schauen wir, bei welchen der acht Möglichkeiten die Antwort die Freiheit bringt (das heißt mindestens eine richtige und *keine falsche*). Im Fall (1) sagt A, wenn er zwei Hüte mit gleicher Farbe sieht (weiß in diesem Fall), schwarz. Und sie verlieren. Dies ist eine *Verlierer*option. Im Fall (2) passt A, wenn er verschiedene Farben erblickt. B, wenn er verschiedene erkennt, passt ebenfalls. Aber C, da er sieht, dass A und B weiße Hüte haben, sagt *schwarz, und sie gewinnen.* Dies ist die *Gewinner*option. Im Fall (3) sieht A verschiedene Farben und passt. B hat zwei gleiche Farben vor sich (weiß bei A und C), daher nimmt er das Gegenteil und *gewinnt.* Dies ist eine *Gewinner*option. Im Fall (4) wählt A, wenn er gleichfarbige Hüte sieht (schwarz und schwarz), das Gegenteil und *gewinnt auch.* Dies ist eine *Gewinner*option. Jetzt, glaube ich, kann ich schneller vorgehen: Im Fall (5) *gewinnt* A, weil er schwarz sagt, und die anderen beiden *passen.* Dies ist eine *Gewinner*option. Im Fall (6) *passt* A, aber B sagt weiß (da er sieht, dass A und C schwarz haben). Und dies ist *auch eine Gewinneroption.*

Im Fall (7) *passt* A, B *passt auch,* und C sagt weiß und *gewinnt,* denn sowohl A als auch B haben dieselbe Farbe. Dies ist eine *Gewinner*option. Schließlich der Fall (8): A *verliert,* weil er sieht, dass B und C dieselbe Hutfarbe haben (schwarz), und er das Gegenteil wählt (weiß) und damit *verliert.* Dies ist eine *Verlierer*option.

Wenn man sich die Aufstellung der acht möglichen Fälle ansieht, erlaubt die Strategie, *in sechs Fällen das Richtige zu treffen.* Daher ist die Erfolgswahrscheinlichkeit 3/4, um die 75 %, was die ursprüngliche Strategie deutlich verbessert.

18. Lösung zum Problem der interplanetaren Botschaft

K	repräsentiert	+ (Summe)
L	"	= (Gleichheit)
M	"	– (Minus)
N	"	0 (Null)
P	"	x (Produkt)
Q	"	÷ (Division)
R	"	hoch … nehmen (Potenz)
S	"	100 (hundert)
T	"	1.000 (tausend)
U	"	0,1 (ein Zehntel)
V	"	0,01 (ein Hundertstel)
W	"	, (Komma oder Dezimalzahl)
Y	"	ungefähr gleich
Z	"	π
A	"	Zahl 1
B	"	Zahl 2
C	"	Zahl 3
D	"	Zahl 4
E	"	Zahl 5
F	"	Zahl 6
G	"	Zahl 7
H	"	Zahl 8
I	"	Zahl 9
J	"	Zahl 10

Botschaft: $(4/3) \pi (0{,}0092)^3$

In diesem Fall ist die Botschaft in einem Code verfasst, der von dem Wesen, das sie lesen wird, nur erwartet, dass es »intelligent« genug ist, um die zugrunde liegende Logik zu verstehen. Das heißt: Wer sie liest, braucht keinen Buchstaben, keine Zahl, kein Symbol zu kennen. Sie wurden benutzt, damit derjenige, der die Botschaft verfasste, sie bequem schreiben konnte, aber man hätte auch jegliche andere Symbolik nehmen können.

Nachdem dies einmal geklärt ist, lautet die Botschaft:

$$(4/3)\, \pi\, (0{,}0092)^3$$

Was man hier hinzufügen muss: Das Volumen einer Sphäre ist $(4/3)\, \pi r^3$, wobei r der Radius der Sphäre ist. Und die Gültigkeit dieser Formel ist unabhängig davon, wer sie liest. Außerdem wird die Konstante π oder Pi benutzt, deren Gültigkeit auch nicht von der Schrift abhängt, sondern eine Konstante ist, die sich aus dem Quotienten aus Umfang und Durchmesser eines Kreises ergibt.

Doch: Was bedeutet 0,0092?

Das Ziel dieser Botschaft ist, demjenigen, der sie liest, mitzuteilen, dass sie von der Erde aus gesandt wurde. Wie könnte man ihm diese Botschaft vermitteln? Die Erde hat einen Durchmesser von ungefähr 12.750 Kilometern. Doch sobald diese Zahl auftaucht (sei es in Meilen oder dem Äquivalent in Kilometern), stellt sich ein Problem, denn derjenige, der sie liest, verfügt nicht über die Konvention, was eine Meile oder ein Kilometer oder was auch immer ist. Man musste ihm etwas mitteilen, ohne dabei ein Maß zu verwenden. Wie geht das?

Dann überlegen Sie: Wenn jemand einem anderen Wesen den Durchmesser der Erde oder der Sonne mitteilen will, muss er eine Maßeinheit verwenden. Wenn es ihm hingegen nur wichtig ist, ihm von dem Verhältnis zwischen beiden zu berichten, genügt es, ihm zu sagen, was der Quotient aus beiden ist. Und *diese Zahl ist in der Tat eine Konstante*, unabhängig von der Einheit, die man benutzt, um sie zu messen.

Genau das ist es, was die Botschaft tut: Sie nimmt den Durchmesser der Erde und teilt ihn durch den Durchmesser der Sonne (1.392.000 Kilometer). (Es handelt sich natürlich bei allen um ungefähre Angaben.) Dieser Quotient beträgt ca. 0,0092, die Zahl, die in der Botschaft auftaucht (tatsächlich ist der Quotient 0,00911034…).

Wenn man nunmehr die Quotienten aus den Durchmessern aller anderen Planeten und dem Durchmesser der Sonne bildet, ist die einzige Zahl, die der obigen ähnlich ist, die der Erde. Auf diese Weise ist die Botschaft klar: Sie sagt ihm, dass wir sie von hier aus schicken!

19. *Lösung zum Problem der fehlenden Zahl (in Intelligenztests)*

Die Zahl, die fehlt, ist 215. Betrachten Sie die Zahlen in der ersten und dritten Spalte der ersten Reihe: 54 und 36. Die Summe der beiden äußeren Zahlen (5 + 6) = 11. Die Summe der beiden inneren (4 + 3) = 7.

Auf diese Weise erhält man die Zahl 117: indem man die Summe der beiden äußeren mit der der beiden inneren verbindet.

Gehen wir nun zur zweiten Reihe und machen wir die gleiche Übung. Die beiden Zahlen der ersten und dritten Spalte sind: 72 und 28. Die Summe der beiden äußeren (7 + 8) = 15 und die der beiden inneren (2 + 2) = 4. Daher ist die Zahl, die in der Mitte steht, 154.

Wenn man mit der dritten Reihe fortfährt, hat man 39 und 42. Die Summe der beiden äußeren Zahlen (3 + 2) = 5, die Summe der beiden inneren (9 + 4) = 13. Demnach steht in der Mitte 513.

Schließlich ergeben nach diesem Muster, wenn man die Zahlen 18 und 71 hat, die beiden äußeren (1 + 1) = 2. Und die beiden inneren (8 + 7) = 15. Korollarium: Die Zahl, die fehlt, ist 215.

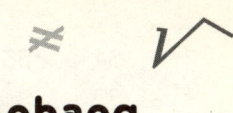

Anhang

Binäre Reihen

1	33	65	97	129	161	193	225
3	35	67	99	131	163	195	227
5	37	69	101	133	165	197	229
7	39	71	103	135	167	199	231
9	41	73	105	137	169	201	233
11	43	75	107	139	171	203	231
13	45	77	109	141	173	205	237
15	47	79	111	143	175	207	239
17	49	81	113	145	177	209	214
19	51	83	115	147	179	211	243
21	53	85	117	149	181	213	245
23	55	87	119	151	183	215	247
25	57	89	121	153	185	217	249
27	59	91	123	155	187	219	251
29	61	93	125	157	189	221	253
31	63	95	127	159	191	223	255

2	34	66	98	130	162	194	226
3	35	67	99	131	163	195	227
6	38	70	102	134	166	198	230
7	39	71	103	135	167	199	231
10	42	74	106	138	170	202	234
11	43	75	107	139	171	203	235
14	46	78	110	142	174	206	235
15	47	79	111	143	175	207	239
18	50	82	114	146	178	210	242
19	51	83	115	147	179	211	243
22	54	86	118	150	182	214	246
23	55	87	119	151	183	215	247
26	58	90	122	154	186	218	250
27	59	91	123	155	187	219	251
30	62	94	126	158	190	222	254
31	63	95	127	159	191	223	255

4	36	68	100	132	164	196	228
5	37	69	101	133	165	197	229
6	38	70	102	134	166	198	230
7	39	71	103	135	167	199	231
12	44	76	108	140	172	204	236
13	45	77	109	141	173	205	237
14	46	78	110	142	174	206	238
15	47	79	111	143	175	207	239
20	52	84	116	148	180	212	244
21	53	85	117	149	181	213	245
22	54	86	118	150	182	214	246
23	55	87	119	151	183	215	247
28	60	92	124	156	188	220	252
29	61	93	125	157	189	221	253
30	62	94	126	158	190	222	254
31	63	95	127	159	191	223	255

8	40	72	104	136	168	200	228
9	41	73	105	137	169	201	233
10	42	74	106	138	170	202	234
11	43	75	107	139	171	203	235
12	44	76	108	140	172	204	236
13	45	77	109	141	173	205	237
14	46	78	110	142	174	206	238
15	47	79	111	143	175	207	239
24	56	88	120	152	184	216	248
25	57	89	121	153	185	217	249
26	58	90	122	154	186	218	250
27	59	91	123	155	187	219	251
28	60	92	124	156	188	220	252
29	61	93	125	157	189	221	253
30	62	94	126	158	190	222	254
31	63	95	127	159	191	223	255

16	48	80	112	144	176	208	240
17	49	81	113	145	177	209	241
18	50	82	114	146	178	210	242
19	51	83	115	147	179	211	243
20	52	84	116	148	180	212	244
21	53	85	117	149	181	213	245
22	54	86	118	150	182	214	246
23	55	87	119	151	183	215	247
24	56	88	120	152	184	216	248
25	57	89	121	153	185	217	249
26	58	90	122	154	186	218	250
27	59	91	123	155	187	219	251
28	60	92	124	156	188	220	252
29	61	93	125	157	189	221	253
30	62	94	126	158	190	222	254
31	63	95	127	159	191	223	255

32	48	96	112	160	176	224	240
33	49	97	113	161	177	225	241
34	50	98	114	162	178	226	242
35	51	99	115	163	179	227	243
36	52	100	116	164	180	228	244
37	53	101	117	165	181	229	245
38	54	102	118	166	182	230	246
39	55	103	119	167	183	231	247
40	56	104	120	168	184	232	248
41	57	105	121	169	185	233	249
42	58	106	122	170	186	234	250
43	59	107	123	171	187	235	251
44	60	108	124	172	188	236	252
45	61	109	125	173	189	237	253
46	62	110	126	174	190	238	254
47	63	111	127	175	191	239	255

64	80	96	112	192	208	224	240
65	81	97	113	193	209	225	241
66	82	98	114	194	210	226	242
67	83	99	115	195	211	227	243
68	84	100	116	196	212	228	244
69	85	101	117	197	213	229	245
70	86	102	118	198	214	230	246
71	87	103	119	199	215	231	247
72	88	104	120	200	216	232	248
73	89	105	121	201	217	233	249
74	90	106	122	202	218	234	250
75	91	107	123	203	219	235	251
76	92	108	124	204	220	236	252
77	93	109	125	205	221	237	253
78	94	110	126	206	222	238	254
79	95	111	127	207	223	239	255

128	144	160	176	192	208	224	240
129	145	161	177	193	209	225	241
130	146	162	178	194	210	226	242
131	147	163	179	195	211	227	243
132	148	164	180	196	212	228	244
133	149	165	181	197	213	229	245
134	150	166	182	198	214	230	246
135	151	167	183	199	215	231	247
136	152	168	184	200	216	232	248
137	153	169	185	201	217	233	249
138	154	170	186	202	218	234	250
139	155	171	187	203	219	235	251
140	156	172	188	204	220	236	252
141	157	173	189	205	221	237	253
142	158	174	190	206	222	238	254
143	159	175	191	207	223	239	255

Mathematik durch die Hintertür

Teil 2

Vom Möbiusband
zum Pascal'schen Dreieck –
neue spannende Ausflüge
in die Welt der Zahlen

*Ich widme dieses Buch einmal mehr meinen Eltern,
Ernesto und Fruma, wie ich alles in meinem Leben
insbesondere ihnen widme.*

*Meiner Schwester Laura und allen meinen Nichten und
Neffen.*

*Meinen Freunden Miguel Davidson, Leonardo Peskin,
Miguel Ángel Fernández, Cristian Czubara, Eric Perle,
Lawrence Kreiter, Kevin Bryson, Víctor Marchesini,
Luis Bonini, Carlos Aimar, Marcelo Araujo, Antonio
Laregina, Marcos Salt, Diego Goldberg, Julio Bruetman,
Claudio Pustelnik und Héctor Maguregui.*

*Meinen Freundinnen Ana María Dalessio, Nilda
Rozenfeld, Teresa Reinés, Alicia Dickenstein, Beatriz
Suárez, Nora Bernárdes, Karina Marchesini, Laura
Bracalenti, Etel Novacovsky, Marisa Giménez, Mónica
Muller, Erica Kreiter, Susy Goldberg, Holly Perle und
Carmen Sessa.*

Meinem besten Freund Carlos Griguol.

*Im Gedenken an die geliebten Menschen, die ich auf
meinem Lebensweg bereits verloren habe: Guido Peskin,
meine Tanten Delia, Elena, Miriam und Elenita,
meinen Cousin Ricardo und meine mir innig
verbundenen Wegbegleiter León Najnudel und
Manny Kreiter.*

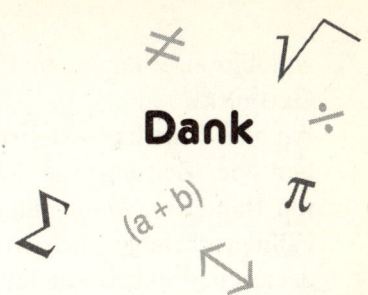

Dank

An Diego Golombek, den Herausgeber der Reihe »Ciencia que ladra«. Für seine Freundschaft und den leidenschaftlich geführten Gedankenaustausch. Ich kenne niemanden, der so viel Begeisterungsfähigkeit besitzt. Er schafft ein Monatspensum an einem einzigen Tag.

An Carlos Díaz, den Leiter des Verlags Siglo XXI Editores, für die Großherzigkeit, die er mir gegenüber stets bewiesen hat, und für seinen unstillbaren und unerschöpflichen Wissensdurst.

An Claudio Martínez, der als Erster der Überzeugung war, dass meine Geschichten veröffentlicht werden sollten, und sein Talent und seine Schaffenskraft dafür einsetzte, eine Sendung wie *Científicos Industria Argentina* als Plattform für mich zu schaffen. Ich widme dieses Buch auch allen meinen Kollegen aus der Sendung.

An Ernesto Tenembaum, Marcelo Zlotogwiazda und Guillermo Alfiero für die ständige Ermutigung und den Respekt, den sie mir erweisen.

An diejenigen, die das Buch durchgesehen, kritisiert, mit mir diskutiert und geholfen haben, es besser zu machen. Unendliche Dankbarkeit empfinde ich insbesondere gegenüber zwei Personen: Carlos D'Andrea und Gerardo Garbulsky.

An alle Wortführer, Journalisten bei Funk und Fernsehen oder Zeitungen und Zeitschriften, die sich den ersten Band von *Mathematik durch die Hintertür* auf die Fahnen schrieben, die sich für das Buch einsetzten, es förderten und immer wieder in ihren Sendungen zur Sprache brachten. Sie haben die Menschen dazu bewegt, das Buch zu kaufen oder aus dem Internet herunterzuladen. In jedem Fall zeigt uns dieses Beispiel, welche Macht der Journalismus und die Medien besitzen. Sie haben aus einem Mathematikbuch einen Bestseller gemacht, eine gigantische Kampagne von unschätzbarem Wert gestartet, die keiner vorhersehen konnte, die sich über alle Schranken hinwegsetzte und die es so noch nie gegeben hat: Ich weiß, dass der Erfolg ihr Werk ist. Dafür möchte ich allen Kollegen danken!

An die Gemeinschaft aller Mathematiker, die sich die Sache zu eigen gemacht und mich mit Ideen, Vorschlägen, Artikeln und Anmerkungen überschüttet hat. Sie haben mir den Weg gezeigt. Weder im ersten noch im zweiten Band steht für sie etwas Neues (abgesehen von meinen persönlichen Kommentaren). Dennoch war die Zahl an E-Mails, Notizen, Briefen und persönlichen Gesprächen, durch die sie mir bei der Auswahl des Materials und der Präsentation geholfen haben, so überwältigend, dass ich ihnen gar nicht genug danken kann.

An Ernesto Tiffenberg, den Herausgeber von *Página/12*, der mich wagemutig dazu eingeladen hat, einmal wöchentlich die Kolumne »contratapa« (dt. »Letzte Seite«) zu schreiben, und zwar »worüber du willst«. Viele Seiten dieses Buches sind also zuerst in meiner geliebten Zeitung erschienen.

An Pablo Coll, Pablo Milrud, Juan Sabia, Teresita Krick, Pablo Mislej, Ricardo Durán, Ariel Arbiser, Oscar Bruno, Fernando Cukierman, Jorge Fiora, Roberto Miatello, Eduardo Cattani, Rodrigo Laje, Matías Graña, Leandro Caniglia, Marcos Dajczer, Ricardo Fraimann, Lucas Monzón, Gustavo Stolovitzky, Pablo Amster, Gabriela Jerónimo und Eduardo Dubuc, allesamt Mathematiker (außer Gustavo und Rodrigo), allesamt unverzichtbar für dieses Buch.

An alle meine derzeitigen und ehemaligen Schüler für all das, was sie mir beigebracht haben.

An Santiago Segurola, Alejandro Fabbri, Nelson Castro und Fernando Pacini.

An alle Mitarbeiter von Siglo XXI Editores, besonders an Violeta Collado und Héctor Benedetti, die keine Anstrengung scheuten, um *mich vor meinen eigenen Irrtümern zu bewahren.*

Und schließlich an die vier Menschen, denen ich wegen ihrer tadellosen ethischen Gesinnung bereits den ersten Band gewidmet habe: *Marcelo Bielsa, Alberto Kornblihtt, Víctor Hugo Morales und Horacio Verbitsky.* Sie beweisen täglich: Ja, es ist möglich!

Schwarze Löcher entstehen,
wenn Gott durch null teilt.

STEVEN WRIGHT

Inhalt

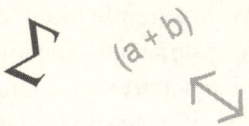

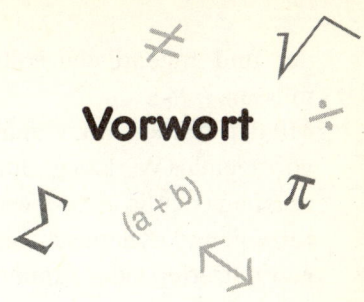

Vorwort

Die ungleiche Verteilung des Reichtums stellt eine geradezu kriminelle Ungerechtigkeit dar. Einige wenige (wir) besitzen viel, andere viele wenig. Noch viel mehr Menschen besitzen fast nichts. Die Gesellschaft verhielt sich bisher gegenüber Ungerechtigkeit jeglicher Art eher gleichgültig. Es wird zwar darüber berichtet, aber im Allgemeinen beschränkt sich der Schmerz auf eine Art Katharsis, die uns scheinbar von der Schuld »freispricht«. Aber so ist es nicht. Oder so sollte es nicht sein. Soweit nichts Neues.
Reichtum bemisst sich nicht allein nach Geld oder Kaufkraft, sondern auch nach Wissen, oder besser gesagt, eigentlich sollte man dort ansetzen. Der Zugang zum intellektuellen Reichtum ist ein Menschenrecht, steht aber fast immer hinter einem Konglomerat verschiedener Grundbedürfnisse zurück (niemand kann sich um Zugang zum Wissen bemühen, wenn seine Gesundheit, seine Arbeit, ein Dach über dem Kopf und eine Mahlzeit auf dem Teller nicht gesichert sind). Wir haben also alle eine moralische Verpflichtung: für ein kostenloses, der Allgemeinheit zugängliches Bildungssystem sowie die Schulpflicht für Grund- und Sekundarstufe zu kämpfen. Kin-

der und Jugendliche sollen lernen und nicht arbeiten müssen.

Mit der Mathematik verhält es sich ähnlich. Sie ist ein hervorragendes Werkzeug, um denken zu lernen. Mathematik muss nur richtig *erzählt* werden, dann ist sie verführerisch, reizvoll und dynamisch. Sie hilft dabei, gute Entscheidungen zu treffen, oder zumindest bessere. Sie besitzt faszinierende Facetten, die verborgen und nur einer sehr kleinen Gruppe zugänglich erscheinen. Und nun ist es an der Zeit, etwas zu unternehmen, gegen das Vorurteil anzukämpfen, Mathematik sei langweilig oder nur etwas für Auserwählte. Darum habe ich *Mathematik durch die Hintertür* geschrieben. Weil ich möchte, dass wir ihr eine zweite Chance geben. Weil ich darauf aufmerksam machen möchte, dass wir hier etwas zu Unrecht unter den Teppich kehren. Bisher sind wir, die wir sozusagen das *Sprachrohr* der Mathematik darstellen, kläglich gescheitert. Nicht nur in Argentinien, sondern fast überall auf der Welt.

Jetzt ist die Stunde gekommen, unsere Botschaft zu verändern. Natürlich bin ich nicht der Erste und werde auch nicht der Letzte sein, aber ich möchte mithelfen, den Stein ins Rollen zu bringen, wie ich es mehr als vierzig Jahre lang bei Schülern aller Altersgruppen getan habe. Die Mathematik stellt uns vor Probleme und lehrt uns, Spaß zu haben, wenn wir sie lösen können, aber sie lehrt uns auch, Freude zu empfinden, wenn wir sie *nicht lösen können, aber über sie nachdenken.* Auf diese Weise üben wir, um in Zukunft über vielfältigere und bessere Werkzeuge zu verfügen, weil es uns dabei hilft, im Denken neue Wege zu beschreiten und uns unweigerlich selbst zu verbessern.

Diese Möglichkeit müssen wir allen Menschen bieten. Glauben Sie mir, sie haben es verdient.

Denken lehren

Die akademische Welt lebt vom freien Zugang zum Wissen.
Jeder Einzelne trägt (im wahrsten Sinne des Wortes) ein
Sandkörnchen dazu bei, und so entstehen die Bausteine.
Manchmal tauchen ein Newton, Einstein, Bohr oder Mendel auf,
von denen jeder allein dreißig Bausteine schafft, aber im Großen
und Ganzen schichtet man Sandkorn um Sandkorn.

ANONYM

Miguel Herrera war ein großer argentinischer Mathematiker, der viele Doktorarbeiten im In- und Ausland betreute. Leider verstarb er sehr früh. Herrera graduierte in Buenos Aires, lebte viele Jahre lang in Frankreich und den Vereinigten Staaten, bevor er in seine Heimat zurückkehrte, wo er bis zu seinem Tod blieb. An dieser Stelle möchte ich eine Anekdote aus unserer gemeinsamen Zeit erzählen, aus der ich Nutzen für mein ganzes Leben zog. Nach meinem Hochschulabschluss (Ende 1969) kehrte ich der Universität einige Jahre lang den Rücken und war ausschließlich als Journalist tätig. Während eines Aufenthalts in Deutschland, genauer gesagt in Sindelfingen, wo sich die argentinische Fußball-Nationalmannschaft aufhielt, ließ ich eines Abends einigen Freunden gegenüber die Bemerkung fallen, dass ich bei meiner Rückkehr nach Argentinien wieder an die Uni gehen würde, weil ich (mit mir selbst) noch eine Rechnung offen hätte: Ich wollte meinen Doktor machen. Ich wollte wieder studieren, um eine Aufgabe abzuschließen, die ohne die Doktorarbeit unvollendet geblieben wäre. Es war eine große Herausforderung für mich, aber doch einen Versuch wert.

Ich gab meinen Beruf als Journalist für einige Zeit auf und widmete mich ausschließlich der Forschung und Lehre der Mathematik. Nach einem Auswahlverfahren bekam ich eine volle Stelle als wissenschaftliche Hilfskraft. Als Doktorvater wählte ich Ángel Larotando, der auch meine Abschlussarbeit betreut hatte. »Pucho«, wie wir Larotando nannten, hatte sehr viele Schüler, die den Doktor machen wollten. Ich erinnere mich an Namen wie Miguel Ángel López, Ricardo Noriega, Patricia Fauring, Flora Gutiérrez, Néstor Búcari, Eduardo Antín, Gustavo Corach und Bibiana Russo.

Eine Promotion war und ist auch heute kein Kinderspiel. Es galt nicht nur, eine Vielzahl von Prüfungen in verschiedenen Fächern zu bestehen, sondern zudem noch eine Arbeit zu schreiben, die *neue Erkenntnisse* bietet, und diese einem Ausschuss von Mathematikern zur Bewertung vorzulegen. Der Betreuer spielt bei dieser Aufgabe eine Schlüsselrolle: Er leitet den Doktoranden nicht nur an, sondern er schlägt ihm (oder ihr) in der Regel auch das Problem vor, das untersucht und schließlich gelöst werden soll.

Da Pucho sehr viele Doktoranden betreute, war es fast unmöglich, für jeden ein Thema zu finden. Wie gesagt brauchte *jeder Doktorand ein eigenes mathematisches Problem*. Jeder sollte sein eigenes Thema bearbeiten. Das Spezialgebiet war Differenzialtopologie. Wir belegten die gleichen Seminare, lernten zusammen, aber es wollten sich einfach keine neuen Themen ergeben.

Schließlich kamen drei von uns (Búcari, Antín und ich) auf die Idee, den Doktorvater zu wechseln. Es ging uns nicht darum, Larotando vor den Kopf zu stoßen, wir wollten einfach *einen anderen Weg* ausprobieren. Ricardo Noriega hatte sich bereits entschieden, für den unglaublichen Luis Santaló zu arbeiten, und sein Beispiel ermunterte und motivierte uns, ebenfalls zu wechseln. Nur, zu wem? Wer hätte genügend Themen zu vergeben? Und auf welchem Gebiet? Denn abgesehen davon, dass wir jemanden brauchten, der guten Willens war und Themen anzubieten hatte, war natürlich der Gegenstand an sich von Bedeutung: Nicht alle Themen sind gleichermaßen interessant, und jeder von uns hatte seine eigenen Neigungen und Vorlieben. Dennoch waren wir bereit, wieder bei null *anzufangen*, wenn uns jemand ein attraktives Angebot machen konnte.

Auf diese Weise trat Miguel Herrera in unser Leben, der gerade nach einigen Forschungsjahren in Frankreich nach Argentinien zurückgekehrt war. Er war für seine Arbeit in Komplexer Analysis international anerkannt, und seine Beiträge auf dem Gebiet waren immer in höchsten Tönen gelobt worden. Miguel hatte zu der Gruppe von Mathematikern gehört, die nach dem Militärputsch unter der Führung von Juan Carlos Onganía im Jahre 1966 emigriert waren. Er verließ das Land unmittelbar nach der berüchtigten »noche de los bastones largos« (dt. »Nacht der langen Schlagstöcke«). Seine Rückkehr fiel mit einem weiteren schrecklichen Ereignis zusammen, dem grausamsten Militärputsch aller Zeiten, der in Argentinien den bisher schlimmsten Holocaust auslöste.

Aber zurück zu Herrera: Seine Rückkehr war unsere Chance. Er war gerade erst angekommen und hatte noch keine Schüler. Wir suchten ihn in seinem funkelnagelneuen Büro auf und erklärten ihm unsere Lage. Miguel hörte uns aufmerksam zu und gab dann eine für ihn typische Antwort: »Und warum gehen Sie nicht ins Ausland? Warum wollen Sie unter den gegenwärtigen Umständen hier bleiben? Ich kann Sie an verschiedene Universitäten in Frankreich und den USA empfehlen. Meiner Meinung nach wäre das für Sie das Beste.«

Ich glaube, ich war es, der zu ihm sagte: »Miguel, wir sind hier und wir werden das Land jetzt nicht verlassen. Wir möchten Sie fragen, ob Sie uns Themen für eine Doktorarbeit geben können. Wir wissen sehr wenig über Ihr Spezialgebiet, aber wir sind bereit zu lernen. Und was Sie als Betreuer betrifft: Tun Sie einfach so, als wären wir drei französische Studenten, die in Ihr Büro an der Pariser Universität kämen und Sie als ihren Doktorvater wählten: Was würden Sie uns dann antworten? Gehen Sie weg aus Paris?«

Herrera war Universitätsprofessor in Komplexer Analysis. Antín, der von dem Wunsch getrieben war, (unter anderem) Filmkritiker und Fußball-Schiedsrichter zu werden, entschied sich bald, aus dem Projekt auszusteigen. Aber Néstor Búcari (von jetzt an nenne ich ihn bei seinem Spitznamen »Quiquín«) und ich wurden Herreras Assistenten und leiteten die praktischen Übungen in dem

Fach, das er lehrte. *Wenn man etwas wirklich lernen will, muss man es unterrichten* ... Dies war unsere erste Begegnung mit unserem Doktorvater. Wir fingen noch einmal ganz von vorne an. Die beste Methode, uns in Erinnerung zu rufen, was wir einst in den Seminaren über Komplexe Analysis gelernt hatten, bestand darin, selbst Unterricht zu geben. Und genau das taten wir.

Aber Quiquín und ich wollten wissen, worum es in unserer Doktorarbeit gehen würde, welches Problem wir zu lösen hätten. Herrera erklärte uns geduldig, dass wir bisher nicht einmal in der Lage seien, die *Problemstellung* zu verstehen, geschweige denn die Lösung in Angriff zu nehmen. Doch aufgrund unserer Erfahrungen mit Pucho, bei dem wir nie zu einem Thema gekommen waren, wollten wir es *unbedingt wissen*.

Als wir eines Tages gemeinsam im Büro Kaffee tranken, schlug Herrera ein Buch auf, das er geschrieben hatte, zeigte uns eine Formel und sagte: »Das ist das erste Problem, das es zu lösen gilt. Diese Formel zu verallgemeinern ist die erste Doktorarbeit für einen von Ihnen.«

Das genügte, um uns für eine Weile zum Schweigen zu bringen. Tatsächlich brachte es uns für eine ziemlich lange Weile zum Schweigen. Als wir das Büro verließen, sahen Quiquín und ich uns an: Wir hatten kein Wort verstanden. Nachdem wir so lange gewartet, den Doktorvater, das Thema, und das Spezialgebiet gewechselt hatten, wussten wir nun zwar unser Thema ... aber wir verstanden noch nicht einmal die Problemstellung. Wir hatten keine blasse Ahnung, was wir eigentlich tun sollten.

Wir hatten eine Lektion erteilt bekommen. Von nun an bestand unser Ziel darin, alles zu geben, so viel wie möglich zu lernen, um *erst einmal das Problem zu verstehen*.

Herrera ließ uns dabei natürlich nicht allein. Wir begleiteten ihn nicht nur in seinen Lehrveranstaltungen, er versorgte uns auch ständig mit Material. Er brachte uns *papers* mit, die er oder ein anderer Experte auf dem Gebiet geschrieben hatte, und sorgte dafür, dass wir uns mit der Terminologie, der Sprache und den Lösungswegen, die es für andere ähnliche Probleme gab, vertraut machten. So begaben wir uns allmählich in das Labyrinth der Komplexen Analysis. Zum einen unterrichteten wir und lernten nahezu zeitgleich mit unseren Schülern. Wir lösten die Übungen und lasen so viel wie möglich über das Thema. Zum anderen erweiterten wir unter seiner Leitung unseren Wissensstand.

Quiquín war ein hervorragender Wegbegleiter. Als wahres Naturtalent hatte er eine schnellere Auffassungsgabe als ich und war als Zugpferd unersetzlich. Ich selbst besaß weniger Vorkenntnisse und weniger Begabung und war auf Fleiß und Ausdauer angewiesen. Darin bestand und besteht mein Beitrag zu unserer gemeinsamen Arbeit. Er brachte das Talent und die Kreativität mit, ich die Beharrlichkeit und Disziplin. Wir trafen uns jeden Morgen um acht. Ob es regnete oder der Kater der vorhergehenden Nacht uns quälte, um acht Uhr morgens saßen wir in unserem Büro, bereit, uns in die Arbeit zu stürzen. Für mich als Autobesitzer war das um einiges leichter. Quiquín hatte einen weiteren Weg und musste den Bus nehmen, manchmal auch umsteigen.

Den Ansporn dazu gab Miguel, der pünktlich um acht, wenn wir es uns gerade an unseren Schreibtischen bequem gemacht hatten, bei uns anklopfte, um zu sehen, was wir am Tag zuvor geschafft hatten: auf welche Schwierigkeiten wir gestoßen waren, ob wir Hilfe benötigten.

Der tägliche Gedankenaustausch diente uns dazu, zahlreichen komplizierten Situationen und schwierigen Momenten, in denen wir *nichts verstanden*, uns nichts gelang und wir einfach nicht weiterkamen, die Stirn zu bieten. Indem wir uns konsequent jeden Tag trafen, gelang es uns, ein Netz zwischen uns dreien zu spannen, das uns in all den frustrierenden und verdrießlichen Momenten auffing.

Unser Thema hatten wir nun. Danach brauchten wir Herrera nicht mehr zu fragen. Jetzt war es an uns, zu lernen, zu lesen und zu forschen. Wir mussten uns anstrengen und *versuchen zu verstehen*. Quiquín und ich hatten großes Vertrauen zu Miguel. Unsere Anerkennung verdiente er sich nicht durch sein enormes Prestige, sondern seine Arbeitsleistung und Zuverlässigkeit. Miguel war jeden Tag für uns da.

An einem dieser unzähligen Morgen, die wir zusammen verbrachten, sahen Quiquín und ich uns beim Kaffeetrinken plötzlich an. Einer von uns hatte etwas gesagt, das uns das Gleiche denken ließ. Wir hatten soeben das Problem verstanden! Es kostete uns ein Jahr, um zu begreifen, was überhaupt zu tun war. Ein Wendepunkt in unserem Leben: Endlich hatten wir es verstanden! Ich betone das nachdrücklich, weil es ein besonders glücklicher Tag in unserem Leben war.

Ein paar Monate später glaubten wir plötzlich, die Lösung für ein Problem gefunden zu haben, an dem sich die Mathematiker bereits seit Jahrhunderten versuchten. War das die Möglichkeit! Wir mussten einen Fehler gemacht haben. Dass wir ein mathematisches Problem gelöst hatten, über das Experten in aller Welt seit so langer Zeit forschten, war äußerst unwahrscheinlich. Unsere

Annahme, wir hätten uns geirrt oder etwas missverstanden, war plausibler, als zu glauben, wir hätten uns in der Welt der Mathematik unsterblich gemacht. Aber wir konnten keinen Fehler finden!

Als wir an diesem Abend nach Hause gingen, konnten wir es kaum erwarten, Miguel am nächsten Morgen zu sehen. Er musste uns erklären, wo unser Irrtum lag. Um acht Uhr klopfte Miguel wie gewohnt bei uns an, und wir stürzten zur Tür, um ihm zu öffnen. Wir erzählten ihm von unserem Problem und baten ihn, uns zu erklären, wo der Fehler lag. Er kniff die Augen zusammen, und mit einem Lächeln sagte er: »Jungs, da kann was nicht stimmen!« So weit waren wir auch schon. Wir wussten ja, dass es einen Fehler geben musste. Er begann mit seinen Erläuterungen, doch wir konnten jedes seiner Argumente widerlegen. Er kritzelte mit der gelben Kreide, mit der wir uns immer die Finger schmutzig machten, auf der Tafel herum, aber es nützte nichts. Schließlich verstummte er und begann nachzudenken. Er setzte sich auf den Sessel in unserem Büro, nahm sein Buch zur Hand, das Buch, das er selbst geschrieben hatte, und las *seine eigenen Gedankengänge* wieder und wieder durch. Dann sagte er einen Satz, den ich zu den erhellendsten zähle, die ich je gehört habe: *»Das verstehe ich nicht.«* Eine ganz besondere Stille breitete sich aus.

Wie bitte? Miguel verstand etwas nicht? Und dabei hatte er es doch selbst geschrieben! Wie war es möglich, dass er *seine eigenen Gedanken* nicht verstand?

Diese Lektion habe ich nie vergessen. Miguel legte eine *Sicherheit* an den Tag, die erstaunlich war: Er besaß die Fähigkeit zu zweifeln, auch an sich selbst. Keiner von uns *hätte je an ihm gezweifelt*. Niemals hätten wir angenommen, *er habe* sein Buch *nicht selbst geschrieben.* Nein. Miguel demonstrierte, dass er so war wie wir alle ... *fehl-bar.* Und darin bestand die Lektion. Was ist schon dabei, wenn man etwas *nicht versteht*? War Miguel jetzt ein schlechterer Mensch oder ein Esel, weil er etwas nicht verstand? Nein. Und das, obwohl er es sich geleistet hatte, vor zwei Doktoranden zuzugeben, dass er etwas, das *er selbst* geschrieben hatte, nicht verstand.

Miguel nahm das Material mit in sein Büro, dachte ein paar Tage darüber nach und fand natürlich den Fehler. Quiquín und ich wurden nicht berühmt, und er erklärte uns, wo unser Irrtum lag.

Nach einiger Zeit bekamen wir unseren Doktor, aber das ist in diesem Fall das Geringste.

Miguel hatte uns eine Lektion fürs Leben erteilt, ohne es zu wollen geschweige denn zu bemerken: ein großer Mann.

Die Zahlen in der Mathematik

Ein Mathematiker ist wie ein Maler oder ein Dichter Schöpfer von Mustern. Wenn seine Muster dauerhafter sind als ihre, dann liegt dies darin begründet, dass sie aus Ideen gemacht sind. Ein Maler schafft Muster aus Formen und Farben, ein Dichter aus Worten ... Ein Mathematiker hingegen hat (im Unterschied zu einem Dichter) als Arbeitsmaterial einzig seine Ideen, und seine Muster sind tendenziell beständiger, da sich Ideen weniger verbrauchen als Worte.

G. H. HARDY, *A MATHEMATICIAN'S APOLOGY* (1940)

Einige mathematische Kuriositäten und (nach Möglichkeit) ihre Erklärung

Wenn man 111.111.111 mit sich selbst multipliziert, also quadriert, erhält man folgende Zahl:

12.345.678.987.654.321

Bei rechter Überlegung ist dieses Ergebnis auch nicht anders zu erwarten. Denken Sie einmal darüber nach, wie die Multiplikation zweier Zahlen funktioniert: Man multipliziert jede Ziffer der zweiten Zahl mit *allen Ziffern* der ersten und schreibt die Ergebnisse jeweils nach rechts versetzt übereinander.

Da die Ziffern der zweiten Zahl alle Einsen sind, geschieht Folgendes: Man wiederholt die *erste Ziffer immer wieder*, jedoch jeweils um eine Stelle nach rechts verschoben, und wenn man die übereinandergeschriebenen Zahlen nun addiert, erhält man das oben genannte Ergebnis:

12.345.678.987.654.321

Was nun folgt, ist wahrhaftig eine Kuriosität, und wenn ich sie auch nicht erklären kann, so ist sie doch ganz hübsch:

Nehmen Sie die Zahl

1.741.725

Erheben Sie jede einzelne Ziffer in die siebte Potenz und zählen Sie die Ergebnisse zusammen, also:

$$1^7 + 7^7 + 4^7 + 1^7 + 7^7 + 2^7 + 5^7$$

Zu welchem Ergebnis sind Sie gekommen?

Wenn Sie die Geduld (oder einen Taschenrechner) hatten, es auszurechnen, erhielten Sie: 1.741.725.

Wählen Sie nun *eine beliebige dreistellige* Zahl, zum Beispiel:

472

Konstruieren Sie eine neue Zahl, indem Sie diese einfach *zweimal hintereinander* schreiben. In diesem Fall:

472.472

Und jetzt teilen Sie die Zahl durch 7. Das Ergebnis lautet:

67.496

Nun dividieren Sie diese Zahl durch 11 und erhalten:

6.136

Teilen Sie diese Zahl wiederum durch 13.
Und Sie erhalten …

472!

Also die Ausgangszahl.
Aber warum verhält es sich so? Und gilt diese Regel für jede beliebige andere Zahl?
Bevor wir zur Antwort kommen, machen wir uns zunächst klar, dass wir bei unserem Rechengang durch die Zahl 7 geteilt und ein glattes Ergebnis erhalten haben. Anschließend dividierten wir durch 11 und es kam wieder eine ganze Zahl heraus. Am Ende erhielten wir eine Zahl, die sich als ein Vielfaches von 13 herausstellte.
Bevor Sie nun eifrig nachlesen, warum dies bei *allen* dreistelligen Zahlen der Fall ist, schlage ich vor, dass Sie zuerst selbst ein wenig über die Lösung nachdenken. Es ist viel schöner, es einmal alleine zu versuchen, auch wenn man nicht auf das Ergebnis kommt, anstatt wie ich bloß nachzuschlagen. Denn wo wäre sonst der Reiz?

Lösung:

Wir gingen von einer Zahl mit drei Ziffern aus. Nennen wir sie

abc

Anschließend schrieben wir diese zweimal hintereinander:

abcabc

Im nächsten Schritt dividierten wir diese Zahl zunächst durch 7, dann durch 11 und schließlich durch 13. Und bei jedem Rechengang erhielten wir ein glattes Ergebnis ohne Rest!

Die Zahl abcabc muss folglich ein *Vielfaches* von 7, 11 und 13 sein sowie ein Vielfaches des *Produkts* dieser drei Zahlen.[1] Und das lautet:

$7 \cdot 11 \cdot 13 = 1.001$

Warum aber ist die Zahl, um die es uns geht, ein Vielfaches von 1.001? Anders gefragt: Auf welches Ergebnis kommt man, wenn man die Zahl abc mit 1.001 *multipliziert*? (Machen Sie bitte erst die Rechnung und lesen Sie dann weiter.)

$abc \cdot (1.001) = abcabc$

---

1 Die Begründung lautet: Wenn eine Zahl zum Beispiel ein Vielfaches von 3 und 5 ist, muss sie ein Vielfaches der Zahl 15 sein, die ein Produkt von 3 und 5 darstellt. Das liegt daran, dass alle hier genannten Zahlen *Primzahlen* sind. Denken Sie einmal darüber nach. Die Zahl 12 beispielsweise ist ein Vielfaches von 4 und von 6, aber sie ist *kein* Vielfaches von 24 (dem Produkt von 4 und von 6). Wenn die fraglichen Zahlen aber *Primzahlen* sind, dann stimmt das Ergebnis.

Sie haben die Lösung soeben herausgefunden. Wenn man einer beliebigen dreistelligen Zahl *(abc)* dieselbe Ziffernfolge noch einmal voranstellt, ist das Ergebnis *(abcabc)* ein Vielfaches von 1.001. Und wenn man die Zahl *abcabc* durch 1.001 teilt, lautet das Ergebnis *abc*.[2]

Es ist und bleibt eine Kuriosität, obwohl ein gutes Stück Logik darin enthalten ist … und auch ein wenig Mathematik.

Wie man ohne Einmaleins multipliziert

Folgendes Beispiel wird Kindern gefallen, die das Einmaleins nicht lernen wollen. Ich möchte gleich hinzufügen, dass ich sie gut verstehen kann, denn anfangs bleibt einem nichts anderes übrig, als sich der »Autorität« des Lehrers/der Lehrerin unterzuordnen und alles auswendig zu lernen, obwohl der Sinn des Ganzen (für das Kind) völlig unklar ist. Hier also folgt eine »alternative« Methode der Multiplikation, durch die man das Produkt zweier beliebiger Zahlen berechnen kann, ohne das Einmaleins zu beherrschen. Man muss nur

a) mit zwei multiplizieren (also verdoppeln)
b) durch zwei teilen und
c) addieren können.

Die Methode ist nicht neu, allenfalls aus der Mode gekommen bzw. in Vergessenheit geraten. Bereits die Ägyp-

---

2 Hinweis: Wenn man eine Zahl mit drei Ziffern mit 1.001 multipliziert, erhält man dieselbe Zahl zweimal hintereinander.

ter multiplizierten auf diese Weise, und in vielen Gebieten Russlands ist die Methode heute noch verbreitet. Man kennt sie auch unter dem Namen *Bauernmultiplikation*. Auf allgemeine Erklärungen werde ich im Folgenden verzichten, denn ein Beispiel reicht zum Verständnis völlig aus.

Nehmen wir an, Sie wollen 19 mit 136 multiplizieren. Dafür richten Sie sich zwei Spalten ein, wobei Sie die eine unter der 19 und die andere unter der 136 anlegen. In der Spalte unter der 19 teilen Sie durch 2, wobei Sie »ignorieren« können, ob jeweils ein Rest bleibt oder nicht. Als Erstes schreiben Sie unter die 19 eine 9 – wenn man 19 durch 2 teilt, ist das Ergebnis zwar nicht genau 9, aber man braucht den Rest (1) nicht zu beachten und dividiert weiter durch 2. Als Nächstes notieren Sie unter die 9 die Zahl 4, teilen erneut durch 2, mit dem Ergebnis 2, und nach einer weiteren Division bleibt eine 1. Hier hören wir auf.
Die Spalte sieht nun folgendermaßen aus:

19
9
4
2
1

In der Spalte unter der 136 teilen Sie nicht durch 2, sondern multiplizieren mit 2 und schreiben die Ergebnisse neben die erste Spalte. Damit ergibt sich folgendes Bild:

19	136
9	272
4	544
2	1.088
1	2.176

Wenn Sie auf der Ebene der 1 in der linken Spalte angekommen sind, hören Sie auf, die Zahlen in der Spalte unter der 136 zu verdoppeln. Dieses Verfahren ist doch wirklich sehr einfach, oder? Wir haben nichts anderes getan, als in der linken Spalte durch 2 zu teilen und in der rechten mit 2 zu multiplizieren. Und jetzt addieren Sie die Zahlen der rechten Spalte, aber nur diejenigen, die einer ungeraden Zahl in der linken Spalte gegenüberstehen. In unserem Fall:

19	136
9	272
4	~~544~~
2	~~1.088~~
1	2.176

Wenn wir also nur die Partner der ungeraden Zahlen zusammenzählen, lautet das Ergebnis

$$136 + 272 + 2.176 = 2.584$$

Und dies ist (exakt!) das Produkt von 19 mal 136.

Noch ein Beispiel:
Multiplizieren wir nun 375 mit 1.517. Vorab möchte ich Ihnen verraten, dass es egal ist, welche der beiden Zah-

len man mit 2 multipliziert oder dividiert. Daher schlage ich zur Arbeitsersparnis vor, wir nehmen die 375 als »Kopf« der Spalte für die Division durch 2. Unser Ergebnis lautet:

375	1.517
187	3.034
93	6.068
46	12.136
23	24.272
11	48.544
5	97.088
2	194.176
1	388.352

Nun müssen wir die Zahlen der zweiten Spalte, denen ungerade Zahlen in der ersten Spalte gegenüberstehen, addieren:

375	1.517
187	3.034
93	6.068
46	~~12.136~~
23	24.272
11	48.544
5	97.088
2	~~194.176~~
1	388.352
	568.875

Und 568.875 ist exakt das Produkt, das wir berechnen wollten.

Denken Sie nun einmal darüber nach, wie diese Methode funktioniert, mit deren Hilfe wir um das Einmaleins herumkommen (nur mit 2 müssen wir natürlich multiplizieren können).

Erklärung:

Wenn man eine Zahl in binärer Schreibweise darstellen möchte, muss man sie immer wieder durch 2 teilen und jeweils den Rest notieren. Zum Beispiel:

$$
\begin{array}{rcl}
173 = \mathbf{86} \cdot 2 + & | & 1 \\
86 = \mathbf{43} \cdot 2 + & | & 0 \\
43 = \mathbf{21} \cdot 2 + & | & 1 \\
21 = \mathbf{10} \cdot 2 + & | & 1 \\
10 = \mathbf{5} \cdot 2 + & | & 0 \\
5 = \mathbf{2} \cdot 2 + & | & 1 \\
2 = \mathbf{1} \cdot 2 + & | & 0 \\
1 = \mathbf{0} \cdot 2 + & | & 1 \\
\end{array}
$$

Demnach sieht die Zahl 173 folgendermaßen aus (wenn man den Rest jeweils von unten nach oben aneinanderreiht):

10101101

Nehmen wir nun an, man will 19 mit 136 multiplizieren. Weiter oben hatten wir die Zahl 19 ja immer weiter durch 2 dividiert:

$$19 = \mathbf{9} \cdot 2 + \boxed{1}$$
$$9 = \mathbf{4} \cdot 2 + \boxed{1}$$
$$4 = \mathbf{2} \cdot 2 + \boxed{0}$$
$$2 = \mathbf{1} \cdot 2 + \boxed{0}$$
$$1 = \mathbf{0} \cdot 2 + \boxed{1}$$

Das heißt, man erhält die binäre Schreibweise von 19, indem man sich jeweils den Rest von unten nach oben notiert. Unsere Zahl lautet demnach

10011

Auf der anderen Seite besagt diese Schreibweise auch, dass sich die Zahl 19 folgendermaßen darstellen lässt:

$$19 = 1 \cdot 2^4 + 0 \cdot 2^3 + 0 \cdot 2^2 + 1 \cdot 2^1 + 1 \cdot 2^0 = (16 + 2 + 1)$$

Wenn man also 19 mit 136 multiplizieren soll, nutzen wir die *binäre* Schreibung der 19 und notieren:

$$19 \cdot 136 = 136 \cdot 19 = 136 \cdot (16 + 2 + 1) =$$

(Nun setzen wir das Distributivgesetz der Multiplikation ein und erhalten:)

$$= (136 \cdot 16) + (136 \cdot 2) + (136 \cdot 1) =$$
$$2.176 + 272 + 136 = 2.584$$

Dies erklärt die Funktionsweise dieser Multiplikationsmethode. Im Grunde benutzen wir, ohne uns dessen bewusst zu sein, die Binärschreibweise der Zahlen.

Sehen wir uns das nächste Beispiel an (375 · 1.517):

$$
\begin{array}{rl}
375 = & \mathbf{187} \cdot 2 + \boxed{1} \\
187 = & \mathbf{93} \cdot 2 + 1 \\
93 = & \mathbf{46} \cdot 2 + 1 \\
46 = & \mathbf{23} \cdot 2 + 0 \\
23 = & \mathbf{11} \cdot 2 + 1 \\
11 = & \mathbf{5} \cdot 2 + 1 \\
5 = & \mathbf{2} \cdot 2 + 1 \\
2 = & \mathbf{1} \cdot 2 + 0 \\
1 = & \mathbf{0} \cdot 2 + 1
\end{array}
$$

Die *binäre* Schreibung von 375 lautet also

$$375 = 101110111$$

Das heißt:

$$375 = 1 \cdot 2^8 + 0 \cdot 2^7 + 1 \cdot 2^6 + 1 \cdot 2^5 + 1 \cdot 2^4$$
$$+ 0 \cdot 2^3 + 1 \cdot 2^2 + 1 \cdot 2^1 + 1 \cdot 2^0 =$$

$$= 256 + 64 + 32 + 16 + 4 + 2 + 1 \quad (*)$$

Wenn man nun 1.517 mit 375 multiplizieren möchte, muss man die Zahl 375 so zerlegen wie in (*) dargestellt.
Also:

$$1.517 \cdot 375 = 1.517 \cdot (256 + 64 + 32 + 16 + 4 + 2 + 1) =$$

Wir setzen wieder das Distributivgesetz der Multiplikation ein:

$$= (1.517 \cdot 256) + (1.517 \cdot 64) + (1.517 \cdot 32) +$$
$$(1.517 \cdot 16) + (1.517 \cdot 4) + (1.517 \cdot 2) + (1.517 \cdot 1)$$

$$= 388.352 + 97.088 + 48.544 + 24.272 + 6.068 + 3.034$$
$$+ 1.517$$

Und erhalten genau dieselben Summanden wie oben.

Durch die binäre Schreibweise können wir also eine der beiden Zahlen, die wir multiplizieren wollen, zerlegen und dadurch erkennen, wie oft man die andere Zahl jeweils *verdoppeln* muss.

Wie man ohne Einmaleins dividiert

Diesem Abschnitt möchte ich zunächst ein paar einleitende Worte voranstellen.

Als ich mich entschied, den vorangehenden Artikel (über die Multiplikation ohne Einmaleinskenntnisse) in das Buch aufzunehmen, nahm ich mir vor, eine ähnliche Methode für die Division zu entwickeln. Die Frage war also: Wie kann man zwei Zahlen dividieren, ohne mit dem Einmaleins zu arbeiten?

Ich erzählte Pablo Coll und Pablo Milrud, zwei befreundeten exzellenten Mathematikern, von dem Problem. Ich erklärte ihnen, dass ich frustriert sei und das Gefühl hätte, die Aufgabe nicht vollständig gelöst zu haben. Nach einigen Überlegungen und Diskussionen machten sie einen Vorschlag, den wir uns gemeinsam ansahen und noch einmal analysierten. Ich möchte Ihnen hier eine sehr gute Version vorstellen, auf die die beiden Pablos gekommen sind, denen also sämtlicher Ruhm gebührt. Sicherlich wird sie auch Lehrern als Anregung dienen, die sie verbessern oder als Hilfsmittel benutzen können.

Ich sollte an dieser Stelle betonen, dass es nicht darum geht, das Einmaleins zu vergessen, sondern darüber zu diskutieren, ob es sich lohnt, die Schüler der »virtuellen Folter« zu unterziehen, eine Menge Zahlen auswendig zu lernen, und das in einem Alter, in dem sie die Zeit und Energie anderen Dingen widmen könnten, während wir hoffen, dass sie im Verlauf des natürlichen Reifeprozesses von allein darauf kommen, worum es beim Einmaleins geht und wozu es nützlich ist. Da man jedoch nicht so lange warten kann (und will), den Kindern das Multiplizieren und Dividieren beizubringen, gilt es alternative Methoden zu finden. Sicherlich gibt es noch bessere als unsere, weshalb ich Sie um Ideen und Vorschläge bitte. Jetzt aber los!

Wenn man beim Dividieren auf das Einmaleins verzichten möchte, genügt es, addieren, subtrahieren und mit 2 multiplizieren zu können. Das ist schon alles.

Ich bitte Sie, mir zu vertrauen, denn obwohl die Methode anfangs kompliziert erscheinen mag, ist sie doch in Wirklichkeit sehr viel einfacher als das konventionelle Divisionsverfahren. In jedem Fall ist es lohnenswert, sich einmal damit zu beschäftigen, und sei es nur, weil sie eine Alternative zur *klassischen* Methode bietet, die wir in der Schule gelernt haben.

Statt mich nun mit all den Fachausdrücken aufzuhalten, die ein Schul- oder Mathematikbuch bieten müsste, möchte ich einfach einige Beispiele mit steigendem Schwierigkeitsgrad vorführen.

Bei dieser Methode arbeitet man mit vier Zahlenspalten, ausgehend von den beiden Zahlen, die der Rechnung zu Grunde liegen.

1. Beispiel

Wenn ich 712 durch 31 teilen will, fülle ich zuerst die erste, dann die vierte Spalte aus:

31			1
62			2
124			4
248			8
496			16
712			

In der ersten Spalte beginne ich mit der Zahl, durch die wir teilen wollen, in diesem Fall mit der 31. Von ihr ausgehend bewege ich mich in der Spalte nach unten und multipliziere bei jedem Schritt mit 2. Können Sie sich erklären, warum ich ausgerechnet bei 496 aufhöre? Weil ich sonst eine Zahl (992) erhielte, die größer als 712 ist (die Zahl, die ich ursprünglich teilen wollte). Statt 992 schreibe ich daher 712. Um die erste Spalte auszufüllen, muss ich folglich nur mit 2 multiplizieren können und rechtzeitig aufhören, bevor das Ergebnis unsere zweite Zahl übersteigt.

Die vierte Spalte erhalte ich auf dem gleichen Weg wie die erste, nur dass ich statt mit der 31 mit der Zahl 1 beginne. Wie in der Tabelle deutlich wird, tauchen nun die verschiedenen Potenzen der Zahl 2 auf. Ich höre an der gleichen Stelle auf wie beim ersten Mal. Wieder genügt es, mit 2 multiplizieren zu können.

Die beiden mittleren Spalten werden folgendermaßen ausgefüllt:

31		30	1
62	30		2
124	92		4
248		216	8
496	216		16
712			

Für diesen Schritt benötigen wir lediglich Kenntnisse der Subtraktion. Ich fange unten an und ziehe von der Zahl, die wir dividieren wollen (712), die vorletzte Zahl der ersten Spalte (496) ab. Das Ergebnis, 216, schreibe ich in zweite Spalte. Jetzt vergleiche ich die 216 mit der 248. Da wir nicht subtrahieren können (weil 216 kleiner als 248 ist und wir nur mit positiven Zahlen arbeiten), schreiben wir die 216 in die dritte Spalte.

Jetzt gehe ich nach oben weiter (und schaue mir dabei zum Vergleich immer die erste Spalte an): Da 216 größer als 124 ist, subtrahiere ich. Das Ergebnis (92) schreibe ich in die zweite Spalte. Der nächste Schritt: 92 ist größer als 62, daher ziehe ich 62 ab und erhalte 30. Diese Zahl notiere ich erneut in der zweiten Spalte. Da 30 kleiner als 31 ist, kann ich nun nicht mehr subtrahieren und schreibe die 30 wieder in die dritte Spalte.

Jetzt sind wir schon fast am Ziel. Es fehlt nur noch ein Schritt. Wir sind uns sicher einig, dass der Rechengang bisher sehr einfach war. Zum Schluss müssen wir nur noch die Zahlen in der vierten Spalte addieren, die einen Partner in der zweiten Spalte besitzen. Also:

$$2 + 4 + 16 = 22$$

Dies ist die Zahl, nach der wir gesucht haben.
Das Ergebnis der Division von 712 durch 31 ist also 22, mit einem Rest von 30, der Zahl in der dritten Spalte. Prüfen Sie es ruhig nach:

$$31 \cdot 22 = 682$$

Wie oben erwähnt, ist der Rest 30. Also:

$$682 + 30 = 712$$

Und damit ist der Rechengang beendet, den ich noch einmal kurz zusammenfassen möchte: Wir arbeiten mit insgesamt vier Spalten. In der ersten und vierten Spalte multiplizieren wir mit 2. In der ersten Spalte beginnen wir mit der Zahl, durch die wir dividieren wollen. In der vierten gehen wir von der 1 aus.
In den mittleren Spalten notieren wir die Ergebnisse der Subtraktionen. Wenn wir subtrahieren können, dann kommt das Ergebnis in die zweite Spalte. Wenn nicht, wird die Zahl in die dritte Spalte geschrieben. Man erhält den gesuchten Quotienten, indem man die Zahlen der vierten Spalte addiert, bei denen jeweils ein Partner in der zweiten Spalte vorhanden ist. Und als Rest ist die Zahl zu verstehen, die in der zweiten oder dritten Spalte übrig bleibt.

2. Beispiel

Für die Division von 1.354 durch 129 schreibe ich gleich die Tabelle auf:

129		64	1
258	64		2
516		322	4
1.032	322		8
1.354			

Die Zahl 322 in der zweiten Spalte ist das Ergebnis der Subtraktion 1.354 – 1.032. Da 322 kleiner als 516 ist, muss ich sie in die dritte Spalte übernehmen. 322 ist größer als 258, daher nehme ich eine Subtraktion vor, und das Ergebnis schreibe ich in die zweite Spalte. 64 ist wiederum kleiner als 129 und kommt in die dritte Spalte. Und damit ist die Tabelle fertig.

Jetzt müssen wir nur noch den Quotienten und den Rest berechnen. Der Quotient ergibt sich, indem man diejenigen Zahlen der vierten Spalte, die in der zweiten Spalte einen Partner haben (das heißt, bei denen in der gleichen Zeile die zweite Spalte ausgefüllt ist) zusammenzählt. Der Quotient lautet in diesem Fall:

$$2 + 8 = 10$$

Die erste Zahl in der dritten Spalte ist der Rest, in diesem Fall 64.

Wir haben also den Quotienten von 1.354 durch 129 ermittelt, nämlich 10, mit einem Rest von 64. Prüfen Sie es ruhig selbst nach.

3. Beispiel

Nun wollen wir 13.275 durch 91 teilen. Ich erstelle die Tabelle so wie bei den vorhergehenden Beispielen:

91	80		1
182		171	2
364		171	4
728		171	8
1.456	171		16
2.912		1.627	32
5.824		1.627	64
11.648	1.627		128
13.275			

Mithilfe der Tabelle errechnen wir den Quotienten und den Rest. Der Quotient ergibt sich wieder aus der Summe der Zahlen in der vierten Spalte, die einen Partner in der zweiten Spalte haben. Also:

1 + 16 + 128 = 145

Um den Rest zu bestimmen, sehen wir uns an, welche Zahl am Ende übrig bleibt, in diesem Fall die 80.
Probe:

145 · 91 = 13.195
13.195 + 80 = 13.275

Letztes Beispiel

Ich möchte 95.837 durch 1.914 teilen. Ich erstelle dafür folgende Tabelle:

1.914		137	1
3.828	137		2
7.656		3.965	4
15.312		3.965	8
30.624	3.965		16
61.248	34.589		32
95.837			

Die Zahl 34.589 ist das Ergebnis der Subtraktion von 95.837 minus 61.248. 3.965 ergibt sich aus 34.589 minus 30.624. Da 3.965 kleiner ist als 15.312 und auch kleiner als 7.656, habe ich sie zweimal in die dritte Spalte eingetragen. 3.965 ist aber größer als 3.828, ich kann also subtrahieren und erhalte 137. Diese Zahl ist kleiner als 1.914, sie bleibt also und kommt in die dritte Spalte.

Der Quotient ergibt sich, indem man die Zahlen in der vierten Spalte, die einen Partner in der zweiten Spalte besitzen, addiert. In diesem Falle:

2 + 16 + 32 = 50

Der Rest lässt sich aus der letzten Zahl am Ende unseres Rechengangs ablesen (die in Spalte zwei oder drei erscheinen kann). Hier ist er 137.
Probe:

$$1.914 \cdot 50 = 95.700$$

Ich rechne den Rest hinzu:

$$95.700 + 137 = 95.837$$

Und damit erhalte ich das gewünschte Ergebnis.

Abschließend noch ein paar Anmerkungen:

a) Aus Platzgründen erkläre ich an dieser Stelle nicht, warum die Methode funktioniert. Für alle, die es interessiert: Sie brauchen nur die Schritte jeder üblichen Division durchzuführen. Unsere Methode funktioniert genauso wie die, die man aus der Grundschule kennt, nur dass wir »insgeheim« die binären Zahlen verwenden.

b) Es geht mir nicht nur darum, diese Methoden zur Division und/oder Multiplikation vorzuschlagen, wenn man nicht auf das Einmaleins zurückgreifen kann. Vor allem möchte ich zeigen, dass es eben alternative Methoden gibt. Ich glaube, man sollte sie einmal erkunden, damit der *Unterricht in den Grundrechenarten* am Ende für niemanden zur Qual wird.

Eine Schubkarre voller Münzen

Wie oft am Tag stellen wir *Schätzungen* an und merken es gar nicht?
Tatsächlich stellen wir den ganzen Tag, das ganze Leben lang andauernd Schätzungen an. Ich werde es Ihnen gleich beweisen.

Wenn wir aus dem Haus gehen, *schätzen* wir, wie viel Geld wir an diesem Tag wohl brauchen. (Natürlich nur, wenn wir Geld haben und irgendwohin gehen, wo man es ausgeben kann. Aber nehmen wir einmal an, dass beide Bedingungen erfüllt sind.) Außerdem *schätzen* wir, wie viel Zeit wir für den Weg einplanen müssen. Wir *schätzen*, ob es sich lohnt, auf den Aufzug zu warten, der länger als sonst braucht, oder ob wir lieber die Treppe nehmen. Und wir *schätzen*, ob es besser ist, mit dem Bus oder mit dem Taxi zu fahren, je nachdem, wie viel Zeit wir haben. Wenn beim Überqueren der Straße Autos kommen, *schätzen* wir, ob wir es noch über die Straße schaffen oder ob wir lieber warten. Ohne dass wir uns darüber bewusst sind, *schätzen* wir die Schnelligkeit des Autos, das von links kommt, und vergleichen sie mit unserer eigenen *Geschwindigkeit* beim Überqueren der Straße. Wenn wir mit dem Auto fahren, *schätzen* wir ab, wann wir bremsen und wann wir beschleunigen müssen. Oder wir *schätzen*, ob wir die Ampel noch bei Grün oder Gelb schaffen oder lieber anhalten. Wir *schätzen* auch, wie viele Zigaretten wir kaufen sollen, wie viele wir am Tag rauchen. Wir *schätzen*, wie viel wir bei dem, was wir essen, zunehmen. Wir *schätzen*, zu welcher Kinovorstellung wir es noch rechtzeitig schaffen. *Wir schätzen und schätzen und schätzen*, dann fällen wir eine Entscheidung.

Ich glaube, wir sind uns darin einig, dass wir *andauernd schätzen*, ohne uns dessen bewusst zu sein. Wir sind darauf trainiert, auf Autopilot zu schalten, und handeln automatisch, aber sobald wir uns ein wenig von den alltäglichen gewohnten Bahnen entfernen sollen, geraten wir ins Schleudern. Natürlich nicht immer. Aber niemand verlässt gern sein vertrautes Terrain.

Ein Beispiel: Nehmen wir an, Sie stehen auf dem Bürgersteig vor einem sehr hohen Gebäude, sagen wir mit *einhundert Stockwerken*. Es fahren gepanzerte Geldtransporter vor und deponieren auf dem Gehweg so viele 1-Peso-Münzen, dass man damit einen Turm bauen könnte, der bis zur Dachterrasse des Hauses reicht.

Kommen wir nun zum wichtigen Teil: Auf dem Bürgersteig lassen die Männer eine Schubkarre zurück, die einen Meter breit, einen Meter lang und einen Meter tief ist, also ein Volumen von einem Kubikmeter besitzt.

Wie oft muss man die Schubkarre mit 1-Peso-Münzen beladen, um damit eine riesige Säule bauen zu können, die bis zum Dach des Gebäudes reicht?

Es geht darum zu *schätzen*, wie oft man die Schubkarre füllen muss. Es soll also keine *exakte* Berechnung angestellt, sondern ein *Schätz*wert ermittelt werden.

An dieser Stelle möchte ich Sie selbst nachdenken lassen. Gegebenenfalls können Sie dann die Antwort weiter unten nachlesen, um Ihr Ergebnis zu *bestätigen*. Man mag vielleicht versucht sein, sich zu sagen: »Jetzt habe ich gerade keine Zeit, ich werde die Lösung lieber sofort nachschlagen.« Allerdings nimmt man sich dadurch die Freude am eigenen Denken. Keine Sorge, niemand schaut Ihnen dabei zu. Und außerdem: Wäre es nicht interessant, etwas zu tun, um Ihr Denken, Ihre Intuition zu schulen, und dies ganz ohne Risiko, nur um des reinen Vergnügens willen?

Als Anreiz möchte ich Ihnen eine kurze Geschichte erzählen.

Von dem vorliegenden Problem berichtete mir Gerardo Garbulsky, der am MIT in Physik promovierte und derzeit Chef einer bekannten Unternehmensberatung in

Argentinien ist. Im Rahmen eines Bewerbungsverfahrens stellte er diese Frage ungefähr 200 Bewerbern. Die Verteilung der Antworten sah in etwa folgendermaßen aus:[3]

1 Schubkarre: 1 Person

10 Schubkarren: 10 Personen

100 Schubkarren: 50 Personen

1.000 Schubkarren: 100 Personen

10.000 Schubkarren: 38 Personen

Mehr als 10.000 Schubkarren: 1 Person

Lösung:

Die argentinische 1-Peso-Münze hat einen Durchmesser von 23 Millimetern und ist 2,2 Millimeter dick. Dies sind natürlich nur ungefähre Werte, aber für unser Problem sind sie völlig ausreichend. Schließlich möchten wir keine exakte Antwort ermitteln, sondern nur ein *Schätzung* anstellen.

Um unsere Rechnung zu vereinfachen, gehe ich von einem Durchmesser von 25 Millimetern und einer Dicke von

---

3 Gerardo unterscheidet zwischen *intuitiver* und *berechneter Schätzung*. Als er im Rahmen der Auswahlgespräche diese Frage stellte, bat er die Bewerber, ihm zunächst, *ohne* eine Rechnung aufzustellen, zu sagen, wie viele Schubkarrenladungen man bräuchte. So erhielt er die ersten Antworten. Danach bat er sie um eine quantitative Schätzung, und nun waren 99 % der Antworten richtig. Es ist ein sehr großer Unterschied, »eine ausgebildete Intuition« zu besitzen oder »Mengen schätzen zu können«. Letztere ist eine Fähigkeit, die, regelmäßig angewandt, dabei hilft, erstere zu entwickeln, doch von ihrer Natur her sind sie sehr verschieden.

2,5 Millimetern aus. Überlegen wir, wie viele Münzen in eine Schubkarre (mit einem Volumen von einem Kubikmeter) passen. Schätzen wir zunächst, wie viele Münzen auf einer Bodenfläche von einem Meter Länge und einem Meter Breite Platz haben.

1 Münze	25 mm
4 Münzen	100 mm
40 Münzen	1.000 mm = 1 Meter

Da die Bodenfläche quadratisch ist (ein Meter mal ein Meter), können wir folglich 40 · 40 = 1.600 Münzen hineinlegen. Die Schubkarre ist einen Meter hoch und jedes Geldstück besitzt eine Dicke von 2,5 Millimetern, so dass wir berechnen können, wie viele »der Höhe nach« hineinpassen:

1 Münze	2,5 mm
4 Münzen	10 mm
400 Münzen	1.000 mm = 1 Meter

Die 1.600 Münzen, die auf die Grundfläche passen, müssen wir also mit den 400 Münzen multiplizieren, die wir in die Höhe gestapelt haben.

400 · 1.600 = 640.000 Münzen

Halten wir an dieser Stelle kurz inne.
Wir haben soeben die *Schätzung* aufgestellt, dass in jede Schubkarre von einem Kubikmeter fast 650.000 Münzen passen. Behalten wir dies erst einmal im Gedächtnis. Jetzt müssen wir noch *schätzen*, wie viele Pesos nötig

sind, um eine Säule von der Höhe unseres 100-stöckigen Wolkenkratzers zu errichten.

Wir können *schätzen*, dass jedes Stockwerk *3 Meter* hoch ist, ein Hochhaus von *100 Stockwerken* besitzt also eine Höhe von ca. 300 Metern. Das entspricht drei Häuserblocks!

Schätzen wir nun, wie viele Münzen wir auftürmen müssen, um bis zur Dachterrasse zu gelangen:

1 Münze	2,5 mm
4 Münzen	10 mm
40 Münzen	100 mm
400 Münzen	1.000 mm = 1 Meter

Um eine Höhe von einem Meter zu erreichen, benötigen wir 400 Münzen. Wenn wir auf 300 Meter kommen wollen, müssen wir demnach mit 400 multiplizieren.

Ergebnis: 300 · 400 = 120.000 Münzen

➜ **Fazit:** Eine einzige Schubkarre ist mehr als genug.

Abschließend möchte ich noch einige Überlegungen anbringen, zu denen mich Kommentare von Garbulsky selbst sowie von Eduardo Cattani inspiriert haben, ein weiterer Freund und exzellenter Mathematiker, der seit sehr langer Zeit und mit beispiellosem Erfolg in Amherst, Massachusetts, arbeitet.

Eduardo legt nahe, dass »die Angabe der Dicke der Münze *nicht* notwendig ist, um eine quantitative Schätzung zu gewinnen«. Dies mag zunächst seltsam klingen, aber folgen Sie einmal meinem Gedankengang: Wenn man weiß, dass auf dem Boden der Schubkarre 1.600 Münzen Platz haben und wir darauf weitere Geldstücke einen Meter hoch stapeln, haben wir am Ende 1.600 Türmchen zu je einem Meter.

Wenn wir dann die Pesos aus der Schubkarre herausnehmen und alle Stapel zu je einem Meter Höhe aufeinanderschichten, haben wir eine Säule von 1.600 Metern Höhe! Und für diese Rechnung benötigen wir keine Angaben zur Dicke der einzelnen Münze.

Nun, da das Problem gelöst ist, bitte ich Sie darüber nachzudenken, was wir daraus *lernen* können. Intuitiv versuchen wir, einmal erworbene Erfahrungen auf neue Situationen zu übertragen. Das ist natürlich keine schlechte Idee. Wenn man es allerdings mit Szenarien zu tun hat, in denen enorme Volumen oder große Mengen eine Rolle spielen, läuft man Gefahr auszurutschen. Aber wie alles andere kann man auch den Umgang mit unvorstellbaren Quantitäten üben und lernen.

Ach ja, ich glaube, Gerardo schlug am Ende vor, demjenigen den Job zu geben, der als *Einziger* auf nur eine *Schubkarrenladung* getippt hat.[4]

---

4 Gerardo Garbulsky stellte ebenfalls verschiedene Überlegungen dazu an, dass die Dicke der Münze nicht notwendig ist, um eine quantitative Schätzung abzugeben. Zum Beispiel: a) Man muss nur das Volumen des Münzturms kennen, das natürlich nicht von der Dicke jeder einzelnen Münze, sondern von ihrem Durchmesser und der Höhe des Gebäudes abhängt. b) Egal welche Höhe die Münzen hätten, zum Beispiel 1 Meter, 1 dm oder 1 cm, die Antwort wäre dieselbe. Wenn man es nachrechnet, »hebt sich« die *Dicke* der Geldstücke in der Rechnung wieder »auf«. Dieser Aspekt des Problems ist auch insofern sehr interessant, als mehr als die Hälfte der Befragten die Höhe (Dicke) der Geldstücke zu berechnen versuchte, um die quantitative Schätzung zu bestimmen. Nebenbei bemerkt: Die Dicke der Münzen ist sehr wichtig, wenn man wissen will, wie viel Geld sich im Münzturm befindet.

Eine Geschichte über Google

Möchten Sie vielleicht bei Google arbeiten? Dann müssen Sie bereit sein, Probleme folgender Art zu lösen.

Die Geschichte begann – zumindest für mich – im August des Jahres 2004. Ich war damals in Boston. In der U-Bahnstation der Universität Harvard fiel mir eine sehr große Werbetafel von etwa 15 Metern Länge auf. Darauf stand:

(erste Primzahl von 10 aufeinanderfolgenden Ziffern der Entwicklung von e).com

Sonst nichts. Auf der riesigen Tafel stand nicht mehr als diese eine Zeile. Das machte mich natürlich sehr neugierig, und ich fragte mich, ob es sich tatsächlich um eine Werbetafel handelte oder ob sich jemand einen Scherz oder etwas in der Art erlaubte. Aber nein, das Plakat wies alle Charakteristika einer herkömmlichen Werbung auf.

Ich hoffe, niemand fühlt sich abgeschreckt, wenn ich sage, dass die Zahl e auftaucht, wenn etwas *exponentiell* ansteigt. Ob es um Logarithmen, die Berechnung des Zinseszinses oder die Richter-Skala zur Messung von Erdbeben geht – immer ist die Zahl e involviert.

Genauso, wie wir uns daran gewöhnt haben, dass sich die Zahl *pi* folgendermaßen schreibt:

pi = 3,14159 ...

besitzt auch die Zahl e *unendlich viele Ziffern*, angefangen mit:

e = 2,718281828 ...

Die Zahl *e* ist eine Art enger Verwandter von *pi*, weil es sich bei beiden um irrationale und transzendente Zahlen handelt.

Zurück zu der Geschichte, die ich Ihnen erzählen wollte: Nachdem ich wiederholt auf diese Werbetafel gestoßen war, berichtete ich meinem Freund Carlos D'Andrea von meiner Entdeckung, einem Mathematiker, der an der Universität von Buenos Aires (UBA) studiert hatte und nun nach einem erfolgreichen Aufenthalt in Berkeley in Barcelona lebt.

Carlos gab die Frage an Pablo Misley weiter, einen anderen argentinischen Mathematiker, der damals bei einer Bank in Buenos Aires arbeitete (und gerade zum ersten Mal Vater geworden war). Ein paar Tage darauf bekam ich von Pablo eine E-Mail, in der er mir seine Ergebnisse mitteilte. Als er von dem Problem erfahren habe, sei ihm sofort klar gewesen, dass er alle bekannten Dezimalstellen der Zahl *e* finden müsse. Auf folgender Internetseite fand er die erste Million der Ziffernfolge von *e*:

http://antwrp.gsfc.nasa.gov/htmltest/gifcity/e.1mil

Diese Daten sind bereits seit vielen Jahren bekannt, genauer seit 1994. Pablo musste die Folge nun in Segmente von jeweils zehn Ziffern unterteilen und dann die erste Zahl herausfinden, die eine Primzahl darstellt. Das alles geht natürlich nicht ohne Computer. Außerdem muss man in der Lage sein, ein passendes Programm zu schreiben. Die erste Folge aus zehn Ziffern, die die Bedingung erfüllte, lautete:

7427466391

Die Zahl 7 am Anfang entspricht der 99. Nachkomma-stelle der Zahl *e*.

Mit dieser Information musste Pablo dann auf die Web-site http://www.7427466391.com gehen und abwarten, was geschah. Dort traf er auf ein neues Problem (wie bei einer *Schatzsuche*).

Pablo las nun Folgendes:

f(1) = 7182818284

f(2) = 8182845904

f(3) = 8747135266

f(4) = 7427466391

f(5) = _____

Jetzt ging es also darum, die Reihe zu vervollständigen, das heißt, man musste ausgehend von den ersten vier Zah-len der rechten Spalte herausfinden, welche Zahl an die fünfte Stelle gehörte.

Pablo schrieb mir, dass er mit etwas Glück darauf kam, dass die Summe aus den zehn Ziffern der ersten vier Zah-len immer 49 ergibt. Mehr noch: Da er ja schon die Infor-mationen über die Zahl *e* und deren Dezimalentwicklung besaß, folgerte er, dass die ersten vier Zahlen in dieser Spalte vier »Sequenzen« entsprachen, über die er bereits verfügte.

Er erkannte außerdem, dass die erste Zahl

7182818284

mit den ersten *zehn Ziffern* der Dezimalentwicklung von *e* übereinstimmt.

Die zweite Zahl

8182845904

entspricht der *fünften bis vierzehnten Ziffer.*
Die dritte Zahl

8747135266

reicht von der 23. bis zur 32. Nachkommastelle. Und bei
der vierten Zahl

7427466391

handelt es sich schließlich um die »Sequenz«, die den
Ziffern 99 bis 108 der Dezimalentwicklung von *e* entspricht. Es ging Pablo nun auf, dass er kurz vor der
Lösung stand: Er musste nur noch die nächste »Sequenz« ausfindig machen, die 49 ergab … Und er fand
sie auch!
Der Kandidat für die fünfte Zahl der Reihe ist die Zahl

5966290435

die mit den Ziffern 127 bis 136 der Dezimalentwicklung
übereinstimmt.
Indem er die Reihe vervollständigte und auf seinem Computer *enter* eingab, öffnete sich plötzlich eine andere
Website:

http://www.google.com/labjobs/index.html

Hier wurden Interessenten gebeten, ihren Lebenslauf ein-
zuschicken, den die Firma Google bei zukünftigen Ver-

tragsabschlüssen berücksichtigen würde. Mit dem Erreichen jener Website hatte man sich für den Einstieg in die
Firma qualifiziert.[5]

Intelligenztests

Ich möchte an dieser Stelle noch einmal auf das Thema
der *Intelligenz* zu sprechen kommen. Es handelt sich hierbei nicht nur um eine ebenso spannende wie umstrittene
Frage, über die man noch sehr wenig weiß, sondern es
ist auch interessant, sich mit den allgemein angewandten Methoden zu ihrer Messung auseinanderzusetzen. Es
ist ja in der Tat eigenartig, dass manche Leute, deren
guten Willen ich nicht in Frage stellen will (obwohl ... na
gut ... bei einigen bin ich doch misstrauisch), mit Tests
zur Messung von etwas aufwarten, das man gar nicht definieren kann. Was wird dabei eigentlich ausgewertet?
Ein Beispiel: Man bekommt eine Zahlentabelle, in der
eine Zahl *fehlt*, und soll diese bestimmen sowie erklären,
wie man zu seinem Ergebnis gekommen ist.

54	(117)	36
72	(154)	28
39	(513)	42
18	(?)	71

---

5 Nebenbei gesagt: Ein anderer Freund von mir namens Ricardo
Durán, Professor an der Fakultät für Naturwissenschaften (UBA), löste
das Problem ebenfalls. Derzeit arbeitet Pablo immer noch bei der Bank,
und Ricardo ist einer der besten Professoren am Institut für Mathematik
und außerdem ein toller Kerl.

Bei dem Test geht es vorgeblich nicht allein darum, die Zahl zu ermitteln, die an die Stelle des Fragezeichens gehört, sondern es soll auch die analytische Fähigkeit gemessen werden, *eine Gesetzmäßigkeit* abzuleiten. Das heißt: Jemand hat sich ein Muster ausgedacht, das diesen Zahlen zugrunde liegt, und möchte, dass Sie es herausfinden.

An Ihrer Stelle würde ich jetzt einen Augenblick innehalten und mir über eine mögliche Lösung Gedanken machen. Ich werde Ihnen hier gleich eine Möglichkeit vorschlagen, aber es macht bestimmt Spaß, selbst darüber nachzudenken.

Eine mögliche Lösung

Man könnte zum Beispiel sagen, dass die fehlende Zahl 215 lautet. Sehen sie sich die Zahlen an, die in der ersten Reihe in der ersten und dritten Spalte stehen: 54 und 36. Die Summe der beiden äußeren Ziffern (5 + 6) ergibt 11, die Summe der beiden inneren (4 + 3) 7.
Die Zahl 117 erhält man, indem man die Summe der beiden äußeren mit der der beiden inneren zusammenfügt. Gehen wir nun weiter zur folgenden Zeile und wiederholen die gleiche Übung. In der ersten und dritten Spalte stehen die 72 und 28. Wenn wir die beiden äußeren Zahlen zusammenzählen (7 + 8), erhalten wir 15, die Summe der beiden inneren (2 + 2) ergibt 4. Demnach ist die Zahl in der Mitte 154.
In der dritten Zeile stehen die 39 und die 42. Die Summe der beiden äußeren Zahlen (3 + 2) ist 5, die der beiden

inneren (9 + 4) 13. Also muss in der Mitte die 513 stehen.

Nach diesem Muster ergeben sich schließlich bei 18 und 71 als Summe der äußeren Zahlen (1 + 1) 2 und der beiden mittleren (8 + 7) 15. Folgerung: Wenn der Erfinder der Übung das Gleiche dachte wie Sie (oder ich), müssen wir 215 ergänzen.

Ich möchte an dieser Stelle gleich hinzufügen, dass *keine dieser Methoden zur Messung der Intelligenz zuverlässig, geschweige denn exakt ist.* Tatsächlich mag es unendlich viele Möglichkeiten geben – und *es gibt sie* im Allgemeinen auch –, die Stelle des Fragezeichens auszufüllen. Es geht vielmehr um die Fähigkeit, herauszufinden, an welche Zahl die Erfinder des Tests gedacht haben.

Ein weiteres (sehr anschauliches) Beispiel

Die brillante argentinische Mathematikerin Alicia Dickenstein hat mich dazu ermuntert, mich etwas intensiver mit den Menschen zu beschäftigen, die solche Tests entwickeln. »Ich glaube, dass diese IQ-Tests höchst gefährlich sind«, erklärte sie mir. »Sie sind nichts weiter als ein Standard, den man erlernen kann, und nur ein Maßstab für schematisches Lernen in eine bestimmte Richtung. Das heißt: Man weiß nicht genau, was sie überhaupt messen, und einige skrupellose und böswillige Menschen nehmen es sich heraus, Schlussfolgerungen über die vorhandene oder nicht vorhandene sogenannte ›Intelligenz‹ einer Personen zu ziehen. In der Tat gab es in den Vereinigten Staaten eine große Kontroverse über diese Art von Tests, die dazu eingesetzt wurden, ›Afroamerikaner‹ mit eindeutig rassistischer Absicht in unterentwickelte Klassen einzuordnen. Dabei lässt sich auf diese Weise allenfalls aufzeigen, dass manche Menschen keine Übung mit solchen Tests haben. Sonst nichts.«

Ich fahre fort: Die latente (oder gar nicht so latente) Gefahr besteht darin, dass sich ein Kind oder Jugendlicher, der mit derartigen Aufgaben konfrontiert wird, im Allgemeinen bemüht, so gute Antworten wie möglich zu geben, und Angst davor hat, einen Fehler zu machen. Der Heranwachsende, der den Test ablegt, wie auch seine Eltern haben das Gefühl, dass gerade ein »endgültiges« Urteil gefällt wird. Da er ja angeblich die Intelligenz misst, die sich mit der Zeit wohl kaum steigern lässt *(was Hänschen nicht lernt, lernt Hans nimmermehr)*, betrachtet man das Ergebnis als eine unverrückbare Tatsache. Ein Gefühl der Erleichterung durchströmt alle, sowohl den Testteilnehmer als auch die Familie, wenn der Beteiligte genau das antwortet, was die Erfinder des Tests hören wollten. In jedem Fall zeigt dies aber nur, dass er intelligent genug ist, das zu tun, was von ihm erwartet wurde.

Wer aber nicht auf die Lösung kommt oder einen Fehler macht, dem wird die schlechte Nachricht so schonend wie möglich beigebracht (ich übertreibe natürlich): »Es tut mir leid, Ihnen mitteilen zu müssen, dass Sie Ihr Leben lang *dumm* sein werden. Machen Sie etwas anderes.«

Allein aus diesem Grund sollte jeder Test, der sich anmaßt, etwas so *Undefinierbares* wie die Intelligenz zu messen, nur mit der allergrößten Vorsicht durchgeführt werden.

Das folgende Beispiel, das Alicia mir geschickt hat, stimmt nachdenklich. Ich bitte Sie, den Test zu lesen (es handelt sich dabei wirklich um ein Kinderspiel) und zu überlegen, was Sie antworten würden. Sie werden sehen, dass es auch in den offensichtlichsten Fällen *nicht nur eine einzige Lösung gibt.*

Es geht um folgende Zahlenreihe (in der angegebenen Anordnung):

    1   2   3
    4   5   6
    7   8   ?

Welche Zahl würden Sie an die Stelle des Fragezeichens setzen?
(Überlegen Sie bitte einen Augenblick, was Sie tun würden.)

Sagen Sie nicht, Sie hätten nicht an die Zahl 9 gedacht. Das würde ich Ihnen nicht abnehmen. Diese Lösung würde Alicia Dickenstein natürlich als »gewöhnlich« bezeichnen bzw. als »die Antwort, die der Fragesteller hören will«. Und diese letzte Aussage ist überaus bedeutsam. Denn was wäre, wenn ich Ihnen sagte, die Reihe sei folgendermaßen zu vervollständigen:

    1   2   3
    4   5   6
    7   8   27

Sie denken bestimmt, dass Sie nicht richtig gelesen haben, oder dass es sich um einen Druckfehler handelt. Nein, die letzte Zahl lautet wirklich 27. Ich erkläre Ihnen das Muster, das derjenige, der sich das Problem ausgedacht hat, gesucht haben könnte.

Zunächst nehmen Sie die erste Zahl und quadrieren sie (multiplizieren sie also mit sich selbst). Vom Ergebnis ziehen Sie dann viermal die zweite Zahl ab und zählen 10 dazu. In der ersten Zeile quadrieren Sie somit 1 und erhalten wieder die 1. Jetzt subtrahieren Sie davon viermal die zweite Zahl, also viermal die Zahl 2, und addieren 10. Ergebnis: 3.

$1 - 8 + 10 = 3$ (die 3 entspricht der dritten Zahl in der ersten Zeile)

Erheben Sie nun die erste Zahl der zweiten Zeile ins Quadrat (4^2), rechnen also $4 \cdot 4$ und erhalten 16. Sie ziehen davon viermal die zweite Zahl ab ($4 \cdot 5 = 20$) und zählen 10 dazu. Ergebnis: 6.

$16 - 20 + 10 = 6$

In der dritten Zeile quadrieren wir 7 (49), subtrahieren viermal die zweite Zahl ($4 \cdot 8 = 32$) plus 10. Ergebnis: 27!

$49 - 32 + 10 = 27$

→ **1. Fazit:** Wenn Sie versuchen, solche Arten von Tests zu trainieren, werden Sie sehen, dass Sie am Ende alle oder fast alle lösen können. Vielleicht glauben Sie dann, dass Sie intelligenter geworden sind. Möglicherweise aber haben Sie gelernt, *sich besser* an die offizielle Denkweise *anzupassen*.

➜ **2. Fazit:** Die Mathematik als Intelligenztest einzusetzen, kann nicht nur einen negativen und frustrierenden, sondern auch *falschen* Eindruck zur Folge haben, allein schon deshalb, weil man gar nicht weiß, was man eigentlich misst.

Sudoku

Sudoku? Was ist Sudoku? Diese Frage können heute wahrscheinlich viele Menschen beantworten, aber vor zwei Jahren hatte noch keiner eine Ahnung von dem zukünftigen »Hit« in Sachen Unterhaltung und Logikspiel. Mittlerweile bringen zahlreiche Tageszeitungen und Zeitschriften nicht nur in Argentinien, sondern auf der ganzen Welt Seiten mit diesem ursprünglich aus Japan stammenden Spiel, das einen Großteil der Bevölkerung »in Bann hält«, der durch Kreuzworträtsel, Denksportaufgaben und sonstige Rätsel jeglicher Art dem Gehirn ein wenig »Futter« geben möchte.

Für diejenigen, die noch nie von Sudoku gehört haben: Die Regeln sind sehr einfach und leicht zu verstehen.

Sudoku sieht aus wie ein Kreuzworträtsel bestehend aus einem »großen Quadrat« mit 9 Reihen in 9 Spalten, also 81 Feldern, die wiederum in neun Unterquadrate zu je 3 · 3 Feldern unterteilt sind:

8		1		2	6			
	7	3		1				9
	4	9					5	2
	6				8	4		
9	3		2		1		7	8
		5	7				3	
5	2					6	8	
4				7		3	1	
			6	5		9		7

Man muss jedes Unterquadrat mit den neun Ziffern von 1 bis 9 ausfüllen, das heißt 1, 2, 3, 4, 5, 6, 7, 8 und 9. Es darf aber keine Zahl in derselben Reihe oder derselben Spalte des großen Quadrats zweimal auftauchen. So schlicht und einfach sind die Regeln.

Außerdem befinden sich schon einige Ziffern fest in ihren Kästchen. Man braucht lediglich die übrigen Felder auszufüllen.

Wie es heutzutage üblich ist, schwirren überall im Internet verschiedene Varianten des Spiels herum. Sein Auftauchen brach mit den alten Mustern von Kreuzworträtseln oder anderen traditionellen auf Worten basierenden Spielen. Interessanterweise ist nur wenigen Leuten klar, dass sie Mathematik benutzen und einsetzen, wenn sie diese Aufgaben lösen, obwohl ja Zahlen im Spiel sind (die Ziffern von 1 bis 9, die viele Male über die Felder verteilt werden). Mehr noch: Auch für viele Lehrer und Professoren in unserem Land, die auf der Suche nach neuen Anregungen für ihre Schüler sind, ist Sudoku interessant. Ich glaube, dass man durch Sudoku Fragen stellen kann, die vielleicht nicht alle leicht zu beantworten sind, die aber als Auslöser für eine interaktive Arbeit zwischen Lehrern und Schülern dienen können.

Die folgenden Fragen stellen nur eine kleine Auswahl dar. Natürlich kann man Sudoku spielen, ohne auch nur eine einzige davon zu beantworten, und weiterhin ein glückliches Leben führen. Andererseits kann man sich aber auch Fragen stellen und glücklich sein, ohne die Antwort darauf zu finden, und wenn man sie findet, umso schöner!

Der Name Sudoku

Laut *Wikipedia* (der freien Internet-Enzyklopädie) und anderen Quellen leitet sich der Name Sudoku vom japanischen *Suuji wa dokushin ni kagiru* ab, was so viel heißt wie: »Eine Zahl bleibt immer allein«, und ist eine eingetragene Marke des japanischen Verlags Nikoli Co. Ltd.

Seit wann gibt es Sudoku?

Darüber gibt es verschiedene Angaben, aber die am weitesten verbreitete ist, dass es erstmals im Jahr 1984 in einer Zeitschrift in Japan auftauchte. Sudoku verdankt seine gesamte Beliebtheit Wayne Gould, einem pensionierten Richter in Hongkong, der das Spiel in Tokio kennengelernt hatte und daraufhin ein Computerprogramm entwarf, das automatisch verschiedene Sudokus *erzeugte*, mit denen er sich die Zeit vertreiben konnte. Dann wurde ihm plötzlich klar, dass er vielleicht auf eine Goldmine gestoßen war, und begann, die Rätsel verschiedenen europäischen Zeitungen anzubieten. Merkwürdigerweise ging erst im Jahr 2004 (also vor gerade einmal fünf Jahren) eine der wichtigsten Tageszeitungen Englands, nämlich die in London erscheinende *Times*, auf das Angebot Goulds ein, und das Konkurrenzblatt, der nicht weniger berühmte *Daily Telegraph*, zog kurz darauf im Januar 2005 nach. Seither greift das Fieber auf der ganzen Welt um sich, auch in Argentinien.

Heutzutage macht das Spiel in verschiedenen Zeitungen, Zeitschriften und speziellen Sudoku-Büchern *Furore*, die dem Leser mal leichtere, mal kompliziertere Versionen mit unterschiedlichem Schwierigkeitsgrad sowie zum Teil überraschende Varianten bieten. Ob in Bussen, Zügen, U-Bahn-Stationen, überall sieht man nachdenkliche, in Gedanken vertiefte Menschen Sudoku spielen.

Die Mathematik

Wie gesagt kann man sich natürlich hinsetzen und Sudoku zur reinen Unterhaltung spielen. Und tatsächlich machen das auch die meisten. Gleichzeitig möchte ich Sie aber dazu einladen, über ein paar mögliche Fragestellungen rund um das Sudoku nachzudenken:

a) Wie viele *mögliche* Sudoku-Spiele gibt es?
b) Werden die Möglichkeiten irgendwann ausgehen?
c) Gibt es so viele Möglichkeiten, dass sie für die Unterhaltung unserer Generation ausreichen? Oder wann fangen sie an, sich zu wiederholen?
d) Gibt es nur eine einzige mögliche Lösung?

e) Wie viele Kästchen müssen schon mit Zahlen gefüllt sein, damit es nur einen einzigen Lösungsweg gibt? Anders gesagt: Wie viele Felder müssen von vornherein vollständig sein, damit man das Rätsel in der Gewissheit lösen kann, dass das Problem nur eine einzige Lösung zulässt?

f) Gibt es ein Minimum an Informationen, die vorhanden sein müssen? Ein Maximum?

g) Gibt es eine Strategie, die uns die Lösung erleichtert?

h) Könnte man Sudokus auch in anderen Größen erzeugen? Wie viele gäbe es zum Beispiel im Format von 4 · 4? Oder von 16 · 16?

i) Könnte man Sudokus mit 7 · 7 Kästchen erstellen? Oder mit 13 · 13? Allgemein gefragt: Wie viele Reihen und Spalten sind in einem Sudoku-Quadrat denkbar?

Kurz und gut, es gibt einen Haufen Fragen, die man sich stellen könnte, und ich bin sicher, dass Ihnen beim Lesen noch einige eingefallen sind, die Sie vielleicht noch mehr interessieren. Und darum geht es doch letztlich.

Ich möchte an dieser Stelle einige Antworten geben, die man aber auch in jedem Buch über diesen japanischen Zeitvertreib, im Internet und sogar in der berühmten Zeitschrift *Scientific American* lesen kann, die diesem Thema in der Juni-Ausgabe von 2006 einen mehrere Seiten langen Artikel gewidmet hat.

Ein paar Fakten über Sudoku

Ich möchte mit einigen Überlegungen beginnen.

Nehmen wir einmal an, Sie haben ein Sudoku-Spiel gelöst und beschließen, die Positionen zweier Zahlen zu tauschen. Zum Beispiel: Jede 1, die auftaucht, ersetzen Sie durch eine 8 und umgekehrt. Obwohl der Eindruck entsteht, es handele sich um zwei verschiedene Spiele, ist es doch *dasselbe*. Das heißt, es sind streng genommen natürlich schon unterschiedliche Sudokus, aber wir wissen, dass im Wesentlichen eines aus dem anderen hervorgegangen ist, indem wir ein paar Zahlen ausgetauscht haben, weshalb jede Schwierigkeit, die beim ersten auftritt, auch beim zweiten auftauchen wird. Und umgekehrt.

Nun folgende Frage: Wenn wir die Anzahl aller möglichen Sudokus berechnen wollen, müssen wir diese beiden zweimal zählen oder gehen wir davon aus, dass es sich um dasselbe Spiel in unterschiedlicher »Erscheinungsform« handelt?

Und weiter: Nehmen wir an, wir haben ein Sudoku gelöst und vertauschen beispielsweise die Reihen eins und drei – ändert dies etwas am Endergebnis? Kann dadurch eine Schwierigkeit hinzukommen oder verschwinden? Und was geschieht, wenn man die vierte und die fünfte Spalte vertauscht? Ändert sich dadurch etwas an der ursprünglichen Version? Handelt es sich etwa um zwei verschiedene Spiele? Man könnte die Frage mit Ja beantworten, da Spalten verändert bzw. Ziffern vertauscht wurden. In diesem Fall lässt sich die Anzahl der möglichen Sudokus (mithilfe einiger mathematischer Hilfsmittel, Logik und natürlich schneller Computer) errechnen:

6.670.903.752.021.072.936.960

Es gäbe also mehr als 6.670 Trillionen denkbarer Spiele. Schränkt man die Fälle hingegen ein und berücksichtigt Spiele, die beispielsweise durch den Austausch zweier Ziffern, zweier Spalten oder Reihen entstehen, nicht, reduziert sich die Anzahl sehr stark:

5.472.730.538

Dann wären es nur noch knapp 5,5 Milliarden möglicher Spiele. Das Interessante an dieser Zahl sei, so Jean-Paul Delahaye in seinem Artikel im *Scientific American*, dass sie kleiner ist als die der Weltbevölkerung, die mit mehr als 6,3 Milliarden angegeben wird.

Aufgrund dieser Daten dürfte klar sein, dass unserer Generation wohl kaum die Sudokus *ausgehen* werden. Wir können also in Ruhe weiterspielen, ohne jemals Gefahr zu laufen, das gleiche Spiel zweimal anzutreffen.

Eine weitere offene Frage betrifft die Eindeutigkeit der Lösung. Was ist damit gemeint? Nehmen wir an, wir haben ein Sudoku vorliegen, in dem schon Ziffern auf einige Felder *verteilt* sind. Es gibt natürlich keine Garantie, dass diese Aufstellung aufgeht, das heißt, wir könnten auf widersprüchliche Angaben stoßen. Aber angenommen, alles ist in Ordnung und es sind keine Ungereimtheiten vorhanden, woher wissen wir, dass unsere Lösung die *einzig* mögliche ist?

Das ist wirklich eine sehr gute Frage, denn aufgrund der riesigen Zahl von Sudoku-Spielen müsste man Computer einsetzen, um festzustellen, ob es in unserem bestimmten Fall mehr als eine Lösung gibt, was durchaus möglich ist. Tatsächlich könnten Sie sich selbst ein Spiel *ausdenken*, das sich auf mehr als eine Weise lösen lässt. Dennoch sollte die *Eindeutigkeit* eine Grundvoraussetzung sein, denn man geht ja davon aus, dass der Spielentwurf *durchdacht* ist und nur eine *einzige* Lösung zulässt. Darin besteht schließlich der Reiz von Sudoku. Sonst wäre es ja wie beim »Bingo«: Gerade wenn man glaubt gewonnen zu haben und »Bingo!« ruft, kommt ein anderer daher, der ebenfalls »gewonnen« hat.

Noch eine Frage: Wie viele Ziffern müssen festgelegt sein, *bevor* man das Spiel beginnt? Haben Sie sie schon einmal gezählt? Ist die Anzahl immer gleich? Interessant ist hier, dass die Menge der vorhandenen Informationen bei jedem Sudoku variiert. Es gibt diesbezüglich keine Vorgabe. Wie Sie sich aber denken können, ist *eine gewisse Mindestanzahl erforderlich*, denn der Extremfall wäre ein leeres Quadrat mit sehr vielen möglichen Lösungen. Mit jeder Ziffer, die eingesetzt wird, nimmt die Zahl der möglichen Lösungen ab, bis zu dem Punkt, an dem *garantiert* nur noch eine *einzige Lösung* möglich ist.

Ein weiteres Problem ist das der *Minimalität*. Die Frage lautet: Wie hoch ist die *Mindest*anzahl an festgelegten Daten, damit es nur *eine einzige Lösung* gibt? Diese Frage ist bis heute ungelöst. Am weitesten verbreitet ist die Annahme, dass mindestens 17 Ziffern notwendig sind. Mathematiker auf der ganzen Welt arbeiten an diesem Problem. Einer von ihnen, der Ire Gary McGuire von der National University of Ireland (Maynooth), leitet ein Projekt, durch das bewiesen werden soll, dass es Sudokus gibt, die bereits mit 16 belegten Feldern eine eindeutige Lösung garantieren. Wie er selbst zugibt, ist der Versuch bisher gescheitert. Die allgemein anerkannte Anzahl beträgt daher weiterhin 17.

Wie Sie sehen, sind auch heute noch viele Fragen offen, und es gibt jede Menge einfacherer Fallbeispiele, die man angehen kann (mithilfe eines Quadrats von 4 · 4 beispielsweise). Mir ging es vor allem darum zu zeigen, dass sich hinter einem unschuldigen Spiel, das scheinbar nur ein simpler Zeitvertreib ist, sehr viel Mathematik verbergen kann.

Verweise:

http://en.wikipedia.org/wiki/Sudoku
http://sudoku.com.au
http://www.dailysudoku.com/sudoku/index.shtml
http://daily-sudoku.com
http://sudoku.com/howtosolve.htm

Sieb des Eratosthenes

Eratosthenes (257–195 v. Chr.) wurde im nordafrikanischen Kyrene (im heutigen Libyen) geboren. Er berechnete als Erster den Durchmesser der Erde, und dies mit für die damalige Zeit überraschender Genauigkeit (es wird mir immer ein Rätsel bleiben, warum die »Entdeckung«, dass die Erde »rund« bzw. eine Kugel sei, Kolumbus zugeschrieben wird, obwohl die Erkenntnis zu dem Zeitpunkt bereits *15 Jahrhunderte* alt war).

Eratosthenes war über mehrere Jahrzehnte Leiter der berühmten Bibliothek von Alexandria. Er gehörte zu den anerkanntesten Männern seiner Zeit. Leider sind von seinen Schriften nur einige wenige Fragmente überliefert.

Eratosthenes starb den freiwilligen Hungertod, da er seine Blindheit nicht mehr ertrug. Im Folgenden möchte ich eine seiner berühmten Errungenschaften vorstellen: das sogenannte »Sieb des Eratosthenes«.

Wir wissen, dass eine (positive) *Primzahl* eine ganze Zahl ist, die *nur durch sich selbst und durch 1 teilbar ist* (aus dieser Definition ist die Zahl 1 ausdrücklich ausgenommen). Eratosthenes entwarf einen Algorithmus, durch den man *alle Primzahlen* bestimmen kann. Sehen wir uns seine Erfindung einmal genauer an.

Schreiben wir zunächst die Zahlen von 1 bis 150 auf:

1	2	3	4	5	6	7	8	9	10
11	12	13	14	15	16	17	18	19	20
21	22	23	24	25	26	27	28	29	30
31	32	33	34	35	36	37	38	39	40
41	42	43	44	45	46	47	48	49	50
51	52	53	54	55	56	57	58	59	60
61	62	63	64	65	66	67	68	69	70
71	72	73	74	75	76	77	78	79	80
81	82	83	84	85	86	87	88	89	90
91	92	93	94	95	96	97	98	99	100
101	102	103	104	105	106	107	108	109	110
111	112	113	114	115	116	117	118	119	120
121	122	123	124	125	126	127	128	129	130
131	132	133	134	135	136	137	138	139	140
141	142	143	144	145	146	147	148	149	150

Eratosthenes begann nun, diese Liste durchzugehen. Die 1 ließ er unberücksichtigt, da er ja wusste, dass sie keine Primzahl ist. Die erste Zahl, die ihm begegnete, war also die 2. Dann ging er folgendermaßen vor: *Die 2 ließ er stehen und strich* alle ihre Vielfachen *aus*. Das Ergebnis war folgende Tabelle:

~~1~~	2	3	~~4~~	5	~~6~~	7	~~8~~	9	~~10~~
11	~~12~~	13	~~14~~	15	~~16~~	17	~~18~~	19	~~20~~
21	~~22~~	23	~~24~~	25	~~26~~	27	~~28~~	29	~~30~~
31	~~32~~	33	~~34~~	35	~~36~~	37	~~38~~	39	~~40~~
41	~~42~~	43	~~44~~	45	~~46~~	47	~~48~~	49	~~50~~
51	~~52~~	53	~~54~~	55	~~56~~	57	~~58~~	59	~~60~~
61	~~62~~	63	~~64~~	65	~~66~~	67	~~68~~	69	~~70~~
71	~~72~~	73	~~74~~	75	~~76~~	77	~~78~~	79	~~80~~
81	~~82~~	83	~~84~~	85	~~86~~	87	~~88~~	89	~~90~~
91	~~92~~	93	~~94~~	95	~~96~~	97	~~98~~	99	~~100~~
101	~~102~~	103	~~104~~	105	~~106~~	107	~~108~~	109	~~110~~
111	~~112~~	113	~~114~~	115	~~116~~	117	~~118~~	119	~~120~~
121	~~122~~	123	~~124~~	125	~~126~~	127	~~128~~	129	~~130~~
131	~~132~~	133	~~134~~	135	~~136~~	137	~~138~~	139	~~140~~
141	~~142~~	143	~~144~~	145	~~146~~	147	~~148~~	149	~~150~~

Nachdem er *alle Vielfachen von 2 gestrichen hatte*, ging er in der Liste weiter bis zur nächsten Zahl, die er nicht gestrichen hatte, nämlich der 3. Die 3 ließ er wieder stehen und eliminierte *alle ihre Vielfachen*. Danach sah die Tabelle so aus:

~~1~~	2	3	4	5	~~6~~	7	~~8~~	9	~~10~~
11	~~12~~	13	~~14~~	~~15~~	~~16~~	17	~~18~~	19	~~20~~
~~21~~	~~22~~	23	~~24~~	25	~~26~~	~~27~~	~~28~~	29	~~30~~
31	~~32~~	~~33~~	~~34~~	35	~~36~~	37	~~38~~	~~39~~	~~40~~
41	~~42~~	43	~~44~~	~~45~~	~~46~~	47	~~48~~	49	~~50~~
~~51~~	~~52~~	53	~~54~~	55	~~56~~	~~57~~	~~58~~	59	~~60~~
61	~~62~~	~~63~~	~~64~~	65	~~66~~	67	~~68~~	~~69~~	~~70~~
71	~~72~~	73	~~74~~	~~75~~	~~76~~	77	~~78~~	79	~~80~~
~~81~~	~~82~~	83	~~84~~	85	~~86~~	~~87~~	~~88~~	89	~~90~~
91	~~92~~	~~93~~	~~94~~	95	~~96~~	97	~~98~~	~~99~~	~~100~~
101	~~102~~	103	~~104~~	~~105~~	~~106~~	107	~~108~~	109	~~110~~
~~111~~	~~112~~	113	~~114~~	115	~~116~~	~~117~~	~~118~~	119	~~120~~
121	~~122~~	~~123~~	~~124~~	125	~~126~~	127	~~128~~	~~129~~	~~130~~
131	~~132~~	133	~~134~~	~~135~~	~~136~~	137	~~138~~	139	~~140~~
~~141~~	~~142~~	143	~~144~~	145	~~146~~	~~147~~	~~148~~	149	~~150~~

Auf diese Weise fuhr er fort. Da die 4 bereits ausgestrichen war, ging er zur nächsten Zahl weiter, nämlich zur 5. Die 5 ließ er wieder stehen und strich alle ihre Vielfachen aus. Die Tabelle sah aus wie folgt:

~~1~~ 2 3 4 5 6 7 8 9 ~~10~~

11 ~~12~~ 13 ~~14~~ ~~15~~ ~~16~~ 17 ~~18~~ 19 ~~20~~

~~21~~ ~~22~~ 23 ~~24~~ ~~25~~ ~~26~~ ~~27~~ ~~28~~ 29 ~~30~~

31 ~~32~~ ~~33~~ ~~34~~ ~~35~~ ~~36~~ 37 ~~38~~ ~~39~~ ~~40~~

41 ~~42~~ 43 ~~44~~ ~~45~~ ~~46~~ 47 ~~48~~ ~~49~~ ~~50~~

~~51~~ ~~52~~ 53 ~~54~~ ~~55~~ ~~56~~ ~~57~~ ~~58~~ 59 ~~60~~

61 ~~62~~ ~~63~~ ~~64~~ ~~65~~ ~~66~~ 67 ~~68~~ ~~69~~ ~~70~~

71 ~~72~~ 73 ~~74~~ ~~75~~ ~~76~~ 77 ~~78~~ 79 ~~80~~

~~81~~ ~~82~~ 83 ~~84~~ ~~85~~ ~~86~~ ~~87~~ ~~88~~ 89 ~~90~~

91 ~~92~~ ~~93~~ ~~94~~ ~~95~~ ~~96~~ 97 ~~98~~ ~~99~~ ~~100~~

101 ~~102~~ 103 ~~104~~ ~~105~~ ~~106~~ 107 ~~108~~ 109 ~~110~~

~~111~~ ~~112~~ 113 ~~114~~ ~~115~~ ~~116~~ ~~117~~ ~~118~~ 119 ~~120~~

121 ~~122~~ ~~123~~ ~~124~~ ~~125~~ ~~126~~ 127 ~~128~~ ~~129~~ ~~130~~

131 ~~132~~ 133 ~~134~~ ~~135~~ ~~136~~ 137 ~~138~~ 139 ~~140~~

~~141~~ ~~142~~ 143 ~~144~~ ~~145~~ ~~146~~ ~~147~~ ~~148~~ 149 ~~150~~

Dann gelangte er zur 7, strich alle ihre Vielfachen aus und suchte sich die nächste Zahl, die noch nicht getilgt war, die 11. Diese ließ er wieder stehen und strich alle ihre Vielfachen aus. Er ging weiter zur nächsten nicht markierten Zahl, der 13, deren Vielfache er wieder entfernte. Auf diese Weise fuhr er bis zum Ende der Liste fort.

Die Zahlen, die am Ende übrig blieben, waren demnach keine Vielfachen der vorangehenden Zahlen. Er hatte eine Art »Filter« entworfen, in dem nur die Primzahlen hängen blieben.

Am Ende erhielt er folgende Tabelle:

~~1~~	2	3	4	5	~~6~~	7	8	9	~~10~~
11	~~12~~	13	~~14~~	~~15~~	~~16~~	17	~~18~~	19	~~20~~
~~21~~	~~22~~	23	~~24~~	~~25~~	~~26~~	~~27~~	~~28~~	29	~~30~~
31	~~32~~	~~33~~	~~34~~	~~35~~	~~36~~	37	~~38~~	~~39~~	~~40~~
41	~~42~~	43	~~44~~	~~45~~	~~46~~	47	~~48~~	~~49~~	~~50~~
~~51~~	~~52~~	53	~~54~~	~~55~~	~~56~~	~~57~~	~~58~~	59	~~60~~
61	~~62~~	~~63~~	~~64~~	~~65~~	~~66~~	67	~~68~~	~~69~~	~~70~~
71	~~72~~	73	~~74~~	~~75~~	~~76~~	~~77~~	~~78~~	79	~~80~~
~~81~~	~~82~~	83	~~84~~	~~85~~	~~86~~	~~87~~	~~88~~	89	~~90~~
91	~~92~~	~~93~~	~~94~~	~~95~~	~~96~~	97	~~98~~	~~99~~	~~100~~
101	~~102~~	103	~~104~~	~~105~~	~~106~~	107	~~108~~	109	~~110~~
~~111~~	~~112~~	113	~~114~~	~~115~~	~~116~~	~~117~~	~~118~~	~~119~~	~~120~~
121	~~122~~	~~123~~	~~124~~	~~125~~	~~126~~	127	~~128~~	~~129~~	~~130~~
131	~~132~~	133	~~134~~	~~135~~	~~136~~	137	~~138~~	139	~~140~~
~~141~~	~~142~~	143	~~144~~	~~145~~	~~146~~	~~147~~	~~148~~	149	~~150~~

Mithilfe dieser einfachen, aber sehr wirkungsvollen Methode schuf Eratosthenes sein berühmtes »Sieb«, mit dem er die Primzahlen herausfiltern konnte: 2, 3, 5, 7, 11, 13, 17, 19, 23, 29, 31, 37, 41, 43, 47, 53, 59, 61, 67, 71, 73, 79, 83, 89, 91, 97, 101, 103, 107, 109, 113, 121, 127, 131, 133, 137, 139, 143, 149 …

Fest steht, dass es unendlich viele Primzahlen gibt. Doch noch immer ranken sich um sie viele offene Fragen. Das Sieb des Eratosthenes war die erste bekannte Methode, um sie zu identifizieren.[6] Auch heute noch ist der Algorithmus das effizienteste Verfahren, um die »kleinsten« Primzahlen zu bestimmen (sagen wir, alle unter 10 Millionen).

Eratosthenes hat auf jeden Fall seinen Platz in der Geschichte verdient, allein schon wegen dieses Beitrags zur Zahlentheorie und der für seine Zeit beachtlichen Leistung, als er feststellte, dass die Erde eine Kugel ist.

Vollkommene oder perfekte Zahlen

Die ganzen Zahlen sind der Ursprung für eine Reihe interessanter Probleme, von denen viele nach wie vor ungelöst sind. Eines möchte ich Ihnen hier vorstellen.

Pythagoras und seine Schüler glaubten, die Zahlen enthielten das *Wesen* aller Dinge, und gaben ihnen sogar ein Geschlecht. Sie sagten beispielsweise, die *geraden* Zahlen seien *weiblich*. Im Folgenden möchte ich mich mit den Zahlen beschäftigen, die man *vollkommene Zahlen* nennt. Dabei werde ich die sogenannten *natürlichen* Zahlen benutzen, die jeder aus dem *Alltagsgebrauch* kennt: 1, 2, 3, 4, 5, 6 … usw.

Nehmen wir jetzt eine beliebige natürliche Zahl, sagen wir die 12. Wie viele Teiler hat sie? Das heißt, in wie viele Teile lässt sich die 12 zerlegen, ohne dass ein Rest übrig bleibt?

---

6 Natürlich fand er nicht *alle* Primzahlen, da sie, wie gesagt, unendlich sind. Das Verfahren stellt jedoch die Bestimmung *aller Primzahlen* sicher, *die kleiner als eine bestimmte Zahl sind*, und ermöglicht es außerdem festzustellen, ob eine beliebige Zahl eine Primzahl ist oder nicht.

Die Antwort lautet (ich hoffe, dass Sie bereits selbst darauf gekommen sind):

1, 2, 3, 4, 6 und 12

Wenn ich 12 durch die Zahl 1 teile, erhalte ich 12, es bleibt kein Rest. 12 durch 2 ergibt 6, Rest 0. 12 durch 3 ist gleich 4, Rest 0. 12 durch 4 ergibt 3, Rest 0 …

Doch wenn ich die Zahl 12 durch 5 teilte, wäre das Ergebnis keine natürliche Zahl, sondern 2,4. Wir stellen also fest, dass sich die 12 durch 5 nicht glatt teilen lässt, dafür aber durch 1, 2, 3, 4, 6 und 12. Diese Zahlen sind die Teiler von 12.[7]

Nun wissen wir, was unter dem *Teiler* einer natürlichen Zahl zu verstehen ist. Wie Sie außerdem merken werden, ist die 1 *Teiler* jeder beliebigen Zahl. So wie sich jede beliebige Zahl auch durch sich selbst teilen lässt.

Wenden wir uns nun der Zahl 6 zu. Welche Teiler besitzt sie? Wie wir gesehen haben, handelt es sich dabei um

1, 2, 3 und 6

Wenn wir die Zahl selbst, also die 6, ausschließen, bleiben 1, 2 und 3. Diese nennt man *echte Teiler*.

Wenn wir nun *die Summe* bilden, lautet das Ergebnis:

$$1 + 2 + 3 = 6$$

---

[7] Eine präzisere Definition würde folgendermaßen lauten: »Die natürliche Zahl d ist Teiler der natürlichen Zahl n, wenn eine natürliche Zahl q existiert, so dass gilt: $n = d \cdot q$.«

Wenn wir also die *echten Teiler addieren*, erhalten wir wieder *die ursprüngliche Zahl*.

Ein weiteres Beispiel: die Zahl 10.
Ihre echten Teiler (das heißt, die 10 ausgenommen) lauten:

1, 2 und 5

Und nun addieren wir:

1 + 2 + 5 = 8

In diesem Fall ergibt die Summe der echten Teiler *nicht* die ursprüngliche Zahl.

Noch ein Beispiel. Die echten Teiler der 12 lauten:

1, 2, 3, 4 und 6

Addieren wir sie, ist das Ergebnis:

1 + 2 + 3 + 4 + 6 = 16

Auch hier erhalten wir nicht die ursprüngliche Zahl, da sich *diese nicht* durch die Summe der Teiler *ergibt*.
Zahlen, die wie die 6 die Summe ihrer echten Teiler sind, werden *vollkommene* oder *perfekte* Zahlen genannt. Es stellt sich die Frage, ob die 6 das einzige Beispiel dieser Art ist oder ob es noch weitere vollkommene Zahlen gibt.
Sind wir nur zufällig auf die 6 gestoßen? Ich bitte den Leser, einmal selbst andere vollkommene Zahlen zu suchen.

Untersuchen wir nun die Zahl 28. Sich selbst ausgenommen, besitzt diese als Teiler

1, 2, 4, 7, 14

Und als Summe ergibt sich:

1 + 2 + 4 + 7 + 14 = 28

Daher ist auch die 28 eine vollkommene Zahl!
Glücklicherweise steht also die 6 nicht allein da. Sie ist die erste unter den vollkommenen natürlichen Zahlen, aber wir wissen ja bereits, dass es noch eine weitere gibt, die 28.
Ich bitte Sie einmal nachzuprüfen, dass es keine weitere vollkommene Zahl zwischen 6 und 28 gibt. Die 28 ist also die *zweite* vollkommene Zahl.
An diesem Punkt stellen sich natürlich einige Fragen:

- Gibt es noch eine dritte vollkommene Zahl?
- Wenn ja, welche?
- Wie viele vollkommene Zahlen gibt es?
- Gibt es eine Methode, *alle* vollkommenen Zahlen zu finden?

Hier einige Antworten. Ich sage ausdrücklich *einige*, denn zum einen ist hier (bei weitem) nicht Platz für alle Antworten, zum anderen sind sie zum Teil sogar noch unbekannt. Gehen wir einen Schritt weiter. Die Zahl 496 besitzt als *echte Teiler*

1, 2, 4, 8, 16, 31, 62, 124 und 248

Wenn wir sie addieren, ergibt sich

$$1 + 2 + 4 + 8 + 16 + 31 + 62 + 124 + 248 = 496$$

Nun haben wir eine weitere vollkommene Zahl entdeckt: die 496!

Noch ein paar interessante Details. Man weiß (und Sie können es gerne nachrechnen), dass zwischen 28 und 496 keine weiteren vollkommenen Zahlen existieren. Somit ist die 496 die dritte im Bunde. Und bis zur vierten hat man eine ziemlich weite »Strecke« zu überwinden … denn die nächste vollkommene Zahl ist erst die 8.128. Der Beweis ist nicht schwer, man braucht nur Geduld und einen Taschenrechner.

$$8.128 = 1 + 2 + 4 + 8 + 16 + 32 + 64 + 127 + 254 +$$
$$508 + 1.016 + 2.032 + 4.064$$

Bis jetzt wissen wir also, dass die ersten vollkommenen Zahlen 6, 28, 496 und 8.128 sind.

Hier noch einige interessante Fakten:

a) In einem Manuskript aus dem Jahr 1456 (!) wird die *fünfte* vollkommene Zahl angegeben, die 33.550.336.

b) Bis zum heutigen Tag im Oktober 2006 sind keine *ungeraden* vollkommenen Zahlen bekannt.

c) Die *größte* bekannte vollkommene Zahl ist $2^{32582657} \cdot (2^{32582657} - 1)$.

Die Griechen haben große Mühe darauf verwendet, vollkommene Zahlen zu *entdecken*, und viel über sie geschrieben. Im letzten Buch der *Elemente* des Euklid (des meist-gelesenen Buches nach der Bibel) findet man folgenden Satz:

Wenn *n* eine *ganze positive* Zahl ist und $(2^n - 1)$ eine Primzahl, dann ist

$$2^{(n-1)} \cdot (2^n - 1) \text{ *}$$

eine vollkommene Zahl.
Zum Beispiel:
Für *n* = 2 ergibt sich:

$$2^{(2-1)} \cdot (2^2 - 1) = 2 \cdot 3 = 6$$

Für *n* = 3 lautet das Ergebnis:

$$2^{(3-1)} \cdot (2^3 - 1) = 4 \cdot 7 = 28$$

Und wenn *n* = 5, erhält man:

$$2^{(5-1)} \cdot (2^5 - 1) = 496$$

Das ist sehr interessant, zumal Euklid hier eine Methode vorstellt, wie sich die vollkommenen Zahlen berechnen lassen.

Ist n = 7, ergibt sich:

$$2^{(7-1)} \cdot (2^7 - 1) = 64 \cdot 127 = 8.128$$

---

* Einer der größten Mathematiker der Geschichte, der Schweizer Leonard Euler (1707–1783), bewies, dass *alle geraden vollkommenen Zahlen* diese Form besitzen.

Nun gerät man in Versuchung, es mit der nächsten *Prim-zahl*, die auf 7 folgt, zu probieren, also den Fall n = 11 nachzurechnen:

$$2^{(11-1)} \cdot (2^{11} - 1) = 2.096.128$$

Und diesmal haben wir es nicht mit einer vollkommenen Zahl zu tun.

Das Problem besteht darin, dass die Zahl $(2^{11}-1) = 2.047$ keine Primzahl ist!

Tatsächlich ist 2.047 gleich $89 \cdot 23$.

Daher widerspricht die Tatsache, dass 2.096.128 *keine voll-kommene Zahl ist*, nicht dem Satz des Euklid. Es lohnt sich allerdings, noch einen Schritt weiterzugehen.

Wenn man die Formel auf die nächste Primzahl, die Zahl 13, anwendet, erhält man:

$$2^{(13-1)} \cdot (2^{13} - 1) = 33.550.336$$

Und dies ist wieder eine vollkommene Zahl!

Der französische Mathematiker Marin Mersenne zeig-te im Jahr 1644, dass die ersten dreizehn vollkomme-nen Zahlen die eben betrachtete Form aufweisen, und zwar für

$$n = 2, 3, 5, 7, 13, 17, 19, 31, 61, 89, 107, 127 \text{ und } 157$$

Wir fassen zusammen:

a) Die *ersten vollkommenen Zahlen* lauten:
6, 28, 496, 8.128, 33.550.336, 8.589.869.056, 137.438.691.328, 2.305.843.008.139.952.128.

Mithilfe von Computerberechnungen ließen sich vollkommene Zahlen für folgende n finden: 2, 3, 5, 7, 13, 17, 19, 31, 61, 89, 107, 127, 521, 607, 1.279, 2.203, 2.281, 3.217, 4.253, 4.423, 9.689, 9.941, 11.213, 19.937, 21.701, 23.209, 44.497, 86.243, 110.503, 132.049, 216.091, 756.839, 859.433, 1.257.787 und 1.398.269.

b) Wenn $(2^n - 1)$ eine Primzahl ist, dann ist die Zahl $2^{(n-1)} \cdot (2^n - 1)$ eine vollkommene Zahl für jede beliebige Zahl n.

c) Mit der eben erwähnten Formel lassen sich alle *geraden* vollkommenen Zahlen gewinnen.

d) Bis zum heutigen Tag sind keine *ungeraden* vollkommenen Zahlen bekannt. Ob es überhaupt welche gibt? Man hat *alle* Zahlen bis 10^{300} – dies ist eine 1 mit 300 Nullen – geprüft und keine ungerade vollkommene Zahl gefunden. Es ist zweifelhaft, ob es sie gibt, der Beweis steht jedoch nach wie vor aus.

e) Gibt es unendlich viele vollkommene Zahlen?
Die Literatur zu diesem Thema ist gewaltig. Dieses Kapitel sollte lediglich eine Einführung sein und zeigen, dass es in der Mathematik noch sehr viele ungelöste Probleme gibt. Dies ist nur eines von ihnen.

Das Leben in der Unendlichkeit.
Die geometrische und die harmonische Reihe

Ist es möglich, »unendlich viele« positive Zahlen zu addieren und als Ergebnis keine unendliche Zahl zu erhalten? Unsere erste Reaktion auf diese Frage wäre: »Nein, das ist nicht möglich. Wenn man unendlich viele positive Zahlen addieren könnte, würde das Ergebnis kontinuierlich größer werden und *müsste daher gegen unendlich gehen.*«

Selbstverständlich sind einige Aspekte dieser Antwort richtig. Wenn man positive Zahlen addiert, wird das Ergebnis im Verlauf immer größer. Das stimmt natürlich. In Zweifel ziehen möchte ich jedoch folgende Behauptung: »Würde man unendlich viele Zahlen addieren, müsste *das Ergebnis gegen unendlich gehen.*«

Wir haben bereits im ersten Band von *Mathematik durch die Hintertür* (S. 103) gesehen, dass die »unendliche Summe« der Kehrwerte der Potenzen von 2 als Ergebnis die Zahl 2 ergibt. Diese »unendliche Summe« ist die Summe der geometrischen Reihe mit dem Quotienten 1/2, durch die man sich der Zahl 2 annähert.

Was würde nun geschehen, wenn man jeweils Summen aus Partialsummen bilden würde? Nehmen wir also an, dass man »*Stück für Stück* addiert«. Man beginnt mit einem Glied, dann addiert man zwei, dann drei, vier, fünf usw. Jede Summe wird eine Zahl ergeben, die ich S_n nenne. Die Summe einer einzigen Zahl heißt also S_1; die zweier Zahlen S_2; die dreier Zahlen S_3 usw., bis sich folgende Tabelle *ergibt*:

$S_1 = 1$

$S_2 = 1 + 1/2 = 1,5$

$S_3 = 1 + 1/2 + 1/3 = 1,833333...$

$S_4 = 1 + 1/2 + 1/3 + 1/4 = 2,08333333...$

$S_5 = 1 + 1/2 + 1/3 + 1/4 + 1/5 = 2,2833333...$

$S_6 = 1 + 1/2 + 1/3 + 1/4 + 1/5 + 1/6 = 2,45$

$S_7 = 1 + 1/2 + 1/3 + 1/4 + 1/5 + 1/6 + 1/7 =$
$\qquad 2,59285714285714...$

$S_8 = 1 + 1/2 + 1/3 + 1/4 + 1/5 + 1/6 + 1/7 + 1/8 =$
$\qquad 2,71785714285714...$

Je mehr Zahlen wir also hinzufügen, desto größer ist der Wert von S_n. Nun stellt sich die Frage: Wird S_n unendlich groß? Lassen sich die Zahlen beliebig steigern?

Das Beispiel, das ich im ersten Band von *Mathematik durch die Hintertür* gebracht habe, zeigt uns, dass die Partialsummen der Glieder zwar immer größer werden, jedoch *die Zahl 2 niemals überschreiten*. Im ersten Band stellte ich außerdem folgende Reihe vor (die der Summe der Kehrwerte der Potenzen von 2):

$A_0 = 1 = 1 = 2 - 1$

$A_1 = 1 + 1/2 = 3/2 = 2 - 1/2$

$A_2 = 1 + 1/2 + 1/4 = 7/4 = 2 - 1/4$

$A_3 = 1 + 1/2 + 1/4 + 1/8 = 15/8 = 2 - 1/8$

$A_4 = 1 + 1/2 + 1/4 + 1/8 + 1/16 = 31/16 = 2 - 1/16$

$A_5 = 1 + 1/2 + 1/4 + 1/8 + 1/16 + 1/32 = 63/32 = 2 - 1/32$

$A_6 = 1 + 1/2 + 1/4 + 1/8 + 1/16 + 1/32 + 1/64 = 127/64 =$
$\qquad 2 - 1/64$

Wenngleich die Elemente der Reihe A_n offensichtlich wachsen, je größer der Index *n* wird, so wird doch keines jemals den Grenzwert 2 überschreiten. Wenn also der Index *n* ansteigt, *nimmt auch der entsprechende Wert von A_n zu.* In der Fachsprache würde man sagen, dass es sich bei der Reihe A_n um eine *streng monoton wachsende* Reihe handelt. Wir stellen also fest: Die Reihe wächst, *ist aber durch die Zahl 2 beschränkt.*

In dem Beispiel, das wir gerade analysieren, werden die Summen zwar auch immer größer, aber es ist nicht klar, ob es einen *Grenzwert oder Limes* gibt (wie oben die Zahl 2), der nicht überschritten werden kann. Wir hatten eine sogenannte Reihe (S_n) reeller Zahlen konstruiert, bei der auch der Wert von S_n ansteigt, wenn der Index *n* größer wird. Nun stellt sich die Frage, ob die Zahlen S_n unendlich wachsen. Überlegen wir einmal Folgendes: Würde sie *nicht* unendlich wachsen, hieße das, dass es eine *Grenze* gibt, die bei beliebig großem Index *n* niemals überschritten wird. (Im Falle der Summe der Kehrwerte der Potenzen von 2 haben wir zum Beispiel gesehen, dass die *Zahl 2* der Grenzwert ist, der nicht »überwunden« werden kann, egal wie groß man den Index ansetzt.)
Sehen wir uns einige Glieder der Reihe an:

$$S_1 = 1$$
$$S_2 = 1 + 1/2$$
$$S_4 = 1 + 1/2 + (1/3 + 1/4)$$

Ich habe die beiden letzten Summanden absichtlich in Klammern gesetzt, denn wenn *man sie sich genauer ansieht*, stellt man fest, dass die Zahl

$$1/3 > 1/4$$

Das heißt:

$$(1/3 + 1/4) > (1/4 + 1/4) = 2/4 = 1/2 \quad (*)$$

Damit haben wir gezeigt, dass

$$S_4 > 1 + 1/2 + 1/2 = 1 + 2 \cdot (1/2) \quad (**)$$

Sehen wir uns nun den Fall von S_8 an:

$$S_8 = 1 + 1/2 + (1/3 + 1/4) + (1/5 + 1/6 + 1/7 + 1/8)$$

Wieder habe ich absichtlich einige Summanden in Klammern gesetzt, damit wir gemeinsam einige Überlegungen anstellen können. Wir haben bereits bei (*) gesehen, dass die erste Klammer (1/3 + 1/4) *größer* ist als (1/2). Betrachten wir nun die zweite Klammer:

$$(1/5 + 1/6 + 1/7 + 1/8)$$

Da

$$1/5 > 1/8$$
$$1/6 > 1/8$$
$$1/7 > 1/8$$

Folgt:

$$(1/5 + 1/6 + 1/7 + 1/8) > (1/8 + 1/8 + 1/8 + 1/8)$$

Das heißt:

$$(1/5 + 1/6 + 1/7 + 1/8) > \text{viermal } (1/8)$$
$$= 4 \cdot (1/8) = 1/2$$

Wir haben also herausgefunden, dass auch die zweite Klammer größer ist als (1/2). Damit befinden wir uns an einem wichtigen Punkt, denn nun wissen wir, dass

$$S_8 = 1 + 1/2 + (1/3 + 1/4) + (1/5 + 1/6 + 1/7 + 1/8)$$
$$> 1 + 1/2 + 1/2 + 1/2 = 1 + 3 \cdot (1/2) \quad (***)$$

Sehen wir uns nun S_{16} an:

$$S_{16} = 1 + 1/2 + (1/3 + 1/4) + (1/5 + 1/6 + 1/7 + 1/8) +$$
$$(1/9 + 1/10 + 1/11 + 1/12 + 1/13 + 1/14 + 1/15 +$$
$$1/16) \quad (****)$$

Wieder habe ich, wie oben, einige Glieder in Klammern zusammengefasst. In diesem Fall kommen im Vergleich zu S_8 die letzten *acht Summanden* hinzu, *die in der dritten Klammer erscheinen.* Das Interessante ist Folgendes:

$$(1/9 + 1/10 + 1/11 + 1/12 + 1/13 + 1/14 + 1/15 + 1/16)$$
$$> (1/16 + 1/16 + 1/16 + 1/16 + 1/16 + 1/16 + 1/16 + 1/16)$$
$$= (\text{achtmal die Zahl } 1/16) = 8 \cdot (1/16) = 1/2$$

Wenn wir also die Reihe (****) betrachten, können wir daraus schließen, dass

$$S_{16} = 1 + 1/2 + (1/3 + 1/4) + (1/5 + 1/6 + 1/7 + 1/8) +$$
$$(1/9 + 1/10 + 1/11 + 1/12 + 1/13 + 1/14 + 1/15 + 1/16)$$
$$> 1 + 1/2 + 1/2 + 1/2 + 1/2 = 1 + 4 \cdot (1/2)$$

An dieser Stelle fasse ich unsere bisherigen Erkenntnisse noch einmal zusammen und möchte Sie bitten, gemein-

sam mit mir zu überlegen, welche Folgerung sich daraus
ergibt:

$$S_1 = 1$$
$$S_2 = 1 + 1/2$$
$$S_4 > 1 + 2 \cdot (1/2)$$
$$S_8 > 1 + 3 \cdot (1/2)$$
$$S_{16} > 1 + 4 \cdot (1/2)$$

Würden wir nach diesem Muster fortfahren, könnten wir
zum Beispiel feststellen, dass

$$S_{32} > 1 + 5 \cdot (1/2)$$
$$S_{64} > 1 + 6 \cdot (1/2)$$
$$S_{128} > 1 + 7 \cdot (1/2)$$

Das heißt: In dem Maße, wie der Index n von S_n zunimmt,
ist auch die Reihe S_n größer als die Reihe $(1 + n \cdot (1/2))$.
Die Ungleichung, die sich daraus ergibt, lautet:

$$S(_2{}^n) > (1 + n \cdot (1/2)) \qquad (1)$$

Da die rechte Seite der Ungleichung (1) *gegen unendlich
strebt*, also beliebig groß werden kann, und die Reihe S_n
sogar noch größer ist, können wir daraus schließen, dass
Letztere *ebenfalls gegen unendlich geht*. Mit anderen Worten: Wenn eine Reihe Glied für Glied größer ist als eine
andere und jene *gegen unendlich strebt*, dann ist dies bei
der ersten Reihe erst recht der Fall.
Wenn man also *unendlich addieren könnte*

$$1 + 1/2 + 1/3 + 1/4 + 1/5 + 1/6 + \ldots + 1/n + 1/(n + 1)$$
$$+ \ldots,$$

würde diese Summe *gegen unendlich streben*, das heißt,
jede beliebige Grenze überschreiten.
S_n ist unter dem Namen *harmonische Reihe* bekannt.

Einige Zusatzbemerkungen:

a) Obwohl die harmonische Reihe *divergiert* (also gegen
   unendlich strebt), muss man doch 83 Glieder addieren, um den Grenzwert 5 zu überschreiten. Mit anderen Worten, erst

   $S_{83} > 5$

b) Man muss sogar 227 Glieder addieren, um die Zahl 6
   zu überwinden.

c) Erst

   $S_{12367} > 10$

d) Und man muss 250 Millionen Glieder addieren, um
   über 20 zu gelangen.

e) Im Jahr 1689 erschien mit der Abhandlung »Über
   unendliche Reihen« von Jakob Bernoulli der angeblich erste Beweis, dass die harmonische Reihe diver-
   gent ist. Diese Schrift wurde 1713 erneut gedruckt.
   Eine Reproduktion des Originals befindet sich in der
   Bibliothek der Ohio State University (USA). Obwohl
   Jakob Bernoulli schrieb, der Beweis sei seinem Bruder Johann Bernoulli zu verdanken, ist ein solcher
   bereits um 1350 erschienen. Der Mathematiker Niko-

laus von Oresme (1323–1382) veröffentlichte in seinem Buch *Fragen zur Geometrie des Euklid* die klassische Beweisführung, die wir auch heute noch verwenden. Eine weitere geht auf den italienischen Mathematiker Pietro Mengoli (1625–1686) zurück, der dem Beweis von Bernoulli im Jahr 1647 ungefähr vierzig Jahre zuvorkam.

Arithmetische Progressionen von Primzahlen

Sehen wir uns einmal folgende Zahlenfolgen an (zumindest die ersten Glieder):

{1, 2, 3, 4, 5 ... 10, 11, 12 ...}
{1, 3, 5, 7, 9, 11 ... 23, 25, 27, 29 ...}
{2, 4, 6, 8, 10, 12 ... 124, 126, 128 ...}
{7, 10, 13, 16, 19, 22 ... 43, 46, 49 ...}
{7, 17, 27, 37, 47 ... 107, 117, 127 ...}
{5, 16, 27, 38, 49 ... 126, 137, 148, 159 ...}

Bitte überlegen Sie selbst, wie es jeweils weitergeht. Dies ist viel unterhaltsamer, als einfach nur die Lösung nachzulesen.

Die erste Folge ist trivial. Sie ist die Folge *aller* natürlichen Zahlen. Das heißt, wir müssen bei jedem Glied 1 dazuaddieren.

{1, 2, 3, 4, 5 ... 10, 11, 12 ...}

Bei der zweiten Folge handelt es sich um die ungeraden Zahlen, das heißt, es sind jeweils 2 hinzuzuzählen. Sie fängt mit der 1 an, aber wir hätten natürlich auch mit jeder anderen Zahl beginnen können.

{1, 3, 5, 7, 9, 11 ... 23, 25, 27, 29 ...}

Die dritte Folge

{2, 4, 6, 8, 10, 12 ... 124, 126, 128 ...}

folgt derselben Regel: Wir fügen jeweils dem vorangegangenen Glied 2 hinzu.
Bei der Folge

{7, 10, 13, 16, 19, 22 ... 43, 46, 49 ...}

werden stets 3 hinzugezählt. Entscheidend ist auch die Zahl, mit der wir beginnen, in diesem Fall die *7*.
Die nächste Folge

{7, 17, 27, 37, 47 ... 107, 117, 127 ...}

weist die Besonderheit auf, dass bei jedem Glied jeweils *10 zu addieren* sind, wobei genau wie im vorhergehenden Fall die 7 den Anfang bildet.
Bei der letzten Folge

{5, 16, 27, 38, 49 ... 126, 137, 148, 159 ...}

fügen wir jedem Glied jeweils 11 hinzu und beginnen mit 5. Alle diese Folgen haben viele Gemeinsamkeiten. Die wichtigste ist die, die sie *definiert*: Wenn man weiß, wie das erste Glied und die Zahl lauten, die addiert werden muss

(*Differenz oder Schrittweite* genannt), ist der Rest leicht zu erschließen.

Bei diesen Folgen spricht man von einer *arithmetischen Progression*:

{1, 2, 3, 4, 5 ... 10, 11, 12 ...} :
Das erste Glied ist 1 und die Schrittweite ebenfalls 1.
{1, 3, 5, 7, 9, 11 ... 23, 25, 27, 29 ...} :
Anfangsglied 1, Differenz 2.
{2, 4, 6, 8, 10, 12 ... 124, 126, 128 ...} :
Anfangsglied 2, Differenz 2.
{7, 10, 13, 16, 19, 22 ... 43, 46, 49 ...} :
Anfangsglied 7, Differenz 3.
{7, 17, 27, 37, 47 ... 107, 117, 127 ...} :
Anfangsglied 7, Differenz 10.
{5, 16, 27, 38, 49 ... 126, 137, 148, 159 ...} :
Anfangsglied 5, Differenz 11.

Wir könnten hier natürlich noch beliebig viele Beispiele hinzufügen, aber ich glaube, das ist nicht nötig. Ich möchte Ihnen nun ein Problem vorstellen, das die Zahlentheoretiker viele Jahre lang beschäftigt hat (und immer noch beschäftigt).

Sehen Sie sich einmal folgendes Beispiel an:

{5, 17, 29, 41, 53}

Diese Folge[8] ist im Unterschied zu den oben genannten *beschränkt*. Sie besitzt lediglich *fünf Glieder*. Wir können

---

8 Tatsächlich verwende ich das Wort *Folge* missbräuchlich, denn zu Beginn dieses Abschnitts waren die Folgen nicht beschränkt und jetzt jedoch sagen, dass das erste Glied die 5 ist und jeweils 12 zum Vorwert addiert werden müssen. Die Folge endet mit der 53, denn sie weist eine weitere Besonderheit auf: bei den Zahlen handelt es sich ausschließlich um Primzahlen! Die nächste Zahl, die wir aufführen müssten, wäre 65, die jedoch *keine Primzahl ist* (65 = 13 · 5). Wenn wir fordern, dass die Folge nur aus Primzahlen bestehen soll, *muss* sie demnach hier enden.

Nehmen wir uns noch eine weitere Folge vor:

{199, 409, 619, 829, 1.039, 1.249, 1.459, 1.669, 1.879, 2.089}

Das erste Glied der Folge ist die 199, die Schrittweite 210. Wie im vorangegangenen Fall handelt es sich bei allen Zahlen dieser Folge um Primzahlen. Sie besteht lediglich aus *zehn Gliedern*, zumal das nächste Glied die 2.299 wäre, die keine Primzahl ist! (2.299 = 209 · 11)

Wie Sie merken, sind wir auf der Suche nach *arithmetischen Progressionen*, bei denen alle Glieder Primzahlen sind.

---

plötzlich sind sie es. Aber ich glaube, dass die allgemeine Idee dahinter verständlich ist. Die Zahlen {5, 17, 29, 41, 53} bilden den *Anfang* einer Folge, die (offensichtlich) auf *viele* verschiedene Arten fortgesetzt werden kann, zum Beispiel so: {5, 17, 29, 41, 53, 65, 77, 89, 101, 113, 125, ...}, wobei bei jedem Glied jeweils 12 hinzugezählt wird und 5 den Anfang bildet. Anders ausgedrückt, handelt es sich um eine Folge mit 5 als Anfangsglied und 12 als Differenz.

Aber es wäre auch möglich, folgendermaßen fortzufahren: {5, 17, 29, 41, 53, 5, 17, 29, 41, 53, 5, 17, 29, 41, 53, 5, 17, ...}. Es könnte sich daher um eine Folge handeln, die konstant ihre *ersten fünf Glieder* wiederholt. Es gibt also nicht nur *eine Möglichkeit*, eine Folge fortzuführen, wenn man lediglich einige Glieder kennt, sondern unendlich viele. Daher glaube ich, Sie selbst könnten auch noch sehr viele hinzufügen.

Weiter oben haben wir erfahren, dass arithmetische Folgen aus *fünf* und aus *zehn Primzahlen* existieren.

Zum heutigen Zeitpunkt (November 2006) besteht die längste bekannte arithmetische Progression von Primzahlen aus 22 Gliedern. Man fand sogar *zwei solcher Folgen*. Die erste beginnt mit der Zahl

$$11.410.337.850.553$$

und die *Differenz* der einzelnen Glieder ist:

$$4.609.098.694.200$$

Die zweite Folge besitzt als erstes Glied die Zahl

$$376.859.931.192.959$$

und die Schrittweite

$$18.549.279.769.020$$

Eine Frage beschäftigte die Experten viele Jahre lang, nämlich, ob es beliebig lange arithmetische Progressionen von Primzahlen gibt. Sie blieb bis zum Jahre 2004 unbeantwortet, und eigentlich ist sie es noch heute. Ich möchte allerdings darauf hinweisen, dass Green und Tao in einer gemeinsam veröffentlichten Arbeit aus dem Jahr 2004 ein Ergebnis verwendeten, das bislang noch nicht von der Fachwelt bestätigt worden ist und mit dem der Beweis erbracht werden könnte, dass es solche Folgen von Primzahlen tatsächlich *gibt*. Die »längsten« sind jedoch nach wie vor die beiden, die ich oben beschrieben habe, mit je 22 Gliedern.

Modelle: Licht an, Licht aus

Was soll das heißen, *modellieren*? Ja, ich weiß: ein Modell erstellen. Aber wie könnte man die Mathematik einsetzen, um ein praktisches Problem zu lösen? Ich meine, wenn man ein Problem hat, sich hinsetzt, darüber nachdenkt und es fällt einem nicht ein, wie man es angehen könnte. Manchmal gelingt es, das Problem umzuformen und auf eine einfachere Ebene zu bringen, so dass man das Gefühl hat, damit besser arbeiten zu können. Vielleicht liegt darin auch schon der entscheidende Trick, um zu einer Lösung zu gelangen.

Nehmen wir an, wir haben ein Brett, auf dem eine gewisse Anzahl von Lampen angebracht ist. Jede Lampe sitzt an einer *nummerierten* Stelle und kann außerdem jeweils an- oder ausgeschaltet werden. Die Frage ist: Wie viele verschiedene Kombinationsmöglichkeiten von an- und ausgeknipsten Lichtern haben wir? Anders gefragt, wie viele verschiedene Anordnungen sind denkbar?

Wenn nur eine einzige Lampe auf dem Brett angebracht ist, gibt es zwei mögliche Varianten: Entweder ist das Licht an- oder ausgeschaltet. Und nun beginnen wir mit der *Modellierung*. Ich möchte also ein *Modell* konstruieren, das uns hilft, mit unserem Problem leichter umzugehen.

Wenn das Licht ausgeschaltet ist, kennzeichnen wir es mit einer 0, wenn es an ist, mit einer 1:

An   0
Aus   1

Wenn sich auf dem Brett nun zwei nummerierte Lampen befinden, wie viele Anordnungen sind dann möglich?

Aus-Aus, also 00
Aus-An, also 01
An-Aus, also 10
An-An, also 11

Es gibt also *vier* Möglichkeiten:

00, 01, 10 und 11

Gäbe es auf dem Brett nun *drei nummerierte Lampen*, ergäben sich die Konstellationen

000, 001, 010, 011, 100, 101, 110 und 111   (*)

wobei die 0 wieder kennzeichnet, dass das entsprechende Licht aus ist, die 1, dass es angeschaltet ist.
Demnach kommen wir auf *acht mögliche Konstellationen*:

1 Lampe $2 = 2^1$ Anordnungen
2 Lampen $4 = 2^2$ Anordnungen
3 Lampen $8 = 2^3$ Anordnungen

Bevor wir fortfahren, denken Sie darüber nach, welche Situation sich ergibt, wenn *vier* nummerierte Lampen auf dem Brett montiert sind. Anstatt die Lösung *niederzuschreiben*, möchte ich mir eine Regel ausdenken, die sich auf *alle* denkbaren Fälle anwenden lässt. Das heißt, ich will *errechnen* können, wie viele Kombinationen möglich sind, *ohne* sie alle *auflisten* zu müssen.

Nehmen wir an, wir hätten vier Lampen, wobei die vierte ausgeschaltet ist, also eine 0 an letzter Stelle steht: Wie verhält es sich dann mit den Anordnungen für die drei ersten? Wir kennen die Antwort bereits, da es sich hier um die Konstellationen aus (*) handelt. Demnach müssen wir bei den Möglichkeiten, die hier auftauchen, lediglich eine Null am Ende anfügen und schon haben wir alle möglichen Anordnungen für vier Lampen, *wenn die letzte ausgeschaltet ist.*
Sie lauten:

0000, 0010, 0100, 0110, 1000, 1010, 1100 und
1110   (**)

Wie Sie wahrscheinlich bereits vermutet haben, treten noch weitere acht Anordnungen auf, die Sie ebenfalls aus der Liste (*) erhalten, wobei nun die letzte Lampe eingeschaltet ist, das heißt, am Ende eine 1 steht.
Wir haben also:

0001, 0011, 0101, 0111, 1001, 1011, 1101 und
1111   (***)

Die Zahl 0 und die Zahl 1 habe ich absichtlich fett gesetzt, um hervorzuheben, dass die Kombinationen der ersten drei Lampen denen entsprechen, die wir in (*) gesehen haben. Die ersten *acht* Möglichkeiten mit vier Lichtern entfallen auf diejenigen, die mit 0 aufhören, die zweiten acht auf diejenigen, die mit 1 enden.
Welche Folgerung können wir daraus ziehen? Bei drei Lampen erhalten wir $2^3 = 8$ Möglichkeiten. Sobald wir noch eine Lampe hinzufügen, müssen wir unser vorheri-

ges Ergebnis mit **2** multiplizieren (da wir ja jeweils eine **0** oder eine **1** am Ende ergänzen). Wenn man also vier Lichter hat, ist die Zahl der Anordnungen doppelt so groß wie bei dreien (wenn es vorher $2^3 = 8$ Kombinationen waren, sind es nun *doppelt so viele*, also: $2^3 + 2^3 = 2 \cdot 2^3 = 2^4 = 16$).

Ich glaube, jetzt ist klar, warum sich bei einem Brett mit *fünf Lämpchen*

$$2 \cdot 2^4 = 2^5 = 32$$

Kombinationen ergeben und so weiter. So dass wir bei n Lampen 2^n Möglichkeiten erhalten.

Die Modellierung mit Nullen und Einsen erlaubt uns außerdem, in Sequenzen dieser Zahlen zu denken, statt mit einem Lampenbrett zu arbeiten.

Eine sehr interessante (und sehr nützliche) Anwendung

Um das Thema der Modellierung zu vertiefen, möchte ich Ihnen eine weitere Möglichkeit zeigen, das vorstehende Problem (mit den Sequenzen von Nullen und Einsen) anzuwenden.

Angenommen, wir haben einen Beutel, in dem sich vier Gegenstände befinden: eine Uhr, ein Taschenrechner, ein Buch und ein Füller. Wie viele verschiedene Möglichkeiten gibt es, sie als Geschenke zu kombinieren? Wir können *ein einziges*, *zwei*, *drei* oder alle *vier Objekte* zugleich verschenken. Wenn wir das obige Modell mit Sequenzen aus *Nullen* und *Einsen* verwenden, ord-

nen wir zunächst jedem Gegenstand eine Zahl zu. Zum
Beispiel:

1 = Uhr
2 = Taschenrechner
3 = Buch
4 = Füller

Stellen wir uns jetzt vor, dass sich unter den Gegenständen jeweils ein leeres Fach befindet.

1   2   3   4

Wenn die Zahl *Eins* in einem Fach auftaucht, heißt das,
dass wir dieses Geschenk ausgewählt haben. Eine Null bedeutet, dass wir das Geschenk nicht gewählt haben.
Die Sequenz

1010

besagt also, dass wir zwei Gegenstände verschenken: die
Nummer 1 und die Nummer 3, nämlich die Uhr und das
Buch.
Aus der Sequenz

1111

lässt sich schließen, dass wir alle vier Objekte ausgewählt
haben.
Und die Sequenz

0001

zeigt an, dass wir nur den Füller verschenken. Jede dieser Sequenzen aus Nullen und Einsen steht also für eine mögliche Kombination der Gegenstände. Wenn wir so verfahren wie oben im Falle der ein- oder ausgeschalteten Lampen, müssen wir uns nur *erinnern*, wie viele dieser Sequenzen denkbar sind.

Und schon wissen wir, dass es $2^4 = 16$ mögliche Kombinationen gibt.

Natürlich müsste man die Sequenz »0000« ausschließen, da dies ja bedeuten würde, dass man *gar nichts auswählt*. Das Interessante an dieser *Modellierungsmethode* ist, dass wir mit ihr alle Kombinationsmöglichkeiten von vier Gegenständen berechnen können, ohne eine Liste aller möglichen Fälle anzufertigen. Oder anders ausgedrückt, wir können berechnen, wie viele Teilmengen sich mit vier Elementen bilden lassen.

Was wir eben mit vier Gegenständen veranschaulicht haben, lässt sich natürlich verallgemeinern. Wenn man also zehn Gegenstände hat und wissen will, wie viele Teilmengen man bilden kann, lautet das Ergebnis $2^{10} = 1.024$ (wenn man die leere Menge – also wenn kein Gegenstand gewählt wird – als Teilmenge mit einschließt. Andernfalls lautet das Ergebnis $2^{10} - 1 = 1.023$).

Allgemein gesprochen: Wenn man eine Menge mit n Elementen hat und wissen möchte, wie viele Teilmengen sich daraus bilden lassen, lautet die Antwort:

2^n Teilmengen,

wenn man den Fall der leeren Teilmenge mit einbezieht. Ansonsten muss man rechnen:

Das Wichtigste an diesem Kapitel ist, dass wir uns mit der *Modellierung* vertraut gemacht haben, zumindest in diesem besonderen Fall. Außerdem haben wir gelernt, Teilmengen einer endlichen Menge zu berechnen.

Wie rechnet ein Computer? (Binäre Zahlen)

Es gibt zehn Arten von Menschen auf der Welt: Jene, die das binäre System verstehen, und jene, die es nicht verstehen.

ANONYM

Wenn ein Computer sprechen könnte und man ihn bitten würde zu zählen, würde er Folgendes antworten (lesen Sie die folgende Liste durch und versuchen Sie, das *Muster* zu verstehen):

```
        0
        1
       10
       11
      100
      101
      110
      111
     1000
     1001
     1010
     1011
     1100
     1101
     1110
     1111                    (*)
    10000
    10001
    10010
    10011
    10100
    10101
    10110
    10111
    11000
    11001
    11010
    11011
    11100
    11101
    11110
    11111
   100000 ...
```

Als Erstes fällt auf, dass der Computer *ausschließlich* die Ziffern 0 und 1 benutzt. Was noch? Um zu zählen, muss er sie immer öfter wiederholen, also immer mehr *Ziffern* verwenden. Das heißt, die ersten zwei Zahlen in der Liste entsprechen genau der 0 und der 1, die wir tagtäglich (in der sogenannten *Dezimal*schreibweise) benutzen. Doch sobald der Computer bis zur Zahl 2 zählt, benötigt er zwei Stellen bzw. Zahlen mit zwei Ziffern, da er ja nur auf Nullen und Einsen zurückgreifen kann. Daher nimmt er

10 und 11

Diese entsprechen der Zahl 2 und der Zahl 3 unserer *Dezimal*schreibweise. Damit sind die Möglichkeiten dieser zwei Ziffern (0 und 1) erschöpft, so dass er eine dritte Stelle bzw. eine dreistellige Zahl benötigt, um fortzufahren. Daher beginnt er mit der 100:

100, 101, 110, 111

Diese dienen ihm als 4, 5, 6 und 7.
Und wieder gehen ihm die Möglichkeiten aus. Wenn er bis zur 8 kommen will, muss er seine Ziffern erweitern, das heißt vier Stellen verwenden. Er greift also auf

1000, 1001, 1010, 1011, 1100, 1101, 1110, 1111

zurück.
Damit sind folgende Zahlen abgedeckt:

8, 9, 10, 11, 12, 13, 14 und 15

Soweit alles klar?

Nun gehe ich einen Schritt weiter: Um die 16 zu erreichen, braucht er eine fünfstellige Zahl. Sehen Sie in der Liste (*) nach, und Sie finden folgende Zahlen:

10000, 10001, 10010, 10011, 10100, 10101, 10110, 10111, 11000, 11001, 11010, 11011, 11100, 11101, 11110 und 11111.

Können wir noch weitere Muster entdecken? Schauen wir einmal genau hin.

Die 0 und die 1 *stellen sich selbst dar*, da gibt es nichts zu überlegen. Aber jetzt kommen noch ein paar weitere Dinge ins Spiel:

a) 10 = 2
b) 100 = 4
c) 1000 = 8
d) 10000 = 16

Wenn Sie diesen Verlauf weiterverfolgen, entdecken Sie:

e) 100000 = 32
f) 1000000 = 64

Das heißt, es steht zu vermuten, dass eine *Eins*, auf die *Nullen* folgen, *immer eine Potenz von 2* ist.

$1 = 2^0$
$10 = 2^1$
$100 = 2^2$
$1000 = 2^3$

$10000 = 2^4$

$100000 = 2^5$

$1000000 = 2^6$

$10000000 = 2^7$

Und so könnte man immer weiter fortfahren.

Die in der Liste (*) verwendete Zählung nennt man allgemein das *binäre Zahlensystem*. Es heißt deshalb so, weil nur zwei Ziffern daran beteiligt sind: die 0 und die 1.

Angenommen, ich lege Ihnen jetzt eine beliebige Zahl vor, die nur aus Nullen und Einsen besteht: Wie geht man vor, um ihre Entsprechung im Dezimalsystem zu ermitteln?

Hier möchte ich kurz für eine Beobachtung innehalten.

Schreibt man (in der dezimalen Schreibweise) die Zahl

378

bedeutet dies (in abgekürzter Form), dass man

300 + 70 + 8

addieren muss.

Genauso verhält es sich mit

34695

Es sagt aus, dass man

30000 + 4000 + 600 + 90 + 5

addiert.

Behalten wir diesen Gedankengang im Kopf, wenn wir eine Zahl in binärer Schreibweise notieren, zum Beispiel

11010

Dies bedeutet demnach, dass man

10000 + 1000 + 10

addiert, und in Übereinstimmung mit unseren soeben erworbenen Erkenntnissen impliziert dies zugleich, dass bestimmte Potenzen von 2 addiert werden müssen. In diesem Fall:

$$10000 = 2^4 = 16$$
$$+ 1000 = 2^3 = 8$$
$$+ 10 = 2^1 = 2$$

Daher ist die Zahl 11010 = 26 (= 16 + 8 + 2).

Ein weiteres Beispiel: Die Zahl 1010101 geht hervor aus der *binären* Schreibung der Zahl

$$1000000 + 10000 + 100 + 1 =$$
$$(2^6 + 2^4 + 2^2 + 2^0) = 64 + 16 + 4 + 1 = 85$$

Ich glaube, nach diesen Beispielen sind Sie in der Lage, binäre Zahlen in Dezimalzahlen umzurechnen.
Um Ihnen noch etwas mehr Sicherheit zu verschaffen, füge ich einige weitere Beispiele hinzu, deren Lösungen Sie weiter unten finden.

Rechnen Sie folgende *binäre* Zahlen ins Dezimalsystem um:

a) 11111
b) 10111
c) 100100
d) 101001
e) 100101001
f) 11111111110

Eine andere mögliche Frage wäre, ob sich jede beliebige Zahl in binärer Schreibung darstellen lässt. Und wenn ja, wie geht man dabei vor? Das heißt, wir müssen zumindest wissen, wie wir eine Zahl ins binäre System übertragen können. Ich werde im Folgenden einige Beispiele anführen und bin sicher, dass Sie die *allgemeine* Vorgehensweise ableiten können. Ich an Ihrer Stelle würde es auf jeden Fall *versuchen*. Es wäre sehr nützlich und auch viel interessanter, wenn Sie es einmal mit Ihren eigenen Mitteln probieren.

1. Beispiel

Nehmen wir als Beispiel die Zahl 13. Wie können wir ihre Schreibung in binären Zahlen *ermitteln*?
Ein mögliches Verfahren besteht darin, sie zunächst durch 2 zu teilen und bei jeder Division den Rest zu notieren. 13 durch 2 ergibt **6**, bleibt als *Rest 1*.
Also:

$$13 = \mathbf{6} \cdot 2 + \boxed{1} \quad (**)$$

Jetzt dividieren wir die Zahl, die wir als *Quotienten* erhielten, nämlich die 6. Wir teilen durch 2, Ergebnis 3, es bleibt *kein Rest*, bzw. *der Rest ist 0*.
Das heißt:

$$6 = 3 \cdot 2 + \boxed{0} \quad (***)$$

Den so gewonnenen *Quotienten,* die 3, teilen wir erneut *durch 2* und erhalten:

$$3 = 1 \cdot 2 + \boxed{1} \quad (****)$$

Zuletzt dividieren wir unseren neuen Quotienten, die 1, wieder durch 2. Das Ergebnis lautet:

$$1 = 0 \cdot 2 + \boxed{1} \quad (*****)$$

Wenn wir schließlich unseren Weg zurückverfolgen und die errechneten *Reste* (die Zahlen in den Kästchen) durchgehen, erhalten wir

1101

Das heißt: Ich bin den Weg noch einmal zurückgegangen, wobei ich jeweils den Rest markiert und mich vom letzten bis zum ersten vorgearbeitet habe. Auf diese Weise erhielt ich die Zahl im *binären* Zahlensystem.
Nun überlasse ich es Ihnen aufzuzeigen, dass 1101 genau der 13 entspricht, die wir gesucht haben.

2. Beispiel

Wie lautet die *binäre* Darstellung der Zahl 513?
Beginnen Sie wieder mit der Division durch 2, notieren Sie sowohl die Quotienten als auch die Reste. Die berechneten Quotienten teilen Sie weiterhin durch 2. Die Reste benötigen wir dann, wenn wir die Liste von unten nach oben durchgehen und auf diese Weise die gesuchte Zahl ermitteln.
Demnach sind folgende Berechnungen anzustellen:

$$
\begin{aligned}
513 &= \mathbf{256} \cdot 2 + 1 \\
256 &= \mathbf{128} \cdot 2 + 0 \\
128 &= \mathbf{64} \cdot 2 + 0 \\
64 &= \mathbf{32} \cdot 2 + 0 \\
32 &= \mathbf{16} \cdot 2 + 0 \\
16 &= \mathbf{8} \cdot 2 + 0 \\
8 &= \mathbf{4} \cdot 2 + 0 \\
4 &= \mathbf{2} \cdot 2 + 0 \\
2 &= \mathbf{1} \cdot 2 + 0 \\
1 &= \mathbf{0} \cdot 2 + 1
\end{aligned}
$$

Nun erhalten wir die gesuchte Zahl (die binäre Darstellung von 513), indem wir die errechneten Reste von unten nach oben lesen:

1000000001

3. Beispiel

Nun wollen wir die *binäre* Schreibweise der Zahl 173 herausfinden. (Ich wähle relativ kleine Zahlen, damit die Rechnungen nicht zu lang werden.)

$$
\begin{aligned}
173 &= \mathbf{86} \cdot 2 + 1 \\
86 &= \mathbf{43} \cdot 2 + 0 \\
43 &= \mathbf{21} \cdot 2 + 1 \\
21 &= \mathbf{10} \cdot 2 + 1 \\
10 &= \mathbf{5} \cdot 2 + 0 \\
5 &= \mathbf{2} \cdot 2 + 1 \\
2 &= \mathbf{1} \cdot 2 + 0 \\
1 &= \mathbf{0} \cdot 2 + 1
\end{aligned}
$$

Wieder lesen wir die Reste *von unten nach oben* ab und erhalten so die gesuchte binäre Zahl:

10101101

Ich glaube, nun sind Sie in der Lage, die binäre Schreibweise jeder beliebigen Zahl herauszufinden. Und nicht nur das: Sie können auch bestätigen, dass Sie sie mithilfe dieser Methode *immer* ermitteln können. Wir halten also fest, dass *jede* Zahl in Dezimalschreibweise eine *eindeutige* binäre Darstellung erlaubt. Und umgekehrt: Jede binäre Zahl lässt sich auch eindeutig in Dezimalschreibung darstellen. Daraus folgt, dass die Computer die binären Zahlen benutzen dürfen, so oft und so lange sie wollen. Schwierigkeiten gibt es dabei nicht, abgesehen von der Länge oder, wenn Sie so wollen, der »Schlange« von Kombinationen aus Nullen und Einsen, die selbst für eine relativ kleine Zahl benötigt werden.

Eine berechtigte Frage an dieser Stelle wäre, warum die Computer eigentlich auf *Nullen* und *Einsen beschränkt* sind.

Die Funktionsweise des Computers muss man sich wie eine Schranke vorstellen, die sich öffnet oder schließt, um ein Auto passieren zu lassen, je nachdem, ob gerade ein Zug kommt oder nicht. Wenn sie geschlossen ist, kann man nicht durchfahren, wenn sie geöffnet ist schon. Dieses Bild entspricht elektrischen Impulsen, das heißt, die Schranke ist entweder *unten*, was wir durch eine *Null* darstellen (weil man nicht weiterfahren kann), oder sie ist *oben*, was mit einer Eins gekennzeichnet ist. Da also die Stromkreise, mit denen die Computer ausgerüstet sind, den Strom entweder fließen lassen oder *nicht*, wird dies (grob gesagt) durch Kombinationen von *Nullen* und *Einsen* angegeben.

Lösung:

Die Ergebnisse lauten:

a) 31
b) 23
c) 36
d) 41
e) 297
f) 2.046

Wahrscheinlichkeiten, Schätzungen, Kombinationen und Widersprüche

$\sum$ $(a + b)$ π

... die glasklare Logik eines Kindes, das sich weigerte, den Buchstaben »a« zu erlernen, wissend, dass darauf »b«, »c«, »z« und »die gesamte Grammatik und französische Literatur« folgen würden.

SIMONE DE BEAUVOIR

Die Prüfung, die nicht stattfinden kann

Stellen wir uns gemeinsam folgende Situation vor: Ein Lehrer am Gymnasium (die Armen … sie »kriegen alles ab« …) kündigt den Schülern an, dass sie in der darauf folgenden Woche eine »Ex« schreiben werden. Die Schüler bekommen Ganztagsunterricht, sie sind also von früh bis spät in der Schule.

Der Lehrer erklärt, die Prüfung könne jeden Tag um Punkt ein Uhr mittags stattfinden. Die Schüler würden jedoch am Tag der Prüfung um acht Uhr morgens davon erfahren, nicht früher und nicht später. Die Regeln würden streng eingehalten, wofür er selbst garantiere.

Am Freitag vor der fraglichen Woche, kündigt der Lehrer an, dass die Prüfung in jedem Fall stattfinden werde. Sehen wir uns nun die Überlegungen an, die die Schüler anstellen.

Einer stellt fest: »Am Freitag kann er sie nicht abhalten.«

»Warum nicht?«, fragt ein anderer.

»Ganz einfach!«, antwortet der Erste. »Wenn er sie am Donnerstag immer noch nicht hat schreiben lassen, wüssten wir ja *schon einen Tag vorher*, wann die Prüfung ansteht, denn es bleibt ja kein anderer Tag mehr. Aber damit würde der Lehrer gegen seine eigenen Regeln verstoßen, da er ja bekannt gegeben hatte, dass wir erst am selben Tag um 8 Uhr morgens davon erfahren würden. Wenn er sie am Donnerstag noch nicht abgenommen hat, wäre für uns klar, dass sie am Freitag kommt. Und das kann nicht sein«, schloss er überzeugend.

»Nein, warte!«, wirft ein anderer ein. »Am Donnerstag kann er sie auch nicht schreiben lassen«, rief er voller Begeisterung und steckte die anderen gleich mit an. »Wisst ihr warum? Wir wüssten ja, dass er sie am Freitag nicht abhalten kann (wenn sie bis Donnerstag nicht stattgefunden hat), und wenn er sie am Mittwoch nicht abnimmt, wäre uns noch an diesem Tag (am Mittwoch) klar, dass er sie am Donnerstag halten muss. Aber damit würde er wieder gegen seine eigenen Regeln verstoßen. Denn wir wüssten schon am Mittwochmorgen, dass er die Prüfung – so sie nicht am selben Tag stattfindet – am Donnerstag ansetzen müsste, da es am Freitag ja nicht möglich ist. Und jetzt hat der Lehrer ein Problem. Denn wie Sie merken, können wir nun so weitermachen und zeigen, dass er sie auch am Mittwoch nicht schreiben lassen kann. Aufgrund der Tatsache, dass sie am Dienstag nicht stattgefunden hat, müsste er die Prüfung am Mittwoch abhalten, da es ja weder am Donnerstag noch am Freitag möglich ist.«

Dieses Verfahren lässt sich beliebig fortführen, so dass man unweigerlich zu dem Schluss kommt, die Prüfung könne nie stattfinden. Oder besser gesagt, sie kann an keinem Tag dieser Woche abgehalten werden, zumindest nicht zu den Bedingungen, die der Lehrer vorgeschlagen hat!

Hier endet die Geschichte. Das Paradox ist nach wie vor ungelöst. Es wird viel darüber diskutiert, und es gibt Studien in den unterschiedlichsten Richtungen, ohne dass ein mehrheitlicher Konsens darüber gefunden worden wäre, wo der Kern des Problems liegt.

Natürlich lassen die Lehrer »Exen« schreiben. Sodass hier etwas nicht stimmen kann. Die Regeln, die der Lehrer aufgestellt hat, sind *unerfüllbar*. Entweder muss er sie überdenken und akzeptieren, dass die Schüler bereits am Vortag der Prüfung davon wissen, oder der *Überraschungseffekt* müsste etwas mehr hinterfragt werden.

Die Wahrscheinlichkeit, dass der Favorit die Weltmeisterschaft gewinnt

Folgendes Beispiel, wie man mithilfe der Mathematik die Chancen einer – als *Favorit* eingestuften – Fußballmannschaft kalkulieren kann, die Weltmeisterschaft zu gewinnen, habe ich von Alicia Dickenstein, die es anlässlich einer Gesprächsrunde im Teatro San Martín in der Stadt Buenos Aires, die im Rahmen des ersten Festivals »Buenos Aires Piensa« stattfand, erzählte. Selbstverständlich habe ich ihre Erlaubnis zur Veröffentlichung eingeholt. Sie wies mich jedoch darauf hin, dass ihr Robert Miatello davon erzählt hatte, ein exzellenter argentinischer Mathematiker, Professor an der Fakultät für Mathematik, Astronomie und Physik (FAMAF) an der Universidad Nacional de Córdoba.

Das Reizvolle an diesem Beispiel ist, dass es hier nicht darum geht, die Wahrscheinlichkeit zu berechnen, dass irgendeine Mannschaft gewinnt, sondern der allgemein anerkannte *Favorit*, wie etwa Brasilien oder Argentinien, um bloß ein paar Beispiele zu nennen.

Nehmen wir an, eine dieser Mannschaften erreicht das Achtelfinale des Turniers. Somit bleiben 16 Mannschaften, die nach dem K.o.-Prinzip (der Verlierer scheidet also aus und der Gewinner bleibt im Wettbewerb) gegeneinander antreten. Daraus folgt auch, dass die Mannschaft viermal hintereinander gewinnen muss, um Champion zu werden: das Achtel-, das Viertel-, das Halbfinale und das Endspiel.

Nehmen wir der Einfachheit halber an, die Wahrscheinlichkeit, dass dieser Favorit *gegen jede beliebige Mannschaft* gewinnt, liegt bei 66 Prozent – ganz unabhängig von anderen Faktoren, wie die Moral der Mannschaft, die vorangegangenen Erfolge während des Wettbewerbs usw. Die Experten sprechen der Mannschaft die Fähigkeit zu, *zwei von drei Spielen gegen jeden beliebigen Gegner für sich zu entscheiden*. Mit anderen Worten beträgt die *Wahrscheinlichkeit*, dass sie jede andere Mannschaft schlägt, 2/3.

Berechnen wir nun mithilfe dieser Daten, wie hoch die Wahrscheinlichkeit ist, dass sie die vier aufeinanderfolgenden Matches gewinnt und zum Champion gekürt wird.

Dafür muss man die Zahl 2/3 bei jedem Schritt multiplizieren. Also:

a) Die Wahrscheinlichkeit, dass sie das erste Spiel für sich entscheidet, kennen wir schon:

2/3

b) Die Wahrscheinlichkeit, die *beiden* ersten Spiele zu gewinnen, beträgt:

$$(2/3) \cdot (2/3) = (2/3)^2 = 4/9 \quad (*)$$

c) Die Wahrscheinlichkeit, als Sieger *dreier aufeinanderfolgender Spiele* hervorzugehen, beläuft sich auf:

$$(2/3) \cdot (2/3) \cdot (2/3) = (2/3)^3 = 8/27$$

Und schließlich:

d) Die Wahrscheinlichkeit, *vier Spiele hintereinander zu gewinnen und Weltmeister zu werden*, liegt bei:

$$(2/3) \cdot (2/3) \cdot (2/3) \cdot (2/3) = (2/3)^4 = 16/81 = 0,1975 < 0,20$$

Das heißt, dass die Chancen, dass eine Mannschaft mit den genannten Charakteristika Weltmeister wird, *weniger als 20 Prozent betragen*.
Das klingt kurios und verdient eine Interpretation.
Dass eine Mannschaft doppelt so gut ist wie jeder beliebige Gegner, ist ganz offensichtlich ein Vorzug. Daran gibt es nichts zu deuten. Wenn sie aber noch vier Spiele

vor sich hat, lässt sich nicht viel mehr sagen, als dass sie weniger als 20 Prozent Chancen auf den Pokal hat. Und das ist doch überraschend, nicht wahr?

Gehen wir noch einen Schritt weiter. Bei diesem Beispiel verwendete ich die Zahl 2/3, um zu zeigen, wie die Gewinnchancen abnehmen, je weiter das Turnier voranschreitet, selbst wenn es sich um eine sehr gute Mannschaft handelt. Diese Zahl kann man jedoch auch durch jede andere ersetzen, die man für angemessener hält, und die gleiche Rechnung aufstellen.

Wenn die Gewinnchancen einer favorisierten Mannschaft bei jedem Spiel tatsächlich bei 3/4 liegen (also bei sehr hohen 75 Prozent), lässt sich die Wahrscheinlichkeit, dass sie zum Weltmeister gekürt wird, folgendermaßen berechnen:

$$(3/4)^4 = 81/256 = 0,3164...$$

Sie beträgt also *nur wenig mehr als 30 Prozent.*

Eine Erbschaft von unendlich vielen Münzen

Eine Herausforderung an die Intuition – so könnte der Titel dieses Kapitels ebenfalls lauten. Wir alle haben bestimmte Vorstellungen über die Dinge: Meinungen, vorgefertigte Urteile. Dies wirkt grundsätzlich beruhigend, da sie uns vor Ängsten schützen, die mit der Konfrontation mit dem Unbekannten verbunden sind. Natürlich würde man gerne die – mehr oder weniger umfassenden – Kenntnisse, die man hat, auf alle Situationen, in die wir geraten könnten, *übertragen* und anwenden.

Aber dies ist offenkundig unmöglich. Es gibt jedoch Momente, in denen wir uns gänzlich auf unsere Intuition verlassen. Manchmal liegen wir richtig. Und manchmal nicht.

Ich bitte Sie, sich folgendes (selbstverständlich fiktives) Beispiel vorzustellen, bei dem es um *unendlich* große Mengen geht:[9] Ein Mann hatte zwei Söhne. Er war sehr reich … so reich, dass sein Vermögen *unendlich* war. Da er wusste, dass er bald sterben würde, rief er seine beiden Söhne zu sich und sagte zu ihnen, bevor er von ihnen ging: »Ich habe euch beide gleich lieb. Ich habe auch keine weiteren Erben, daher hinterlasse ich euch meinen Besitz, bestehend aus Ein-Peso-Münzen.« (Er vererbte ihnen also *unendlich* viele Ein-Peso-Münzen.) »Ich möchte aber, dass ihr die Erbschaft *gerecht* unter euch *aufteilt*. Ich wünsche, dass keiner den anderen zu übervorteilen versucht.« Und der Mann verschied.

Nennen wir die beiden Söhne beispielshalber A und B. Nachdem die beiden natürlich eine gewisse Zeit getrauert haben, beschließen sie, sich zusammenzusetzen und darüber nachzudenken, *wie* sie die Erbschaft gemäß dem letzten Wunsch ihres Vaters aufteilen sollen. Nach einiger Zeit hat A eine Idee, die er B vorschlägt:

»Machen wir es doch so«, erklärt A. »Nummerieren wir die Münzen fortlaufend, also mit 1, 2, 3, 4, 5 usw. Als Nächstes suchst du dir *zwei beliebige Münzen* aus. Dann

---

9 Dieses Problem legte mir Cristian Czubara vor, der 1996 Schüler bei mir war. Heute ist er ein guter Freund und lehrt an der Fakultät für Naturwissenschaften der UBA. Es erschien mir sehr interessant und dient dazu, unsere Fähigkeit, *über unendlich große Mengen nachzudenken*, auf die Probe zu stellen.

bin ich dran. Ich suche mir eins deiner Geldstücke aus.
Du bist wieder dran. Erneut wählst du zwei Münzen aus
der Erbschaft, und ich suche mir eine davon aus usw.
Du nimmst immer *zwei*, und ich bekomme jeweils *eine*
davon.«

B muss darüber erst einmal nachdenken. Ich empfehle
Ihnen, sich ihm anzuschließen (bevor Sie die Antwort
nachlesen): Ist der Vorschlag von A gerecht und fair?
Wird die Erbschaft zu gleichen Teilen verteilt? Wird der
letzte Wille des Vaters respektiert?

Ich weiß sehr gut, dass man manchmal in Versuchung
gerät, weiterzublättern und die Lösung nachzulesen, aber
in diesem Fall nehmen Sie sich die Möglichkeit, einer
neuen Herausforderung zu begegnen. Niemand sieht Ihnen zu. Keiner kontrolliert Sie. Und nebenbei stellen Sie
Ihre *Intuition auf die Probe.*

Lösung:

Dieses Problem ist insofern interessant, als es keine eindeutige Lösung dafür gibt. Man kann nämlich weder sagen,
dass der Vorschlag *gerecht*, *noch* dass er *ungerecht* sei.
Sehen wir uns die Sache genauer an:

1. Fall: Angenommen, As Plan würde folgendermaßen
umgesetzt:

>B wählt die Münzen 1 und 2.
>A nimmt daraufhin Geldstück 2.
>B wählt die Münzen 3 und 4.
>A nimmt die 4.

B wählt die Münzen 5 und 6.

A nimmt sich die 6.

Ich glaube, dass das *Muster*, dem sie folgen, deutlich ist. B wählt zwei aufeinanderfolgende Münzen, eine ungerade und eine gerade, und A nimmt jeweils die *gerade* Münze. Ist dieses Verfahren gerecht? Man könnte sagen ja, denn B erhält dadurch alle *ungeraden* Münzen und A alle *geraden*. Bei dieser Verteilung der Erbschaft wird also der Wunsch des Vaters berücksichtigt: Keiner von beiden erhält einen Vorteil.

2. Fall: Nehmen wir nun an, die Verteilung läuft folgendermaßen ab:

B wählt die Münzen 1 und 2.

A nimmt Geldstück 1.

B wählt die Münzen 3 und 4.

A nimmt die 2 (die B in der ersten Runde gewählt hatte).

B wählt die Münzen 5 und 6.

A entscheidet sich für die 3.

B wählt die Münzen 7 und 8.

A nimmt die Münze 4 ...

Erscheint Ihnen die Verteilung gerecht? Bitte lesen Sie nicht weiter, sondern denken Sie darüber nach. Wenn dieser Ablauf so weitergeht, und das wird er natürlich, da es ja unendlich viele Münzen sind, dann würde A schließlich *alle* Münzen erhalten und B gar *nichts*. Daher ist diese Aufteilung weder gerecht, noch entspricht sie dem Wunsch des Vaters.

Dennoch ist der Vorschlag, den A seinem Bruder B gemacht hatte, ursprünglich weder gut noch schlecht. Es hängt von der *Art und Weise* ab, wie die Münzen ausgewählt werden ... und das stellt unsere Intuition auf die Probe. Bitte denken Sie auch über folgende Frage nach: Wenn es sich statt um eine unendlich große um eine *normale* Erbschaft – ob in Münzen oder nicht – handelte, wie sie jeder bei seinem Tod hinterlassen könnte, *wäre* dann die Aufteilung nach As Vorschlag *immer in Ordnung?*

3. Fall: Nach einem anderen Vorschlag[10] wird folgendermaßen verteilt: Bei jedem Schritt darf A eine *beliebige* (jedoch *endliche*) Anzahl an Münzen entnehmen, und B sucht sich *lediglich eine davon aus.* Wäre dies eine gerechte Aufteilung? Ich lasse Sie erst einmal allein darüber nachdenken, bevor ich die Lösung verrate ... Es ist gleichgültig, welche Anzahl an Münzen A sich herausgreift[11], sofern B zunächst die Münze Nummer 1 erhält. Wenn A in der zweiten Runde wieder seine Auswahl trifft, »schnappt sich« B die Münze Nummer 2. Daraufhin erhält A erneut eine Reihe aufeinanderfolgender Münzen und im Anschluss nimmt B die Münze Nummer 3 an sich usw. Da dieser Ablauf unendlich ist, wird B nach und nach in den Besitz *aller* Münzen von A

10 Diesen Vorschlag unterbreitete mir Juan Sabia, ein weiterer guter Freund, Mathematiker, großartiger Autor von Erzählungen und Dozent am Institut für Mathematik an der Fakultät für Naturwissenschaften der UBA.

11 Dies gilt, solange es sich um eine *endliche* Zahl handelt. Diese Einschränkung ist wichtig, denn sonst könnte A irgendwann in den Besitz aller Münzen gelangen.

gelangen, unabhängig von der Anzahl, die A sich aussucht, wenn er an der Reihe ist.

Dieser Fall zeigt wieder einmal, dass unendliche Mengen Eigenschaften aufweisen, die der Intuition widersprechen. Aus diesen Beispielen ist die *Schlussfolgerung* zu ziehen, dass die Regeln, an die wir uns bei endlichen Mengen gewöhnt haben, *nicht notwendigerweise bei unendlichen Mengen anwendbar sind*, und daher muss man anders *denken* lernen und seine Intuition trainieren.

Eine Militärparade und die Wahrscheinlichkeitsrechnung

Oftmals bin ich überrascht, wenn ich Dinge folgender Art lese oder höre:

a) Wissenschaftler der Universität Nagoya haben herausgefunden, dass Menschen, die sich die Füße an geraden Tagen des Monats waschen, länger leben.

b) Ein Experiment an einem Institut in Alaska bewies, dass man schneller einen Job bekommt, wenn man den Fernseher laufen lässt, während man schläft.

c) Forscher an einer niederländischen Universität haben gezeigt, dass der Konsum von zwei Gläsern *Rotwein* vor dem Frühstück, also vor der Aufnahme von Milchprodukten, den Cholesterinspiegel senkt und einer frühzeitigen Glatzenbildung vorbeugt (natürlich ganz abgesehen davon, dass man davon *betrunken* wird).

Gewiss ist es anregend, nach Beziehungen oder Mustern zu suchen, und dies ist zudem Teil der Alltagslogik jeglichen Wissenschaftlers. Aber vorzeitig Schlüsse zu ziehen, birgt auch Gefahren.

Ariel Arbiser, Professor an der Fakultät für Naturwissenschaften an der UBA, der mich in meiner Funktion als Sprachrohr der Wissenschaft immer großzügig unterstützte, erzählte mir die folgende Geschichte, und obwohl sie sehr einfach erscheinen mag, lehrt sie doch zugleich eine tiefe Wahrheit. Der Text erschien bereits in dem Buch *Unterhaltsame Aufgaben und Versuche* des russischen Autors Yakov Perelman und er stellt uns die Gefahren klar vor Augen, die Wahrscheinlichkeitstheorie auf allzu unachtsame Weise einzusetzen.

Ein Mathematiklehrer, der erst wenige Jahre Erfahrung besitzt, erklärt seinen Schülern die elementaren Grundlagen der Wahrscheinlichkeitsrechnung. Vom Klassenzimmer aus kann man die Fußgänger beobachten, die draußen vorübergehen. Es handelt sich um eine wichtige und stark frequentierte Straße und natürlich kommen Tag für Tag männliche und weibliche Fußgänger vorüber. Der Lehrer ärgert sich, weil die Schüler die ganze Zeit abgelenkt sind und aus dem Fenster schauen. Daher beschließt er, der Klasse eine Aufgabe zu stellen:

»Wie hoch ist die Wahrscheinlichkeit, dass der nächste Fußgänger, der vorbeikommt, ein Mann ist?« Und er fährt fort: »Damit meine ich Folgendes: Wenn wir dieses Experiment *viele* Male durchführen würden, wie oft würde dann erwartungsgemäß ein Mann bzw. eine Frau vorübergehen?«

Es versteht sich von selbst, dass es um eine allgemeine Aussage und einen Schätzwert geht. Genauer gesagt, nehmen wir an, dass Frauen und Männer in gleicher Weise vorbeikommen. Das heißt, die Wahrscheinlichkeit, dass ein Mann oder eine Frau auftaucht, *ist die gleiche*. Die Antwort ist damit offenkundig: In der *Hälfte* der Fälle kann man erwarten, auf einen Mann zu treffen. Die Wahrscheinlichkeit (bei der es sich immer um eine Zahl zwischen 0 und 1 handelt) ist also 1/2.

Die Schüler nicken zufrieden, da sie alles verstanden haben.

Der Lehrer fährt fort:

»Und wenn ich nun die Wahrscheinlichkeit ausrechnen möchte, dass die nächsten *beiden* Passanten *Männer* sind?«

Er lässt die Schüler einen Augenblick nachdenken und erklärt dann:

»Wie wir bereits wissen, können wir die Wahrscheinlichkeit, dass ein Ereignis eintritt, berechnen, indem wir die günstigen Fälle *durch* die möglichen Fälle dividieren.

Bei unserem Szenario haben wir folgende *möglichen* Fälle:

Mann-Mann (abgekürzt M-M)
Mann-Frau (M-F)
Frau-Mann (F-M)
Frau-Frau (F-F)

Der einzige *günstige* Fall ist allerdings: M-M.

Daher beträgt die Wahrscheinlichkeit, dass zwei Männer hintereinander vorbeikommen, 1/4 (ein günstiger Fall bei vier möglichen), also 25 Prozent bzw. ein Viertel. Daher ist die Wahrscheinlichkeit, dass dieser Fall nicht eintritt, es sich also nicht um zwei Männer handelt, 3/4 (75 Prozent).

Die Schüler brauchen einen Augenblick Zeit zum Nachdenken, warum Letzteres sich so verhält; sie schweigen,
überlegen und schließlich ist es ihnen klar.
Nach kurzer Zeit fährt der Lehrer fort:
»Und wie hoch ist die Wahrscheinlichkeit, dass die nächsten *drei* Passanten Männer sind?«
Wenn man erneut die alle möglichen Fälle berücksichtigt,
kommt man auf *acht* Möglichkeiten:

M-M-M

M-M-F

M-F-M

M-F-F

F-M-M

F-M-F

F-F-M

F-F-F

Wie Sie sehen, ist die *Reihenfolge relevant,* in der die Passanten auftauchen. Wenn wir uns also wieder unserer Frage
zuwenden, stellen wir fest, dass es *acht* mögliche und *nur
einen* günstigen Fall gibt (M-M-M) und die Wahrscheinlichkeit

1/8 bzw. 12,5 % der Fälle

beträgt, was $(1/2)^3$ entspricht.
Ein Schüler, der eine Schwäche für Wetten hat, fragt seinen Lehrer:
»Sie kommen ja immer mit dem Fahrrad zur Schule. Würden Sie um Ihr Fahrrad wetten, dass keiner der nächsten
drei Passanten eine Frau ist?«

Der Lehrer, der im Gegensatz zu seinem Schüler nicht gerne wettet, antwortet:

»Nein, ich würde ungern mein Fahrrad verlieren. Allerdings weise ich darauf hin, dass die *Wahrscheinlichkeit*, dass sich unter den nächsten drei Fußgängern keine Frau befindet, 1/8 beträgt. Sicher ist es aber nicht.«

Der Schüler bleibt hartnäckig.

»Hmmm … Wenn Sie die Wette annehmen, beträgt die Wahrscheinlichkeit, dass Sie verlieren nur 1/8, dass sie gewinnen aber 7/8. Das ist doch nicht schlecht, oder?«

»Ich möchte trotzdem nicht«, erklärt der Lehrer.

Der Schüler geht noch weiter.

»Na schön. Was ist, wenn ich die Wahrscheinlichkeit wissen will, dass die nächsten 20 Fußgänger alle Männer sind (also keine einzige Frau darunter ist)?«

Der Lehrer antwortet sofort:

»Wie wir vorher gesehen haben, beträgt sie 1/2 hoch 20, das heißt: $(1/2)^{20}$. Man multipliziert die Zahl 1/2 zwanzigmal mit sich selbst:

$$(1/2)^{20} = 1/1048576 = 0{,}00000095$$«

Folglich ist die Wahrscheinlichkeit, dass sich unter den nächsten 20 Fußgängern keine Frau befindet, sehr, sehr gering, und die zu gewinnen wiederum sehr hoch.

In diesem Fall sprechen wir von einer Gewinnchance von 99,9999 Prozent. Das Risiko des Lehrers zu verlieren, ist geringer als *eins* zu einer Million. Im Grunde müsste eigentlich jeder diese Wette akzeptieren, denn wenn es auch nicht *unmöglich* ist, dabei zu unterliegen, so ist es doch sehr, sehr *unwahrscheinlich*.

»Und in gleicher Weise«, fuhr der Schüler fort, »beträgt die Wahrscheinlichkeit, dass die nächsten 100 Fußgänger Männer sind, 1/2 hoch 100. Also:

$$(1/2)^{100} = 1/1.267.650.600.228.229.401.496.703.205.376$$

Eine ungeheuer niedrige Zahl. Sie gibt Ihnen eine virtuelle Sicherheit zu gewinnen: Die Zahl, die im Nenner erscheint (mehr als eine *Quintillion*), ist außerdem weit höher als die von der modernen Physik kalkulierte Anzahl der Partikel im gesamten Universum.
Hier kann man doch gar nicht anders als wetten!«
Der Lehrer, der seinem Schüler eine Lektion erteilen wollte, erklärt schließlich:
»Also gut, unter diesen Umständen gehe ich darauf ein, um dir zu zeigen, dass ich das, was ich sage, auch glaube. Ich wette um mein Fahrrad, dass sich unter den nächsten 100 Fußgängern mindestens eine Frau befindet. Man braucht nur zum Fenster zu gehen, hinauszublicken und zu zählen, bis die erste Frau erscheint.«
Da ertönt von der Straße her Musik, die wie ein Marsch klingt. Der Lehrer erbleicht. Er geht zum Fenster und erklärt:
»Ich habe verloren. Auf Wiedersehen, Fahrrad!«
Denn auf der Straße marschiert in diesem Augenblick eine Militärparade vorbei.

➜ **Fazit:** In der Praxis setzen wir die Wahrscheinlichkeitsrechnung ein, wenn wir zum Beispiel nicht auf sichere Informationen zurückgreifen können. Manchmal gestaltet sich die Berechnung allerdings nicht so einfach. Die Wahrscheinlichkeit kann subjektiv oder objektiv sein und ist im wirklichen Leben manchmal schlecht einzuschätzen.

Abgesehen davon, dass der Schüler nie verraten hat, was der Lehrer gewinnen würde, wenn sich unter den folgenden 100 Fußgängern eine Frau befände, ist auch deutlich geworden, dass die Aussage, die Wahrscheinlichkeit, einen Mann oder eine Frau anzutreffen, sei gleich, mit Vorsicht zu genießen ist.

Daher sind die Schlussfolgerungen, die wir schnell bereit sind zu ziehen, oft umso riskanter.

Genom und gemeinsame Vorfahren[12]

Die »Grenzen«, die vorgeblich jede Wissenschaft *definieren*, werden immer verschwommener und der Mensch verlangt danach, *sämtliche* Werkzeuge, die ihm zur Verfügung stehen, einzusetzen, so dass *Etiketten* immer weniger Sinn machen. Statt zu erklären: »Dies ist ein Problem für einen Physiker, einen Ingenieur, einen Architekten, einen Biologen oder einen Mathematiker«, sollte man formulieren: *Ich habe dieses oder jenes Problem. Wie können wir es lösen? Denken wir gemeinsam darüber nach.* In der Folge *tritt der Fortschritt von allein ein.* Oder zumindest schneller.

Der folgende Text zeigt, wie die kommunizierenden Röhren, die Biologen und Mathematiker geschaffen haben,

---

12 Die Durchsicht und Korrektur dieses Textes verdanke ich dem angesehenen argentinischen Molekularbiologen Alberto Kornblihtt. Alles, was richtig ist, stammt von ihm, Fehler gehen auf meine Rechnung.

die die Grenzen unseres Wissens erweitern, (wieder einmal) die Existenz *gemeinsamer Vorfahren* aufzuzeigen erlauben.

Bei einem Gespräch in einem Café an der Fakultät für Naturwissenschaften (UBA), das im Jahr 2005 stattfand, erzählte mir Alicia Dickenstein (eine Mathematikerin und eine meiner engsten Freundinnen, ein Mensch, der mein Leben deutlich positiv beeinflusst hat) von einer sehr interessanten Arbeit, an der sowohl Biologen als auch Mathematiker beteiligt waren. Genauer gesagt, bot sie mir eine Zusammenfassung der Arbeit »The Mathematics of Phylogenomics« von Lior Pachter und Bernd Sturmfels vom Institut für Mathematik der UC Berkeley.[13] Als im Jahr 2003 das Humangenomprojekt (HGP nach den Anfangsbuchstaben im Englischen, *Human Genome Project*) abgeschlossen wurde, begann das Rennen darum, unsere Vorfahren kennenzulernen, zu identifizieren und zu erfahren, mit wem wir dieses »Privileg« teilen. Durch das Projekt, das mehr als dreizehn Jahre in Anspruch nahm, konnten zwischen ungefähr 20.000 und 25.000 Gene des menschlichen Genoms identifiziert und die Sequenzen von drei Milliarden chemischen Basenpaaren, aus denen sie bestehen, bestimmt werden. Es verhält sich damit so, als ob man ein Alphabet vor sich hätte, das nur aus vier Buchstaben aufgebaut ist: A, T, C und G (die Initialen von A = Adenin, T = Thymin, C =

---

13 Eine vorläufige Version wurde am 8. September 2004 publiziert: s. http://arxiv.org/pdf/math.ST/0409132. Eine revidierte Fassung erschien am 27. September 2005 auf derselben Website und der endgültige Text wird in der bedeutenden *SIAM Review* der Society for Industrial and Applied Mathematics veröffentlicht.

Cytosin, G = Guanin). Die DNA eines Menschen ist so etwas wie sein Personalausweis. Hier findet sich die gesamte Information, die nötig ist, damit seine Zellen und Organe in der Lage sind zu arbeiten. Im Grunde ist durch ein Molekül der DNA festgeschrieben, was wir alles sein können, unsere besonderen Fähigkeiten und Talente sowie einige der Krankheiten, die wir möglicherweise bekommen. Es ist jedoch die Kombination dieser Information mit dem Beitrag, den die Umwelt leistet, die jeden von uns *einzigartig* macht.

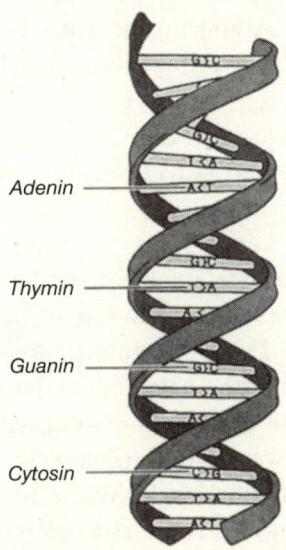

Adenin

Thymin

Guanin

Cytosin

Diese Doppelhelix beschreibt eine Art Serpentinenlinie, auf denen zwei gegenüberliegende Sequenzen mit langen Ketten aus diesen vier Buchstaben festgeschrieben sind. Aber sie besitzt noch eine Besonderheit: Wenn bei einer dieser Sequenzen an einer bestimmten Stelle der

Buchstabe A steht, dann muss an der entsprechenden Position der anderen ein T auftauchen, bei einem C auf der anderen ein G zu finden sein. Das heißt, sie sind paarweise angeordnet. (Eine Eselsbrücke für diese Besonderheit bilden für die Liebhaber des Tangos die Initialen von **A**níbal **T**roilo und **C**arlos **G**ardel.)

Doch gehört all dies nicht eher in einen Artikel über Molekularbiologie als in ein Buch über Mathematik? In der erwähnten Abhandlung von Lior Pachter und Bernd Sturmfels sowie in dem Buch *Algebraic Statistics for Computational Biology* (Cambridge University Press, 2005) untersuchten die Autoren eine ganz besondere Situation. Sehen Sie sich bitte folgenden Abschnitt der DNA an:

TTTAATTGAAAGAAGTTAATTGAATGAAAATGAT-
CAACTAAG

Es handelt sich um 42 Buchstaben, die in der beschriebenen Reihenfolge angeordnet sind, oder so etwas wie ein *Wort* mit 42 Buchstaben. Diese »Sequenz« des Genoms wurde (nach dem sogenannten »Alignment« der verschiedenen Sequenzen, das mit erheblichem mathematischen und informatischen Aufwand verbunden war) an einer bestimmten Stelle der DNA folgender Wirbeltiere gefunden: Mensch, Schimpanse, Maus, Ratte, Hund, Huhn, Frosch und Fische …

Würde man einen Würfel werfen, der statt der sechs üblichen Seiten nur vier mit der Beschriftung A, C, G und T aufwiese, läge die Wahrscheinlichkeit, dass diese Sequenz von 42 Buchstaben in dieser Reihenfolge auftaucht, schätzungsweise bei 1 zu 10^{50}. Damit wäre die Möglichkeit, dass dies zufällig eintrifft, mit annähernd $10^{-50} = 0{,}00000\ldots0001$ zu beziffern. Anders ausgedrückt, die Zahl würde mit einer 0 beginnen, nach dem Komma stünden *fünfzig* Nullen und erst dann eine Eins. Dieser Wert ist so gering, dass die Autoren des Artikels vermuten können, dass alle einen gemeinsamen Vorfahren oder Urahnen besaßen (wahrscheinlich vor ungefähr 500 Millionen Jahren), der diese Sequenz von 42 Basen ebenfalls aufwies, und diese intakt an alle Nachkommen der verschiedenen Zweige der Wirbeltiere weitervererbt wurde. Daher ist die Wahrscheinlichkeit, dass der Mensch denselben Ursprung wie ein Huhn, ein Hund oder eine Maus hat (vom Schimpansen gar nicht zu reden), sehr hoch, wenn es auch keine letzte Sicherheit gibt.

Die Matrizen von Kirkman[14]

Die Probleme der Kombinatorik stellen eine ständige Herausforderung dar, und das nicht erst heute, sondern bereits seit langer Zeit. Im 18. Jahrhundert tauchte das sogenannte »Kirkman'sche Schulmädchenproblem« auf. Thomas Penyngton Kirkman stellte es im Jahre 1847 vor, und so naiv die folgende Fragestellung auch sein mag, sie zog vielfältige Implikationen in der Matrixtheorie nach sich.

Eine Matrix ist eine *Tabelle*, bestehend aus *Spalten und Zeilen*, in die man bestimmte Elemente einordnet. Zum Beispiel besteht der Zuschauerraum eines Kinos aus einer

---

14 Dieses Problem stammt aus dem Buch *The Puzzle Instinct* von Marcelo Danesi.

gewissen Anzahl von Spalten und Zeilen mit den Sitzen für das Publikum. Die Tafel mit der Anzeige der Abfahrtszeiten am Bahnhof ist ebenfalls eine Matrix. Die verschiedenen Gleise bilden die Spalten, die Abfahrtszeiten die Zeilen. Das Fernsehprogramm in den Zeitungen bietet ein weiteres Beispiel. Die Spalten zeigen die Zeiten an, die Zeilen die verschiedenen Kanäle. Es könnte natürlich auch umgekehrt sein, je nach Anzahl der Sender.

Nachdem nun klar sein dürfte, was unter einer Matrix zu verstehen ist, wenden wir uns dem Problem Kirkmans zu:

Es liegen 7 Matrizen mit je 5 Zeilen und 3 Spalten vor. Greifen wir eine heraus und verteilen wir darauf die ersten 15 natürlichen Zahlen (von 1 bis 15). Natürlich *gibt es dafür viele Möglichkeiten* (wie viele?).[15] Verfahren Sie so mit *jeder einzelnen* Matrix, wobei eine Einschränkung zu beachten ist.

Wenn beispielsweise in der dritten Zeile der ersten Matrix die Zahlen 1, 4 und 7 auftauchen, darf die 1 weder in Kombination mit der 4 noch der 7 in der dritten Zeile einer anderen Matrix auftauchen. Das Gleiche gilt für die 4, die zwar in der dritten Zeile jeder anderen Matrix stehen kann, aber nicht zusammen mit der 1 oder der 7.

---

15 Die Anzahl der denkbaren Verteilungsmöglichkeiten der 15 natürlichen Zahlen auf eine Matrix erhält man, indem man die Zahlen von 15 bis 1 in absteigender Form multipliziert:

$15 \cdot 14 \cdot 13 \cdot 12 \cdot 11 \ldots \cdot 4 \cdot 3 \cdot 2 \cdot 1$

Dies ist unter dem Begriff *Fakultät von 15* bekannt (wie wir in *Mathematik durch die Hintertür Band 1* gesehen haben) und die übliche Schreibweise dafür lautet 15!

Die Aufgabenstellung lautet demnach folgendermaßen: Die ersten 15 natürlichen Zahlen sollen auf 7 Matrizen verteilt werden, mit einer Einschränkung: Wenn eine Verbindung von drei Zahlen in einer bestimmten Zeile auftaucht, darf kein Paar aus diesen Zahlen *in derselben Zeile* einer anderen Matrix stehen.

Seit 1922 sind verschiedene Lösungen für das *Rätsel* von Kirkman vorgeschlagen worden (eine davon finden Sie weiter unten). Das Reizvolle ist, dass diese Art von Problemen für Mathematiker verschiedener Epochen stets von großem Interesse war. Einige von ihnen sahen in diesen *Rätseln* eine entspannende Art, *theoretische Begriffe* darzustellen.

Der englische Mathematiker Charles Lutwidge Dodgson erhob und transformierte diese Form sogar in die Kunst der Literatur. Er schrieb unter dem Pseudonym Lewis Caroll das berühmte Werk *Alice im Wunderland*.

Lösung:

15	5	10
1	6	11
2	7	12
3	8	13
4	9	14

15	1	4
2	3	6
7	8	11
9	10	13
12	14	5

1	2	5
3	4	7
8	9	12
10	11	14
13	15	6

4	5	8
6	7	10
11	12	15
13	14	2
1	3	9

4	6	12
5	7	13
8	10	1
9	11	2
14	15	3

10	12	3
11	13	4
14	1	7
15	2	8
5	6	9

2	4	10
3	5	11
6	8	14
7	9	15
12	13	1

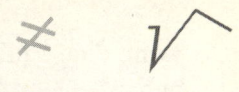

Mathematische Probleme

Die Mathematik entstand, um praktische Probleme lösen zu lernen. Gruppen von nomadisierenden Jägern konnten ohne Mathematik leben, aber als die Landwirtschaft aufkam, wurde sie wichtig, um die Jahreszeiten durch das Zählen der Tage vorhersagen zu können. Eine Gesellschaft entwickelt sich und bringt ein Münzsystem hervor, für das sie die Arithmetik benötigt. Die Geometrie ist notwendig, um das Land zu vermessen und Gebäude vernünftig erbauen zu können.

KEITH BALL

Wenn du das Unmögliche ausgeschlossen hast, dann ist das, was übrig bleibt, die Wahrheit, so unwahrscheinlich sie auch sein mag.

SIR ARTHUR CONAN DOYLE

Ist mehr Wasser im Wein oder mehr Wein im Wasser?

Dieses Problem ist eine gute Denkübung (natürlich anhand eines speziellen Falls). Es geht darum, die Intuition zu *schulen* und somit in bestimmten Lebenslagen, wenn eine Entscheidung ansteht, besser wählen zu können.

Ich ging durch die Fakultät für Naturwissenschaften der UBA und traf Teresita Krick, eine Mathematikerin, Professorin und vor allem eine sehr gute Freundin von mir.

»Adrián, ich habe ein interessantes Problem für dich. Hast du ein bisschen Zeit? Vielleicht kannst du es für deine Fernsehsendung gebrauchen«, sagte sie, als wir auf der Treppe kurz stehen blieben.

»Gerne«, antwortete ich. »Jede Geschichte, die zum Denken anregt, ist willkommen.«

»Also, die Sache ist folgende: Man hat zwei gleiche Gläser. Eines enthält Wein (nennen wir es W_1), das andere Wasser (W_2). In beiden befindet sich die gleiche Menge an Flüssigkeit. Nun schöpft man einen Löffel aus dem Weinglas W_1, ohne etwas zu verschütten, in das Wasserglas W_2 und rührt um. Man mischt also das Wasser mit dem Wein. Natürlich enthält W_2 jetzt ein wenig mehr Flüssigkeit als W_1. Genauer gesagt beinhaltet W_2 genau die Menge, die in W_2 fehlt.«

»So weit, so gut«, fuhr Teresita fort. »Sobald man den Inhalt von W_2 gut verrührt hat, schöpft man einen Löffel des Wassers daraus ab. Natürlich ist die Flüssigkeit nun kein reines Wasser mehr, sondern eine Mischung. Aber egal. Diesen Löffel gießt man nun in W_1.«

Teresita sah mich an. Ich ahnte noch nicht, worauf sie hinauswollte, und hörte aufmerksam zu.

»Angenommen, wir rühren die Flüssigkeit wieder in W_1: Was ist deiner Meinung nach der Fall? *Befindet sich mehr Wasser im Wein oder mehr Wein im Wasser?*«

Ende der Problemstellung. Jetzt heißt es nachdenken.

Die Aufgabe beinhaltet keine Tricks oder sonstigen Fallstricke. Wir nehmen an, dass sich das Wasser und der Wein *nicht vermischen*, in dem Sinne, dass sie *ihre Eigenschaften nicht verändern*. Ich weiß, dass das nicht stimmt, aber gehen wir im Rahmen unseres Problems einmal davon aus.

Lösungen:

Die Menge des Wassers im Wein *ist die gleiche* wie die Menge des Weins im Wasser.
Wie lässt sich zeigen, dass diese Lösung richtig ist? Es gibt verschiedene Arten, das Problem anzugehen. Ich werde drei davon vorstellen.

Erste Lösung:

Ursprünglich befand sich in jedem Glas die gleiche Menge Flüssigkeit. Am Ende, nachdem man in beiden Gläsern umgerührt hat, ist wieder gleich viel vorhanden.
Das heißt: Es ist klar, dass W_2 nun ein wenig Wein enthält. Aber es ist auch klar, dass W_1 ein wenig Wasser aufweist. Dieser Anteil an Wasser, der in W_2 fehlt, *befindet sich in* W_1. Und der Anteil an Wein, der W_1 entnommen wurde, *ist in* W_2 *enthalten*.
Wären beide Mengen nicht gleich, würde das bedeuten, dass in einem der beiden Gläser mehr Flüssigkeit vorhanden wäre. Und das kann nicht sein. Da die Mengen am Ende gleich sind, impliziert dies, dass der Anteil an Wasser, der in W_2 fehlt, genauso groß ist wie der aus W_1 entnommene Weinanteil.
Und genau das wollten wir zeigen.

Zweite Lösung:

Bei diesem Vorschlag möchte ich zunächst die verschiedenen Dinge benennen. Die Gläser tragen ja bereits die Namen W_1 und W_2.

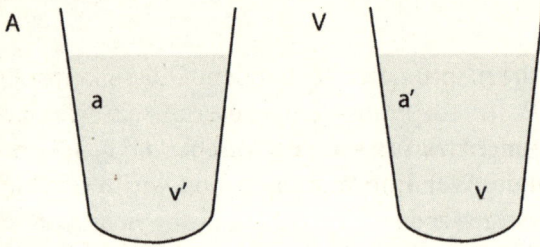

Sagen wir:

a = Menge Wasser, die am Ende in W_2 verbleibt
a' = Menge Wasser, die am Ende in W_1 enthalten ist
v = Menge Wein, die sich nach dem Versuch in W_1 befindet
v' = Menge Wein, die sich nach dem Versuch in W_2 befindet

Man erhält alsdann folgende *Gleichungen*:

(1)   a + v' = v + a'

Dies muss so sein, da die Flüssigkeitsmengen nach dem Versuch jeweils die gleichen sind.
Auf der anderen Seite haben wir:

(2)   a + a' = v + v'

Diese Gleichung rührt daher, dass die *ursprüngliche* Flüssigkeitsmenge in den Gläsern gleich groß war.

Darüber hinaus weiß man – und *darin besteht der entscheidende Schritt zur Lösung* –, dass

(3) $a + v' = a + a'$,

denn die ursprünglich vorhandene Flüssigkeitsmenge im Glas W_2 ($a + a'$) muss genauso groß sein wie nach dem Experiment, was ($a + v'$) entspricht.

Mithilfe dieser Informationen sind wir in der Lage, das Problem zu lösen.

Bei Gleichung (3) lässt sich *kürzen* und somit ist

$V' = a'$

quod erat demonstrandum.

Dritte Lösung:

Wir werden das Problem nun mithilfe eines *Modells* lösen. Dafür nehmen wir an, dass sich in jedem Glas statt einer Flüssigkeit verschiedenfarbige *Kügelchen* befinden.

Wir gehen davon aus, dass im Glas W_1 1.000 grüne und im Glas W_2 1.000 blaue Kügelchen anzutreffen sind. Mit einem Löffel entnehmen wir W_1 30 (grüne) Kügelchen und geben sie in das W_2 (mit den blauen). Nun verbleiben also in W_1 970 (ausschließlich grüne) Kugeln und in W_2 1.030 (1.000 blaue und 30 grüne, die ich eben mit dem Löffel hineingeschüttet habe). Wir vermischen die Kügelchen im Glas W_2. Sie sind zum größten Teil blau, aber es befinden sich auch 30 grüne darunter.

Um den Vorgang, den wir mit Wasser und Wein durchgeführt haben, *nachzubilden*, nehmen wir wieder den Löffel. Wir geben ihn in das Wasserglas W_2, in dem sich 1.030 Kügelchen befinden. Um unseren Gedankengang weiterzuspinnen, nehmen wir an, dass wir 27 blaue und 3 von den grünen, die aus dem anderen Glas stammen, entnehmen (diese Zahlen sind völlig willkürlich).

Diese 30 Kugeln geben wir wieder in Glas W_1. Beachten Sie, dass sich im Glas W_2 973 blaue und 27 grüne befinden. Nachdem wir nun 30 Kügelchen aus W_2 in W_1 befördert haben, enthalten beide die *gleiche Menge an Kügelchen*: 1.000.

Im Glas W_1 befinden sich 970 grüne Kugeln, die die ganze Zeit an Ort und Stelle geblieben sind, plus 27 blaue, die ich beim zweiten Transport mit dem Löffel hineingegeben habe, plus drei, die wieder zurückkamen. Damit sind es 973 grüne und 27 blaue.

Schlussfolgerungen:

a) In beiden Gläsern befindet sich die gleiche Menge an Kügelchen.

b) Im Glas W_1 sind 973 grüne und 27 blaue anzutreffen.

c) Im Glas W_2 sind es 973 blaue und 27 grüne.

Wie man sieht, zählt man die gleiche Anzahl an grünen unter den blauen wie blauen unter den grünen Kugeln. Anders gesagt, es ist genauso viel Wasser im Wein wie Wein im Wasser.

➜ **Fazit:** Um dieses Problem zu lösen, muss man offensichtlich weder Gleichungen lösen noch mit Kügelchen modellieren können. Die einen kommen zur richtigen Lösung, indem sie wie bei dem ersten Vorschlag argumentieren, die anderen schließen sich dem zweiten an. Oder dem dritten. Ja, ich bin mir sicher, dass viele die Aufgabe noch auf ganz andere Arten *lösen*.

Es gibt also *nicht nur eine einzige richtige Methode, Probleme anzugehen*. Wirklich interessant ist doch nur, dass wir denken können. Der Weg, den man wählt, ist nicht so wichtig, nur das Ergebnis. Alle Wege führen zum Ziel.

Eine Geschichte von vier Verdächtigen

Das folgende Problem weist eine Besonderheit auf: Äußerlich erscheint es wie ein ganz gewöhnliches *Rätsel*. Mir widerstrebt es, »Denkaufgaben für Genies« einzubringen, denn wenn man darauf kommt, was zu tun ist, ist das zwar super, aber wenn nicht, führt dies zu Frustration, die die Freude am Denken nicht eben fördert. Das folgende Problem hingegen *hat seine einwandfreie Logik*. Es mag sein, dass es nicht einfach ist, aber wenn man sich die Zeit nimmt, um es zu durchdenken, kommt man auch wirklich darauf. Vielleicht haben Sie nicht die Zeit oder Lust, sich daranzumachen, aber ich habe keinen Zweifel, dass es eine Herausforderung darstellt, die jede Person meistern kann.

Voilà: Es wurde ein Geldraub gemeldet und die Polizei nahm vier Verdächtige fest. Diese vier wurden befragt und man weiß, dass *nur ein Einziger* die Wahrheit sagte. Die Aufgabe besteht nun darin, die Aussage jedes Einzelnen zu *lesen* und zu begründen, wer derjenige war, der die Wahrheit sprach, also den Einzigen, der nicht gelogen hat, zu ermitteln.

> Der Verdächtige Nummer 1 sagte aus, er habe das Geld nicht geraubt.
> Der Verdächtige Nummer 2 erklärte, Nummer 1 lüge.
> Der Verdächtige Nummer 3 gab an, dass Nummer 2 lüge.
> Der Verdächtige Nummer 4 äußerte, dass Nummer 2 das Geld geraubt habe.

Mein Vorschlag wäre, nun eine Pause einzulegen und sich einen Augenblick mit Papier und Bleistift, aber auch Muße zum Nachdenken hinzusetzen. Ich werde im folgenden Absatz beginnen, die verschiedenen Möglichkeiten vorzustellen, aber bitte hören Sie auf mich und *lesen Sie ihn noch nicht. Versuchen Sie es zuerst allein.* So haben Sie viel mehr davon.

Ich werde nun die Äußerungen jedes einzelnen Verdächtigen untersuchen und dabei annehmen, *er sagte die Wahrheit,* und sehen, zu welchen Schlussfolgerungen oder Widersprüchen dies mich führt. Der Einfachheit halber nenne ich die Verdächtigen von nun an schlicht #1, #2, #3 und #4.

1. Wenn #1 derjenige wäre, der die Wahrheit sprach, *bedeutet* dies, das #1 das Geld NICHT geraubt hat (da er ja wahrheitsgemäß aussagen würde). In diesem Fall gäbe es kein Problem zu akzeptieren, dass #2 NICHT ehrlich ist. Er will uns in die Irre führen, wenn er er-

klärt, dass #1 lügt. Dies ist unproblematisch, nicht jedoch die Behauptung von #3. Denn falls er – die Nummer #3 – schwindelt (und dies muss der Fall sein, denn wir nehmen ja gerade an, dass #1 der EINZIGE ist, dessen Worte wahr sind), dann wäre seine Aussage, dass #2 lüge, FALSCH … dies bedeutet, #2 würde die Wahrheit sagen … In diesem Falle wäre es korrekt, dass #1 lügt. Aber damit wäre seine Aussage falsch, dass er das Geld NICHT gestohlen habe. Und dies würde heißen, dass ER den Raub verübt hätte. Und DIES WIDERSPRICHT der Tatsache, dass wir ja annehmen, dass #1 der Einzige ist, der die Wahrheit spricht. Dieser Fall ist also NICHT möglich.

2. Wenn #2 der EINZIGE wäre, der wahrheitsgemäß aussagt, dann würde #1 lügen; dies impliziert, dass ER das Geld genommen hat. Soweit fahren wir damit gut. Man würde demnach schließen, dass #1 der Dieb ist. Auf der anderen Seite bekommen wir auch keine Schwierigkeiten mit Widersprüchen bei #3, denn da wir WISSEN, dass #2 die Wahrheit spricht, ist folglich das, was #3 sagt, falsch. Und wenn die Aussage von #4 auch eine Lüge wäre, würde dies bedeuten, dass #2 das Geld NICHT gestohlen hätte. Und dies passt ebenfalls zusammen. Also beinhaltet die ANNAHME, DASS ALLEIN #2 DIE WAHRHEIT SPRICHT, keine Widersprüche mit den anderen Aussagen.

3. Wenn #3 der EINZIGE wäre, der aufrichtig ist, würde dies bedeuten, dass #2 lügt. Aber wenn #2 schwindelt, dann hieße dies, dass #1 die Wahrheit sagt. Doch dann stimmt es, dass er das Geld nicht geraubt hat. In die-

sem Fall wäre das, was #1 erklärt, EBENFALLS wahr. Dies steht im WIDERSPRUCH dazu, dass #3 der EINZIGE sein soll, der ehrlich ist. Dieser Fall ist also unmöglich.

4. Wenn #4 der EINZIGE wäre, der aufrichtig ist, würde dies implizieren, dass #2 der Dieb des Geldes war. Aber da #3 ZWANGSLÄUFIG lügt, würde dies bedeuten, dass seine Aussage falsch ist, und demnach würde #2 die Wahrheit sagen. Und #2 erklärte, dass #1 lügt. Doch wenn die Aussage von #1 falsch wäre, dann wäre #1 derjenige, der das Geld entwendet hätte … Und dies widerspricht der Angabe, dass #2 der Dieb war.

➜ **1. Fazit:** Die einzige Möglichkeit, dass nur EINER die Wahrheit sagt, ohne dass sich Widersprüche ergeben, besteht darin, dass #2 als EINZIGER eine wahre Aussage macht.

➜ **2. Fazit:** Diese Art von Problemen bietet uns – abgesehen von ihrem möglichen Unterhaltungswert – ein Training, wie man Entscheidungen trifft, die etwas kompliziert erscheinen mögen. Oftmals müssen wir in unserem Leben verschiedene Szenarien unter die Lupe nehmen, und wenn wir uns darüber klar werden, dass es viele Variablen gibt, werden wir von Passivität übermannt und geben ihr lieber nach. Abgesehen von ihrer spielerischen Qualität schulen solche Aufgaben auch das Denken. Und sie helfen uns, Entscheidungen zu treffen.

Das Problem der Behälter mit je 3 und 5 Litern

Das nächste Problem, das wir lösen wollen, ist folgendes: Vor uns stehen zwei leere Behälter von je 3 und 5 Litern Fassungsvermögen sowie ein Weinfass. (Weitere Angaben sind uns nicht bekannt, das heißt, wir können auf keine andere Möglichkeit zurückgreifen, das Volumen zu messen.) Wie gehen wir vor, um genau 4 Liter Wein zu erhalten?

Lösung:

Eine Möglichkeit, die Aufgabe zu lösen, besteht darin, zunächst den 3-Liter-Behälter mit Wein zu füllen. Anschließend gießen wir seinen gesamten Inhalt in das 5-Liter-Gefäß, so dass sich darin *3 Liter* befinden und in dem anderen gar nichts. Jetzt füllen wir den 3-Liter-Behälter erneut, so dass wir in beiden Behältern 3 Liter Wein haben. Dann gießen wir aus dem 3-Liter-Behälter so viel Wein in das 5-Liter-Gefäß, bis es voll ist.

Das größere Gefäß ist also bis zum Rand mit Wein gefüllt, während sich in dem 3-Liter-Eimer noch genau 1 Liter befindet. Dies ist der entscheidende Schritt zur Lösung. Nun schütten wir den gesamten Inhalt des 5-Liter-Gefäßes aus und geben dafür den *einen Liter* Wein aus dem 3-Liter-Behälter hinein. Wir haben also *1 Liter* im 5-Liter-Gefäß, der 3-Liter-Eimer ist leer. Als Nächstes füllen wir erneut den 3-Liter-Behälter und geben diese 3 Liter zu dem 1 Liter in das andere Gefäß. Fertig. In dem 5-Liter-Eimer sind jetzt genau 4 Liter, wie wir es wollten.

Ein Problem des lateralen Denkens
(die Koryphäe)

Wie ich bereits im ersten Band erklärt habe, gibt es Probleme, bei denen »laterales Denken« gefragt ist, oder anders gesagt, Probleme, die man mithilfe neuer Wege, unterschiedlicher Blickwinkel oder auf eine besondere Weise lösen muss. Hier stelle ich Ihnen eines der wichtigsten Probleme vor (es muss nicht notwendigerweise das beste sein, obwohl ich glaube, dass es zumindest eines der besten ist), das sehr viele Kontroversen hervorrief und immer noch hervorruft. Beachten Sie, dass es dabei keinerlei Fallstricke oder Hintertürchen gibt, alles ist offen gelegt.

Antonio, Vater des achtjährigen Roberto, fährt mit dem Auto von seinem Haus in der Stadt Buenos Aires in Richtung Mar del Plata. Roberto begleitet ihn. Auf dem Weg ereignet sich ein furchtbarer Unfall. Ein entgegenkommender Lastwagen gerät auf die andere Spur und stößt frontal auf Antonios Auto.

Antonio ist sofort tot, Roberto überlebt. Ein Rettungswagen der Stadt Dolores ist in wenigen Minuten zur Stelle, und das Kind wird ins Krankenhaus gebracht. Von den Dienst habenden Ärzten wird er sofort nach Kräften behandelt. Nachdem sie jedoch seine Lage besprochen und die Vitalfunktionen stabilisiert haben, kommen sie zu dem Schluss, dass Robertos Situation problematisch ist. Sie müssen weiteren Rat einholen. Da eine Verlegung des Kindes riskant ist, beschließen sie, ihn in Dolores zu lassen. Nach entsprechenden Untersuchungen setzen sie sich mit dem Kinderkrankenhaus der Hauptstadt in Verbindung und beraten sich schließlich mit einer Koryphäe auf dem

Gebiet. Alle sind sich darin einig sind, dass es das Beste ist, Roberto nicht zu verlegen. Die Kapazität beschließt, direkt von Buenos Aires nach Dolores zu fahren.

Die hiesigen Ärzte erläutern den Fall und warten gespannt auf die Meinung des berühmten Arztes. Schließlich ergreift einer das Wort:

»Können Sie den Jungen behandeln?«, fragt er fast unhörbar.

Er erhält folgende Antwort:

»Natürlich werde ich ihn behandeln, wo er doch *mein Sohn* ist!«

Soweit die Geschichte. Doch wie können wir sie erklären? Ich stehe jetzt zwar nicht vor Ihnen, versichere Ihnen aber noch einmal, dass es keine Fallstricke oder Hintertürchen gibt.

Bevor Sie die Lösung nachlesen, möchte ich noch zwei Dinge hinzufügen:

    a) Antonio ist nicht der Stiefvater.
    b) Antonio ist kein Pfarrer.

Nun überlasse ich Sie Ihrer Fantasie. Ich schlage Ihnen jedoch vor, die Beschreibung des Problems noch einmal zu lesen, und glauben Sie mir, es ist furchtbar einfach.

Lösung:

Das Bemerkenswerte an diesem Problem ist, wie einfach die Antwort ist. Noch schlimmer: Wenn Sie sie lesen – falls Sie nicht auf die Lösung gekommen sind –, werden

Sie den Kopf an die Wand schlagen und sich fragen: Warum bin ich bloß nicht selbst darauf gekommen?

Die Lösung, oder besser gesagt, eine mögliche Lösung besteht darin, dass es sich bei der Koryphäe um die *Mutter* handelt.

Dies ist der Schlüssel jeder Diskussion des Problems.

Wie Sie sehen (lesen Sie noch einmal nach, wenn Sie möchten), erwähne ich an keiner Stelle das *Geschlecht* der Koryphäe. Aber wir haben es so sehr verinnerlicht, dass Koryphäen Männer sind, dass wir sie uns gar nicht als Frau vorstellen können. Würde man uns *explizit* vor die Entscheidung stellen, ob eine Frau eine solche Kapazität sein kann oder nicht, wäre die Situation natürlich eine ganz andere. Ich glaube, keiner von uns würde die Möglichkeit anzweifeln, dass eine Frau ebenso wie ein Mann eine solche Position erlangen kann. In diesem Fall aber versagen wir. Die richtige Antwort bleibt nicht selten aus. Tatsächlich sind sogar viele Frauen nicht in der Lage, das Rätsel zu lösen, und wenn sie die Antwort erfahren, fühlen sie sich desselben Macho-Verhaltens überführt, das sie selbst beklagen und verurteilen.

Zehn Beutel mit zehn Münzen

Man nehme 10 (mit 1–10) nummerierte Beutel, von denen jeder 10 Münzen enthält. Sie sehen alle vollkommen gleich aus und haben alle, bis auf eine Ausnahme, dasselbe Gewicht: 10 Gramm. Es ist lediglich bekannt, dass sich in *einem* Beutel Münzen befinden, die alle ein Gramm schwerer sind als die anderen. Das heißt also, die Geldstücke in diesem einen Säckchen wiegen 11 Gramm statt 10. Uns steht außerdem eine Waage zur Verfügung, mit der das Gewicht genau festgestellt werden kann (zumindest so genau, wie es für unser Problem nötig ist), aber man darf sie nur einmal benutzen.

Die Aufgabe besteht also darin, nur einmal zu wiegen und damit zu bestimmen, in welchem Beutel die schwereren Münzen sind. Es geht darum, *kreativ zu denken*, darin besteht der besondere Reiz dieser Übung.

Lösung:

Wählen Sie aus den durchnummerierten Beuteln nach folgendem Schema die Münzen, die gewogen werden sollen:

1 Münze aus Beutel Nummer 1.
2 Münzen aus Beutel Nummer 2.
3 Münzen aus Beutel Nummer 3.
4 Münzen aus Beutel Nummer 4.
5 Münzen aus Beutel Nummer 5.
6 Münzen aus Beutel Nummer 6.
7 Münzen aus Beutel Nummer 7.
8 Münzen aus Beutel Nummer 8.
9 Münzen aus Beutel Nummer 9.
10 Münzen aus Beutel Nummer 10.

Wir haben damit 55 Münzen für die Waage ausgewählt. Wenn die Münzen alle gleich viel, das heißt allesamt 10 Gramm wögen, müssten die 55 Exemplare im Prinzip 550 Gramm schwer sein. Ich glaube, dass Sie anhand meiner Überlegungen den Faden schon allein weiterspinnen können (wenn Ihnen bisher noch nicht eingefallen ist, wie die Aufgabe zu lösen ist). Falls nicht, geht es gleich weiter. Aber denken Sie daran, dass die Tatsache, wie die Münzen ausgewählt werden, eine *zusätzliche* Hilfe ist, zu entscheiden, welcher Beutel die 11 Gramm schweren Stücke enthält.

Ich komme nun zur Lösung. Wenn wir die 55 Münzen auf die Waage legen, *wissen wir*, dass das Ergebnis *größer* als 550 Gramm sein wird. Doch um wie viel größer könnte es sein? Falls zum Beispiel statt 550 Gramm 551 herauskommen – was würde dies bedeuten?

Wenn das Gewicht ein Gramm höher ist, heißt dies, dass eine einzige Münze 11 Gramm wiegt, und aufgrund unseres Auswahlverfahrens (1 Münze aus Beutel 1, 2 aus Beutel 2 usw.), lässt sich daraus erschließen, dass es sich bei dem Säckchen, in dem sich die Münzen mit dem abweichenden Gewicht befinden, um die Nummer 1 handeln muss. Aus diesem haben wir nämlich genau *eine einzige Münze* entnommen.

Wenn das Ergebnis wiederum statt 550 Gramm 552 beträge, dann hieße dies, dass zwei Münzen mit einem Gewicht von je 11 Gramm vorhanden sein müssen. Eigentlich ganz einfach, oder?

Genauso geht es weiter: Wenn 553 herauskommt, sind die Münzen mit dem höheren Gewicht in Beutel 3 usw.

Somit haben wir also das Problem gelöst: Wir brauchen nur einmal zu wiegen und können bestimmen, in welchem Säckchen sich die Münzen zu 11 Gramm befinden.

Noch ein Hut-Problem[16]

Bei diesem Problem geht es um fünf Hüte, von denen drei weiß und zwei schwarz sind. Drei Personen (sagen wir Herr A, B und C) wurden in einen Raum geführt und bekamen an der Tür je einen der fünf Hüte. Die drei Herren saßen so, dass Herr A auf die Hüte von B und von C blicken konnte (natürlich auf den eigenen nicht), aber B konnte nur den Hut von C erkennen (also weder den eigenen noch den von A). C wiederum sah keinen einzigen Hut.

Als man sie fragte – in der Reihenfolge: zuerst A, dann B und schließlich C –, welchen Hut jeder aufhätte, antworteten sie folgendermaßen: Herr A sagte, er könne nicht bestimmen, welche Hutfarbe er habe. Daraufhin kam Herr B an die Reihe, der ebenfalls erklärte, es sei ihm nicht möglich festzustellen, welche Farbe sein Hut aufweise. Als Letzter sprach Herr C: »Dann weiß ich, welche Hutfarbe ich habe.«

Was sagte er? Und wie konnte er dies erklären?

---

16 In *Mathematik durch die Hintertür Band 1* stellte ich auf S. 191 und S. 193 verschiedene Probleme mit Hüten vor. Mehrere Freunde ließen mir noch weitere zukommen. Das hier ausgewählte stammt von Gustavo Stolovitzky. Gustavo studierte Physik an der UBA, promovierte in Physik in Yale und arbeitet derzeit in den USA, genauer gesagt bei IBM in der Abteilung für Funktionelle Genomik und Systembiologie. Er war zweifellos einer der Schüler, von denen ich während meiner Laufbahn als Lehrer am meisten gelernt habe; abgesehen davon, dass er eine wirklich angenehme Persönlichkeit ist.

Lösung:

Herr C sagte aus, dass er einen *weißen* Hut aufhabe. Woher wusste er dies? C stellte folgende Überlegung an.

Wenn er und B schwarze Hüte besäßen, hätte A daraus geschlossen, dass seiner weiß sei, da er ja die Hüte der anderen beiden sehen konnte. Aber A sagte nichts. Oder besser gesagt, er erklärte, dass *er nicht wisse, was für einen Hut er habe.* Dies bedeutet, dass er sah, dass entweder B oder C einen weißen Hut trug.

Als B an die Reihe kam, konnte er nur den Hut von C erkennen, aber er hatte dieselbe Information wie C: B wusste, dass entweder er oder C einen weißen Hut hatte. Wenn er gesehen hätte, dass C einen *schwarzen* Hut besaß, hätte B aussagen können, dass sein eigener weiß war. Aber weil er nichts sagte oder vielmehr angab, dass er es nicht ermitteln könne, kam nun die Reihe an C.

Da B keine Entscheidung treffen konnte, bedeutete dies, dass C keinen schwarzen Hut aufhatte. Somit war der Weg für C geebnet und er konnte, ohne einen Hut zu erkennen, bestimmen, dass seiner weiß war. Und damit traf er das Richtige.

Russisches Roulette

Angenommen, jemand ist (unfreiwillig natürlich) in ein Spiel mit dem Namen »Russisches Roulette« verwickelt. Falls Sie dieses nicht kennen: Es geht darum, sich einen geladenen Revolver an die Schläfe zu setzen und abzudrücken. In der Trommel des Revolvers befinden sich Kugeln, nicht jedoch in allen Kammern.

Es geht (um nichts weniger als) darum, die Trommel zu drehen und zu sehen, ob man das Glück hat, dass die Kammer beim nächsten Schuss leer ist und man dem Tod entkommt. Nachdem wir jetzt Bescheid wissen, nehmen wir einmal an, man hat einen Revolver mit 6 Kammern. Wir wissen, dass jeweils 3 Kugeln enthalten und je 3 leer sind, mit der Besonderheit, dass die 3 Geschosse sich in drei *aufeinanderfolgenden* Kammern befinden. Nehmen wir weiter an, dass 2 Spieler teilnehmen. Die Trommel (in der sich die Kugeln befinden) wird ein einziges Mal gedreht. Jeder Spieler ergreift die Waffe, zielt auf seinen Kopf und drückt ab. Wenn er überlebt, gibt er den Revolver an den anderen Teilnehmer weiter, der ebenso verfährt: Er zielt und drückt ab. Das Spiel ist zu Ende, wenn einer der beiden tot ist. Die Frage ist: Wer hat größere *Überlebenschancen* – derjenige, der als Erster oder als Zweiter schießt? *Ist überhaupt ein Vorteil darin zu sehen, der Erste oder der Zweite zu sein? Was würden Sie vorziehen?*

Lösung:

Sehen wir uns an, zu welchen Ergebnissen das Drehen der Trommel führen kann:

1	2	3	4	5	6
x	x	x	o	o	o
o	x	x	x	o	o
o	o	x	x	x	o
o	o	o	x	x	x
x	o	o	o	x	x
x	x	o	o	o	x

x steht für eine Kugel und *o* für eine leere Kammer. Ich habe zusätzlich alle Kammern nummeriert, das heißt, diejenige mit der Nummer 1 bestimmt über das Schicksal des ersten Teilnehmers.

Sehen wir uns nun an, welche *Überlebenschancen* der erste Schütze hat. Von den sechs Alternativen stehen drei zu seinen Gunsten (diejenigen, die mit *o* gekennzeichnet sind). Die Wahrscheinlichkeit, dass er überlebt, beträgt also 1/2, denn bei drei von sechs möglichen Positionen kommt er mit dem Leben davon.

Rechnen wir jetzt die Chancen des zweiten Mitspielers aus, wenngleich ich Ihnen vielleicht ein wenig Zeit geben sollte, über das Problem noch einmal an Hand der Tabelle mit allen möglichen Fällen nachzudenken. Wenn Sie dennoch lieber gleich weiterlesen, *zählen wir* gemeinsam.

Es ist wichtig zu berücksichtigen, dass der zweite Spieler die Waffe nur dann in die Hand nimmt, wenn der erste weiterhin am Leben ist. Das heißt, da die *Trommel* nur ein einziges Mal gedreht wurde, verharrt diese in der Position, die das ganze Spiel über bestehen bleibt.

Sehen wir also in der Tabelle nach: Wie viele Möglichkeiten beginnen mit dem Buchstaben *o*? – Es sind drei (in der zweiten, dritten und vierten Zeile), aber das Interessante ist, dass von diesen drei *nur eine* eine Kugel in der zweiten Kammer nach sich zieht. Die anderen beiden Alternativen bieten wieder ein *o*. In *zwei* von drei möglichen Fällen überlebt also der zweite Konkurrent. Folglich beträgt die Wahrscheinlichkeit, am Leben zu bleiben, für diesen 2/3.

Die Schlussfolgerung lautet daher, dass die Position des zweiten Spielers vorzuziehen ist, da die Überlebenschancen des ersten bei 1/2 und beim zweiten bei 2/3 liegen.

Wenn es Sie interessiert, wie es weitergeht, falls der zweite Schütze davonkommt: Nun ist wieder der erste an der Reihe, und dieser überlebt in *einem* von zwei möglichen Fällen.

Und beim zweiten genauso. Das heißt, wenn sie einmal so weit gekommen sind (jeder hat einmal geschossen und ist am Leben geblieben), sind die Chancen für beide gleich.

Problem der zwölf Münzen

Das folgende Problem dient dazu, komplexe Situationen zu analysieren, die von vielen Variablen und vielen möglichen Szenarien dominiert werden. Um es zu lösen, sollte man sich mit einem Blatt (oder mehreren Blättern) Papier, Zeit (ist immer nützlich) und viel Muße zum Denken und Analysieren hinsetzen.

Als Organisatoren des Mathematikwettbewerbs, der den Namen meines Vaters Ernesto Paenza trägt, legten wir diese Aufgabe einmal innerhalb einer der Prüfungen vor (im Jahr 1987). Die Aufgabenstellung ist einfach und es ist gewiss sehr reizvoll zu versuchen, die Lösung zu finden.

Wir haben 12 äußerlich gleich aussehende Münzen, von denen jedoch *eine* ein abweichendes Gewicht aufweist. Man weiß allerdings nicht, ob sie *mehr* oder *weniger* wiegt, nur dass es einen *Unterschied* gibt. Diesen festzustellen, ist unser Ziel. Dafür verfügt man über eine Waage mit zwei Waagschalen. Es handelt sich um ein sehr einfaches Gerät, mit dem man nur feststellen kann, ob die Gegenstände auf der einen Seite mehr, weniger oder gleich viel wiegen wie diejenigen auf der anderen. Um zu bestimmen, welche die andersartige Münze ist, darf man lediglich dreimal wiegen.

Dabei stellen sich folgende Fragen:

a) Ist dies möglich?
b) Gibt es eine Lösung für dieses Problem? Wenn ja, welche? Wenn nein, ist dies ebenfalls zu beweisen.

Fertig. Dies ist schon die ganze Aufgabenstellung mit den erforderlichen Bedingungen.
Wie immer bitte ich Sie, selbst darüber nachzudenken. Nach einer Lösung zu suchen, trainiert den Geist, schult das Denken, lehrt über das, was man unmittelbar sieht, hinauszudenken. Hören Sie bitte auf mich, es lohnt sich, es zu versuchen, ohne gleich die Antwort zu lesen. Mehr noch: Auch wenn Sie letztendlich nicht auf die Lösung *kommen*, glauben Sie mir, die logischen Fähigkeiten eines Menschen steigern sich auch durch den bloßen Versuch.

Lösung:

Es gibt eine Lösung für das Problem. Ich glaube nicht, dass es die Einzige ist, aber ich werde hier eine der Möglichkeiten vorführen. Dennoch bin ich der Meinung – wie Sie sicherlich gemerkt haben –, dass Ihr eigener Lösungsweg immer der beste ist, weil dieser Ihnen gehört: Sie haben sich ihn erkämpft und sind ganz allein darauf gekommen.

Doch nun zur Lösung: Nummerieren wir die Münzen mit 1 bis 12 und benennen wir die Waagschalen ebenfalls – die linke heißt A und die rechte B.

Beim ersten Wiegevorgang wählen wir die Münzen (1, 2, 3, 4) und legen Sie auf A. Anschließend geben wir (5, 6, 7, 8) auf B.

Es gibt drei Möglichkeiten:

      a) Sie wiegen gleich viel.
      b) Waagschale A wiegt mehr als B (A > B);
      c) Waagschale B wiegt mehr als A (B > A).

Untersuchen wir nun die einzelnen Fälle:

Fall a) Wenn die acht Münzen gleich viel wiegen, dann heißt dies, dass *die Münze mit dem abweichenden Gewicht* unter den *vieren* (9, 10, 11, 12) sein muss, die beim ersten Wiegen außen vor blieben. Wie können wir herausfinden, welche es ist, auch wenn wir die Waage nur noch zweimal benutzen dürfen?

Wir nehmen die Münzen (9, 10) und vergleichen diese, indem wir sie jeweils auf A und B legen. Wie oben existieren drei Möglichkeiten, aber in diesem Fall betrachten wir nur folgende Alternativen:

Erste Möglichkeit: 9 und 10 sind gleich schwer. Daraus ist zu schließen, dass die *andersartige Münze* entweder die 11 oder 12 ist. Aber wir dürfen nur noch einmal wiegen und dies nutzen wir, um 9 und 11 zu vergleichen.

Wir wissen schon, dass es die 9 nicht ist, sondern entweder die 11 oder die 12. Wenn die 9 und die 11 gleich schwer sind, ist die 12 das gesuchte Geldstück. Warum?

Weil dies hieße, dass die 11 das gleiche Gewicht aufweist wie die 9, und wir wissen ja bereits, dass die 9 eine der *guten* Münzen ist, um sie einmal so zu nennen. Wenn daher die 9 zu den guten gehört und 11 genauso viel auf die Waage bringt wie die 9, dann ist die einzige verbleibende Alternative, dass die 12 *die abweichende Münze* ist.

Zweite Möglichkeit: 9 und 10 haben ein unterschiedliches Gewicht. Deshalb muss *eine* von beiden (9 oder 10) die gesuchte Münze sein. Es bleibt uns nur noch einmal Wiegen, um festzustellen, welche es ist.

Wir legen 9 und 11 auf die Waage. Falls sie gleich schwer sind, dann ist die abweichende Münze die 10 (denn wir wissen bereits, dass die 11 eine der guten Geldstücke ist, und die 9 würde in diesem Fall das Gleiche wie die 11 wiegen). Wenn hingegen 9 und 11 ein unterschiedliches Gewicht besitzen, muss die 9 die abweichende Münze sein, da uns ja bekannt ist, dass das gesuchte Exemplar entweder die 9 oder 10 ist (und die 11 daher zu den *guten* gehört).

Bis hierher konnten wir unser Problem stets lösen für den Fall, dass wir beim ersten Wiegen feststellen, dass die acht Münzen (1, 2, 3, 4, 5, 6, 7, 8) gleich schwer sind.

Fall b) Angenommen A > B, das heißt, die Münzen (1, 2, 3, 4) wiegen mehr als (5, 6, 7, 8). In diesem Fall scheiden vier Geldstücke aus: 9, 10, 11 und 12. Die gesuchte Münze muss unter den ersten acht sein.

Diese müssen wir nun durch zweimaliges Wiegen identifizieren.

Zu diesem Zweck nehmen wir *zwei* Münzen aus der Waagschale A (3 und 4) und fügen *eine* aus Schale B hinzu: zum Beispiel die Nummer 5. Diese drei Geldstücke (3, 4 und 5) legen wir auf A. Zum anderen nehmen wir die anderen beiden Münzen von der Schale A (1 und 2) und legen sie auf die andere Seite, zusammen mit einer der bereits ausgesonderten Münzen, die wir beliebig auswählen, beispielsweise der 10. Diese legen wir auf Waagschale B.

Also:

- Schale A: 3, 4 und 5.
- Schale B: 1, 2 und 10.

Um weiterzukommen, setzen wir die Waage nun ein zweites Mal ein. Wie immer sind drei Dinge möglich: dass sie gleich viel wiegen, dass A > B, oder umgekehrt, dass A < B.
Untersuchen wir diese Fälle.

Erste Möglichkeit: Wenn (3, 4, 5) genauso viel auf die Waage bringen wie (1, 2, 10), heißt dies, dass man *ausschließen* kann, *dass die gesuchte Münzen sich unter diesen sechs befindet*. Für den Fall der 10 wussten wir dies bereits, aber nun kommen die 1, 2, 3, 4 und 5 noch hinzu. Daher ist die abweichende Münze die 6, 7 oder 8. Aber wir dürfen nur noch einmal wiegen und haben drei Geldstücke. Dies ist die entscheidende Situation innerhalb unseres Gedankengangs. Wieder sind wir an dem Punkt angekommen, dass wir uns an Hand von *drei* Münzen und *einem Wiegegang* entscheiden müssen.

Wir wiegen 6 und 7. Wenn diese beiden gleich schwer sind, kann nur die Nummer 8 die gesuchte Münze sein. Wenn hingegen die 6 schwerer ist als die 7, schließt dies die 8 prinzipiell aus. Da aber andererseits beim ersten Mal Wiegen (1, 2, 3, 4) mehr auf die Waage brachten als (5, 6, 7, 8), bedeutet dies, dass das gesuchte Geldstück *weniger* als die anderen wiegt. Dies ist der Fall, weil sich die abweichende Münze beim ersten Wiegevorgang rechts, auf der Waagschale B, befand. Wenn daher 6 mehr wiegt als 7, ist das gesuchte Stück die 7. Wenn hingegen 6 weniger als 7 auf die Waage bringt, dann ist es die 6.

Zweite Möglichkeit: Nun wenden wir uns dem Fall zu, dass die Münzen (3, 4, 5) *mehr wiegen* als (1, 2, 10). Nachdem wir die 5 auf die andere Waagschale gegeben haben und A immer noch schwerer ist, muss man diese ausschließen, da wir ja auch wissen, dass die Geldstücke (1, 2, 3, 4) mehr als (5, 6, 7, 8) wiegen. Die 5 ist demnach nicht das gesuchte Exemplar. Aber die Münzen 1 und 2 sind es auch nicht, denn diese legten wir ebenfalls auf die andere Waagschale, von A nach B, und deren Position blieb bestehen. Da die 10 bereits von vornherein ausgeschlossen war und wir sie nur dazu benutzten, die Gewichte »auszutarieren«, bedeutet dies, dass die gesuchte Münze die 3 oder die 4 ist.

Um aufzuklären, welche der beiden es ist, dürfen wir unsere Waage nur noch einmal einsetzen.

Wir legen die 3 auf Waagschale A und die 4 auf B. *Sie können nicht das Gleiche wiegen, da ja eine der beiden* die gesuchte Münze sein *muss*, genauer gesagt, ist es diejenige, die *mehr* wiegt. Dies führte dazu, dass die Waagschale A beim ersten und auch beim zweiten Wiegen schwerer war (und ist).

Wenn also 3 mehr wiegt als 4, ist die 3 das gesuchte Exemplar, wenn sich herausstellt, dass die 4 mehr Gewicht aufbringt als die 3, ist es die 4.

Und damit sind wir mit diesem Teil fertig.

Dritte Möglichkeit: Nun müssen wir noch den Fall behandeln, dass die Münzen (3, 4, 5) *weniger* als (1, 2, 10) *wiegen*. Hierbei gibt es verschiedene Möglichkeiten. Die einzigen Münzen, unter denen die gesuchte sein könnte, sind die 1, 2 oder 5. Warum? Beim ersten Wiegen waren (1, 2, 3, 4) schwerer als (5, 6, 7, 8), beim zweiten Mal wechselten 1 und 2 auf Waagschale A und 5 ging von Waagschale B auf A über.

Da 3 und 4 auf A verblieben und sich nun die Position der Waagschalen geändert hat, sind 3 und 4 auszuschließen. Sie beeinflussen das Gewicht offensichtlich nicht. Wir legen dann die Münze 1 auf A und die 2 auf B. Wenn sie gleich schwer sind, dann ist 5 das gesuchte Geldstück. Dies ist damit zu erklären, dass sich alles auf *drei* Münzen konzentriert hat: 1, 2 und 5. Und so muss Letztere das differierende Exemplar sein, falls 1 und 2 ein identisches Gewicht aufweisen.

Wenn hingegen 1 mehr wiegt als 2, heißt dies, dass 1 unsere abweichende Münze ist (überprüfen Sie noch einmal, was mit Geldstück 1 von Anfang an während der drei Wiegevorgänge geschah, und Sie werden feststellen, dass das Exemplar mit dem größeren Gewicht das gesuchte ist). Wenn andererseits 2 schwerer ist als 1, dann ist sie es.

Fall c) Nun müssen wir noch den Fall analysieren, dass beim ersten Wiegen die Münzen (1, 2, 3, 4) *leichter* sind als (5, 6, 7, 8). In diesem Fall sind, genau wie vorher, (9, 10, 11, 12) als Kandidaten für das gesuchte Stück auszuschließen.

Wie bisher wählen wir nun sechs Münzen zum Vergleich. Wir legen – zum Beispiel – (3, 4, 5) auf A und (1, 2, 10) auf B. Bei diesem Vorgang wollen wir nur drei Münzen auf die jeweils andere Waagschale wandern lassen: 1 und 2 von A nach B und die Münze 5 im Gegenzug von B nach A. Die 10 spielt dabei nur eine ausgleichende Rolle, da wir sie ja bereits ausgeschlossen haben.

Was kann passieren? Wenn (3, 4, 5) *genauso viel* wiegen wie (1, 2, 10), ist unser gesuchtes Exemplar die 6, 7 oder 8 (dies geht aus dem ersten Wiegen hervor). Außerdem ist sie *schwerer*, denn bei unserem ersten Wiegevorgang war das Gewicht der Waagschale B größer als A, und wir wissen, dass sich die gesuchte Münze auf B befindet [weil (3, 4, 5) genauso viel wiegen wie (1, 2, 10)].

Wir geben 6 auf A und 7 auf B. Wenn sie sich die Waage halten, ist die 8 das gesuchte Geldstück. Wenn 6 schwerer ist als 7, ist es die 6, und wenn 7 mehr wiegt, ist es die 7.

Wenn aber (3, 4, 5) *mehr* Gewicht aufbringen als (1, 2, 10), dann beschränkt sich die Diskussion um die gesuchte

Münze auf (1, 2 und 5), da dies die Einzigen drei sind, die wir auf eine andere Waagschale gegeben haben (unter Berücksichtigung des ersten Wiegevorgangs). Wir legen 1 auf A und 2 auf B. Wenn sie gleich schwer sind, ist 5 das differierende Exemplar. Falls 1 mehr als 2 wiegt, ist 2 das abweichende Stück, weil beim ersten Wiegen die Münzen (1, 2, 3, 4) *weniger* Gewicht aufwiesen als (5, 6, 7, 8). Handelt es sich bei dem gesuchten Exemplar entweder um die 1 oder die 2, muss es also diejenige sein, die *weniger* wiegt. Wenn umgekehrt die 1 *leichter* ist als die 2, ist die 1 die abweichende Münze.

Nehmen wir schließlich noch an, dass (3, 4, 5) *weniger* Gewicht aufbringen als (1, 2, 10). Damit lässt sich die Münze 5 eliminieren, denn obwohl man sie von der einen auf die andere Waagschale wandern lässt, verändert die Waage ihre Neigungsposition nicht (das heißt, Waagschale A wiegt *weniger* als Waagschale B).

Wenn wir die Münzen 1, 2 und 5 beim zweiten Wiegen auf die andere Waagschale geben und sich ihr Gewicht nicht verändert, dann sind aus dem gleichen Grund die 1, 2 und 5 auszuschließen. Das *gesuchte* Exemplar ist also die 3 oder 4. Und es ist dasjenige von beiden, das *leichter* ist, weil beide bei den ersten beiden Wiegegängen dazu führten, dass Waagschale A *weniger wog* als B. Daher legen wir 3 auf A und 4 auf B. Wir wissen, dass *sie nicht gleich schwer sein können*. Folglich ist die 3 die gesuchte Münze, wenn sie *weniger* wiegt als 4. Umgekehrt ist die 4 das Ziel unserer Suche, wenn sie weniger als 3 auf die Waage bringt.

Und fertig, damit ist unsere Analyse beendet.

Schwierig? Nein. Komplex? Auch nicht. Man muss nur lernen, diese Art von Analyse durchzuführen, bei der es

viele Möglichkeiten und offensichtlich auch viele Variablen gibt.

Es erfordert Konzentration ... Und die Konzentration zu
trainieren, ist niemals verkehrt, sondern vielmehr sehr
nützlich.

Problem des Handlungsreisenden

Wenn Sie dazu in der Lage wären, das Problem zu lösen,
das ich im Folgenden stellen werde, dürften Sie sich über
eine Million Dollar auf Ihrem Bankkonto freuen, über-
wiesen vom Clay Mathematics Institute. Die Aufgabenstellung ist wirklich sehr einfach und problemlos zu verstehen. Dies bedeutet natürlich nicht, dass sie auch leicht
zu lösen wäre, im Gegenteil. Man wird es sich sicherlich
gut überlegen, bevor man eine derartige Summe bezahlt,
wenn jemand die Lösung für ein Problem liefert, das wie
ein echtes Kinderspiel aussieht. Es liegt jedoch seit mehr
als fünfzig Jahren vor und bis jetzt hat es niemand gelöst.
Folgen Sie mir bitte.

Eine Person muss eine gewisse Anzahl an Städten bereisen, die unter sich (durch Straßen- oder Flugzeugrouten)
verbunden sind. Das heißt, man kann sich immer von
einer zu anderen in jegliche Richtung bewegen. Außerdem spielt es eine Rolle, wie viel die Reise jeweils kostet. Um die Sache zu vereinfachen, werden wir annehmen, dass die Unkosten der Fahrt von Stadt A nach Stadt
B genauso hoch sind wie von B nach A.

Das Problem besteht darin, eine Route zu entwickeln,
bei der alle Städte *nur einmal besucht* werden und Aus-

gangs- und Endpunkt identisch sind; zusätzlich soll sie *die kostengünstigste* sein. Das ist schon alles!

Sagen Sie mir nicht, Sie überlegen jetzt nicht, ob Sie alles noch einmal durchlesen sollten, denn ich bin sicher, Sie zweifeln daran, ob Sie die Problemstellung richtig verstanden haben. Eines von beiden: Entweder haben Sie das Konzept nicht korrekt erfasst oder irgendetwas stimmt nicht auf dieser Welt. Das Ganze verhält sich jedoch so, dass die *Schwierigkeit* versteckt scheint. Die Versuche, die verschiedene Mathematikergenerationen unternommen haben, um es zu lösen, führten zwar zu vielfältigen Fortschritten, vor allem auf dem Gebiet der Optimierung, aber bislang gibt es keine Lösung für das Problem insgesamt. Wenden wir uns einigen einfachen Beispielen zu.

Angenommen, wir haben 4 Städte, sagen wir A, B, C und D. Wie oben erwähnt, wissen wir, dass *es dasselbe kostet*, von A nach B zu reisen wie von B nach A. Das Gleiche gilt auch für alle anderen Städtepaare. Um ein Beispiel zu geben, werde ich nun einige Daten erfinden, so dass wir das Problem an Hand eines konkreten Falls durchdenken können.

a) Kosten der Reise AB = 100
b) Kosten der Reise AC = 150
c) Kosten der Reise AD = 200
d) Kosten der Reise BC = 300
e) Kosten der Reise BD = 50
f) Kosten der Reise CD = 250

Damit haben wir alle denkbaren Wege zwischen allen möglichen Städtepaaren abgedeckt.

Sehen wir uns außerdem an, welche Routen man nehmen kann, um die 4 Städte anzusteuern, wobei man jede
einzelne nur *ein einziges Mal* anfährt und anschließend
zum Ausgangspunkt zurückkehrt:

1) ABCDA
2) ABDCA
3) ACBDA
4) ACDBA
5) ADBCA
6) ADCBA
7) BACDB
8) BADCB
9) BCADB
10) BCDAB
11) BDACB
12) BDCAB
13) CABDC
14) CADBC
15) CBADC
16) CBDAC
17) CDABC
18) CDBAC
19) DABCD
20) DACBD
21) DBACD
22) DBCAD
23) DCABD
24) DCBAD

Nun muss man nur noch die Preise für die Strecken notieren und entsprechend zusammenzählen:

1-ABCDA	AB = 100	BC = 300	CD = 250	DA = 200
2-ABDCA	AB = 100	BD = 50	DC = 250	CA = 150
3-ACBDA	150	300	50	200
4-ACDBA	150	250	50	100
5-ADBCA	200	50	300	150
6-ADCBA	200	250	300	100
7-BACDB	100	150	250	50
8-BADCB	100	200	250	300
9-BCADB	300	150	200	50
10-BCDAB	300	250	200	100
11-BDACB	50	200	150	300
12-BDCAB	50	250	150	100
13-CABDC	150	100	50	250
14-CADBC	150	200	50	300
15-CBADC	300	100	200	250
16-CBDAC	300	50	200	150
17-CDABC	250	200	100	300
18-CDBAC	250	50	100	150
19-DABCD	200	100	300	250
20-DACBD	200	150	300	50
21-DBACD	50	100	150	250
22-DBCAD	50	300	150	200
23-DCABD	250	150	100	200
24-DCBAD	250	300	100	200

Damit gibt es insgesamt 24 mögliche Routen zu folgenden Kosten:

Reise	Kosten	Reise	Kosten
1	850	2	550
3	700	4	550
5	700	6	850
7	550	8	850
9	700	10	850
11	700	12	700
13	550	14	700
15	850	16	700
17	850	18	550
19	850	20	700
21	550	22	700
23	700	24	850

Man müsste also eine der Strecken wählen, die 550 kostet. In diesem Fall besitzt das Problem offensichtlich eine sehr einfache Lösung. Worin liegt dann die Schwierigkeit? Es fehlt nur wenig, bis wir dahinterkommen, aber bevor ich sie verrate, wäre es mir lieb, wenn Sie auch mitdächten.

Bislang haben wir gesehen, dass es bei 4 Städten 24 mögliche Wege gibt, die zu analysieren sind. Gehen wir nun von 5 statt von 4 Orten aus. Wie viele denkbare Strecken sind es dann? (Darin liegt der Dreh- und Angelpunkt.) Sobald die erste Stadt der Route festgelegt ist (beliebig aus den 5 ausgewählt): Wie viele Möglichkeiten bleiben für die Wahl der zweiten? Antwort: Es kann jede beliebige der 4 übrigen sein. Das heißt, nur um die ersten 2

Städte abzufahren, gibt es bereits 20 verschiedene Anfangsmöglichkeiten:

AB, AC, AD, AE, BA, BC, BD, BE, CA, CB, CD, CE,
DA, DB, DC, DE, EA, EB, EC und ED.

Und nun? Wie viele haben wir für die dritte Stadt?
Zwei haben wir schon festgelegt, daher bleiben noch 3
zur Auswahl. Da wir bereits 20 Varianten für den Anfang
hatten und jede davon auf 3 Arten fortgesetzt werden
kann, kommen wir demnach bei 3 Städten auf 60 verschiedene Wege. (Merken Sie, wo die Schwierigkeit beginnt?)
Wie viele Möglichkeiten existieren für die vierte Stadt,
die zur Auswahl steht? Antwort: 2 (denn es bleiben nur
noch 2 übrig, die wir für die skizzierte Route bislang noch
nicht verwendet haben). Also können wir jede einzelne
der 60 Anfangsmöglichkeiten für 3 Orte mit *2 weiteren*
fortsetzen. Damit erhalten wir 120 Reiserouten mit 4
Städten.
Und nun zum Schluss haben wir *keine* Wahlmöglichkeit
mehr, denn von den 5 vorhandenen Zielen haben wir
schon 4 festgelegt. Das fünfte ergibt sich durch das Aus-
schlussverfahren, da es ja das einzige ist, das noch übrig
ist. Fazit also: Wir haben 120 mögliche Routen.
Wenn Sie diese Ausführungen noch einmal Revue passieren lassen, stellen Sie fest, dass wir auf 120 gekommen
waren, indem wir die ersten fünf natürlichen Zahlen multiplizierten:

$$120 = 5 \cdot 4 \cdot 3 \cdot 2 \cdot 1$$

Diese Zahl ist auch unter dem Symbol *5!* bekannt, was jedoch nicht als Ausrufezeichen zu verstehen ist, sondern wir Mathematiker nennen dies die *Fakultät* von 5. In dem Fall, den wir untersuchen, stellt 5 genau die Anzahl der Städte dar.[17] Man kann sich leicht vorstellen, was geschieht, wenn man statt 5 Orten 6 oder mehr hat. Die Zahl der möglichen Wegverläufe würde betragen:

$$6! = 6 \cdot 5 \cdot 4 \cdot 3 \cdot 2 \cdot 1 = 720$$

7 Städte, 7! = 5.040
8 Städte, 8! = 40.320
9 Städte, 9! = 362.880
10 Städte, 10! = 3.628.800

An dieser Stelle halte ich inne. Wie Sie sicherlich bemerkt haben, beträgt die Summe der möglichen Routen, die zu analysieren sind, bei nur 10 Städten mehr als 3.600.000! Daraus lässt sich zunächst folgern, dass die Fakultät sehr schnell ansteigt, je weiter man in der Welt der natürlichen Zahlen voranschreitet.

Und nun stellen Sie sich vor, ein Handlungsreisender muss sich entscheiden, auf welchem Weg er die Haupt-

---

17 Man gibt diesem Vorgehen, das daraus resultiert, die *ersten n natürlichen Zahlen* zu multiplizieren *(die Fakultät von ›n‹),* einen Namen, da diese Situation sehr oft auftritt, wenn man *endliche Mengen berechnen* muss. Das heißt, es macht Sinn, *das Produkt der ersten natürlichen Zahlen irgendwie zu benennen.* Beispiele:

3! = 3 · 2 · 1 = 6
4! = 4 · 3 · 2 · 1 = 24
5! = 5 · 4 · 3 · 2 · 1 = 120
10! = 10 · 9 · 8 · 7 · 6 · 5 · 4 · 3 · 2 · 1 = 3.628.800

städte der 22 argentinischen Provinzen zu möglichst geringen Kosten bereisen soll. Übereinstimmend mit dem, was wir oben gesehen haben, müsste man

1.124.000.727.777.610.000.000 mögliche Routen
(mehr als 1.100 Trillionen)

unter die Lupe nehmen.

Es wird einem somit klar, dass man einen gewiss sehr leistungsfähigen Computer benötigt, um dieses Problem zu lösen. Und trotzdem ist dieses Beispiel (die 22 Hauptstädte) noch sehr wenig umfangreich …

Ich glaube, nunmehr ist deutlich geworden, dass die Schwierigkeit nicht im Rechengang oder der richtigen Methodik besteht. Dies ist der einfache Part! Man muss addieren und vergleichen. Nein, das bisher ungelöste Problem liegt darin begründet, dass man es mit ungemein vielen Zahlen, einer *enormen* Größe, zu tun hat, die auch in den einfachsten Fällen einiger weniger Städte nicht handhabbar erscheint.

Die Idee ist, ein Verfahren zu ermitteln, die billigste Route herauszufinden, ohne all diese Rechnungen aufstellen zu müssen, denn man weiß, dass bereits bei 100 Städten die Zahl der möglichen Routen so groß ist, dass nicht einmal die mächtigsten Computer in der Lage sind, sie durchzuführen. Es gibt verschiedene besondere Fälle, die gelöst wurden, aber in der Hauptsache ist das Problem nach wie vor *offen*.

Ein letzter Kommentar dazu: Nach den aktuellen Computermodellen scheint es keine Lösung zu geben. Es ist demnach irgendeine neue Idee notwendig, die das bisher Bekannte völlig revolutioniert.

Die Mathematik ist ein Spiel (oder etwa nicht?)

Alice lächelte: »Es hat keinen Sinn, es zu versuchen«, sagte sie. »Man kann nicht an Unmögliches glauben.« – »Ich wage zu behaupten, du hast es nicht genug versucht«, antwortete die Königin. »Als ich jung war, versuchte ich es mindestens eine halbe Stunde am Tag. An manchen Tagen glaubte ich schon vor dem Frühstück an bis zu sechs unmögliche Dinge.«

LEWIS CARROLL, *ALICE HINTER DEN SPIEGELN*

»Doch wo müsste ich anfangen?«, fragte es [das Weiße Kaninchen]. – »Fang am Anfang an«, sagte der König, »und höre auf, wenn du am Ende angelangt bist.«

LEWIS CARROLL, *ALICE IM WUNDERLAND*

Spieltheorie. Strategie (eine Definition)

Was ist *strategisches Denken*? Es geht dabei hauptsächlich darum, wie wir die Interaktion mit anderen Personen gestalten können, die uns mit Situationen konfrontieren, die wir uns zunächst vorstellen und der wir uns dann stel-

len müssen, wobei wir wiederum uns nach Kräften bemühen, selbst die Oberhand zu *gewinnen*. Jemand anders als wir denkt genauso wie wir, zur gleichen Zeit wie
wir, zur gleichen Situation wie wir. Geht es dabei um ein
Fußballspiel, wird der gegnerische Trainer die Spieltak-
tik vorbereiten, die seiner Meinung nach diejenige aus-
hebelt, die wir – wie er vermutet – im Verlauf des Matches anwenden werden. Genauso wie wir berücksichtigen
müssen, was der andere Spieler denkt, muss er natürlich
wiederum berücksichtigen, was *wir* denken.

Die Spieltheorie ist die Analyse oder Wissenschaft (wie
es Ihnen lieber ist), wie man diese Art von *Entscheidungs-
findung* in Einklang mit einem rationalen Verhalten op-
timieren kann.

Es lässt sich feststellen, dass man rational handelt, wenn

- man genau nachdenkt, bevor man etwas tut;
- sich seiner *Ziele und Neigungen* bewusst ist;
- seine *Grenzen* kennt;
- weiß, mit welchen *Einschränkungen* man zu rechnen hat;
- seine Aktionen kalkuliert auswählt, um nach *seinen* Kriterien das Beste zu erreichen.

Die Spieltheorie fügt dem rationalen Handeln eine neue
Dimension hinzu, hauptsächlich indem sie lehrt, auf *ge-
bildete*[18] Weise zu denken und zu handeln, wenn man mit
anderen Menschen konfrontiert wird, die die gleichen
Werkzeuge einsetzen. Diese Theorie beansprucht weder,

18 In dem Sinne, dass man nach dem vorgeht, was man gelernt und ge-
plant hat, es geht nicht um »Moral und gute Sitten«.

dass sie einen in die Geheimnisse einweiht, wie man das »perfekte« Spiel macht, noch garantiert sie, dass man niemals verlieren wird. Diese Denkweise würde auch keinen Sinn ergeben, hält man sich vor Augen, dass sowohl wir als auch unser Gegner das gleiche Buch lesen könnten und es ja nicht möglich ist, dass wir beide gewinnen.

Aber ganz abgesehen von dieser Binsenweisheit ist es sehr wichtig festzuhalten, dass der Großteil dieser Spiele hinreichend komplex und subtil ist und die meisten Situationen Entscheidungen erfordern, die auf der Eigenart der Personen oder Zufallselementen basieren; somit kann die Spieltheorie (und auch keine andere Theorie) kein unfehlbares Erfolgsrezept bieten. *Aber* sie kann bestimmte allgemeine Prinzipien liefern, mit deren Hilfe man in der Lage ist zu lernen, strategisch zu interagieren. Man muss diese Ideen und Berechnungsmethoden mit möglichst vielen Details unterfüttern, um dem Zufall so wenig Raum wie möglich zu überlassen und auf diese Weise die optimale Strategie zu entwerfen – oder zumindest eine sehr gute.

Die besten Strategen verbinden die Wissenschaft der Spieltheorie mit ihrer eigenen Erfahrung. Eine korrekte Analyse jeglicher Situation beinhaltet auch, alle Einschränkungen klar zu erkennen und zu beschreiben.

Man könnte denken, dass man in einem Sinne bereits seine Kunst versteht und alles, was es zu wissen gibt, durch die Erfahrung gelernt hat. Die Spieltheorie liefert jedoch einen wissenschaftlichen Blickwinkel, der allein dazu dient, weitere Urteilskriterien hinzuzufügen. Sie bietet außerdem eine Möglichkeit, viele allgemeine Prinzipien zu systematisieren, die zahlreichen Zusammenhängen und Anwendungen gemeinsam sind. Ohne diese allgemeinen Prinzipien müsste man angesichts jeder neuen Situation, bei der eine Strategie notwendig ist, jedes Mal von vorn beginnen. Und dies wäre doch Zeitverschwendung.

600 Soldaten, ein General und die Spieltheorie

In dem Buch *Judgement under Uncertainty (dt. Urteil im Ungewissen)* von Tversky und Kahneman taucht ein Problem auf, bei dem es notwendig ist, in einer kritischen Situation eine Entscheidung zu treffen. Die beiden Autoren, beide Psychologen, entwerfen im Grunde genommen eine Alternative, bei der die Entscheidung, wie wir noch sehen werden, davon abhängt, wie sie dargestellt wird. Und wie wir eben gelernt haben, gibt es ja einen Zweig der Mathematik, bekannt unter dem Namen Spieltheorie, der sich genau mit dieser Art von Situationen beschäftigt.

Angenommen, ein General steht an der Spitze einer Truppe von 600 Soldaten. Plötzlich teilen ihm seine Spione mit, dass sie von einem gegnerischen Heer umzingelt seien, das mit der Absicht angerückt ist, *alle* (Soldaten) *zu töten*.

Da der General die Bedingungen des Terrains untersucht hatte, bevor er dort sein Lager aufgeschlagen hatte, und außerdem durch seine Späher über die neue Situation informiert wurde, ist ihm klar, dass ihm nun zwei Alternativen oder besser gesagt zwei Fluchtwege bleiben:

a) *Nimmt er den ersten Weg,* kann er 200 Soldaten retten.

b) *Wählt er den zweiten Weg,* liegt die Wahrscheinlichkeit, dass alle 600 überleben, bei 1/3, während diejenige, dass *keiner* durchkommt, 2/3 beträgt.

Was tun? Welche Route soll man nehmen?
Ich bitte Sie, an dieser Stelle kurz innezuhalten. Denken Sie einmal darüber nach, was Sie in einer vergleichbaren Situation täten. Welchen Weg würden Sie wählen? Sobald Sie sich das Problem noch einmal angesehen und eine *imaginäre* Entscheidung getroffen haben, lesen Sie bitte weiter, dann erfahren Sie, was die Mehrzahl der Menschen *nach den Ergebnissen von Statistiken* tun würde.

Man weiß, dass 3 von 4 Personen, also 75 Prozent, den *ersten* Weg vorziehen würden, wobei sie das Argument vorbringen, dass bei der zweiten Route die Wahrscheinlichkeit, dass *alle* umkommen würden, bei 2/3 liegt.
Soweit ist dies alles verständlich. Ganz unabhängig von der Entscheidung, die Sie selbst angesichts derselben Alternative getroffen hätten, handelt es sich hierbei um die von Wissenschaftlern erhobenen Daten. Beobachten Sie aber nun, wie die Antworten *sich dramatisch wandeln*, wenn die Optionen anders präsentiert werden.
Nehmen wir an, nun stellen sich folgende beiden *Flucht*wege dar:

a) Wenn man den *ersten* nimmt, weiß man, dass 400 der 600 Soldaten *sterben* werden.
b) Wählt man hingegen *die zweite Route*, beträgt die Wahrscheinlichkeit, dass *alle überleben*, 1/3, während die Wahrscheinlichkeit, dass *alle zu Tode kommen*, bei 2/3 liegt.

Welchen Weg würden Sie wählen?

Wieder lohnt es sich, über die eigene Entscheidung nachzudenken, und diese dann den Antworten der anderen gegenüberzustellen.

Die Mehrzahl der Befragten (4 von 5, also 80 Prozent) plädierte für die *zweite Route*, wenn man ihnen das Problem auf diese Weise darstellte, und das Argument lautete, dass die Wahl von Weg eins den sicheren Tod für 400 Soldaten bedeutete, während bei der *zweiten Alternative* zumindest eine Chance von 1/3 bestünde, dass alle gerettet würden.

Die beiden Fragen warfen dasselbe Problem auf *verschiedene Art und Weise* auf. Die unterschiedlichen Antworten gehorchten lediglich der Form, durch die es dargestellt wurde. Das bedeutet, es hängt ganz davon ab, was man am meisten betont – wie viele Menschenleben gerettet werden oder wie viele Menschen dem sicheren Tod entgegengehen.

Das Gefangenendilemma

Eines der berühmtesten Probleme der Spieltheorie ist unter dem Namen »Gefangenendilemma« bekannt. Es gibt sehr viele verschiedene Versionen, die alle ihren eigenen Reiz besitzen. Ich habe eine davon ausgewählt, wobei die anderen einfach als Varianten desselben Themas zu betrachten sind.

Es geht um Folgendes: Zwei Personen wird vorgeworfen, eine Bank in England ausgeraubt zu haben. Die Diebe werden ins Gefängnis geworfen und in getrennte, nicht miteinander verbundene Zellen eingesperrt. Beide machen sich mehr Gedanken darüber, in Zukunft nicht selbst einsitzen zu müssen, als über das Schicksal des Komplizen. Das heißt, jedem ist die Bewahrung *der eigenen Freiheit* wichtiger als die des anderen.

Der Staatsanwalt tritt auf den Plan. Die von ihm erhobenen Beweise sind ungenügend. Ein Geständnis wäre notwendig, um seinen Verdacht zu erhärten. Und nun kommen wir zum Kern des Ganzen. Er besucht beide und macht ihnen (getrennt) folgendes Angebot:

»Sie können sich entscheiden, ob Sie aussagen oder schweigen wollen. Wenn Sie gestehen und Ihr Komplize hingegen keine Angaben macht, ziehe ich meine Anklage gegen Sie zurück, aber ich verwende Ihre Aussage, um den anderen für zehn Jahre ins Gefängnis zu schicken. Wenn Ihr Mitangeklagter geständig ist und Sie schweigen, wird er in Freiheit bleiben und Sie für die nächsten zehn Jahre hinter Gittern. Wenn Sie beide gestehen, werden Sie beide verurteilt, aber jeweils nur zu fünf Jahren. Sollte keiner von Ihnen geständig sein, wird jeder lediglich zu einem Jahr Gefängnis verurteilt, da ich Sie nur wegen eines geringfügigen Delikts, des Tragens von Waffen, anklagen kann.«

»Sie entscheiden«, sagt er zu beiden getrennt. Aber wenn Sie aussagen wollen, müssen Sie beim Wächter an der Tür eine Nachricht hinterlegen, bevor ich morgen zurückkomme. Mit diesen Worten verlässt er sie.

Dieses Problem wurde 1951 von Merrill M. Flood, einem englischen Mathematiker, in Zusammenarbeit mit Melvin Dresher aufgestellt. Beide interessierten die Anwendungen, die diese Art von Dilemma auf den Entwurf von Strategien bezüglich eines potenziellen Atomkriegs aufweisen könnte. Den Namen »Gefangenendilemma« verdankt es Albert W. Tucker, Professor in Princeton, der die Ideen der Mathematiker für Gruppen von Psychologen adaptieren wollte.

Seither entstanden – und entstehen – zu diesem Dilemma viele Analysen und Kommentare, weshalb ich auch Sie bitten möchte, kurz darüber nachzudenken, bevor Sie weiterlesen.

Letztendlich illustriert es wieder einmal den Konflikt zwischen dem individuellen und dem Gruppeninteresse.

- Was würden Sie an der Stelle der Gefangenen tun?
- Welche Antwort haben diese Ihrer Meinung nach gegeben?
- Was würde die Mehrheit Ihrer Ansicht nach in einer ähnlichen Situation tun?
- Finden Sie Ähnlichkeiten mit Alltagssituationen, denen Sie schon begegnet sind?

Klar ist: Die Gefangenen müssen ihre Überlegungen anstellen, ohne sich untereinander besprechen zu können. Was tun? Auf den ersten Blick scheint die beste Lösung zu sein, nicht zu gestehen und jeweils – jeder Einzelne – ein Jahr im Gefängnis zu verbringen. Jedoch besteht vom Standpunkt der Einzelperson der optimale Weg darin *auszusagen*, egal was der andere tut.

Wenn der andere beschließt zu schweigen, kommt der Geständige natürlich frei und sein Komplize wandert für zehn Jahre hinter Gitter. Wenn hingegen der andere ebenfalls aussagt, müssen beide dafür mit fünf Jahren im Gefängnis bezahlen. Aber ist es sinnvoll zu schweigen? Lohnt es, das Risiko einzugehen, *nicht zu sprechen*?

Vom Standpunkt des »Solidaritätsspiels«, der »im Unglück vereinten Komplizen« aus gesehen: Wenn man *wüsste*, dass der andere nicht reden wird, würden ja beide nur ein Jahr Gefängnis verbüßen müssen. Aber sobald der andere spricht und das Idyll des Mannschaftsspiels zerbricht, sitzt der andere *zehn Jahre* ein.

Natürlich gibt es keine allgemeingültige Antwort auf dieses Dilemma. Und das ist gut so, denn sonst würde es sich nicht dazu eignen, reale Situationen zu modellieren, die wir in unserem Alltag erleben können. In einer solidarischen und idealen Welt wäre die richtige Lösung, den Mund zu halten, da man *wüsste*, dass der andere sich ebenso verhält. Die Situation verlangt *Vertrauen und Zusammenarbeit*.

Die »dominante Strategie« des geringsten Übels besteht in diesem Falle jedoch darin zu gestehen, und zwar unabhängig von dem Verhalten des anderen.

Die Spieltheorie besagt, dass die Spieler in der Mehrzahl der Fälle der *dominanten Strategie* folgen.

Was würden Sie tun? Sie müssen es niemandem verraten, denken Sie es sich nur. Würden Sie aussagen? … Sind Sie sicher?

Das Möbiusband. Eine Herausforderung für die Intuition

Das Möbius*band*, auch Möbius*schleife* genannt, wurde vor mehr als 150 Jahren durch Möbius entdeckt und stellt eine kuriose Herausforderung für die Intuition dar.

Für diejenigen, die es noch nicht kennen, präsentiert es eine weitere interessante Form, *Mathematik zu betreiben*,

ohne dass man dabei rechnen muss. Wenn ich Sie überzeugen kann, schulden Sie mir etwas … Aber Scherz beiseite, natürlich sind Zahlen und Berechnungen notwendig, aber sie sind für eine Verbindung mit der Mathematik
selbst nicht zwingend. Die *Ideen* stehen auch auf einer
anderen Ebene: Salz, Pfeffer, Oregano und Paprika sind
beim Kochen sehr nützlich, wenngleich sie nicht »das«
Essen selbst *sind*. Was nun folgt, ist eines der Hauptge-
richte. Es ist natürlich nicht das einzige, das ganz gewiss
nicht, sondern eines unter vielen …

Ich brauche nun Ihre Unterstützung. Haben Sie Zeit,
ein wenig nachzudenken oder vielmehr sich auf ein
Gedankenspiel einzulassen? Wenn Sie wirklich ein bisschen spielen möchten, dann besorgen Sie sich ein ziemlich großes Stück Papier (Sie können sogar einen Bo-
gen Zeitungspapier hernehmen – natürlich nachdem
Sie sie schon gelesen haben), um sich einen Gürtel oder
»Stirnband« (um dem Kind einen Namen zu geben)
herzustellen, sowie einen Bleistift oder Textmarker und
eine Schere. Es funktioniert noch besser, wenn Sie
ein Papier finden, das auf jeder Seite eine andere Farbe
hat.

Dies alles ist nicht zwingend notwendig, da weiter unten
einige Zeichnungen zu sehen sind, durch die man auf die
Bastelarbeit verzichten kann, falls man seine logischen
Fähigkeiten steigern möchte. Wie auch immer, wenden
wir uns nun unserer Aufgabe zu.

Stellen Sie sich also einen Gürtel vor, jedoch ohne Schnalle.
Haben Sie sich schon einmal einen *verkehrt herum* um-
geschnallt? Bestimmt ist dies vorgekommen. Sie werden
mir zustimmen, dass die Existenz einer *Rückseite* auch
eine *Vorderseite* verlangt. Das heißt, obwohl man (natür-

lich) nicht immer darauf achtet, wenn man sich einen Ring, einen Gürtel oder ein Stirnband anzieht, betrachtet man eine Seite als die *Innen-* und eine als die *Außen*seite.

Stellen Sie sich nun bitte vor, wir möchten einen solchen Gürtel aus Papier basteln. Dafür schneidet man einen langen Papierstreifen ab und klebt anschließend *die Enden zusammen*, wie in Abbildung 1 dargestellt. Man biegt somit das Papier um und verbindet die Enden A und B.

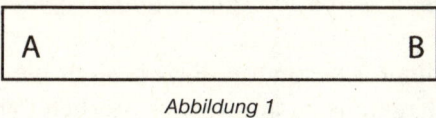

Abbildung 1

Auf diese Weise erhält man einen Gürtel (sehen Sie dies bitte nicht zu eng, es ist nur ein Beispiel). Wenn man also diesen Gürtel bastelt, besitzt dieser, wie bereits erwähnt, eine *Außen-* und eine *Innen*seite. Nehmen Sie nun das Ende A und biegen ihn so, wie es in Abbildung 2 zu sehen ist. Bitte reißen Sie ihn nicht ein, sondern drehen lediglich eines der Enden um 180 Grad.

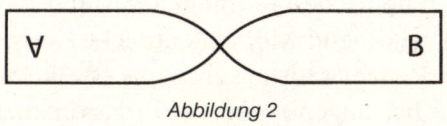

Abbildung 2

Wenn Sie dies haben, kleben Sie bitte die Enden in genau dieser Position zusammen, wie in Abbildung 3 dargestellt. Man verbindet also den Gürtel, jedoch ist eines der Enden dabei verdreht.

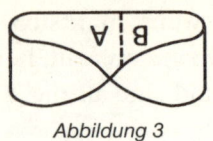

Abbildung 3

Nun haben wir keinen Gürtel im klassischen Sinne mehr vor uns. Die Oberfläche ist anders. Sie lässt sich nicht begradigen, außer man würde sie zerreißen. Versuchen wir, bei dieser neuen Oberfläche das Innen und Außen festzustellen. Probieren Sie es einmal selbst, sehen Sie nach, *welche der beiden Seiten die Innen- und welche die Außenseite ist.*

Glauben Sie mir, der besondere Reiz besteht hier darin, selbst auf ein Ergebnis zu kommen. Natürlich darf man auch gleich weiterlesen, aber warum sollte man sich des Vergnügens berauben, selbst zu forschen, ohne sofort die Lösung nachzusehen?

Nun weiter im Text: Wir treffen also auf den Fall, dass die neue Oberfläche nicht wie ein Gürtel zwei Seiten aufweist, sondern nur eine! Es handelt sich hierbei um eine äußerst bemerkenswerte Tatsache und unser neues Band ist als *Möbiusband* bekannt. Diese Fläche wurde im Jahr 1858 durch den deutschen Mathematiker und Astronomen August Ferndinand Möbius entdeckt (wobei man den Tschechen Benedict Listing ebenfalls erwähnen muss, da verschiedentlich angenommen wird, dass er zuerst darüber schrieb, jedoch erst später veröffentlichte).

Möbius studierte bei Gauß (einem der größten Mathematiker der Geschichte) und zeichnete sich durch Leistungen auf einem – damals – noch sehr jungen Gebiet der Mathematik aus, der *Topologie*. Gemeinsam mit Rie-

480

mann und Lobatschewski gelang ihnen eine wahrhafte Revolution der Geometrie, die man die *nichteuklidische* Geometrie nannte.

Bevor es weitergeht: Ich kann mir vorstellen, dass Sie sich gerade fragen, wozu ein solches Band nützlich ist … Es sieht wie ein Spiel aus, aber bitte haben Sie noch einen Augenblick Geduld und nehmen Sie es noch einmal zur Hand. Ergreifen Sie den Bleistift oder Textmarker und beginnen Sie damit eine *Linie* in eine Richtung zu ziehen, das heißt das ganze Band in Längsrichtung zu bemalen. Wenn man dies mit Geduld und Vorsicht erledigt, stellt man fest, dass man, ohne den Stift abzusetzen, wieder zum Ausgangspunkt zurückkommt und dabei die *vermeintlichen* beiden Seiten durchlaufen hat. Dies ist bei einem Gürtel (oder etwas Ähnlichem) unmöglich, bei einem Möbiusband hingegen kann man es, vielmehr Sie können es!

Streichen Sie nun mit dem Zeigefinger der linken oder der rechten Hand über den Rand des Bandes. Würde man dies bei einem Gürtel beispielsweise auf dem *oberen* Bereich tun, würde man einmal komplett herumkommen und zum Ausgangspunkt zurückkehren, aber natürlich nicht den unteren Rand berühren. Bei einem Möbiusband ist hingegen genau dies der Fall: Entgegen unserer Intuition besitzt es nur eine einzige Seite und einen einzigen Rand. *Es gibt weder innen noch außen, weder unten noch oben.* Bei den Mathematikern gehört es zu den sogenannten *nicht-orientierbaren Flächen.*

Gehen wir noch ein Stückchen weiter. Nehmen Sie nun die Schere zur Hand und schneiden Sie das Band in der Mitte längs durch, wie in Abbildung 4 dargestellt. Was geschieht? Was finden Sie nun vor? Wenn Sie keine Schere dahaben, machen Sie es im Geiste und berichten mir von Ihrer Entdeckung.

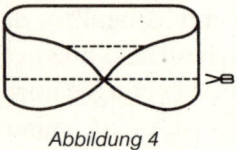

Abbildung 4

Statt sich in zwei Bänder zu teilen, bleibt ein einziges, aber *es handelt sich nun nicht mehr um eine Möbiusschleife*; wir erhalten einen ganz normalen Gürtel, der länger als der ursprüngliche ist, mit zwei Seiten und zwei Rändern, *der jedoch zweifach verdrillt ist.* Und wenn man sie noch einmal in der Mitte durchschneidet, erhält man zwei Bänder, die ineinander verschlungen sind. Und falls Sie Lust haben weiterzuexperimentieren, machen Sie wieder einen Längsschnitt, aber diesmal nicht in der Mitte, sondern etwa *ein Drittel* vom Rand des Möbiusbandes entfernt, und sehen Sie, was dann passiert.

Einige Anwendungen

In manchen Flughäfen gibt es bereits Möbiusschleifen für die Bänder, die Gepäck oder Fracht transportieren. Dies sichert eine gleichmäßige und regelmäßige Belastung der beiden Seiten, auch wenn wir ja jetzt wissen, dass wir bei dieser Art von Fläche nicht *im Plural, sondern im Singular* sprechen müssen: *Es gibt nur eine einzige Seite!* Jedoch ist die Auslastung ebenso wie die Leistung die doppelte und die Abnutzung reduziert sich auf die Hälfte. Das heißt: Diese Art von Band besitzt eine doppelt so lange Lebensdauer wie die üblichen. Aus denselben Gründen werden sie auch von großen Transport- und Postunternehmen eingesetzt.

Eine weitere Anwendung: Bei Audiokassetten, die in gewöhnlichen Recordern verwendet werden, aber eine Art *loop* oder Schleife bilden, ist das Band wie ein Möbiusband eingerollt. Bei diesen kann man auf beiden »Seiten« aufnehmen, so dass die Kapazität natürlich besser ausgenutzt wird.

Bei manchen Druckern, die mit Tinte arbeiten, oder alten Schreibmaschinen ist das Band in der Patrone wie ein Möbiusband geformt. Auf diese Weise wird wie bei den vorhergehenden Beispielen die Lebensdauer verdoppelt.

In den 60er Jahren benutzten die Laboratorios Sandi Möbiusschleifen, um bestimmte elektronische Komponenten herzustellen.

In der Kunst würde man die Verwendung von Möbiusbändern vor allem bei M. C. Escher (1898–1972) vermuten, dem unglaublichen und revolutionären holländischen Graphiker und Künstler, der die Welt mit seinen Zeichnungen, Lithographien und Wandbildern bewegte, um nur einige Aspekte seines Werks zu nennen. Und die Ahnung täuscht einen nicht: In vielen seiner Lithographien taucht die Möbiusschleife auf, so ziehen z. B. Ameisen auf einem solchen Band ihre Kreise.

Es erscheint auch in Science-Fiction-Geschichten: Die bekanntesten sind *Der Wall der Finsternis* (*The Wall of Darkness* von Arthur Clarke) und *A Subway Named Moebius*.

Schließlich noch eine weitere Kuriosität: Elizabeth Zimmerman entwarf Schals, die auf dem Möbiusband basierten, und machte mit ihren Stoffen ein Vermögen.

Das Interesse für die Möbiusschleifen liegt nicht nur in den realen oder potenziellen Anwendungen begründet. Es geht auch um die Fantasie und die Entdeckung von etwas, das *jetzt* einfach und offensichtlich erscheint. Vor etwas mehr als eineinhalb Jahrhunderten war es das nicht. Und wie ich eingangs sagte, ist es entstanden, indem man *Mathematik betrieb*.

Ein Schachbrett-Problem

Stellen wir uns ein ganz gewöhnliches Schachbrett vor, mit 64 Feldern, 32 weißen und 32 schwarzen. Außerdem haben wir noch 32 Dominosteine.

Mit diesen lässt sich das Schachbrett bedecken, ohne dass ein Feld frei bleibt – können Sie mir folgen? Ich denke ja, aber ich bitte Sie, sich zu überlegen, wie dies funktioniert. Wenn Ihnen nichts einfällt (was mir gewiss wenig wahrscheinlich erscheint), legen Sie vier Dominosteine horizontal nebeneinander, bis die erste Reihe bedeckt ist. Verfahren Sie bei der zweiten Reihe ebenso und wiederholen Sie dies für alle weiteren, so dass das Schachbrett schließlich nicht mehr zu sehen ist. Man kann nämlich mit jedem Dominostein genau *zwei* Felder überlagern, unabhängig davon, ob man sie in horizontaler oder vertikaler Form legt. Soweit ein Kinderspiel.

Nehmen wir an, nun kommt ein netter Herr mit einer Schere daher und *schneidet* die beiden Felder *ab*, die sich an den Endpunkten von einer der beiden Diagonalen befinden. Was ist gemeint? Das Schachbrett besitzt zwei Diagonalen (die denen des Quadrats entsprechen). Der Herr *entfernt* die beiden Felder, die jeweils an den Enden *einer* dieser Diagonalen zu finden sind, egal welcher. Nun weist das Schachbrett nur noch 62 Felder auf. Dies muss klar sein – ursprünglich hatten wir 64, und wenn er 2 abschneidet, bleiben 62. Da wir 32 Dominosteine besaßen und wir mit ihnen das Schachbrett mit 64 Quadraten bedecken konnten, brauchen wir jetzt nicht mehr 32 Stück, da es ja nicht mehr so viele Felder sind. Entfernen wir also einen Dominostein und begnügen uns mit 31.

Die Frage ist, ob es nun möglich ist, das Schachbrett auf irgendeine Art und Weise mit diesen 31 Steinen abzudecken. (Die Regeln bleiben gleich. Das heißt, jeder Dominostein darf jeweils horizontal oder vertikal gelegt werden.)

Es lohnt sich, über das Problem nachzudenken, vor allem, da es folgende Herausforderung beinhaltet: Wenn es möglich ist, zeigen Sie mindestens eine Form, wie es funktioniert. Wenn Sie hingegen glauben, dass es *nicht machbar ist*, müssten Sie einen Grund finden, der dies *beweist*, also ein *überzeugendes* Argument aufzeigen, dass man *immer* scheitern wird, egal, was man tut und welche Strategie man einsetzt.

Lösung:

Die Antwort lautet: Nein, *es ist nicht möglich*. Gleichgültig, was man unternimmt, wie viel Zeit, Geduld und Geschick man investiert. Man wird es nie schaffen. Aber weshalb nicht?

Denken Sie mit mir über ein Argument zum Beweis nach. Auf dem Schachbrett verblieben 62 Felder – aber wenn man zwei von den Enden einer Diagonale entfernt, dann bedeutet dies, wenn Sie einmal genau darauf achten, dass dann entweder zwei schwarze oder zwei weiße Felder fehlen. Wenngleich das Schachbrett also nun 62 Quadrate besitzt, sind sie nun nicht mehr auf die gleiche Weise verteilt wie ursprünglich, als es die gleiche Anzahl an weißen und schwarzen Feldern aufwies: Es gibt jetzt entweder 32 schwarze und 30 weiße oder 32 weiße und 30 schwarze. In jedem Fall ist die Zahl weißer und schwarzer Quadrate nicht mehr gleich. Und darin besteht der Schlüssel zur Lösung.

Egal was Sie mit den Dominosteinen, sei es in vertikaler oder horizontaler Linie, auf dem Schachbrett anstellen, wird ein Stein immer ein weißes und ein schwarzes Feld bedecken. Wenn also eine Möglichkeit bestünde, die 31 Dominosteine zu verteilen, würden diese 31 weiße und 31 schwarze überlagern. Wir wissen aber, dass dies unmöglich ist, da nicht die gleiche Anzahl schwarzer und weißer Quadrate vorhanden ist. (Bedingt dadurch, dass ein Dominostein ja immer so auf dem Brett zu liegen kommt, dass darunter ein weißes und ein schwarzes Feld zu finden ist.)

Über die Lösung des Problems hinaus möchte ich Sie durch dieses Beispiel zum Nachdenken anregen: Wenn man mit brachialer Gewalt versucht, die Verteilung der Felder von Hand zu bezwingen, wird man nicht nur auf die Schwierigkeit stoßen, dass man es nicht schaffen wird, sondern wenn man sich mit Einzelversuchen aufhält und scheitert – beweist man gar nichts!

Das Argument, das ich weiter oben vorbrachte, ist hingegen überzeugend. Es geht nicht! Und niemandem wird es je gelingen, da die 31 Dominosteine die gleiche Anzahl weißer wie schwarzer Felder bedecken müssen (jeweils 31) und das neue Schachbrett diese aber *nicht auf-weist*.

Denken hilft offensichtlich. Aber wenn die Lösung Ihnen nicht eingefallen ist, macht es auch nichts. Das macht Sie weder zu einem besseren oder schlechteren Menschen. Auch nicht zu einem fähigeren oder unfähigeren. Dies alles dient allein dazu, unser Denken zu trainieren. Ein Kinderspiel, gewiss …

Das Truell

Stellen wir uns anstatt eines *Duells* zwischen zwei Personen ein *Truell* vor, also einen Kampf zwischen *drei* Bewaffneten. Das Truell zu gewinnen bedeutet, die anderen beiden Gegner zu eliminieren. Nennen wir die drei Personen A, B und C.

Sie stellen sich an den Scheitelpunkten eines gleichseitigen Dreiecks auf, also eines Dreiecks mit drei gleich langen Seiten, wie in Abbildung 1 dargestellt.

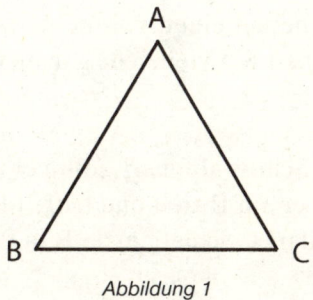

Abbildung 1

Man weiß, dass A in 33 Prozent (*) der Fälle trifft (in einem von drei Fällen). Bs Schuss findet in 66 Prozent der Fälle (in zwei von drei Fällen) sein Ziel. Cs Zielgenauigkeit hingegen ist unfehlbar. Er trifft immer.

Das Truell besteht darin, dass jeder einmal schießt. A fängt an (diesen Vorteil räumen ihm die anderen ein, da er der schlechteste Schütze ist), es folgen B und schließlich C. Die aufgestellte Reihenfolge wird stets beibehalten: Erst A, dann B und zum Schluss C.

Welche Strategie ist für A die beste?

Ich bitte Sie darüber nachzudenken, wie *der Schütze* seinen ersten Schuss am besten einsetzen sollte.

Lösung:

Um herauszufinden, wie A bei seinem ersten Versuch sinnvollerweise vorgeht, analysieren wir die Konsequenzen, die die drei Möglichkeiten für ihn bedeuten würden:

1. Er versucht einen tödlichen Schuss auf B abzugeben
2. Er feuert gezielt auf C
3. Er schießt daneben (neben einen von beiden). (An diese Möglichkeit haben Sie vielleicht gar nicht gedacht.)

Wenn A seinen tödlichen Schuss abfeuert, sollte er natürlich C treffen, denn wenn er auf B zielt und trifft, bleiben A und C übrig, und nun darf C schießen, da B ja bereits tot ist.

Das bestmögliche Szenario entspricht also zunächst der zweiten Möglichkeit: A bringt C um, und als Gegner bleibt B übrig, der nun schießen muss. (*)

Sehen wir uns aber an, was geschieht, wenn A die dritte Option wählt. Alle drei sind noch am Leben, und der nächste Schuss gehört B.

Was sollte B tun? Er kann es sich nicht erlauben, wie A danebenzuschießen, denn er weiß, wenn er C nicht tötet, wird C beim nächsten Schuss versuchen, denjenigen umzubringen, der in der nächsten Runde die größten Chancen hat (also B). B darf also nicht verschießen. Er muss versuchen, C zur Strecke zu bringen.

Wenn B C tötet, bleiben A und B übrig, aber A hat wieder den ersten Schuss. (**) Falls B *C nicht umbringt*, sind wieder alle drei im Spiel, aber nun ist C an der Reihe, der immer trifft und B erschießen muss, da er denjenigen töten muss, der das größte Risiko für ihn selbst darstellt.

→ **Fazit:** C tötet B, und am Leben bleiben A und C, aber A darf wieder als Erster schießen (***).

Wenn man (*), (**) und (***) berücksichtigt, ist es für A am besten, beim ersten Schuss danebenzutreffen.[19]

Das »Zahlenspielchen«

Als ich klein war, brachte mir mein Vater ein sehr unterhaltsames Spiel bei. Wir haben es sehr oft gespielt und uns die Zeit mit diesem Denksport vertrieben. Später (nachdem mein geliebter Vater verstorben war) habe ich es nur noch mit ein paar Leuten und Freunden gespielt.

---

19 Tatsächlich entspricht eine Trefferquote von 1 zu 3 *nicht* genau 33 Prozent, genauso wenig wie 2 von 3 *nicht* exakt 66 Prozent sind. Für unser Beispiel habe ich die Zahlen *gerundet*, und ich hoffe, dass der Leser diese Annäherung *großzügig* akzeptiert.

Am meisten begeisterte es Víctor Hugo (Morales). Auf unseren unendlichen Flugreisen und langen Wartezeiten in Hotels, Flughäfen, während der Weltmeisterschaften und sogar auf Autofahrten haben wir es unzählige Male gespielt. Das Spiel geht so: Jeder Teilnehmer wählt vier der zehn möglichen Ziffern, wobei sich keine wiederholen darf, und schreibt sie auf ein Blatt Papier. Die Reihenfolge ist dabei wichtig. Es ist also nicht dasselbe, ob man

1 2 3 4

schreibt oder

4 1 3 2

Die Zahlen sind zwar gleich, sie unterscheiden sich aber durch die Stelle, an der sie stehen. Sagen wir, ich wähle die Zahlen

1 4 2 5

und notiere sie mir. Der andere Spieler entscheidet sich für die Zahlen

0 7 2 6

(die Zahlen des anderen kennen wir nicht).
Ziel des Spiels ist es, die Zahl (oder das »Nümmerchen«, wie mein Vater sie für gewöhnlich nannte) des anderen herauszufinden.
Einer beginnt (es wird sich noch zeigen, dass der Vorteil, anzufangen, für den anderen wieder ausgeglichen wird).

Er rät eine Zahl mit vier Ziffern, die der andere vielleicht haben könnte.

Trifft man gleich zu Beginn ins Schwarze, hört man natürlich sofort mit dem Spiel auf und setzt sich in den Flieger nach Las Vegas und Montecarlo. Nachdem man beide Städte aufgekauft hat, kehrt man als Herrscher des Universums in sein Heimatland zurück. Dafür muss man nur zeigen, dass man jedes Mal die Zahl errät, die der andere sich ausgesucht hat.

Scherz beiseite, man muss eben mit irgendeiner Ziffernfolge beginnen und es einfach versuchen.

Sagen wir, mein Gegner fängt an und sagt:

8 4 7 2

Da meine Zahl die 1 4 2 5 ist, sage ich ihm, dass er eine Ziffer *richtig* und eine *ungefähr* erraten habe.

Wie ist dies zu verstehen? Im Falle der 4 hat er nicht nur die richtige Zahl, sondern auch die korrekte Position erraten, da er sie an zweiter Stelle genannt hat. Damit hat er einen Treffer gelandet, wenn ich ihm auch nicht verrate welche der Zahlen richtig ist. Ich antworte einfach nur »richtig«.

Welche Zahl ist *ungefähr* richtig? Mit seinem Versuch 8 4 7 2 hat er auch die Zahl 2 erraten, die ich ausgewählt hatte, aber hier täuschte er sich in der Position: Während die 2 bei mir an zweiter Stelle steht, hat mein Gegner sie an die vierte Position gestellt.

Jetzt bin ich an der Reihe. Ich mache es genauso und versuche, die Ziffern des Gegners zu erraten. Das Spiel geht so lange weiter, bis es einem von beiden gelingt, die Zahl des anderen zu ermitteln. Errät der Spielteilnehmer, der das Spiel begonnen hat, die Zahl als Erstes, hat der andere noch einen Schuss frei, damit beide die gleiche Anzahl an Versuchen haben. Wenn es hingegen dem Zweiten als Erstes gelingt, endet das Spiel hier.

Das Problem ist wirklich spannend und bietet eine Vielfalt an alternativen Denkmöglichkeiten. Es ist nicht leicht, aber auch nicht schwer und dient als geistiges Training. Probieren Sie es doch mal aus.

Noch ein paar einfache Hinweise, um Unklarheiten bezüglich des richtigen Ablaufs zu vermeiden:

a) Wenn jemand eine Zahl nennt und bei keiner der Ziffern richtig liegt, lautet die Antwort des anderen: »Alle falsch.« Auch wenn man es anfangs nicht glaubt, ist so ein Start durchaus von Vorteil, da man auf diese Weise immerhin gleich vier von zehn möglichen Ziffern ausschließen kann.

b) Manchmal gelingt es einem, die Möglichkeiten auf zwei denkbare Zahlen zu reduzieren, sagen wir zum Beispiel 1 4 2 5 und 1 4 2 9. Víctor Hugo hat mich im Laufe der Zeit davon überzeugt, dass man normalerweise gewinnt, wenn man es einmal so weit geschafft hat, außer der andere hat keine Alternativen mehr und muss beim nächsten Versuch ins Schwarze treffen.

Wie Sie sehen, legt man selbst die Regeln fest. Und bisher sind beim Gerichtshof von Den Haag deswegen auch noch keine Klagen eingegangen, zumindest nicht bis September 2006, als ich es zum letzten Mal überprüft habe.

Aufeinanderfolgende natürliche Zahlen

Da es in Mode gekommen ist, über Spieltheorie zu sprechen[20], lohnt es sich, einige ihrer reizvollsten und charakteristischen Probleme vorzustellen. Das Folgende bietet eine präzise und subtile Herausforderung, und es ist sehr interessant, sich damit gedanklich zu beschäftigen.[21]

Stellen wir uns zwei Personen vor, die folgendes Spiel spielen: Jedem wird eine natürliche Zahl auf die Stirn geschrieben (wir wissen ja bereits, dass die Zahlen 1, 2, 3, 4, 5 … *natürliche* Zahlen heißen). Die Besonderheit dabei ist, dass es sich um *aufeinanderfolgende* Zahlen handelt,

20 Die Gewinner des Nobelpreises für Wirtschaftswissenschaften des Jahres 2005, der Israeli Robert J. Aumann und der Nordamerikaner Thomas C. Schelling, verdankten ihn ihren Beiträgen zur Spieltheorie. Die Schwedische Akademie selbst, die über die Vergabe der Auszeichnung entscheidet, stellte fest: »Warum sind manche Personengruppen, Organisationen oder Länder erfolgreich, wenn es darum geht, Kooperationen zu fördern, und andere scheitern und geraten darüber in Konflikte? Sowohl Aumann also auch Schelling benutzten in ihren Werken die Spieltheorie, um ökonomische Konflikte wie Preiskämpfe zu erklären oder Konfliktsituationen, die – einige von ihnen – in den Krieg führen.« Schelling erklärte, er kenne seinen Mitgewinner nicht persönlich, aber während »er sich damit beschäftige, *Fortschritte* in der Spieltheorie zu *erzielen*, bin ich derjenige, der aus seiner Tätigkeit Nutzen zieht, um diese in meiner Arbeit anzuwenden. Das heißt, ich setze seine Entwicklungen ein.«

21 Von diesem Problem berichtete mir Ariel Arbiser, ein begeisterter Anhänger der Spieltheorie, der Logik und von allem, was damit zusammenhängt. Ariel erzählte mir, dass er davon in einem Kurs im Aufbaustudium gehört habe (»Überlegungen zum Wissen«), den der indischstämmige Professor Rohit Parikh der City University von New York abhielt. Parikh setzte (unter anderem) dieses Beispiel ein, um Autoreferenz-Probleme des Wissens zu illustrieren, indem er sogar auf *nichtklassische Logiksysteme* zurückgriff.

z. B. die 14 und 15, 173 und 174 oder 399 und 400. Man teilt ihnen natürlich nicht mit, welche Zahl jeder selbst hat, aber *sie können die des anderen erkennen*. Das Spiel gewinnt derjenige, der in der Lage ist festzustellen, welche Zahl auf seiner eigenen Stirn geschrieben steht, und eine Erklärung für seine Aussage abgeben kann.

Wir nehmen an, beide Spieler argumentieren perfekt und fehlerlos, was natürlich keine geringfügige Tatsache darstellt: Das Wissen, dass beide die gleichen logischen Fähigkeiten besitzen und keine Fehler begehen, ist entscheidend für das Spiel (auch wenn es nicht so scheinen mag). Die Frage ist: Kann einer der Konkurrenten gewinnen? Ist einer von ihnen zu irgendeinem Zeitpunkt in der Lage zu erklären: »*Ich weiß, dass meine Zahl n lautet.*«?

Zum Beispiel: Wenn Sie gegen einen anderen spielen und sehen würden, dass auf seiner Stirn die Zahl 1 geschrieben stünde, würden Sie unmittelbar reagieren. Sie hätten schon gewonnen, denn Sie könnten sagen: »Ich habe die 2.« Sie könnten diese Aussage mit Sicherheit treffen, da es keine kleineren Zahlen als die 1 gibt und Ihr Gegner just diese hat, so dass Ihre Zahl *zwangsläufig* die 2 ist. Dies wäre das simpelste Beispiel. Sehen wir uns nun ein etwas komplizierteres an.

Nehmen wir an, der andere hätte die 2 auf der Stirn. Den Regeln gemäß könnte man im Grunde nichts mit Gewissheit aussagen, da es möglich ist, dass wir selbst entweder die 1 oder die 3 haben. Hier kommt jedoch noch ein anderes Argument ins Spiel. Wenn Ihr Gegner, der genauso *perfekt* ist wie Sie, genauso schnell wie Sie denkt und seine Ideen exakt genauso wie Sie entwickeln kann, bisher nichts gesagt hat, dann deshalb, weil er nicht die 1 auf Ihrer Stirn sieht. Sonst hätte er bereits ausgerufen, dass er selbst die 2 trägt. Aber da er schwieg, bedeutet dies, dass *Ihre Zahl nicht die 1 ist*. Also ziehen Sie Ihren Vorteil aus der Tatsache, dass er nichts sagt, und wagen die Aussage: *Ich habe die 3*. Und wenn man Sie fragt: »Und woher wissen Sie dies, wenn Sie sehen, dass auf seiner Stirn die 2 steht? Auf welche weiteren Argumente haben Sie sich gestützt?«, antworten Sie: »Schauen Sie, ich habe gesehen, dass er die 2 hatte, aber da er nichts sagte, bedeutet dies, dass auf meiner Stirn keine 1 stand, denn sonst hätte er sofort gewusst, wie seine Zahl lautete.« Und Punkt.

Dies heißt, in der Spieltheorie ist es nicht nur von Belang, was Sie selbst tun oder sehen, sondern es ist auch (sehr) wichtig, wie der andere handelt. Indem Sie sich das zunutze machten, was der andere tat (oder in diesem Fall was er nicht tat – was ebenfalls eine Art von Handeln ist), konnten Sie Ihre Zahl erschließen.

Gehen wir noch einen Schritt weiter. Wenn Sie sähen, dass der andere die 3 auf der Stirn hat, dann würde dies bedeuten, dass Sie entweder die 2 oder die 4 tragen. Aber wenn Sie die 2 hätten und Ihr Gegner diese sähe, Sie jedoch nicht umgehend eine Aussage träfen, dann würde ihm dies einen Hinweis geben, dass er nicht die 1 hat. Ihr Rivale würde erklären: »*Meine Zahl ist die 3*.« Und dies ist der Punkt. Da Ihr Gegner schwieg, bedeutet dies, dass Sie nicht die 2 haben, sondern die 4. Und Sie rufen schnell aus: »*Ich habe die 4.*« Und gewinnen.

Nach diesem Muster könnte man noch weitergehen und immer größere Zahlen verwenden. Könnte dann irgendeiner gewinnen? Die Frage ist nach wie vor offen.

Diese Art von Argumenten (*induktiv* genannt) verlangen koordinierte, feine und subtile Gedankengänge, die jedoch alle nachvollziehbar sind, wenn man sich *nicht* im Dickicht der Worte verirrt. Ich schlage Ihnen daher vor, darüber noch ein unterhaltsames Weilchen selbst nachzudenken.

Auch wenn es nicht so aussieht, so bedeutet all dies *auch*, Mathematik zu betreiben. Die Diskussion kreist darum, wie schnell die Spieler nachdenken und wie lange man warten sollte, bis man seine Zahl ausruft oder eine Aussage trifft, die auf dem basiert, was der andere nicht gesagt oder nicht erklärt hat.

Man könnte annehmen, dass es sich bei dem hier beschriebenen Vorgang um ein Paradox handelte, da es möglich erscheint, dass man die eigene Zahl erschließen kann, obwohl man nur weiß, welche Zahl der andere hat und dass beide Teilnehmer aufeinanderfolgende Zahlen besitzen. Das Interessante daran ist, dass man über mehr Informationen verfügt, als einem zu Beginn klar ist. Das Schweigen des anderen oder die Zeit, die verstreicht, während der andere nicht das sagt, was er beim Anblick Ihrer Zahl sagen müsste, geben Ihnen zusätzliche Hinweise. In gewisser Hinsicht ist es auch bemerkenswert, wie sich die Wahrnehmung im Lauf der Zeit verändert. Man müsste auch im wirklichen Leben diese Art von Logik einsetzen, die nicht nur darauf basiert, was man *selbst* erkennt, sondern ebenso darauf, was *der andere tut (oder nicht tut)*.

Das Königsberger Brückenproblem

Die Mathematik hat eine schlechte Presse. Daran ist nicht zu rütteln. Ich möchte eine Kampagne starten, um ihre Wahrnehmung zu verändern. Für mich wäre es schön, wenn wir ihr eine zweite Chance geben würden.

Derzeit sind schon die Kinder »vorgeprägt«: Mathematik ist langweilig, anstrengend, schwierig ... Oder auf jeden Fall verhält es sich so, wenn wir in unserem Unterricht weitermachen wie bisher. Es ist klar, dass wir Lehrer in unserem Bemühen, sie zu weiterzugeben und zu vermitteln, gescheitert sind. Das Ziel dieses Buches ist es, zu versuchen, das Bild zurechtzurücken und andere Blickwinkel aufzuzeigen, auf andere »Art« Mathematik zu betreiben als die »klassische« an den Schulen.

Es wäre interessant, sich ihr anzunähern, ohne Antworten auf Fragen zu geben, die man sich *nicht* gestellt hat, sondern umgekehrt: indem man Probleme aufzeigt, Spaß am Nachdenken hat und sogar an der Frustration, wenn man diese *nicht* lösen kann, aber sich ihnen auf verschiedene Art und Weise annähert, so dass sie auf jeden Fall neue Fragen aufwerfen, neue Vermutungen, neue Herausforderungen, bis man die verborgene Schönheit daran entdeckt.

Ich möchte Ihnen ein Problem vorstellen, das man naiv nennen könnte. Die Aufgabenstellung ist sehr einfach und man kann sich sofort daransetzen und darüber nachdenken. Aber halten Sie dem Frust eine Weile stand, wenn Sie es nicht lösen können. Widmen Sie ihm eine vernünftige Zeitspanne, sagen wir zwanzig Minuten. Wenn Sie noch länger Spaß daran haben, gerne. Wenn nicht, dürfen Sie gleich die Antwort nachlesen, auch wenn es schade ist, da dann der Spaß daran verloren geht nachzudenken, zu zweifeln, frustriert zu sein, sich zu ärgern, es noch einmal zu versuchen … Man beraubt sich des Genusses, aber das ist Ihre Entscheidung. Die Lösung findet man weiter unten, ebenso wie ein Fazit, was es bedeutet, Mathematik zu *betreiben*.

Wir begeben uns nun in die Mitte des 18. Jahrhunderts nach Königsberg, eine preußische Stadt (die später zu Kaliningrad im heutigen Russland wurde), die von einem Fluss, dem Pregel, durchquert wird. In dem Fluß befinden sich zwei Inseln und die Gründer erbauten *sieben Brücken*, um über die eine oder die andere Insel vom einen Ufer zum anderen zu gelangen. Die Verteilung ist in Grafik 1 abgebildet. Es gibt vier Landzonen A, B, C und D sowie sieben Brücken, die mit 1 bis 7 nummeriert sind.

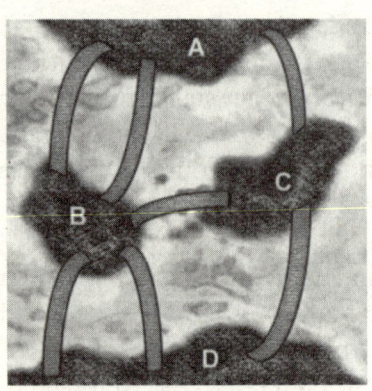

Grafik 1

Nun stellt sich folgende Frage: Kann man – von einem beliebigen Ausgangspunkt aus – alle sieben Brücken überqueren, ohne zweimal über die gleiche zu gehen? Ist es also möglich, an einem bestimmten Ort (also auch auf einer der beiden Inseln) loszugehen und von dort aus alle sieben Brücken zu passieren, ohne eine doppelt zu nehmen?

Natürlich bin ich versucht, die Antwort sofort niederzuschreiben, und der Leser, die Antwort nachzulesen, ohne länger als eine Minute darüber nachzudenken. Und wenn Sie es doch allein probieren? Vielleicht macht es ja Spaß und Sie schätzen die Herausforderung, auch wenn es am Anfang (oder »am Ende«) nicht klappt. Es ist nur ein Vorschlag …

Lösung:

Das Problem hat keine Lösung. Ich weiß nicht, wie viel Zeit Sie investiert hatten, aber im Folgenden werde ich versuchen zu erklären, warum es keine Möglichkeit gibt, über alle sieben Brücken zu gehen, ohne eine zweimal zu benutzen. Aber vorher sollten wir uns noch mit einer kurzen Geschichte beschäftigen. Bitte sehen Sie sich die Grafik 2 an:

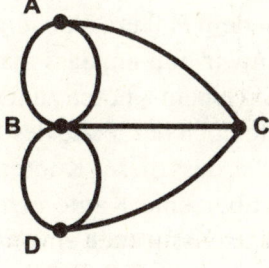

Grafik 2

Können Sie dies mit dem genannten Problem in Verbindung bringen? Hier gibt es natürlich weder Inseln noch Brücken. Es gibt nur Punkte oder Knoten, die die Rolle der Landzonen in der ursprünglichen Grafik übernehmen, und die Bögen oder sogenannten Kanten, die sie verbinden, stellen die Brücken dar. Wie man sieht, ändert sich dadurch das Problem nicht. Die Zeichnung sieht natürlich etwas anders aus, aber im Prinzip bleibt alles gleich. Wie würde man das Problem nun formulieren? Man könnte es folgendermaßen versuchen: »Lässt sich Grafik 2 von irgendeinem Punkt oder Knoten aus umrunden, ohne den Bleistift abzusetzen und ohne zweimal über dieselbe Strecke zu fahren?« Wenn man einen Augenblick darüber nachdenkt, wird einem klar, dass es keinen prinzipiellen Unterschied gibt. Wenn wir dies verstanden haben, überlegen wir gemeinsam, warum dies *nicht möglich ist*.
Zählen wir die Zahl der Kanten, die von jedem Knoten ausgehen (bzw. hineinlaufen).

Knoten A besitzt drei benachbarte Kanten.
Knoten B besitzt fünf benachbarte Kanten.
Knoten C besitzt drei benachbarte Kanten.
Knoten D besitzt drei benachbarte Kanten.

Das heißt, es handelt sich in jedem Fall um eine *ungerade* Anzahl von Kanten. Nehmen wir nun an, dass man sich von irgendeinem Punkt aus von einem Knoten zum nächsten begibt, der weder der erste noch der letzte des Rundwegs ist. Aufgrund der Tatsache, dass dieser Knoten nicht der erste ist, muss man ihn über eine Kante erreichen und – da er auch nicht der letzte ist – über eine weitere Kante wieder verlassen können.

Welches Fazit ergibt sich daraus? Eine mögliche Schluss-folgerung lautet: Wenn man auf seinem Weg zu irgend-einem Knoten *gelangt*, der weder der erste noch der letzte ist, dann muss die Zahl der Kanten, die daraus entspringen (oder hineinlaufen) *gerade* sein, da man ihn über die eine *erreichen* und über die andere wieder *verlassen* muss. Wenn dem so ist: Wie viele Knoten können prin-zipiell eine *ungerade* Anzahl benachbarter Kanten be-sitzen?

(Denken Sie bitte über die Antwort nach … natürlich nur, wenn Sie möchten.)

Die Antwort lautet, dass es nur *zwei* Knoten gibt, die da-für in Frage kommen, und dies sind der *erste* (derjenige, bei dem man seinen Weg beginnt) und der *letzte* (derje-nige, den man sich als Ende der Route ausgesucht hat).

Da wir wissen (wie weiter oben gezeigt), dass alle Kno-ten eine *ungerade* Anzahl benachbarter Kanten besitzen, ist klar, dass es für das Problem *keine Lösung gibt*, denn wir haben gesehen, dass dies bei maximal *zwei* Knoten der Fall sein darf. Bei unserem Problem, den Brücken von Königsberg, war dies jedoch bei allen gegeben.

Einige abschließende Beobachtungen

a) Ein Modell zu entwickeln, das das ursprüngliche Pro-blem (die sieben Brücken) in eine Grafik (Nr. 2) ver-wandelt, *heißt, Mathematik zu betreiben*.

b) Dieses Problem gehörte zu denjenigen, die einen neuen Zweig der Mathematik hervorbrachten, die sogenannte *Graphentheorie*. Und gleichermaßen die Topologie. Anfangs hieß die *Graphentheorie* auch *Geometrie der Lage*. Das Beispiel der Königsberger Brücken demonstriert, dass es weder um Größen noch Formen geht, sondern um die relative Position der Objekte.

c) Das Problem ist schlicht, aber die Analyse, warum es keine Lösung gibt, verlangt einige Überlegung. Der Erste, der es durchdachte und löste (nachdem viele daran gescheitert waren), war ein Schweizer, Leonhard Euler (1707–1783), einer der größten Mathematiker der Geschichte. Er kam auf den Beweis des Theorems, das zeigt, dass man niemals Erfolg haben wird, egal welchen Weg man nimmt. Zu verstehen, dass ein Theorem notwendig ist, das etwas im Allgemeinen für eine Grafik (oder eine Zeichnung) beweist, bedeutet ebenfalls, *Mathematik zu betreiben*. Es ist klar, dass man sich fragt, wann man einen Weg finden kann und wann nicht, sobald man auf ein Problem dieser Art gestoßen ist (siehe auch weiter unten). Euler gab darauf eine Antwort.

d) Im täglichen Leben existieren Beispiele für Graphen an verschiedenen Orten, aber ein typischer Fall sind die »Modelle«, die in allen Großstädten der Welt gebräuchlich sind, um die Verteilung der U-Bahn-Stationen und der zugehörigen Linien anzuzeigen. Hier geht es nicht um die Entfernungen, sondern die relative Lage. Die Stationen stellen die *Knoten* dar und die *Kanten* sind die Routen, die die Bahnhöfe verbinden.

e) Weiter unten sind einige Graphen abgebildet; bitte entscheiden Sie, ob man sie nachzeichnen kann, ohne den Stift abzusetzen und ohne zweimal über dieselben Kante zu fahren. Wenn es möglich ist, finden Sie bitte die passende Route. Wenn *nicht*, geben Sie bitte eine Erklärung dazu.

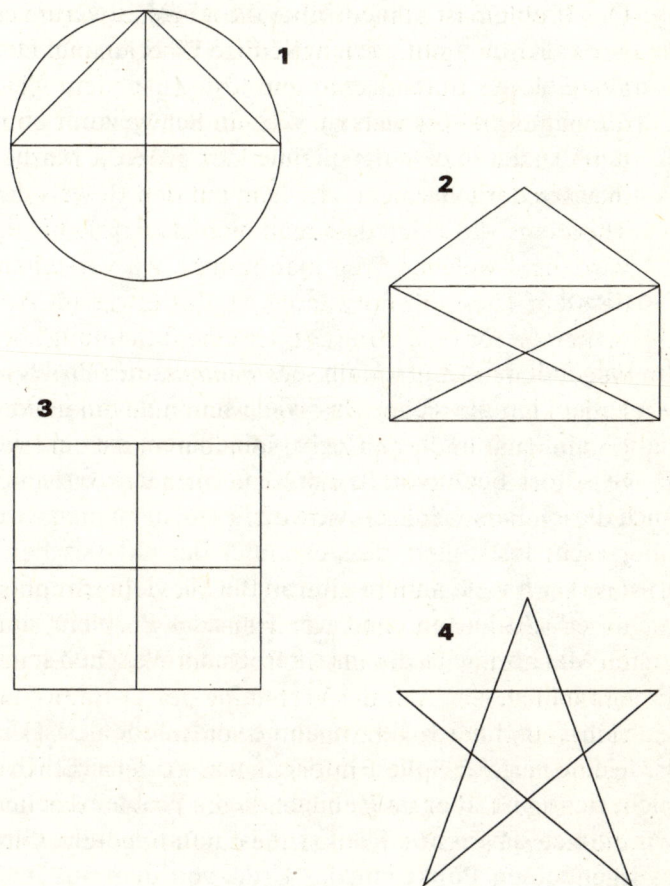

Lösungen:

Bei Zeichnung 1 gibt es eine Lösung, weil von allen Knoten eine GERADE Anzahl von Kanten ausgeht.

Zeichnung 2 lässt sich ebenfalls lösen, da nur zwei Knotenpunkte vorhanden sind, von denen eine UNGERADE Zahl von Kanten entspringt.

Bei Zeichnung 3 ist keine Lösungsmöglichkeit gegeben, da es vier Knoten mit einer UNGERADEN Anzahl von Kanten gibt.

Für Zeichnung 4 lässt sich ein Weg finden, weil nur zwei Knoten existieren, von denen eine UNGERADE Anzahl von Kanten ausgeht.

Nordpol

Im Folgenden möchte ich ein sehr interessantes Problem vorstellen. Ich bin sicher, dass viele schon davon gehört haben und (natürlich zu Recht) annehmen, dass sie die Frage sofort beantworten können. Trotzdem bitte ich auch diesen Personenkreis weiterzulesen, denn man wird überrascht feststellen, dass es außer der »klassischen« Lösung noch viele andere gibt, an die Sie vielleicht noch nicht gedacht hatten. Und wer von dem Problem zum ersten Mal hört, wird daran sicherlich ein Weilchen seine Freude haben.

Zunächst möchte ich die Annahme voranstellen, dass die Erde eine *perfekte* Sphäre darstellt, was – offensichtlich – nicht richtig ist, aber im Rahmen dieses Problems gehen wir einfach davon aus. Die Frage ist nun folgende: Gibt es irgendeinen Punkt auf der Erde, von dem aus man einen Kilometer nach Süden, einen Kilometer nach Osten sowie einen Kilometer nach Norden gehen kann und sich dann *wieder* am Ausgangspunkt *befindet*?

Sicherheitshalber noch folgender Hinweis: Da ich die Antwort im nächsten Absatz geben werde, ist nun der Augenblick gekommen, innezuhalten und darüber nachzudenken, falls Sie sich bisher nie mit dem Problem beschäftigt haben sollten; bitte *lesen Sie noch nicht* weiter. Danke. Machen Sie weiter, wann Sie möchten, es gibt noch mehr Neues …

Für diejenigen, die *bereits* von diesem Problem gehört haben, liegt die Lösung auf der Hand. Man muss sich nur zum Nordpol begeben, einen Kilometer in eine beliebige Richtung gehen (zwangsläufig ist dies der Süden), dann einen Kilometer nach Osten wandern (damit bewegt man sich auf einer Parallele zum Äquator) und schließlich – indem man sich wieder nach Norden orientiert – läuft man ein Stück den Meridian entlang und erreicht erneut den Nordpol, den Ausgangspunkt der Route.

Soweit nichts Neues. Die Neuigkeit besteht darin, dass diese Antwort, die die alleingültige zu sein scheint, es mitnichten ist. Noch mehr: *Es gibt unendlich viele Lösungen.* Kann ich Sie dazu ermuntern, über die Begründung dafür nachzudenken?

Wie immer bitte ich Sie, nicht weiterzulesen, ohne sich selbst Gedanken gemacht zu haben, denn der Reiz des Ganzen besteht ja gerade darin, sich an einem Problem zu erfreuen. Wenn man sich darauf beschränkt, die Aufgabe und die Lösung hintereinander weg zu lesen, ist es genauso, als ob man in einen spannenden Film ginge – bei heller Beleuchtung, man weiß schon, wer der Mörder ist, oder sieht ihn zum zweiten Mal. Was hätte man davon?

Bevor wir uns der Lösung zuwenden, möchte ich zunächst einige Begriffe klären. Wenn man davon ausgeht, dass die Erde eine perfekte Sphäre bildet, stellt jeder Kreis, den man auf ihr zeichnen könnte und der gleichzeitig den Nord- und den Südpol kreuzt, den *maximalen Umfang* dar. Von diesen Kreisen existieren demnach *unendlich viele*. Aber *es sind nicht die einzigen*, das heißt, es gibt andere Kreise, die man auf der Oberfläche der Erde zeichnen kann, die ebenfalls den maximalen Umfang bilden, aber die weder den Nord- noch den Südpol berühren. Denken Sie beispielsweise an den Äquator.

Stellen Sie sich nun einen Fußball vor. Man könnte darauf *einen* Südpol und *einen* Nordpol identifizieren und an diesen maximale Kreisumfänge einzeichnen. Dreht man aber den Ball, ist es möglich, einen neuen Nord- und einen neuen Südpol zu schaffen und somit weitere maximale Kreisumfänge aufzumalen.

Man kann sich auch einen Tennisball mit Gummibändern vorstellen. Jedem ist klar, dass es viele verschiedene Möglichkeiten gibt, einen Gummi um den Ball zu wickeln. Jedes Mal, wenn dieser den Ball (bzw. die Erde) ganz umfängt, handelt es sich bei dieser Strecke um einen maximalen Kreisumfang.

Nun wollen wir uns an den Südpol stellen. Je weiter man sich nach Norden bewegt, desto größer wird die Länge der Parallelen (zum Äquator). Die längste ist offensichtlich der Äquator selbst. Orientieren wir uns nun nach Norden, bis wir zu einer Parallele gelangen, die einen Kilometer misst (das heißt, wenn man die Erde umrundet, indem man sich auf dieser *bewegt*, legt man einen Kilometer zurück). Wandern wir nun von dieser Parallele aus auf einem maximalen Kreis einen Kilometer nach Norden und stellen wir uns dort hin: Dies ist der Punkt, nach dem wir suchten. Warum? Treten wir den Beweis an.

Wenn man von hier ausgeht und einen Kilometer nach Süden läuft, gelangt man zu irgendeinem Punkt der Parallele, die einen Kilometer lang war, wenn man sie ganz umrundet. Wenn wir uns hier einen Kilometer nach Osten bewegen, werden wir eine komplette Runde gedreht haben und wieder zum Ausgangspunkt zurückgelangen. Wenn wir also von dort aus einen Kilometer nach Norden gehen, kommen wir zu unserem ursprünglichen Standort zurück.

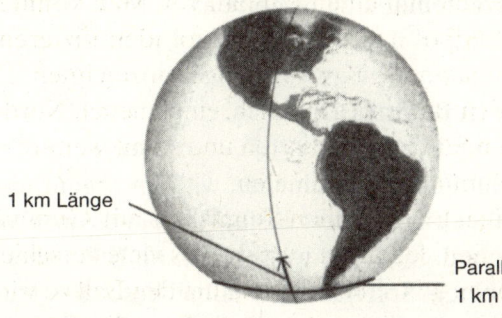

1 km Länge

Parallele von
1 km Länge

Und dies ist noch nicht alles. Es lassen sich noch viel mehr, *unendlich viele* Punkte finden. Ich möchte Ihnen einen Weg vorschlagen, wie Sie selbst den Gedanken weiterspinnen können: Denken Sie dran, dass es bei der Lösung, die ich oben geboten habe, darum ging, eine Parallele zu finden, die einen Kilometer lang sein sollte. Dadurch konnte man schließlich, indem man einen Kilometer nach Osten ging, eine komplette Wendung um 360° vollführen und damit zum Ausgangspunkt zurückkehren. Gut – was aber würde passieren, wenn man vom Südpol aus statt einer Parallele von *einem Kilometer* eine

Parallele von *einem halben Kilometer* ausmachen würde? Die Antwort lautet: Geht man genauso vor wie im vorhergehenden Fall, dann umrundet man die Erde *zweimal* und gelangt zurück zum Ausgangspunkt, indem man an dieser Parallele einen Kilometer entlangwandert. Und wie Sie sich vorstellen können, kann man diesen Vorgang unendlich weiterführen.

➜ **Fazit:** Ein Problem, für das es nur eine einzige Lösung zu geben schien, besitzt in Wirklichkeit unendlich viele. Und auch wenn es nicht so aussehen mag – dies bedeutet *ebenfalls*, Mathematik zu betreiben.

Spielplan (à la Dubuc)

Nun erzähle ich die Geschichte, wie ein argentinischer Mathematiker ein Problem löste, bei dem es um Fußball und Fernsehen geht. Ich weiß nicht, ob Sie sich schon einmal mit einem Spielplan im Fußball beschäftigt haben, das heißt der Zusammenstellung aller Matches, die im Laufe des Jahres abgehalten werden. Ein argentinischer Standardplan besteht aus 19 Terminen, an denen 20 Mannschaften gegeneinander antreten. Außerdem sollen diese im wöchentlichen Wechsel ein Heim- und ein Auswärtsspiel bestreiten. Eine solche Aufstellung dürfte keine allzu schwere Aufgabe darstellen, oder? Ich bitte Sie aber, es einmal selbst zu versuchen, um den Schwierigkeitsgrad, der sich dahinter verbirgt, einschätzen zu können.

Dieses Problem ist (mathematisch gesehen) schon seit langer Zeit gelöst (mit dem Vorbehalt, dass die Mannschaften *ein einziges Mal zweimal hintereinander zu Hause oder auswärts* antreten). Seit Fußball in Argentinien gespielt wird, war man stets in der Lage, die nötigen Vorkehrungen zu treffen, damit beispielsweise Racing und Independiente nicht am gleichen Tag ein Heimspiel austragen, ebenso wenig wie die beiden Mannschaften von Rosario, La Plata oder Santa Fe.

Aber das Fernsehen änderte alles. Als alle Spiele noch am Sonntag stattfanden (ja wirklich, auch wenn man es nicht glauben mag, früher wurden alle Matches immer am Sonntag zur selben Zeit veranstaltet, aber dies kennt nur noch die ältere Generation von Argentiniern), war alles relativ einfach. Die Fernsehübertragung der Matches brachte dann bestimmte Bedingungen mit sich: Man musste ein Spiel auswählen, das freitags gebracht wurde und bei dem eine der sogenannten »großen« Mannschaften (River, Boca, Racing, Independiente und San Lorenzo) in der Hauptstadt gegen eine der »kleinen« antrat (diese ändern sich je nach Wettbewerb, aber ich glaube, es ist klar, worum es geht).

Danach kam noch ein Match hinzu, das am Samstag gesendet wurde, wobei dies eine Übertragung aus dem Landesinneren sein (Córdoba, Rosario, La Plata, Santa Fe, Mendoza, Tucumán usw.) und eine der »großen« Mannschaften (zu dieser Gruppe ließ sich noch Vélez hinzufügen) beteiligt sein musste. Anschließend folgte ein Spiel am Montag, bei dem zwei »kleine« Clubs gegeneinander antraten. Und um die Sache weiter zu komplizieren, kamen dann die verschlüsselten Programme hinzu. Und darauf noch der »Sonntags-Klassiker«. Außerdem musste noch ein attraktives Spiel übrig bleiben, das zum ersten Mal im Programm *Fútbol de primera* am Sonntagabend zu sehen sein sollte.

Wenn man probiert, per Hand einen Spielplan auszuarbeiten (und glauben Sie mir, viele haben sich daran versucht), muss man so viel daran herumschrauben, damit all diese Bedingungen erfüllt sind, dass man schon Zweifel bekommen kann, ob ein solcher Spielplan überhaupt existiert oder möglich ist. Was tun? Damals im Januar 1995 (dies ist schon fast zwölf Jahre her) gaben die Leute der Firma Torneos y Competencias (die sich mit Sport-Übertragungen in Radio, Fernsehen sowie Printmedien beschäftigen) das Problem an mich weiter, um zu sehen, ob nicht ein Mathematiker dazu fähig sei (wie ich behauptete), der AFA (Asociación de Fútbol Argentino, argentinischer Fußballverband) einen Spielplan zu präsentieren, der alle beschriebenen Bedingungen berücksichtigte. Ich traf mich mit Carlos Ávila, dem Gründer der Firma, der ein außergewöhnlich kreativer Kopf ist, und am Ende war ihm klar, dass es das Beste wäre, jemanden zu fragen, der sich damit auskennt. Aber wen?

»Schau«, sagte ich. »An der Fakultät für Naturwissenschaften der UBA gibt es einige Mathematiker, denen ich das Problem vorlegen könnte. Sie können es bestimmt lösen.«

»Dann leg los«, antwortete er.

Und ich legte los. Tatsächlich präsentierte ich das Problem Doktor Eduardo Dubuc, der schon seit Jahren als Professor am Institut für Mathematik lehrt und einer der angesehensten Wissenschaftler im ganzen Land ist. Er hat in verschiedenen Städten in den USA, Frankreich und Kanada gelebt und wohnt schon seit einigen Jahren in Argentinien.

Er stellte mir die Fragen, die sich für jemanden, der Fußball nur als Laie verfolgt, ergeben. Er schloss die Mappe mit den zugehörigen Daten, nahm die Brille heraus, die er immer trug, sah mich einen Augenblick lang schweigend an und fragte mich:

»Bist du sicher, dass es eine Lösung für dieses Problem gibt?«

»Ich weiß es nicht, aber wenn es sie gibt, bist du derjenige, der sie findet.«

Ein paar Tage später überreichte er mir einen Spielplan sowie einige Kommentare, die er hinzugefügt hatte. An einen erinnere ich mich besonders: »Das Problem wurde auf die bestmögliche Art und Weise gelöst.«

Ich war begeistert, fragte ihn aber:

»Eduardo, was soll das heißen, ›bestmöglich‹? Wir brauchen die *beste*, nicht die *bestmögliche* Lösung.«

»Wie wir schon an dem Tag, an dem du mit dem Problem zu mir kamst, gesehen haben, ist es unmöglich, dass an allen Terminen ein Spiel zwischen zwei *kleinen* Vereinen stattfindet, da es ja nur sechs gibt (damals waren dies Deportivo Español, Argentinos Juniors, Ferro, Platense, Lanús und Banfield). Während des gesamten Wettbewerbs werden unter ihnen 15 Matches ausgetragen. Auch wenn wir es schaffen, sie alle an verschiedenen Tagen spielen zu lassen, wird es dennoch vier Wochen geben, in denen ein Spiel für den Montag fehlt.«

Eine Selbstverständlichkeit, die jedoch bereits alles gefährdete. Denn wenn wir an dieser Stelle bereits auf eine unüberwindliche Schwierigkeit gestoßen waren – was geschähe dann erst mit dem Rest? Bedeutete dies, dass es keine Möglichkeit gab, das ganze Chaos zu ordnen, das bei den Spielplänen stets ausbrach? Dies klang nach einer Niederlage. Aber Eduardo ließ nicht locker.

»Sieh dir einfach den Spielplan, den ich dir gegeben habe, genau an und lies meine Notizen dazu.«

Und ich las seine Notizen, die ich an dieser Stelle wiedergeben möchte.

Nimm einen beliebigen Standard-Spielplan zur Hand. Wenn man zwei Mannschaften austauscht (zum Beispiel Boca statt Ferro und umgekehrt Ferro statt Boca), wird er zu einem anderen Plan (der immer noch Standard ist).[22] Auf diese Weise bekommt man verschiedene Standard-Spielpläne, und es ist festzustellen[23], dass es insgesamt

$$2.432.902.008.176.640.000$$

sind.

Diese Zahl, fast zweieinhalb Trillionen, erhält man, indem man die ersten zwanzig natürlichen Zahlen miteinander multipliziert (oder anders gesagt, indem man die Fakultät von 20 berechnet, die 20! geschrieben wird).

$$20 \cdot 19 \cdot 18 \cdot 17 \cdot \ldots \cdot 5 \cdot 4 \cdot 3 \cdot 2 \cdot 1$$

Wenn nur sechs Mannschaften beteiligt wären, gäbe es natürlich nur 720 mögliche Spielpläne, wobei man auf die-

---

22 Wie wir oben sagten, besteht ein Standardplan aus 19 Terminen, an denen die 20 Mannschaften alle gegeneinander antreten, abwechselnd auswärts und zu Hause. Der Austausch von beispielsweise Boca und Ferro ändert daran nichts. Egal welche Mannschaften man untereinander vertauscht – die Situation bleibt die gleiche. Zwar könnten unter Umständen die anderen Bedingungen dadurch modifiziert werden, es bleibt jedoch auf jeden Fall ein Standard-Spielplan.
23 Wir erwähnten bereits, dass die Fakultät von 20 (die sich 20! schreibt) oder allgemein die Fakultät einer natürlichen Zahl n ($n!$ geschrieben) dazu dient, die Permutationen von *20* (oder n) Elementen zu berechnen.

ses Ergebnis durch Multiplikation der ersten sechs Zahlen kommt:

$$6 \cdot 5 \cdot 4 \cdot 3 \cdot 2 \cdot 1 = 720$$

Es ist möglich, dass es der Austausch zweier Mannschaften in einigen Fällen erlaubt, einen neuen Spielplan zu schaffen, der dem ursprünglichen *entspricht*, das heißt, wenn der alte gewisse Bedingungen erfüllt, tut dies der neue ebenfalls. Und was beim ersten nicht gegeben ist, ist es beim abgeleiteten auch nicht. Beispielsweise könnte man die »großen« Mannschaften, die ein Paar bildeten (da sie nicht am selben Tag ein Heimspiel bestreiten konnten, wie dies bei River und Boca oder Newell's und Central der Fall war), untereinander austauschen und das Ergebnis bliebe unverändert.

Das Gleiche gilt für die »kleinen« Mannschaften, bzw. diejenigen, die ein »Paar« im Landesinneren darstellten (wie Colón und Unión oder damals Talleres und Instituto in Córdoba).

Wenn wir uns dies vor Augen halten, dann beträgt die Anzahl *verschiedener Spielpläne* insgesamt

$$1.055.947.052.160.000$$

also fast 1.056 *Billionen*. Eine Irrsinnsmenge!

Unmittelbar drängte sich die Frage auf: Wer würde sie alle durchsehen, um festzustellen, welche geeignet waren und welche nicht? Und dabei war die entscheidende und sehr wichtige Frage: Wie lange würde man brauchen, um sie alle zu untersuchen? Betrachtet man 5.000 Spielpläne pro Sekunde (ja, *5.000 Spielpläne pro Sekunde*, was zum damaligen Zeitpunkt mithilfe eines geeigneten Programms auf den schnellsten PCs möglich war), bräuchte man fast *10.000 Jahre.*

Man musste es also anders versuchen. Die einzelnen Spiele per Hand durchzugehen, war kein geeignetes Mittel, so viel war Dubuc klar. Aber er hatte eine Idee, die zu einem sehr wichtigen Qualitätssprung in der Frage führte und schließlich auch zur Lösung.

Es gibt eine mathematische Methode, die unter dem Namen »Simulierte Abkühlung« bekannt ist, und Dubuc beschloss, es damit zu probieren. Dafür muss man zunächst die Spielpläne bewerten. Was ist damit gemeint? Nehmen Sie einen beliebigen Standard-Spielplan zur Hand. Höchstwahrscheinlich erfüllt er den Großteil der notwendigen Voraussetzungen nicht. Daher hatte Eduardo den Einfall, eine Strafe für jede Bedingung, der er nicht entsprach, einzuführen. Wenn zum Beispiel in dem ausgewählten Spielplan am ersten Spieltermin kein Freitagsspiel vorhanden war, gab es drei Strafpunkte. Für eine fehlende Begegnung im Landesinneren waren zwei Strafpunkte fällig. Und so weiter, bis der erste Termin ausgeschöpft war. Er ging dann zum zweiten über und ging im Wesentlichen alle durch, wobei diese im Verlaufe diverse Strafen anhäuften. Am Ende des Durchgangs wies dieser Spielplan eine gewisse Menge an Strafpunkten gegen sich auf.[24]

---

[24] In der Sprache der Mathematik definierte Eduardo also die *Straffunktion*, die als Definitionsbereich alle möglichen Spielpläne und als Wertebereich alle positiven ganzen Zahlen und die Null besitzt. Er versuchte absolute Minima dieser Funktion zu finden.

Letztendlich: Je größer also die Strafe Planes ausfiel, desto schlechter. Es ist klar, dass es Eduardos Ziel war, den oder die Spielprogramme ausfindig zu machen, die als Strafe *null* aufwiesen, also diejenigen, die *keine* der geforderten Normen missachteten. Doch gab es diese überhaupt? Hat das Problem eine Lösung?

Der Vorgang, alle Alternativen durchzugehen, war (und ist) jenseits aller Möglichkeiten, da dieser mehr als zehntausend Jahre dauern würde, der Unterschied bestand jedoch darin, dass das Problem nun *quantifiziert* war, also durch eine Straffunktion beziffert wurde, und dies ermöglichte ein mathematisches Verfahren, um diese Funktion zu minimieren.

Hier ist der Punkt, an dem die *simulierte Abkühlung* greift. Eine sehr wichtige Erklärung dazu: Sicherlich hatten diejenigen, die die simulierte Abkühlung konzipierten, benutzten oder benutzen, nicht *im Sinn*, ein Problem mit diesen Eigenschaften zu lösen. Aber die Fähigkeit eines Mathematikers beruht auch darauf zu wissen, dass es ein Werkzeug gibt, das ursprünglich nicht für diese besondere Gelegenheit entworfen worden zu sein scheint, aber das man adaptieren und damit nicht nur *nutzen* kann, sondern letztendlich auch zur Lösung führt.

In groben Zügen funktioniert das System folgendermaßen. Stellen Sie sich vor, alle möglichen Spielpläne (mehr als 1.000 Billionen) würden jeweils einzeln auf einem Blatt Papier stehen und in einem Zimmer untergebracht sein. Man geht nun mit einer Papierkralle in der Hand in den Raum voller Pläne, als ob man Blätter von einem Platz auflesen wollte. Auf jedem Blatt steht nicht nur der Spielplan, sondern außerdem noch die *Strafe*, die ihm entspricht, die, wie wir gesehen haben, vom Grad der Abweichung von den gewünschten Bedingungen abhängig ist.

Weiter geht man folgendermaßen vor: Sobald man den Raum betritt, piekst man einen beliebigen Spielplan auf und sieht sich die zugehörige Strafe an. (Wenn man das Glück hat, sofort zu Beginn einen mit Strafe *null* zu finden, beendet man den Prozess natürlich unmittelbar, geht schnell aus dem Zimmer und kauft sich ein Lotterielos, geht ins Casino und setzt alles, was man besitzt.)

Wenn man den Spielplan aufgesammelt und die zugehörige Strafe angesehen hat, entscheidet man sich für irgendeine Richtung, in die man weitergeht. Welche, ist völlig egal. Man liest eines der benachbarten Papiere auf, und wenn die Strafe größer ist, geht man nicht in diese Richtung weiter. Wenn hingegen die Strafe bei einem gewählten Plan in der Nähe kleiner wird, dann entscheidet man sich für diesen Weg und wählt diejenigen aus, die man auf dieser Route findet, insoweit die Strafe stets geringer ausfällt.

Gelangt man irgendwann an eine Stelle, an der, egal welche Richtung man einschlägt, die Strafe stets wächst, dann ist man zu einem *lokalen Minimum* bzw. einer Art Krater gelangt.

Stellen Sie sich vor, Sie wandern auf einem Bergpfad, auf dem Ihnen die Strafpunkte die Höhe anzeigen, auf der Sie sich befinden. Plötzlich kommen Sie an einen Ort, wo es – egal wohin Sie sich bewegen – überall *bergauf geht*, obwohl Sie noch weit vom Niveau des Meeresspiegels entfernt sind. Man muss zunächst einmal hinaufklettern, um dann auf einem anderen Weg wieder weiter nach unten zu gelangen. Dies ist der entscheidende Punkt.

Die Methode der *simulierten Abkühlung* zeigt die Bewegungen an, die bergauf führen (also den Spielplan gegen einen anderen mit höherer Strafe austauschen), um aus den lokalen Minima, den Kratern, hinauszugelangen, und schließlich wieder absteigen, diesmal jedoch weiter nach unten. Sie bringt einen schließlich zu einem Ort auf der Höhe des Meeresspiegels, das heißt zur Strafe null.

Leider muss ich an dieser Stelle auf genauere Ausführungen zur Methode der *simulierten Abkühlung* an sich verzichten, aber ich möchte zumindest festhalten, dass sie zufällige Bewegungen sowie die Wahrscheinlichkeitstheorie mit einschließt und sich an der probabilistischen Analyse des Prozesses inspiriert, der abläuft, wenn das Glas bei der Herstellung von Flaschen sich langsam abkühlt (daher der Name *Abkühlung*); *simuliert* ist sie deshalb, weil dabei eine Simulation mittels Computer eingesetzt wird.

Nachdem in unserem Fall ein zufälliger Ausgangspunkt gewählt (das heißt nach Betreten des Raums ein beliebiger Standard-Spielplan als Beginn festgelegt) sowie zwischen 500.000 und einer Million Pläne innerhalb von 20 Minuten auf einem der damals gebräuchlichen PC 384 geprüft worden waren, fand das Programm, das Eduardo entworfen hatte, einen Spielplan, der das Problem löste. Auch wenn, wie wir bereits vorher wussten, die Strafe nicht null sein konnte (denn jede Spielzusammenstellung beinhaltete mindestens vier Termine ohne Match zwischen zwei kleinen Mannschaften).

Das Programm fand aber einen Plan mit der geringstmöglichen Strafe, das heißt, der 15 Termine mit einem Spiel zwischen zwei kleinen Mannschaften aufwies und sonst alle Bedingungen erfüllte. Das Kuriose in diesem

Fall war, dass das Programm, das Dubuc entworfen hatte, immer denselben Spielplan fand (abgesehen von den austauschbaren Spielen, die ich anfangs erwähnte), unabhängig davon, wie er seine Route begann, wenn er den Raum betrat.

Dies berechtigte ihn zu der Vermutung, dass der Plan, den er entdeckt hatte, *die einzige Kombination darstellte, die das Problem löste,* und dank seiner Methode war sie aufgespürt worden.[25]

Die Asociación de Fútbol Argentino (AFA) führte ihn mit dem Campeonato Apertura 1995 ein (das Turnier, zu dem Maradona nach Boca zurückkehrte, nachdem er in Europa gespielt hatte). Der Einsatz von Mathematik von hoher Komplexität ermöglichte es, ein Problem zu lösen, das bis dahin alle um den Verstand gebracht hatte. Und von Hand hätte man *zehntausend Jahre* dafür gebraucht![26]

25 Beachten Sie, dass der Anteil der Spielpläne, der analysiert wurde, *maximal eine Million* geteilt durch 20! beträgt, das heißt 1.000.000/ (2.432.902.008.176.640.000), ungefähr 0,000000000001, also 0,0000000001 Prozent der Gesamtheit aller Pläne.

26 Die Methode der *simulierten Abkühlung* ist unglaublich wirkungsvoll und wird bei noch sehr viel komplexeren Problemen eingesetzt, z. B. wenn man die Strafen bei bestimmten Zuständen, die bei Berechnungen in der Festigkeitslehre auftauchen, minimieren will, besonders beim Bau von Strukturen wie U-Booten, Brücken oder Ähnlichem. Die Größenordnung der daran beteiligten Probleme stellt oft eine Zahl mit zwischen *tausend und zehntausend Ziffern* dar. Denken Sie daran, dass es bei dem Fall aller möglichen Spielpläne nur *sechzehn* waren.

Wir wissen, dass die Gesamtzahl der Jahre seit dem Beginn des Universums ungefähr 15 Milliarden beträgt, also 473.040.000.000.000.000 Sekunden; wenn wir zum Zeitpunkt des Big Bang damit begonnen hätten, die oben genannten Zustände mit einem Supercomputer zu untersuchen – nehmen wir an, ein Million pro Sekunde –, hätten wir bis heute

Appendix

Für diejenigen, die das Problem noch detaillierter betrachten wollen, biete ich hier einige Informationen, die man damals mit berücksichtigte. Diese beziehen sich auf die Mannschaften, die an diesem Wettbewerb beteiligt waren, aber sie lassen sich natürlich auch an jegliche andere Situation adaptieren.

20 Mannschaften des Wettbewerbs der AFA
5 große Mannschaften
2 weitere Mannschaften, die zu den großen
hinzugezählt werden durften (Vélez und Huracán)
6 kleine Mannschaften
7 Mannschaften aus dem Landesinneren

Das Turnier wird in zwei Runden gespielt, die derzeit auf zwei verschiedene Wettbewerbe aufgeteilt sind: Apertura und Clausura (dt. Hin- und Rückrunde). Die Mannschaften treten abwechselnd zu Hause und auswärts an, außer einem einzigen Mal, bei dem es eine Wiederholung gibt. Heim- bzw. Auswärtsspiel wird immer von einer Runde

ungefähr 473.040.000.000 analysiert, eine Zahl mit nur 12 Ziffern, ein minimaler Teil aller Möglichkeiten. Wenn man sie alle untersuchen wollte, würde dies so viele Leben des Universums dauern, dass wir dafür eine Zahl mit 80 Ziffern bräuchten. Dennoch lassen sich mithilfe der *simulierten Abkühlung* in der Praxis Zustände mit Strafen, die dem denkbaren Minimum nahe kommen, ausfindig machen. Doktor Eduardo Dubuc bekam für seine Leistung niemals eine Anerkennung, hat sich auch nie darum bemüht. Dennoch würde man ohne seine Arbeit heute noch stöhnen, weil man »per Hand« auf unfruchtbare Weise nach einer Lösung sucht, die es, spricht man von Idealzustand, nicht gibt.

zur anderen getauscht. Beide Runden entsprechen denselben Vorgaben.

Erfüllte Bedingungen

1. Es gab folgende Paare (Mannschaften, die niemals zur gleichen Zeit ein Heim- oder Auswärtsspiel bestreiten konnten): (River-Boca) (Racing-Independiente) (Newell's Old Boys-Rosario Central) (Talleres-Belgrano) (San Lorenzo-Huracán) (Vélez-Ferro).

2. River und Boca (die ein Paar bildeten) durften nicht zur gleichen Zeit verschlüsselt gesendet werden.

3. Verschlüsselte Spiele. Es gab stets ein Spiel, das an Freitagen ausgetragen wurde (eine »große« Mannschaft gegen eine kleine. Außerdem durfte die große Mannschaft bei diesem Match nicht im Landesinneren gegen eine dort ansässige Elf antreten. Auf der anderen Seite musste er darauf achten, dass samstags eine große Mannschaft (wobei Vélez und Huracán auch mit hinzugezählt wurden) gegen eine aus dem Landesinneren spielte.

4. Huracán und Vélez durften vom Landesinneren aus (das heißt, wenn sie auswärts spielten) nur jeweils maximal siebenmal verschlüsselt gesendet werden.

5. Zu allen Terminen gab es ein Spiel einer kleinen Mannschaft gegen eine andere kleine. Da jedoch die Menge der kleinen Mannschaften nicht ausreichte, um die An-

zahl der vorgegebenen Matches zu erreichen, musste man sechs schlechte Tage (in jeder Runde) akzeptieren, an denen keins dieser Spiele auf dem Programm stand.

Soweit der Spielplan, den das von Eduardo Dubuc entworfene Programm ergab. Man darf feststellen, dass Bedingung 5 bei idealer Einhaltung nur vier »schlechte« Termine pro Runde aufwies. Dies ist jedoch nicht zu vereinbaren mit Bedingung 3.

Einige Zahlen und Bemerkungen

Die Gesamtzahl aller möglichen Spielpläne beträgt $N = 20!$ (Fakultät von 20). Dennoch gibt es verschiedene Zusammenstellungen, die sich in der Praxis als äquivalent erweisen. So sind zum Beispiel die Mannschaften eines großen Paares unter sich austauschbar. Gleiches gilt für die Paare kleiner Teams sowie die Kombinationen von Mannschaften aus dem Landesinneren. Es gab fünf Paare zu diesen Bedingungen. Außerdem können die beiden Teams aus dem Landesinneren unter sich ausgetauscht werden, aber die beiden großen Mannschaften nicht. Dies gilt, da beispielsweise River und Boca zusätzlich die Bedingung 2 erfüllen müssen.

Es gibt außerdem drei kleine »ungebundene« Mannschaften, die unter sich ausgetauscht werden können, und das Gleiche lässt sich auch für drei Mannschaften aus dem Landesinneren durchführen.

Dies bedeutet, dass man, um die Gesamtzahl von wirklich unterschiedlichen Spielplänen zu berechnen, durch $N = 20!$ dividieren muss, wobei gilt:

$$K = (2 \cdot 2 \cdot 2 \cdot 2 \cdot 2 \cdot 2 \cdot 6 \cdot 6) = 2.304$$

Somit erhält man:

$$N/K = 20!/2.304 = 1.055.947.052.160.000$$

was fast 1.056 Billionen, das heißt fast 1.056 Millionen Millionen von tatsächlich verschiedenen Spielplänen dar-stellt.

Eduardo schrieb in seinen Kommentaren: »Es ist hinrei-chend deutlich geworden, dass es einen *einzigen Spiel-plan* unter all diesen vielen gibt, der die Bedingungen 1, 2, 3, 4 und 5 erfüllt. Dies ist exakt derjenige, den das Programm ausfindig gemacht hat.«

Und er fuhr fort: »Das Programm kann diesen herausfil-tern, nachdem es durchschnittlich nur 500.000 bis eine Million Pläne analysiert hat, was ungefähr 20 Minuten dauert. Es beginnt mit einem zufällig ausgewählten Spiel-plan und endet schließlich immer mit demselben.

Wenn man die Bedingungen ein wenig lockern könnte (zum Beispiel, dass es ein oder zwei Termine in einer Runde geben darf, die nur ein verschlüsseltes Spiel auf-weisen), würde dies das Problem enorm erleichtern, da es dann sehr viele Möglichkeiten gibt, die unsere Bedürf-nisse erfüllen. Ist dies erlaubt, findet das Programm eine geeignete Zusammenstellung, nachdem es (durchschnitt-lich) lediglich ca. 10.000 (zehntausend) Spielpläne ana-lysiert hat, was ungefähr 20 Sekunden dauert.« Denken Sie außerdem daran, dass er dies vor fast zwölf Jahren schrieb …

Palindrome

Wenn ich behauptete, Sie wüssten, was ein Palindrom sei, würden Sie sicherlich fragen: »Ein was?« Und ich würde wiederholen: »Ein Palindrom.« Oder anders ausgedrückt, eine »palindromische Zahl«. Keine Reaktion. Ihr Gesicht verrät alles. Obwohl ich Sie gar nicht sehen kann, weiß ich: Das Wort sagt Ihnen gar nichts.

Kann ich Ihnen mit dem Hinweis weiterhelfen, dass Sie es vielleicht doch kennen, wenn auch unter einem anderen Namen? Immer noch keine Idee?

Hier kommen ein paar Beispiele, und gleich werden Sie sagen: »Ach so, das meinten Sie!«

121
1234321
648846
555555
79997
89098

Mehr Beispiele sind wohl nicht nötig, Sie haben bestimmt erkannt, dass ich von Zahlen spreche, die man *auch symmetrische* Zahlen nennt.

Das Lexikon der Real Academia Española gibt als Definition an, Palindrome lauteten von links nach rechts und von rechts nach links gelesen gleich. Die spanische Bezeichnung, *capicúa*, stammt vom katalanischen *cap i cua* ab, was so viel wie »Kopf und Schwanz« bedeutet.[27] Palin-

---

27 Diese Information stammt von meinem Freund Alberto Kornblihtt (Molekularbiologe an der Fakultät für Naturwissenschaften an der UBA).

drom hingegen leitet sich vom griechischen Wort *palin-dromos* ab, das sich aus den Elementen *palin* (wieder, zurück) und *dromos* (Lauf, Rennbahn) zusammensetzt. Also ein »Rundlauf«.

An dieser Stelle möchte ich Sie mit einigen Kuriositäten der *symmetrischen* oder *Palindrom*zahlen vertraut machen. Manches ist bekannt und leicht nachzuweisen. Anderes ist nicht nur unbekannt, sondern die Entdeckung ihrer Lösung würde einige Probleme lösen, die seit langer Zeit in der Welt der Mathematik noch offen sind. Falls Sie also Lust haben, sich daran zu versuchen …

Die Ziffern

0, 1, 2, 3, 4, 5, 6, 7, 8, 9

sind *allesamt* Palindrome, denn ob man sie von links nach rechts oder von rechts nach links liest, spielt keine Rolle, das heißt, es gibt *zehn symmetrische Zahlen mit nur einer Ziffer*.

Und wie viele Palindromzahlen mit *zwei* Ziffern gibt es? Die Antwort lautet 9:

11, 22, 33, 44, 55, 66, 77, 88 und 99

Kommen wir nun zu den Zahlen mit *drei* Ziffern. Hier zeigt sich, dass es nicht sehr praktisch wäre, eine vollständige Liste anzufertigen. Wir könnten etwa so beginnen:

101, 111, 121, 131, 141 … 959, 969, 979, 989 und 999

Es sind insgesamt 90. Wir sollten also eine Methode finden, wie man sie zählen kann, ohne eine Aufstellung aller Zahlen machen zu müssen. Haben Sie Lust, die Anzahl herauszufinden, ohne sie einzeln niederzuschreiben?

Nehmen wir eine Zahl mit *drei Ziffern*. Offensichtlich kann sie nicht mit 0 beginnen, da sie sonst keine drei Stellen aufwiese. Eine *Palindrom*zahl mit drei Ziffern darf mit jeglicher Zahl außer der 0 anfangen. Demnach existieren 9 Möglichkeiten.

Wie viele gibt es nun für die *zweite Ziffer*? In diesem Falle sind keine Einschränkungen vorhanden. Für sie kommt jede der zehn möglichen Ziffern in Frage: 0, 1, 2, 3, 4, 5, 6, 7, 8 und 9. Zwei Fragen sind in diesem Zusammenhang wichtig:

a) Da man mit neun verschiedenen Ziffern beginnen kann und für die zweite Stelle zehn Möglichkeiten hat, gibt es 90 denkbare Anfangskombinationen – ist dies klar? Es ist sehr wichtig, dies zu verstehen, denn sonst bekommen Sie im Folgenden Probleme, und es hätte keinen Sinn fortzufahren, ohne dies noch einmal zu durchdenken. Anders gefragt: Welche Ziffern kommen für die ersten beiden Stellen der Zahl, die am Ende dreistellig sein soll, in Frage? Die Zahlen, mit denen man beginnen kann, lauten:

10, 11, 12, 13, 14 ... 97, 98 und 99

Das heißt, wenn man mit der 1 anfängt, hat man 10 Möglichkeiten, bei der 2 ebenfalls 10, ebenso bei der 3 ... bis man bei 9 mit wiederum 10 Kombinationen angelangt ist ... Insgesamt existieren also 90 verschiedene Einstiegsarten.

b) Wenn die Zahl, die wir suchen, aus drei Ziffern besteht, ein Palindrom sein muss und die ersten beiden Ziffern schon feststehen – kann man dann die dritte verändern? Anders ausgedrückt: Sind die ersten beiden bekannt, dann steht die dritte Ziffer auch fest!

Dies ist ebenfalls sehr wichtig, da dies bedeutet, dass die erste Ziffer die dritte bedingt, die ja der ersten entsprechen muss.

Demnach sind die 90 Möglichkeiten, die wir berechnet haben, bereits *alle*, die es gibt. Und wir mussten sie nicht komplett der Reihe nach aufschreiben! Es genügte, sich eine Methode zu ihrer Berechnung zu überlegen, mit deren Hilfe man auf eine Liste sämtlicher Möglichkeiten verzichten konnte.

Vor diesem Hintergrund lässt sich nun weiterfragen: Wie viele Palindrome mit *vier Ziffern* gibt es?

Wenn man ein wenig darüber nachdenkt, wird einem klar, dass die ersten beiden Ziffern die letzten beiden bestimmen, da man es nun mit einer vierstelligen palindromischen Zahl zu tun hat.

Wenn diese außerdem mit

ab

beginnt,
dann müssen die beiden folgenden Ziffern

ba

lauten.

Die Zahl heißt also schließlich: *abba*. Und da wir eben gesehen haben, dass es für die ersten beiden Stellen 90 verschiedene Möglichkeiten gibt, ist festzustellen, dass sich daran bei vierstelligen Zahlen *nichts ändert*. Kurioserweise existieren also auch 90 *symmetrische Zahlen* mit vier Ziffern. Die Überprüfung folgender Informationen überlasse ich Ihnen:

a) Es gibt 199 Palindrome, die kleiner sind als 10.000.
b) 1.099 Palindrome unter 100.000.
c) 1.999 unter 1.000.000.
d) 10.999 kleiner als 10.000.000.

Wenn Sie mögen, können Sie gerne fortfahren, es geht nach dem gleichen Schema weiter.

Doch nun zu etwas *Unbekanntem*. Man *vermutet* – wenngleich es bislang nicht bewiesen ist –, dass es *unendlich viele* Primzahlen gibt, die Palindrome sind. Man weiß jedoch, dass mit Ausnahme der Zahl 11 (die zugleich Prim- und Palindromzahl ist) eine Palindromzahl nur dann eine *Primzahl* sein kann, wenn sie eine *ungerade* Anzahl an Ziffern besitzt. Dies lässt sich beweisen, indem man zeigt, dass jede beliebige symmetrische Zahl mit einer *geraden* Anzahl an Stellen stets ein Vielfaches von 11 ist. Überzeugen Sie sich selbst und machen Sie die Rechnung.

Lassen Sie uns weiter nach Palindromen suchen und nehmen wir eine beliebige Zahl mit zwei oder mehr Ziffern, zum Beispiel:

9253

Wenn wir sie rückwärts schreiben, als ob man sie in einem Spiegel betrachtete, erhalten wir

3529

Addieren wir nun diese beiden Zahlen: (9253 + 3529) = 12782. Dieses Ergebnis lesen wir einmal vorwärts und einmal rückwärts und addieren wieder beide Zahlen: (12782 + 28721) = 41503. Diesen Vorgang wiederholen wir noch einmal: (41503 + 30514) = 72017. Jetzt gehen wir wieder einen Schritt weiter: (72017 + 71027) = 143044; und schließlich: (143044 + 440341) = 583385. *Und damit erhalten wir eine Palindromzahl!*
Unternehmen Sie mit irgendeiner beliebigen Zahl einen Versuch und sehen Sie, was dabei herauskommt. Sie werden entdecken, dass Sie nach einer endlichen Anzahl von Schritten zu einem Palindrom gelangen, wenn Sie das oben vorgeführte Verfahren durchführen.

Natürlich ergibt sich daraus die Frage: Ist dies *immer* der Fall? Leider scheint die Antwort darauf *nein* zu lauten. Obwohl Sie es sicherlich mit verschiedenen Zahlen versucht haben, es bei *allen* funktioniert hat und man daher meine eben aufgestellte Behauptung gerne für falsch erklären möchte, bitte ich Sie, mich einige Zahlen vorschlagen zu lassen, mit denen man einen Versuch starten sollte. (Probieren Sie es einmal aus, Sie werden Ihren Spaß daran haben.)

196
887
1675
7436
13783
52514

Unter den ersten 100.000 Zahlen finden sich lediglich 5996 (also weniger als 6 Prozent), bei denen man *nicht* zu einem

Palindrom gelangt. Es gibt jedoch keinen formellen *Beweis* dafür.

Und noch etwas zu diesem kuriosen Phänomen von Summen und Umkehrungen: Wenn man mit einer Zahl mit *zwei Ziffern* anfängt, deren Summe 10, 11, 12, 13, 14, 15, 16 und 18 ergibt, dann gelangt man mithilfe des oben beschriebenen Verfahrens in jeweils 2, 1, 2, 2, 3, 4, 6 und 6 Schritten zu einem Palindrom. Beginnt man beispielsweise mit der 87, deren Ziffern 15 (8 + 7 = 15) ergeben, benötigt man 4 Schritte bis zu einer symmetrischen Zahl:

$$
\begin{array}{r}
87 \\
\underline{78} \\
165 \\
\underline{561} \\
726 \\
\underline{627} \\
1353 \\
\underline{3531} \\
4884
\end{array}
$$

Setzt man *zwei Ziffern* mit der Quersumme 17 an den Anfang (hier kommen nur die 89 und 98 in Frage), braucht man 24 Schritte bis zu einer Palindromzahl, die lautet:

8813200023188

Noch eine letzte interessante Tatsache: Die größte Palindromzahl unter den Primzahlen besitzt mehr als dreißigtausend Stellen![28]

28 Es sind genau 30.913 Stellen. Entdeckt wurde sie 2003 von David Broadhurst.

Wenden wir uns einmal den Jahreszahlen zu: Wann waren symmetrische Primzahlen darunter? 2002 war ein Palindrom, aber keine Primzahl. Das letzte Jahr, das zugleich Palindrom und Primzahl darstellte, war 929, also bereits vor mehr als tausend Jahren. Wann wird es wieder eine symmetrische Primzahl als Jahreszahl geben? In diesem Millennium sicherlich nicht, denn es beginnt ja mit der Zahl 2, die Palindrome enden demzufolge ebenfalls mit der 2 und sind demnach allesamt gerade Zahlen, die keine Primzahlen bilden können. Wie ich außerdem oben ausgeführt habe, müssen die symmetrischen Zahlen, um Primzahlen darzustellen, eine ungerade Anzahl an Stellen aufweisen. Um also das nächste Jahr herauszufinden, das beide Eigenschaften verkörpert, müssen wir nach 10.000 suchen. Ich habe nicht vor, so lange zu leben, aber wenn Sie genau wissen möchten, wie lange Sie noch warten müssen: das Jahr 10.301 stellt sowohl Palindrom als auch Primzahl dar.

Die Palindromzahlen besitzen Freunde und Förderer von hohem Niveau. Ernesto Sabato schlägt in seinem Roman *Abbadón, el exterminador* (1974, S. 223) vor, einen palindromischen Roman zu schaffen, den man sowohl von hinten nach vorne als auch von vorne nach hinten lesen kann. Ein verwandtes Experiment ist der Roman *Rayuela* des Argentiniers Cortázar, in dem die Kapitel untereinander austauschbar sind. Der Verleger von Sabato ist der Ansicht, dass das spanische Wort für Palindromzahl *capicúa* dem in Buenos Aires sehr verbreiteten italienischen Dialekt entstammt und *capocoda* bedeutet, also Kopf-Schwanz. Ob es nun katalanischen oder italienischen Ursprungs ist – die Bedeutung bleibt die gleiche.

Meine liebe Freundin, die Soziologin Norma Giarraca, trug mir außerdem auf, nicht über die Palindromzahlen zu schreiben, ohne zu erwähnen, dass man traditionell daran glaubte, dass sie Glück brächten. Wenn man zum Beispiel in der Straßenbahn, im Zug oder Bus fuhr und die Fahrkarte ein Palindrom darstellte, konnte dies bedeuten, dass uns irgendetwas Gutes widerfahren würde. Viel Glück!

Das Fünfzehnerspiel oder 15-Puzzle

Eines der Spiele, das die meisten Anhänger in der Geschichte der Menschheit gewinnen konnte, ist unter dem Namen »15-Puzzle« bekannt.

Es besteht aus einem Quadrat von $4 \cdot 4$ Feldern (wie in der Abbildung dargestellt), auf die die ersten 15 Zahlen (von 1 bis 15) folgendermaßen verteilt sind:

1	2	3	4
5	6	7	8
9	10	11	12
13	14	15	

Wenn man sich also das Spiel kaufte, bekam man eine Schachtel, in der sich ein »Quadrat« aus Holz mit fünfzehn beweglichen Teilen und einem freien Feld (das an der Stelle der Zahl sechszehn steht) befand. Man »brachte« die ursprüngliche Anordnung »durcheinander«, bis man sie für kompliziert genug hielt, dass sich ein weiterer Mitspieler damit auseinandersetzte, und forderte diesen dazu auf, die Quadrate wieder in den ursprünglichen Zustand zu versetzen.

Bevor wir weitergehen, zunächst ein wenig Geschichte. Der »Erfinder« dieses Problems war Samuel Loyd (bekannt als Sam Loyd, 1841–1911), der einer der größten Schöpfer von Spielen mit mathematischem Bezug war. Das »15-Puzzle« oder »Fünfzehnerspiel« erschien im Jahr 1914 in einem Buch, das Loyds Sohn veröffentlichte, nachdem sein Vater verstorben war. Dieser hatte es bereits im Jahr 1878 entworfen.

Im Allgemeinen waren viele Menschen mit ein wenig Geduld dazu in der Lage, die Probleme zu lösen, die durch das »Durcheinanderbringen« der ursprünglichen Verteilung entstanden. Aber Loyd brachte eine neue Herausforderung auf, als er demjenigen eintausend Dollar bot, der bei der folgenden Anordnung den Ursprungszustand wiederherstellen konnte (natürlich nur mit »legalen« Bewegungen, das heißt, indem man die kleinen Quadrate in horizontaler oder vertikaler Richtung verschiebt und alternativ das leere Feld einsetzt):

1	2	3	4
5	6	7	8
9	10	11	12
13	15	14	

Wenn man genau hinschaut, stellt man fest, dass die einzige Veränderung gegenüber dem ursprünglichen Zustand darin besteht, dass die Felder der 15 und 14 vertauscht sind.

Die Zeit verging und niemand konnte den Preis für sich beanspruchen; natürlich sind die unglaublichsten Geschichten darüber in Umlauf über Menschen, die sich nur noch damit beschäftigten und nicht mehr zur Arbeit gingen, Menschen, die nicht mehr schliefen, weil sie sich verzweifelt nach der Lösung verzehrten … und nach der ausgesetzten Belohnung natürlich. Loyd wusste, warum er diese Summe riskieren konnte: Dieses Problem ist in der Mathematik tief verwurzelt und *unlösbar*.

Um ein wenig zu verstehen, *warum es keine Lösung geben kann*, werde ich an Hand eines einfacheren Beispiels aufzeigen, wo die unüberwindlichen Schwierigkeiten liegen.

Nehmen wir an, wir haben statt eines Quadrats von 4 · 4, wie wir es oben gesehen haben, eines von 2 · 2, das genauso wie das »15-Puzzle« aufgebaut ist, aber nun als »3-Puzzle« bezeichnet werden müsste, da es in den kleineren Dimensionen folgendermaßen aussieht:

1	2
3	

Das heißt, das ursprüngliche Spiel besitzt nun lediglich drei Quadratfelder mit der dargestellten Verteilung. In den folgenden Ausführungen werde ich darauf verzichten, die Quadrate abzubilden, sondern mich auf die Zahlen beschränken:

$$1 \;\big|\; 2$$
$$3$$

Dies werden wir als die *ursprüngliche Position* bezeichnen. Um die Frage, die Loyd aufwarf, darzustellen, fragen wir uns, ob man zu folgender Verteilung gelangen kann:

$$\begin{array}{c|c} 2 & 1 \\ 3 & \end{array} \qquad (*)$$

Die Antwort lautet: *Es ist nicht möglich*. Aber aus welchem Grund?
Zeichnen wir alle denkbaren Bewegungen auf, die man von der ursprünglichen Position aus vollführen kann. Diese sind:

$$\begin{array}{cccccccccccc} 1\,2 & 1\,2 & 2 & 2 & 2\,3 & 2\,3 & 3 & 3 & 3\,1 & 3\,1 & 1 & 1 \\ 3 & , & 3, & 1\,3, & 1\,3, & 1 & , & 1, & 2\,1, & 2\,1, & 2 & , & 2, & 3\,2, & 3\,2 \end{array}$$

Damit haben wir *insgesamt* 12 mögliche Verteilungen. Statt die verschiedenen Anordnungen in der bisherigen Weise zu notieren, schreibe ich sie nun folgendermaßen: $(1, 2, 3)$ (wobei es keine Rolle spielt, wo sich das Leerfeld befindet, wir wissen, dass die relative Reihenfolge zählt, wenn wir die Zahlen im Uhrzeigersinn lesen). Machen Sie sich nun Folgendes klar: Wenn man sich zur 1 begibt und die Felder im Uhrzeigersinn durchläuft (wobei man gegebenenfalls das leere Feld überspringt), erhält man stets die Verteilung $(1, 2, 3)$, was bedeutet, dass sich die relative Reihenfolge der Zahlen 1, 2 und 3 nicht ändert. Eine Aufstellung wie die oben in (*) vorgeschlagene

$$\begin{array}{c|c} 2 & 1 \\ 3 & \end{array}$$

ist von der ursprünglichen Position aus nicht mithilfe der zulässigen Bewegungen erreichbar.

Wir hatten eben alle Möglichkeiten gründlich analysiert und letztere war nicht gegeben. Zusätzlich könnte man noch folgendes Argument anführen (wobei es nicht notwendig ist, alle denkbaren Anordnungen im Einzelnen aufzulisten): Wenn man sich nun auf die Nummer 1 stellt und die Quadrate im Uhrzeigersinn durchgeht, erhält man nicht $(1, 2, 3)$ wie vorher, sondern $(1, 3, 2)$. Dies bedeutet, die in (*) dargestellte Verteilung ist von der ursprünglichen aus nicht zu erreichen!

Ich möchte Ihnen vorschlagen, *alle Möglichkeiten* durchzugehen, die ausgehend von der Aufstellung in (*) denkbar sind.

$$
\begin{array}{cccccccc}
2\,1 & 2\,1 & 1 & 1 & 1\,3 & 1\,3 & 3 & 3 & 3\,2 & 3\,2 & 2 & 2 \\
3 & ,\;3, & 2\,3, & 2\,3, & 2 & ,\;2, & 1\,2, & 1\,2, & 1 & ,\;1, & 3\,1, & 3\,1
\end{array}
$$

Man erkennt, dass nun 12 andere Anordnungen entstehen, und damit haben wir alle möglichen Fälle abgedeckt. Außerdem: Wenn man jede dieser 12 Möglichkeiten im Uhrzeigersinn durchgeht und wieder bei der 1 beginnt, erhält man stets den Aufbau $(1, 3, 2)$.

Nun sind wir bereits in der Lage, einige Schlussfolgerungen zu ziehen. Wenn man 3 Zahlen und ein Quadrat von $2 \cdot 2$ hat, gibt es insgesamt 24 mögliche Anordnungen, die man in zwei *Kreisbahnen*, um es einmal so zu nennen, unterteilen kann. Die eine Kreisbahn weist – wenn man sie durchläuft – die Aufstellung $(1, 2, 3)$ auf, die andere die $(1, 3, 2)$. Damit sind die Möglichkeiten ausgeschöpft. Das Interessante an dem Spiel ist, dass man nicht von einer Kreisbahn zur anderen wechseln kann. Die Frage, die sich nun stellt, lautet, ob sich feststellen lässt, ob eine *bestimmte* Anordnung sich auf der ursprünglichen Bahn befindet oder nicht, ohne sie im Einzelnen auflisten zu müssen. Ich bitte Sie, einen Augenblick über die Antwort nachzudenken, da dies sehr gut illustriert, wie die Mathematik in ähnlichen Fällen vorgeht.

Die Aufstellungen (1, 2, 3) und (3, 1, 2) bewegen sich auf derselben Bahn, (3, 1, 2) und (1, 3, 2) hingegen nicht. Verstehen Sie, warum? – Wenn man sich das letzte Paar ansieht und die Zahlen bei der 1 beginnend durchgeht, entsprechen sich die Anordnungen nicht, wie es bei den ersten beiden Gruppierungen der Fall ist.

Und noch etwas: Wenn man sich (3, 1, 2) vornimmt und zählt, wie oft eine *größere* Zahl vor einer kleineren erscheint, erhält man *zwei Fälle*: Die 3 befindet sich vor der 1 und die 3 vor der 2. Damit gibt es zwei sogenannte *Inversionen*. Bei (3, 2, 1) liegen drei Inversionen vor, da 3 vor 2, 3 vor 1 und 2 vor 1 steht. Dies bedeutet, die Anzahl der Inversionen kann ungerade oder gerade sein, und in Übereinstimmung damit gruppieren wir die vorliegenden Dreiergruppen.

Und dies ist das Interessante daran. Alle Gruppen, die zu einer Kreisbahn gehören, besitzen dieselbe *Parität*. Dies bedeutet, innerhalb einer Bahn weisen alle entweder eine *gerade* oder eine *ungerade* Zahl an Inversionen auf.

Dies stellt die Lösung für die Aufgabe dar, die Loyd ursprünglich gestellt hatte. Wenn man das Beispiel ansieht, das er vorlegte (bei dem die 14 und 15 vertauscht sind), stellt man fest, dass die Anzahl der Inversionen 1 beträgt (da die einzige Zahl, die vor einer kleineren steht, die 15 ist, die vor der 14 erscheint).

In der ursprünglichen Aufstellung hingegen gibt es keine Inversionen, das heißt, die beiden Fälle befinden sich nicht auf derselben Kreisbahn ... und damit ist das gestellte Problem unlösbar.

Loyd wusste dies und daher bot er demjenigen, der es löste, tausend Dollar. Es gab keinerlei Risiko. Interessant ist, dass man mithilfe von Mathematik zeigen kann, dass diese Aufgabe, die doch kinderleicht zu sein scheint, un- lösbar ist, ohne dass man es mit Gewalt probieren und immer weiter probieren muss …

Das Pascal'sche Dreieck

Was ist das nur für ein Dreieck, das aus willkürlich zu- sammengewürfelten Zahlen zu bestehen scheint? Sehen Sie es sich einen Augenblick lang an, vergnügen Sie sich damit und versuchen Sie, *Gesetzmäßigkeiten* oder *Muster* herauszufinden. Es stellen sich folgende Fragen: Sind die Zahlen nach dem Zufallsprinzip zusammengestellt? Be- sitzen sie irgendeine Beziehung untereinander? Man sieht ja, dass eine Menge an *Einsen* vorhanden ist (genauer ge- sagt, an beiden Seiten des Dreieckes). Wie ist man wohl vorgegangen, um es zu konstruieren?

```
                              1
                           1     1
                        1     2     1
                     1     3     3     1
                  1     4     6     4     1
               1     5    10    10     5     1
            1     6    15    20    15     6     1
         1     7    21    35    35    21     7     1
      1     8    28    56    70    56    28     8     1
   1     9    36    84   126   126    84    36     9     1
 1    10    45   120   210   252   210   120    45    10   1
1   11    55   165   330   462   462   330   165    55   11   1
1  12  66  220  495  792  924  792  495  220  66  12  1
1 13 78 286 715 1287 1716 1716 1287 715 286 78 13 1
```

Wie man sich vorstellen kann, könnte das Dreieck noch weitergehen. Ich habe hier nur einen Teil dargestellt. Wenn Sie erst einmal herausgefunden haben, wie es aufgebaut ist, können Sie sicherlich die nächste Reihe hinzufügen (und sogar noch weitermachen, wenn Sie gerade nichts anderes zu tun haben). Das Verständnis des Aufbaus wird nur ein Teil dieses Kapitels sein, handelt es sich dabei doch um eine Art Spiel (Spielen ist ja auch nichts Schlechtes, oder?). Das eigentlich Interessante ist jedoch zu erkennen, dass sich dieses Dreieck, so schlicht es zunächst wirken mag, verschiedentlich anwenden lässt und die darin enthaltenen Zahlen einige mathematische Probleme lösen können.

Dieses Dreieck war die Arbeit von Blaise Pascal, einem französischen Mathematiker und Philosophen, der nur 39 Jahre alt wurde (1623–1662). Forscher, die sich mit der Geschichte der Mathematik befassen, behaupten allerdings, dass das Dreieck und seine Eigenschaften in Wirklichkeit schon von den Chinesen beschrieben wurden, insbesondere von dem Mathematiker Yang Hui etwa 500 Jahre vor der Geburt Pascals sowie von dem persischen Dichter und Astronomen Omar Khayyam. In China nennt man das Dreieck sogar Yang-Hui-Dreieck, nicht Pascal'sches Dreieck wie in der westlichen Welt.

Zunächst die Frage: Wie ist das Dreieck aufgebaut? In der ersten Reihe steht eine *einzige* 1. Bis dahin ist also alles klar. In der zweiten Reihe stehen *zwei* Einsen. So weit, so gut. Wenn wir das Dreieck genau betrachten, stellen wir fest, dass jede weitere Reihe ebenfalls mit einer 1 beginnt und mit einer 1 endet.

Wir können folgende Beobachtung anstellen: Wählen Sie eine beliebige Zahl innerhalb des Dreiecks aus (außer der 1). Unmittelbar darüber stehen zwei weitere Zahlen Addieren wir die beiden Zahlen, erhalten wir die Zahl, die wir ausgewählt haben. Nehmen Sie zum Beispiel die 20 in der siebten Reihe. Oberhalb befindet sich zweimal die 10. Die Summe ergibt ganz klar 20. Nehmen wir als weiteres Beispiel die 13 in der letzten Reihe rechts. Addieren wir die beiden darüber liegenden Zahlen (1 und 12), lautet das Ergebnis 13.

Wenn die ersten beiden Reihen nur aus Einsen bestehen, dann muss die dritte Zeile auf beiden Seiten mit 1 abschließen, die Zahl in der Mitte aber 2 sein, da genau oberhalb zwei Einsen stehen. So wird die dritte Reihe gebildet. Gehen wir weiter zur vierten Zeile.

Auch sie beginnt und endet mit 1. Die beiden Stellen in der Mitte erhält man, indem man die darüber liegenden Zahlen addiert, in beiden Fällen eine 1 und eine 2 (wenngleich die Addition in unterschiedlicher Reihenfolge erfolgt). Wir müssen also zweimal die 3 einfügen.

Ich nehme an, es ist klar, wie es weitergeht. Jede Reihe beginnt und endet mit einer 1, und jede Zahl, die hinzugefügt wird, ist die *Summe* der beiden darüber liegenden Zahlen. Somit haben wir die erste Aufgabe bereits gelöst: herauszufinden, wie das Dreieck aufgebaut ist. Übrigens: die nächste Zeile, die zu ergänzen wäre, beginnt wie alle anderen mit 1, gefolgt von 14 und 91. Verstehen Sie warum?

Einige Beobachtungen

Bitte beachten Sie, dass das Dreieck *symmetrisch* ist. Es ist also egal, ob man eine Zeile von links nach rechts oder umgekehrt liest.

Untersuchen wir nun einige Diagonalen. Die erste besteht aus *Einsen*. Die zweite setzt sich aus allen natürlichen Zahlen zusammen.

Die dritte Diagonale sieht folgendermaßen aus:

(1, 3, 6, 10, 15, 21, 28, 36, 45, 55, 66, 78 ...)   (*)

Um welche Zahlen handelt es sich hier? Wie könnte man diese Folge aufbauen, ohne auf das Pascal'sche Dreieck zurückgreifen zu müssen?

Ich schlage Ihnen Folgendes vor: Beginnen Sie mit der zweiten Zahl, der 3, und ziehen Sie die vorstehende, die 1, davon ab. Das Ergebnis ist 2. Fahren Sie mit der 6 fort und subtrahieren Sie wieder die vorstehende Zahl. Das Ergebnis ist 3. Ziehen Sie wiederum von der 10 die vorstehende Zahl ab (die 6). Das Ergebnis ist 4 ... Mit anderen Worten: Die Differenz oder das Ergebnis der Subtraktion zweier aufeinanderfolgender Zahlen nimmt stets um 1 zu. Das heißt, man erhält die Folge (*), indem man mit

1

beginnt.
Dann addiert man 2, und das Ergebnis ist 3.
Man addiert 3 und 3, und das Ergebnis ist 6.
Man addiert 4 und 6, und das Ergebnis ist 10.

Fährt man auf diese Weise fort, erhält man folgende grafische Darstellung:

1	1
1 + 2	3
1 + 2 + 3	6
1 + 2 + 3 + 4	10
1 + 2 + 3 + 4 + 5	15
1 + 2 + 3 + 4 + 5 + 6	21
1 + 2 + 3 + 4 + 5 + 6 + 7	28

Diese Zahlen heißen *Dreieckszahlen.*
Ein Beispiel: Nehmen wir an, wir sind zu einer Feier eingeladen. Jeder eintreffende Gast gibt den schon Anwesenden zur *Begrüßung* die Hand. Die Frage lautet: Wie viele Mal werden insgesamt die Hände geschüttelt, wenn bereits 7 Gäste anwesend sind?
Überlegen wir, wie wir dieses Problem analysieren können. Beim Eintreffen des ersten Gastes gibt es nichts zu zählen, weil vorher noch niemand da war. Bei der Ankunft des zweiten Gastes ist bereits eine Person anwesend. Es wird einmal die Hand geschüttelt. Sobald sich der dritte Gast einfindet, muss der bereits *zwei* Anwesenden die Hand geben. Demnach wurden insgesamt bereits 3-mal die Hände geschüttelt: 1-mal in dem Augenblick, als der zweite Gast ankam, und nun 2-mal. Beachten Sie, dass wir bei 3 Händedrücken sind, wenn sich drei Leute versammelt haben. Wenn der vierte Gast erscheint, muss er den dreien, die bereits anwesend sind, die Hand geben. Addieren wir diese drei Händedrücke zu den dreien, die wir bereits gezählt haben, sind wir bei 6. Der fünfte Gast muss 4-mal die Hände schütteln, was

mit den bereits gezählten sechs 10 Händedrücke ergibt.
Das heißt:

1 Person	0-mal Händeschütteln
2 Personen	1-mal Händeschütteln
3 Personen	(1 + 2) = 3-mal Händeschütteln
4 Personen	(3 + 3) = 6-mal Händeschütteln
5 Personen	(6 + 4) = 10-mal Händeschütteln
6 Personen	(10 + 5) = 15-mal Händeschütteln

Wie Sie sicher bereits bemerkt haben, entspricht die Anzahl des Händeschüttelns den Dreieckszahlen, die wir bereits oben gesehen haben. Das heißt, diese Diagonale des Pascal'schen Dreiecks ist vor allem bei Zählvorgängen in bestimmten Situationen hilfreich.

Wenden wir uns noch einmal derselben Diagonale mit den Dreieckszahlen zu:

(1, 3, 6, 10, 15, 21, 28, 36, 45, 55, 66, 78 ...)

Nun wollen wir die einzelnen Terme, anstatt sie wie vorher voneinander abzuziehen, paarweise zusammenzählen und die Ergebnisse notieren:

$$1 + 3 = 4$$
$$3 + 6 = 9$$
$$6 + 10 = 16$$
$$10 + 15 = 25$$
$$15 + 21 = 36$$
$$21 + 28 = 49$$
$$28 + 36 = 64$$

$$36 + 45 = 81$$
$$45 + 55 = 100$$

Nachdem ich nun mehrere Terme niedergeschrieben habe – fällt Ihnen etwas auf? Die Zahlen auf der rechten Seite, nämlich

$$(4, 9, 16, 25, 36, 49, 64, 81, 100 \ldots)$$

stellen die Quadrate aller natürlichen Zahlen (außer der 1) dar, also

$$(2^2, 3^2, 4^2, 5^2, 6^2, 7^2, 8^2, 9^2, 10^2 \ldots)$$

Abgesehen von all den Kuriositäten (und glauben Sie mir, es gibt noch sehr viele mehr), möchte ich Ihnen eine sehr wichtige Tatsache nicht vorenthalten.
Um das Folgende zu vereinfachen, wollen wir die *Zeilen* des Dreiecks nummerieren, wobei wir die erste (die lediglich eine 1 enthält) mit der Zahl 0 benennen.

Zeile *eins* enthält 1, 1
Zeile *zwei* enthält 1, 2, 1
Zeile *drei* enthält 1, 3, 3, 1
Zeile *vier* enthält 1, 4, 6, 4, 1

Nun möchte ich ein Problem darstellen, dessen Lösung erstaunlicherweise (oder vielleicht auch nicht …) in den Zahlen des Pascal'schen Dreiecks zu finden ist. Nehmen wir an, es gibt fünf Stürmer in einem Fußballteam, aber man wird nur zwei beim Sonntagsspiel einsetzen. Wie viele verschiedene Auswahlmöglichkeiten gibt es?

Das Problem könnte auch folgendermaßen aussehen. Angenommen, wir haben fünf Veranstaltungen an einem bestimmten Wochentag zur Auswahl, können aber nur zwei Karten kaufen. Wie viele verschiedene Kombinationen gibt es? Wie Sie sehen, könnten wir unzählige Beispiele finden, die in dieselbe Richtung weisen. Allgemein ließe sich der Gedanke folgendermaßen formulieren: »Gegeben ist eine Menge mit *fünf* Elementen: Wie viele verschiedene Teilmengen lassen sich zusammenstellen, die *zwei* dieser *fünf* Elemente enthalten?«

Angenommen, wir haben:

(A, B, C, D, E)

Wie viele Möglichkeiten gibt es, aus diesen *fünf* Elementen Teilmengen mit *zwei Elementen* (in diesem Fall zwei Buchstaben) zu bilden? Dies entspricht der Auswahl von zwei von fünf Stürmern oder zwei Karten für zwei verschiedene Shows, die man aus fünf Veranstaltungen auswählt.

Erstellen wir eine Liste:

AB	AC
AD	AE
BC	BD
BE	CD
CE	DE

Wir haben also zehn verschiedene Möglichkeiten herausgefunden. Nun blättern Sie bitte wieder zum Pascal'schen Dreieck und nehmen sich die fünfte Zeile und hier das Element Nummer zwei vor. (Denken Sie daran, dass sowohl die Nummerierung der Zeilen als auch die Zählung der einzelnen Elemente mit 0 beginnt. Die Zahl 1 am Anfang jeder Zeile steht demnach an nullter Stelle.)

Also: Wie sieht die Zeile fünf aus? Sie lautet: 1, 5, 10, 5, 1. Demnach ist das Element Nummer 2 in Zeile fünf genau die Zahl 10, die die Zahl der Teilmengen aus zwei von fünf Elementen bezeichnet.

Sehen wir uns noch ein Beispiel an. Wenn man sechs Hemden hat und für eine Reise drei davon auswählen möchte: Wie viele verschiedene Möglichkeiten gibt es? Suchen wir zunächst im Pascal'schen Dreieck das *anzunehmende* Ergebnis. Dazu müssen wir in der 6. Reihe das dritte Element suchen (vergessen Sie nicht, dass die 1 am Anfang an nullter Stelle steht), nämlich die 20.

Wenn wir die Hemden mit A, B, C, D, E, F benennen, haben wir folgende möglichen Kombinationen:

ABC	ABD	ABE	ABF
ACD	ACE	ACF	ADE
ADF	AEF	BCD	BCE
BCF	BDE	BDF	BEF
CDE	CDF	CEF	DEF

Wir haben also 20 verschiedene Möglichkeiten, Teilmengen mit 3 Elementen aus einer Menge zu bilden, die 6 Elemente umfasst.

Zur Vereinfachung nennt man die Zahl, die die Anzahl an Teilmengen bezeichnet, die sich aus *k* Elementen einer Menge von *n* Elementen bilden lässt, *Binomialkoeffizient*:

$C(n,k)$

Seine Definition beinhaltet den Quotienten von bestimmten Fakultäten und geht – einstweilen – über das Ziel dieses Buches hinaus.[29]

Letztendlich haben wir gelernt, dass die Zahlen, die im Pascal'schen Dreieck auftauchen, auch dazu dienen, die Teilmengen zu zählen, die sich aus einer bestimmten Gruppe von Elementen einer gegebenen Menge bilden lassen – eine *sehr, sehr wichtige* Tatsache.

Man könnte das Pascal'sche Dreieck also auch wie folgt darstellen:

$$1$$
$$C(1,0) \quad C(1,1)$$
$$C(2,0) \quad C(2,1) \quad C(2,2)$$
$$C(3,0) \quad C(3,1) \quad C(3,2) \quad C(3,3)$$
$$C(4,0) \quad C(4,1) \quad C(4,2) \quad C(4,3) \quad C(4,4)$$
$$C(5,0) \quad C(5,1) \quad C(5,2) \quad C(5,3) \quad C(5,4) \quad C(5,5)$$

Dies erklärt einiges, zum Beispiel, warum sich auf den beiden äußeren Diagonalen eine 1 befindet. Bei den Zahlen auf der Diagonale, die von rechts nach links läuft, handelt es sich somit um

$$C(n,0)$$

29 Die Definition des Binomialkoeffizienten *C(n,k)* lautet:

$$C(n,k) = n!/(k!\,(n-k)!))$$

Beispielsweise haben wir in dem oben genannten Fall bereits berechnet, dass der Binomialkoeffizient $C(5,2) = 10$ und der Binomialkoeffizient $C(6,3) = 20$. Prüfen wir dies hier noch einmal nach:

$$C(5,2) = 5!/(2!\,3!) = 120/(2 \cdot 6) = 120/12 = 10$$

Und

$$C(6,3) = 6!/(3!\,3!) = 720/(6 \cdot 6) = 720/36 = 20$$

In diesem Fall sind alle Zahlen Einsen. Und das ist ganz richtig so, denn C(n,0) fragt ja nach der Anzahl von Möglichkeiten, nichts oder anders ausgedrückt *0 Elemente* aus einer Menge von *n* Elementen auszuwählen. Eine einzige! Denn auf wie viele verschiedene Arten kann ich keinen Stürmer für das Sonntagsspiel wählen? Nur auf eine einzige, nämlich indem ich keinen nehme. Wie viele Möglichkeiten gibt es, kein Hemd von den sechsen, die ich besitze, auszusuchen? Eine einzige!

Und die äußere Diagonale, die von links nach rechts verläuft? Sie entspricht den Binomialkoeffizienten:

$$C(n,n)$$

Wie viele Möglichkeiten gibt es also, fünf aus fünf Stürmern auszuwählen? Die Antwort lautet: eine! Wie viele Kombinationen stehen zur Auswahl, sechs von meinen sechs Hemden mitzunehmen? Eine, nämlich alle einzupacken. Wie viele verschiedene Zusammenstellungen sind möglich, wenn ich in fünf Veranstaltungen gehe, für die ich Karten habe? Eine einzige, denn ich besuche alle.

Daher besteht die äußere Diagonale, die von links nach rechts verläuft, ebenfalls aus Einsen.

➜ **Fazit:** Das Pascal'sche Dreieck sieht zwar simpel aus, *ist es aber mitnichten.*

Können Sie anhand dieser Informationen herausfinden, warum das Dreieck symmetrisch ist? Lesen Sie sich die obigen Ausführungen noch einmal durch. Vielleicht fällt Ihnen im Zusammenhang mit den Binomialkoeffizienten etwas ein.

Was bedeutet es, dass das Dreieck symmetrisch ist? Welche Binomialkoeffizienten müssten dafür gleich sein? Nehmen Sie als Beispiel Zeile 8:

1, 8, 28, 56, 70, 56, 28, 8, 1

Oder in Binomialkoeffizienten ausgedrückt:

C(8,0) C(8,1) C(8,2) C(8,3) C(8,4) C(8,5) C(8,6) C(8,7)
C (8,8)

Was bedeutet es, dass beispielsweise die Zahl 28 zweimal erscheint? Es besagt, dass C(8,2) gleich C(8,6) sein muss. Es heißt auch, dass die Zahl

C(8,3) = C(8,5)

Oder dass die Zahl

C(8,1) = C(8,7)

Warum verhält es sich so? Überlegen wir gemeinsam. Sehen wir uns folgendes Beispiel an:

C(8,3) = C(8,5)

Was bedeutet C(8,3)? Dabei handelt es sich um die Möglichkeiten, Teilmengen mit 3 Elementen aus einer Grundmenge, die 8 Elemente umfasst, auszuwählen.
An dieser Stelle möchte ich innehalten und Ihnen eine Frage stellen: Wenn Sie die beiden Stürmer für Ihre Mannschaft aussuchen, werden dann nicht auch die anderen drei abgegrenzt, die Sie *nicht* nehmen? Und wenn Sie sich für die beiden Veranstaltungen entscheiden, die Sie anse-

hen möchten, legen Sie dadurch nicht auch die drei fest, die Sie nicht besuchen?

Die Antwort lautet: Wählt man eine Teilmenge, bestimmt man implizit auch eine andere, die aus den Elementen besteht, die man *außen vor* lässt. Daraus ergibt sich die Symmetrie des Dreiecks.

Wir haben gezeigt, dass

$$C(n,k) = C(n,n-k)$$

Bevor Sie das Kapitel über das Pascal'sche Dreieck beenden, vergnügen Sie sich doch noch etwas mit diesen Berechnungen und suchen Sie einmal selbst Beziehungen zwischen den Zahlen in den Reihen und Diagonalen.

Anhang

Das Pascal'sche Dreieck *birgt* die *Lösungen* vieler Probleme. An dieser Stelle möchte ich nur zwei Beispiele anführen.

1. Wie kann man *alle* Potenzen von 2 herausfinden? Das heißt, was muss ich tun, um nachstehende Zahlenfolge zu erhalten?

(1, 2, 4, 8, 16, 32, 64, 128, 256, 512, 1024 ...)

Also

2^0 = 1
2^1 = 2

$$2^2 = 4$$
$$2^3 = 8$$
$$2^4 = 16$$
$$2^5 = 32$$
$$2^6 = 64$$
$$2^7 = 128$$
$$2^8 = 256$$
$$2^9 = 512$$
$$2^{10} = 1024$$

2. Zu folgendem Beispiel inspirierte mich ein Buch von Rob Eastaway und Jeremy Wyndham.

Nehmen wir an, wir laufen durch eine rechteckig angelegte Stadt wie Manhattan. Wir wissen, dass die Straßen horizontal und die Avenues vertikal verlaufen. Letztere sind mit den Zahlen 1, 2, 3, 4 und 5 gekennzeichnet. Die Straßen sind ebenfalls nummeriert. Sagen wir, die erste Straße trägt die Nummer 27, die zweite 28, die dritte 29, dann 30, 31 und 32.

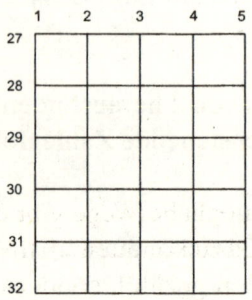

Nehmen wir ferner an, wir laufen alle möglichen Routen ab, wobei jedoch zwei Bedingungen zu erfüllen sind:

a) Man beginnt stets am Schnittpunkt zwischen 1 und 27 und

b) bewegt sich immer entweder nach rechts oder nach unten, um von einem Ort zum anderen zu gelangen.

Wie viele Wege gibt es also, zur 2 und zur 28 zu kommen? Die Antwort liegt auf der Hand: zwei.

1. Man geht *vertikal* auf der Avenue 1 von Straße 27 bis zur 28 und dann *horizontal* nach rechts, bis man die Avenue 2 erreicht.

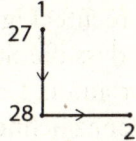

2. Man nimmt die Straße 27 in *horizontaler* Richtung, bis man zur Avenue 1 kommt. Diese geht man hinunter bis zur Straße 28.

Noch ein Beispiel: Wie viele mögliche Wege gibt es, von der 1 und der 27 bis zur 2 und 29 zu kommen? (HINWEIS: Nicht die Häuserblocks werden gezählt, sondern jedes Mal, wenn man nach unten oder nach rechts abbiegen muss.)

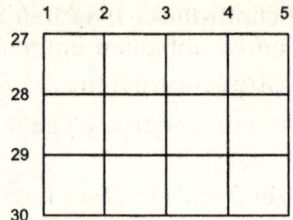

Anhand der Zeichnung wird deutlich, dass es nur drei mögliche Wege gibt:

a) Auf der Avenue 1 von der 27. bis zur 29. Straße gehen und dann *nach rechts abbiegen*, bis man die 2. Straße erreicht.

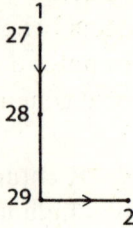

b) Die Avenue 1 in *vertikaler Richtung* entlanggehen, bis man zur Straße 28 gelangt, dann nach rechts abbiegen und *horizontal* weiterlaufen, bis man die Avenue 2 erreicht, anschließend den Weg *vertikal* nach unten bis zur Straße 29 fortsetzen.

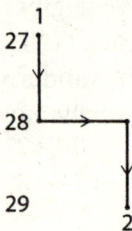

c) Auf der 27. Straße von der Avenue 1 bis zur 2 gehen und dann *vertikal* nach unten abbiegen und entlang der Avenue 2 bis zur 29. Straße spazieren.

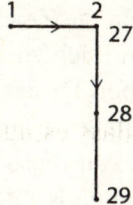

Abschließend möchte ich Ihnen noch folgende Aufgabe stellen: Finden Sie heraus, wie viele Möglichkeiten es gibt, von der Avenue 1 und der 27. Straße zu jedem beliebigen Punkt der Stadt zu gelangen (nach wie vor unter der Bedingung, nur nach rechts oder nach unten zu gehen).

Lösungen:

1. Addiert man die Zeilen des Pascal'schen Dreiecks, stellt man Folgendes fest:

Zahlen in der Zeile	Summe
{1}	$1 = 2^0$
{1, 1}	$2 = 2^1$
{1, 2, 1}	$4 = 2^2$
{1, 3, 3, 1}	$8 = 2^3$
{1, 4, 6, 4, 1}	$16 = 2^4$
{1, 5, 10, 10, 5, 1}	$32 = 2^5$
{1, 6, 15, 20, 15, 6, 1}	$64 = 2^6$

Die *Summe* der Zahlen jeder Zeile stellt die Potenz von 2 entsprechend der Nummer der Zeile dar.

2. Lösung zum Problem der Wege in der rechteckig angelegten Stadt. Bemerkenswert ist, dass man die Zeichnung nur 45 Grad im Uhrzeigersinn drehen und sich vorstellen muss, dass darauf ein Teil des Pascal'schen Dreiecks abgebildet ist, so dass man an jeder Schnittstelle die entsprechende Zahl aus dem Dreieck einträgt. Auf diese Weise erhalt man die genaue Anzahl an möglichen Routen.

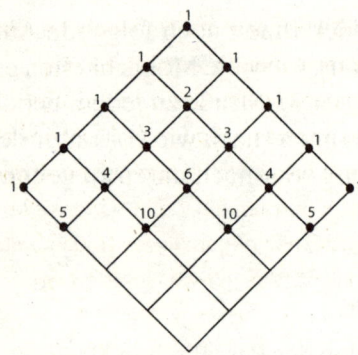

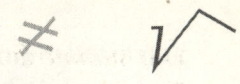

Epilog.
Die Spielregeln

Einer der größten Fehler, die wir in unserem Unterricht begehen, besteht darin, dass der Lehrer immer die Antwort auf das vorliegende Problem zu kennen scheint. Dies führt bei den Schülern zu der Vorstellung, dass es irgendwo ein Buch mit allen richtigen Antworten auf alle interessanten Fragen gibt und der Lehrer alle Antworten weiß. Außerdem glauben sie, dass alle Probleme gelöst wären, würde man nur an dieses Buch kommen. Mit der Natur der Mathematik hat das jedoch nichts zu tun.

LEON HENKIN

Nachdem ich viele Jahre lang als Dozent an der Universität gearbeitet habe und mit Professoren und Studenten im Gespräch gewesen bin, das heißt, nachdem ich viele Jahre gezweifelt habe und zu der Überzeugung gelangt bin, immer weniger zu wissen, kommt es mir so vor, als könnte keine meiner Äußerungen einen endgültigen, abschließenden Charakter haben.

So kam ich auf die Idee, zu Beginn eines jeden Seminars einige grundsätzliche Regeln für den Unterricht

aufzustellen (im Prinzip für die Mathematik, die Regeln lassen sich jedoch leicht auf andere ähnliche Gegebenheiten übertragen). Da ich sie schon vor langer Zeit entwickelt habe, möchte ich sie nun gerne an andere weitergeben.
Hier sind sie:

- Es fällt in die Verantwortung der Dozenten, Ideen in klarer und voranschreitender Form darzustellen. Von euch Schülern wünschen wir uns, dass ihr lernt und *nachdenkt*.
- Ihr seid uns wichtig. Wir sind allein dafür da, euch beim Lernen zu unterstützen.
- *Fragt*. Wir brauchen alle unterschiedlich lange, um etwas zu verstehen. Wir sind nicht einmal selbst jeden Tag die gleichen.
- Die Aufgabe des Dozenten besteht in erster Linie darin, Fragen aufzuwerfen. Es genügt nicht, nur Antworten zu geben.
- Sterile Kompetenzen interessieren uns nicht: Niemand ist ein besserer Mensch, weil er etwas verstanden hat oder schneller als die anderen denkt. Wir schätzen die Anstrengung, die jeder Einzelne unternimmt.
- (Folgendes gilt nur für die Universität.) In diesem Fach gibt es keine bürokratischen Fallstricke. Prinzipiell wird jede Frage, die mit

»Ich habe den Grundkurs Mathematik 2 noch nicht abgelegt …« oder
»Ich habe Wissenschaftsgeschichte noch nicht bestanden …« oder

»Ich habe das Gymnasium noch nicht beendet ...« oder
»Ich habe mich noch nicht eingeschrieben ...« usw.

beginnt und mit »Kann ich dieses Seminar trotzdem besuchen?« endet, mit »Ja!« beantwortet.

- Gehen wir mit Begeisterung an die Dinge heran!
- Die Theorie steht im Dienst der Praxis. Ziel dieses Seminars ist es, das Denken zu schulen, um eine bestimmte Art von Problemen überhaupt aufwerfen und lösen zu können.
- Unterwerfen Sie sich nicht der (angeblichen) akademischen Autorität des Dozenten. Wenn Sie etwas nicht verstehen, fragen Sie, seien Sie hartnäckig, diskutieren Sie so lange, bis Sie es verstanden haben (oder bis wir gemerkt haben, dass wir es sind, die nichts verstehen).

Wie lernen?

a) Die erste Empfehlung lautet: Üben Sie und bemühen Sie sich, die Aufgaben zu lösen. Wenn Sie eine Aufgabe nicht lösen können oder eine Definition nicht wissen, lesen Sie die Theorie nach und probieren Sie es noch einmal, indem Sie versuchen, mit einer Analogie zu arbeiten. Vermeiden Sie es, erst zu lernen und sich dann mit der Praxis zu beschäftigen.

b) Versuchen Sie die Bedeutung des vorliegenden Problems zu verstehen, egal ob es sich um eine Aufgabe oder ein theoretisches Ergebnis handelt.

c) Bemühen Sie sich, selbst Beispiele zu finden ... viele Beispiele! Auf diese Weise können Sie feststellen, ob Sie ein Thema verstanden haben.

d) Widmen Sie einen guten Teil Ihrer Zeit dem Nachdenken ... Es hilft ... und ist sehr gesund.